高等学校地图学与地理信息系统系列教材

地理信息系统原理、应用与工程

（第二版）

郑春燕　邱国锋　张正栋　胡华科　编著

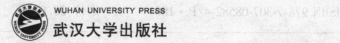

WUHAN UNIVERSITY PRESS
武汉大学出版社

图书在版编目(CIP)数据

地理信息系统原理、应用与工程/郑春燕,邱国锋,张正栋,胡华科编著.
—2 版.—武汉:武汉大学出版社,2011.4(2021.7 重印)
高等学校地图学与地理信息系统系列教材
ISBN 978-7-307-08582-4

Ⅰ.地… Ⅱ.①郑… ②邱… ③张… ④胡… Ⅲ.地理信息系统
—高等学校—教材 Ⅳ.P208

中国版本图书馆 CIP 数据核字(2011)第 037054 号

责任编辑:王金龙　　责任校对:刘　欣　　版式设计:支　笛

出版发行:**武汉大学出版社**　(430072　武昌　珞珈山)
(电子邮箱:cbs22@whu.edu.cn 网址:www.wdp.com.cn)
印刷:武汉邮科印务有限公司
开本:787×1092　1/16　印张:21.75　字数:520 千字
版次:2005 年 9 月第 1 版　　2011 年 4 月第 2 版
2021 年 7 月第 2 版第 3 次印刷
ISBN 978-7-307-08582-4/P·180　　定价:38.00 元

第二版前言

本书第一版自 2005 年 9 月出版以来,得到国内部分兄弟院校的欢迎并作为地理信息系统课程的教材。为了跟踪学科发展方向,更好地为广大读者服务,编者对原书进行了修订。

这次修订基本保留本书原有框架体系,具体修订情况如下:

一、对原书中部分叙述不够准确的文字、插图进行了修改、补充和完善。

二、对原书第五章至第七章进行了重写。其中第五章加强了空间分析基本原理和方法的叙述,第六章重点补充了 DEM 的地形因子计算内容,第七章主要增加了关于 GIS 制图输出时图面配置的叙述。

三、适当增加了反映学科发展的新内容。

本书由郑春燕副教授(重写第五、六、七章)、张正栋教授、胡华科副教授进行统稿和修订,邱国锋教授审阅了全书。

本书在编写过程中,参阅和引用了国内外学者很多新的论著等资料,书中仅列出了主要部分,在此一并表示衷心感谢。

由于编者的水平有限,在第二版中必定还会有不少错误或不妥之处,敬请广大读者不吝赐教(hhkzcy@ jyu. edu. cn)。

编　者

2011 年 2 月于嘉园

第一版前言

地理信息系统(GIS)是空间信息科学与技术的一个重要组成部分。近几年来,GIS作为一类获取、处理、分析、访问、表示以及在不同用户、不同系统、不同地点之间传输数据的计算机信息系统,无论是在理论上还是在应用技术上都处在一个飞速发展的阶段,且已经广泛地应用于国民经济的各个领域和社会生活的诸多方面。同时,GIS教育事业在国内也有了很大的发展,许多高校开设了GIS专业或GIS课程,这其中既有国内重点名牌高校,也有地方性高校,既有研究生层次的,也有本专科层次的,既有GIS专业的,也有非GIS专业的,故GIS教育和社会需求是多方向、多层次的,需要多种类型的教材以适应社会需要。

本书以GIS的基本理论和工程为主线,系统介绍了GIS的基本理论和工程实践。全书共分十五章。第一章到第九章,重点阐述地理信息系统的基本原理,主要包括:GIS的基本概念、研究内容与应用,GIS空间数据结构,GIS数学基础,地理信息数据获取与处理,空间分析与建模, 数字高程模型,GIS产品输出,GIS标准,GIS技术的发展;第十章到第十五章,重点论述了GIS工程与实例,主要包括GIS系统分析、GIS总体设计、GIS功能设计、GIS数据库设计、GIS输入输出设计、GIS实施、GIS管理和维护及其应用实例。

全书写作提纲由张正栋拟定。主要编写人员有张正栋、邱国锋、郑春燕、胡华科。各章撰写分工为:第一章、第五章、第九章、第十二章和第十三章:张正栋;第七章、第八章和第十五章:邱国锋;第二章、第十一章、第十四章:郑春燕;第三章、第四章、第六章和第十章:胡华科。全书由张正栋、郑春燕统稿、改稿,张正栋定稿。

本书在编写过程中得到了梅州市科技局、嘉应学院、中国科学院广州地球化学研究所GIS室、中山大学地球资源与地球环境研究中心、嘉应学院"地图学与地理信息系统"重点扶持学科组等单位的大力支持和帮助;得到了中国科学院广州地球化学研究所GIS室和中山大学地球资源与地球环境研究中心全体同仁的大力支持,尤其是周永章教授、夏斌研究员、包世泰博士、张俊岭博士、陈邦胜高级工程师为本书提出了许多有益的建议和修改意见;得到了嘉应学院张亮院长、罗传厚书记、谭兆风处长、张学先副处长和武汉大学出版社王金龙编辑的大力支持和关心。特别值得一提的是,本书在编写过程中参阅和引用了国内外学者的很多论著,书中仅列出了主要部分,在此一并表示衷心感谢。

尽管我们作了很大的努力,但由于水平有限,所掌握的文献有限,书中定有不少纰漏和不足,敬请诸位专家、同行、读者批评指正。

作　者

2005年5月28日于嘉园

目　　录

第一章 GIS概论

第一节 GIS基本概念

1 信息、地理信息

1.1 数据和信息

数据是指某一目标定性、定量描述的原始资料,包括数字、文字、符号、图形、图像以及它们能转换成的其他形式。数据是用以载荷信息的物理符号,其本身并没有意义。信息是用文字、数字、符号、语言、图像等介质来表示事件、事物、现象等的内容、数量或特征,从而向人们(或系统)提供关于现实世界新的事实和知识,作为生产、建设、经营、管理、分析和决策的依据。

信息与数据是不可分离的。数据是客观对象的表示,表示原始事实,而信息则是数据处理的结果,表示数据内涵的意义,是数据的内容和解释。对数据进行处理(运算、排序、编码、分类、增强等),可以得到数据中包含的信息。

1.2 地理数据和地理信息

地理数据是指表征地理圈或地理环境固有要素或物质的数量、质量、分布特征、联系和规律的数字、文字、图像和图形等的总称,是各种地理特征和现象间关系的符号化表示,包括空间位置、属性特征(简称属性)及时域特征(或时间)三部分。空间位置数据描述地物所在的位置。这种位置既可以根据大地参照系定义,如大地经纬度坐标,也可以定义为地物间的相对位置关系,如空间上的相邻、包含等。属性数据有时又称非空间数据,是描述一定地物特征的定性或定量指标,即描述信息的非空间组成部分,包括语义与统计数据等。时域特征是指地理数据采集或地理现象发生的时刻或时段。时间数据对环境模拟分析非常重要,正受到地理信息系统学界越来越多的重视。空间位置、属性及时间是地理空间分析的三大基本要素。

地理信息是有关地理实体的性质、特征和运动状态的表征及一切有用的知识,它是对表达地理特征与地理现象之间关系的地理数据的解释。地理信息除了具有信息的一般特性外,还具有以下特性:

(1)空间分布性。地理信息具有空间定位的特点,这是地理信息区别于其他类型信息的最显著的标志。

(2)多维结构特性。即在二维空间的基础上实现多专题的多维结构。

(3)时序特征明显。可以按时间尺度将地理信息划分为超短期的(如台风、地震)、短期的(如江河洪水、秋季低温)、中期的(如土地利用、作物估产)、长期的(如城市化、水土流失)、超长期的(如地壳变动、气候变化)等。

(4)数据量大。地理信息具有空间特征、属性特征和时间特征,因此其数据量很大。尤其是随着全球对地观测计划的不断发展,人们每天都可以获得海量的关于地球资源、环境特征的数据,这必然对数据处理与分析带来很大压力。

2 信息系统

2.1 信息系统的基本组成

信息系统是具有数据采集、管理、分析和表达数据能力的系统,它能够为单一的或有组织的决策过程提供有用的信息。在计算机时代,信息系统都部分或全部由计算机系统支持,并由计算机硬件、软件、数据和用户四大要素组成。另外,智能化的信息系统还包括知识。

计算机硬件包括各类计算机处理及终端设备,它帮助人们在非常短的时间内处理大量数据、存储信息和快速获得帮助;软件是支持数据采集、存储加工、再现和回答用户问题的计算机程序系统,它接收有效数据,并正确地处理数据;在一定的时间内提供适用的、正确的信息,并存储信息;数据是系统分析与处理的对象,是构成系统的应用基础;用户操作信息系统,是信息系统服务的对象。

2.2 信息系统的类型

根据系统所执行的任务,信息系统可分为:

(1)事务处理系统。它主要负责处理日常事务。事务处理系统强调的是数据的记录和操作,民航定票系统是其典型示例之一。

(2)管理信息系统。需要包含组织中的事务处理系统,并提供了内部综合形式的数据,以及外部组织的一般范围和大范围的数据。主要用于中层管理者日常管理服务。

(3)决策支持系统。是一组处理数据和进行推测的分析程序,用以支持管理者获得辅助决策方案的交互式计算机系统,一般由语言系统、知识系统和问题处理系统共同构成。管理者能从管理信息系统中获得信息,帮助管理者制定好的决策。

(4)人工智能和专家系统。是能模仿人工决策处理过程的基于计算机的信息系统。专家系统扩大了计算机的应用范围,使其从传统的资料处理领域发展到智能推理上来。管理信息系统能提供信息帮助制定决策,决策支持系统能帮助改善决策的质量,只有专家系统能应用智能推理制作决策,并解释决策理由。

3 GIS

3.1 定义

地理信息系统(Geographic Information System 或 Geo-Information System, GIS)或称为地学信息系统、资源与环境信息系统。它是在计算机硬件、软件系统的支持下,对整个或部分地球表层(包括大气层)空间中的有关地理分布数据进行采集、储存、管理、运算、分析、显示和描述以及辅助决策的技术系统。地理信息系统处理、管理的对象是多种地理空间实体数据及其关系，包括空间定位数据、图形数据、遥感图像数据、属性数据等，用于分析和处理在一定地理区域内分布的各种现象和过程，解决复杂的规划、决策和管理问题。

3.2 特点

(1)具有采集、管理、分析和输出多种地理信息的能力，具有空间性和动态性；

(2)由计算机系统支持进行空间地理数据管理，并由计算机程序模拟常规的或专门的地理分析方法，作用于空间数据，产生有用信息；

(3)以地理研究和地理决策为目的，以地理模型方法为手段，具有空间分析、多要素综合分析和动态预测的能力，并能产生高层次的地理信息。

地理信息系统从外部来看，它表现为计算机软硬件系统；而其内涵却是由计算机程序和地理数据组织而成的地理空间信息模型，是一个逻辑缩小的、高度信息化的地理系统，信息的流动及信息流动的结果完全由计算机程序的运行和数据的交换来仿真。

3.3 类型

地理信息系统按研究的范围大小可分为全球性的、区域性的和局部性的，按研究内容的不同可分为综合性的与专题性的。同级的各种专业应用系统集中起来，可以构成相应地域同级的区域综合系统。在规划、建立应用系统时，应统一规划各种系统的发展，以减少重复浪费，提高数据共享的程度和实用性。

地理信息系统按其内容可以分为三大类：

(1)专题地理信息系统(Thematic GIS)，是具有有限目标和专业特点的地理信息系统，为特定的专门目的服务，如森林动态监测信息系统、水资源管理信息系统、矿业资源信息系统、农作物估产信息系统、草场资源管理信息系统、水土流失信息系统等。

(2)区域信息系统(Regional GIS)，主要以区域综合研究和全面的信息服务为目标，可以有不同的规模，如国家级的、地区或省级的、市级和县级等为各不同级别行政区服务的区域信息系统；也可以按自然分区或流域为单位，如中国黄河流域信息系统等。许多实际的地理信息系统是介于上述二者之间的区域性专题信息系统，如北京市水土流失信息系统、海南岛土地评价信息系统、河南省冬小麦估产信息系统等。

(3)地理信息系统工具(GIS Tools)，是一组具有图形图像数字化、存储管理、查询检索、分析运算和多种输出等地理信息系统基本功能的软件包。它们或者是专门设计研制的，或者是在完成了实用地理信息系统后抽取掉具体区域或专题的地理空间数据后得到的，具有对计算机硬件适应性强、数据管理和操作效率高、功能强且具有普遍性的实用性信息系统，也可以用作 GIS 教学软件。

4 GIS 与相关学科的关系

GIS 是现代科学技术发展和社会需求的产物，是包括自然科学、工程技术、社会科学等多种学科交叉的产物。它将传统科学与现代技术相结合，为各种涉及空间数据分析的学科提供了新的方法，而这些学科的发展都不同程度地提供了一些构成地理信息系统的技术与方法。为更好地掌握并深刻地理解地理信息系统，有必要认识和理解与地理信息系统相关的学科。

4.1 地理学

地理学以地域单元研究人类居住的地球及其部分区域,研究人类环境的结构、功能、演化以及人地关系。在地理学研究中,空间分析的理论和方法为地理信息系统提供了引导空间分析的基本观点与方法,成为地理信息系统的基础理论依托。

自然界与人类存在着深刻的信息联系,地理学家所面对的是一个形体的即自然的地理世界,而感受到的却是一个地理信息世界。地理研究实际上是基于这个与真实世界并存而且在信息意义上等价的信息世界,GIS 提供了解决地理问题的全新的技术手段,即以地理信息世界表达地理现实世界,可以真实、快速地模拟各种自然的和思维的过程,对地理研究和预测具有十分重要的作用。如果说地图是地理学的第二代语言,那么地理信息系统就是地理学的第三代语言。

4.2 测绘学

GIS 与测绘学有着密切的关系。现代测绘学是研究地球有关的基础空间信息采集、处理、显示、管理、利用的科学与技术,测绘学科的应用范围和对象应从单纯的控制测量、测图扩大到国民经济、国防建设以及社会可持续发展中与地理空间信息有关的各个领域。测绘学及其分支学科,如大地测量学、摄影测量与遥感、地图制图、地图投影等不但为 GIS 提供了高精度、快速、可靠、多时相和廉价的基础地理空间数据,而且其误差理论、地图投影与变换理论、图形学理论等许多相关的算法可直接用于 GIS 空间数据的变换处理,并促使 GIS 向更高层次发展。

4.3 遥感

遥感是一种不通过直接接触目标物而获得其信息的一种新型的探测技术。GIS 主要用于数据处理、操作和分析,遥感则作为一种空间数据采集手段已成为地理信息系统的主要信息源与数据更新途径。同时,地理信息系统的应用又进一步支持遥感信息的综合开发与利用,从而使遥感和地理信息系统的结合在"全数字"的环境下进入新的阶段。

4.4 计算机科学

地理信息系统技术的创立和发展是与地理空间信息的表达、处理、分析和应用手段的不断发展分不开的。地理信息系统与计算机的数据库技术、计算机辅助设计、计算机辅助制图和计算机图形学等有着密切的联系。计算机图形学是 GIS 图形算法设计的基础。数据库管理系统是各种类型信息系统包括 GIS 的核心,数据库的一些基本技术,如数据模型、数据存储、数据检索等,都在 GIS 中被广泛应用。

4.5 数学

数学的许多分支,尤其是几何学、图论、拓扑学、统计学、决策优化方法等被广泛应用于 GIS 空间数据的分析。

4.6 管理学

传统意义上的管理信息系统是以管理为目的,在计算机硬件和软件支持下具有存储、处理、管理和分析数据能力的信息系统,如人事管理信息系统、财务管理信息系统、服务业管理信息系统等。这类信息系统的最大特征是它处理的数据没有或者不包括空间特征。另一类管理信息系统是以具有空间分析功能的地理信息系统为支持、以管理为目标的信息系统,它利用地理信息系统的各种功能实现对具有空间特征的要素进行处理分析,以达到管理区域系统的目的,如城市交通管理信息系统、城市供水管理信息系统、节水农业管理信息系统等。

其他学科如系统论、信息论等都对 GIS 学科的发展具有重要意义。

第二节 GIS 的构成

按照国外学者 Andrew U. Frank 等人的观点,完整的 GIS 主要由四个部分构成,即计算机硬件系统,计算机软件系统,地理空间数据和系统开发、管理和使用人员。

1 计算机硬件系统

计算机硬件是计算机系统中的实际物理装置的总称,是 GIS 的物理外壳。构成计算机硬件系统的基本组件包括:

(1)计算机主机:中央处理单元、存储器(包括主存储器、辅助存储器)等;

(2)数据输入设备:数字化仪、图像扫描仪、手写笔、光笔、键盘、通信端口等;

(3)数据存储设备:光盘刻录机、磁带机、光盘、活动硬盘、磁盘阵列等;

(4)数据输出设备:笔式绘图仪、喷墨绘图仪、激光打印机等。

2 计算机软件系统

指 GIS 运行所必需的各种程序,通常包括如下几个部分:

2.1 计算机系统软件

由计算机厂家提供的为用户开发和使用计算机提供方便的程序系统,通常包括操作系统、汇编程序、编译程序、诊断程序、库程序以及各种维护使用手册、程序说明等,是 GIS 日常工作所必需的。

2.2 GIS 软件和其他支撑软件

可以是通用的 GIS 软件,也可包括数据库管理软件、计算机图形软件包、CAD、图像处理软件等。

2.3 应用分析程序

应用分析程序是系统开发人员或用户根据地理专题或区域分析模型编制的用于某种特定应用任务的程序,是系统功能的扩充与延伸。在优秀的 GIS 工具支持下,应用程序的开发应是透明的和动态的,与系统的物理存储结构无关,而随着系统应用水平的不断优化和扩充，应用程序作用于地理专题数据或区域数据，构成 GIS 的具体内容，这是用户最为关心的真正用于地理分析的部分，也是从空间数据中提取地理信息的关键。用户进行系统开发的大部分工作是开发应用程序，而应用程序的水平在很大程度上决定系统的实用性、优劣和成败。

3　地理空间数据

地理空间数据是指以地球表面空间位置为参照的自然、社会和人文景观数据，可以是图形、图像、文字、表格和数字等，由系统的建立者通过数字化仪、扫描仪、键盘、磁带机或其他通信系统输入 GIS，是系统程序作用的对象，是 GIS 所表达的现实世界经过模型抽象的实质性内容。

4　系统开发、管理和使用人员

人是 GIS 中的重要构成因素，GIS 不同于一幅地图，而是一个动态的地理模型，地理信息系统从其设计、建立、运行到维护的整个生命周期，处处都离不开人的作用。仅有系统软硬件和数据还构不成完整的地理信息系统，还需要人进行系统地组织、管理、维护和数据更新、系统扩充完善、应用程序开发，并灵活采用地理分析模型提取多种信息，为研究和决策服务。

第三节　GIS 的功能与应用

1　GIS 的功能

1.1　数据采集

主要用于获取数据，保证地理信息系统数据库中的数据在内容与空间上的完整性、数值逻辑一致性与正确性等。一般而论，地理信息系统数据库的建设占整个系统建设投资的70%或更多，并且这种比例在近期内不会有明显的改变。因此，信息共享与自动化数据输入成为地理信息系统研究的重要内容。

1.2　数据处理

初步的数据处理主要包括数据格式化、转换、概括。数据的格式化是指不同数据结构的数据间的变换；数据转换包括数据格式转化、数据比例尺的变化等；地图概括又称制图综合（Generalization），包括数据平滑、特征集结等。

1.3　数据存储与组织

地理数据存储与组织涉及空间数据和属性数据的组织。栅格模型、矢量模型或栅格/矢量混合模型是常用的空间数据组织方法。如何在计算机中有效地存储和管理这些数据，是 GIS 的基本问题。空间数据结构的选择在一定程度上决定了系统所能执行的数据与分析的功能。在地理数据组织与管理中，最为关键的是如何将空间数据与属性数据融合于一体。

1.4 空间查询与分析

空间查询是地理信息系统以及许多其他自动化地理数据处理系统应具备的最基本的分析功能;而空间分析是地理信息系统的核心功能,也是地理信息系统与其他计算机系统的根本区别。

1.4.1 空间检索

包括从空间位置检索空间物体及其属性和从属性条件集检索空间物体。空间索引是空间检索的关键技术,如何有效地从大型的地理信息系统数据库中检索出所需信息,将影响地理信息系统的分析能力;另一方面,空间物体的图形表达也是空间检索的重要部分。

1.4.2 空间数据计算、分析

通过地理信息系统的计算功能,过去要用手工来解决的一些问题,如位置数据的采集、区域面积与周长的量算、空间位置之间的距离量算等,现在可以很方便地完成。

1.4.3 空间模型分析

模型分析是在地理信息系统的支持下,分析和解决现实世界中与空间相关的问题,它是地理信息系统应用深化的重要标志,是地理信息系统区别于其他计算机系统的重要标志。地理信息系统通过地理模型分析从空间数据中提取有用信息,达到地理分析和辅助决策的目的。

1.5 图形显示与输出

将地理数据处理与分析结果通过输出设备直观形象地表现出来,供人们观察、使用与分析,这是 GIS 问题求解过程的最后一道工序。这方面的技术主要包括数据校正、编辑、图形整饰、误差消除、坐标变换、出版印刷等。

2 GIS 的应用

2.1 测绘与地图制图

地理信息系统技术源于机助制图。地理信息系统(GIS)技术与遥感(RS)、全球定位系统(GPS)技术在测绘界的广泛应用,为测绘与地图制图带来了一场革命性的变化。集中体现在以下方面:地图数据获取与成图的技术流程发生根本的改变;地图的成图周期大大缩短;地图成图精度大幅度提高;地图的品种大大增加。数字地图、网络地图、电子地图等新的地图形式为广大用户带来了巨大的应用便利,测绘与地图制图进入了一个崭新的时代。

2.2 资源管理

资源清查是地理信息系统最基本的职能,其主要任务是将各种来源的数据汇集在一起,并通过系统的统计和覆盖分析功能,按多种边界和属性条件,提供区域多种条件组合形式的资源统计和进行原始数据的快速再现。以土地利用类型为例,它可以输出不同土地利用类型的分布和面积,按不同高程带划分的土地利用类型,不同坡度区内的土地利用现状以及不同时期的土地利用变化等,为资源的合理利用、开发和科学管理提供依据。

2.3 城乡规划

城市与区域规划中要处理许多不同性质和不同特点的问题,它涉及资源、环境、人口、交通、经济、教育、文化和金融等多个地理变量和大量数据。地理信息系统的数据库管理有利于将这些数据信息归并到统一系统中,进行城市与区域多目标的开发和规划,包括城镇总体规划、城市建设用地适宜性评价、环境质量评价、道路交通规划、公共设施配置以及城市环境的动态监测等。这些规划功能的实现是以地理信息系统的空间搜索方法、多种信息的叠加处理和一系列分析软件(回归分析、投入产出计算、模糊加权评价、0-1规划模型、系统动力学模型等)为保证的。

2.4 灾害监测

利用地理信息系统,借助遥感遥测的数据,可以有效地用于森林火灾的预测预报、洪水灾情监测和洪水淹没损失的估算,为救灾抢险和防洪决策提供及时准确的信息。如据我国大兴安岭地区的研究,通过普查分析森林火灾实况,统计分析十几万个气象数据,用模糊数学方法建立数学模型,建立微机信息系统的多因子的综合指标森林火险预报方法,其预报火险等级的准确率可达73%以上。

2.5 环境保护

利用GIS技术建立城市环境监测、分析及预报信息系统,为实现环境监测与管理的科学化、自动化提供最基本的条件;在区域环境质量现状评价过程中,利用GIS技术对整个区域的环境质量进行客观的、全面的评价,以反映出区域中受污染的程度以及空间分布状态;在野生动植物保护中,世界野生动物基金会采用GIS空间分析功能,帮助世界最大的猫科动物改善其目前濒于灭种的境地,都取得了很好的应用效果。

2.6 国防

现代战争的一个基本特点就是“3S”技术被广泛地运用到从战略构思到战术安排的各个环节。如海湾战争期间,美国国防制图局在工作站上建立了GIS与遥感的集成系统,它能用自动影像匹配和自动目标识别技术处理卫星和高空侦察机实时获得的战场数字影像,及时地将反映战场现状的正射影像叠加到数字地图上,数据直接传送到海湾前线指挥部和五角大楼,为军事决策提供24小时的实时服务。

2.7 宏观决策支持

地理信息系统利用拥有的数据库,通过一系列决策模型的构建和比较分析,为国家宏观决策提供依据。如系统支持下的土地承载力的研究,可以解决土地资源与人口容量的规划。我国在三峡地区研究中,利用地理信息系统和机助制图的方法,建立环境监测系统,为三峡宏观决策提供了建库前后环境变化的数量、速度和演变趋势等可靠的数据。

GIS还被用在社会治安、消防、运输、商业与市场分析、金融与保险、邮电、石油、气象、地质、水土保持、农业、林业、土木、水利等多个领域。在这些领域中,尽管应用的地理信息系统名称不同,但它们都是与具体部门相结合的地理信息系统软件。

第四节　GIS 的发展概况

1　国际发展状况

1.1　GIS 的开拓期(20 世纪 60 年代)

20 世纪 50 年代末和 60 年代初,计算机技术开始用于地图量算、分析和制作,机助制图迅速发展起来。60 年代中期,由于自然资源和环境的规划管理及应用的需要,对大量的空间环境数据进行存储、分析和显示,因此出现了地理信息系统的早期雏形。1963 年,加拿大测量学家 R.F.Tomlinson 首先提出了地理信息系统这一术语,并建立了世界上第一个实用的地理信息系统——加拿大地理信息系统(CGIS),用于自然资源的管理和规划。此时,地理信息系统的特征是和计算机技术的发展水平联系在一起的,表现在计算机存储能力小,磁带存取速度慢,机助制图能力较强,地学分析功能比较简单。与此同时,地理信息系统发展的另一显著标志是许多有关的组织和机构纷纷建立,如 1966 年美国成立城市和区域信息系统协会(URISA),1969 年又建立州信息系统全国协会(NASIS),国际地理联合会(IGU)于 1968 年设立了地理数据收集和处理委员会(CGDSP)。这些组织和机构的建立,对于传播地理信息系统的知识和发展地理信息系统的技术起了重要的指导作用。

1.2　GIS 的巩固发展期(20 世纪 70 年代)

进入 70 年代以后,计算机硬件和软件技术飞速发展,尤其是大容量存取设备——硬盘的使用,为空间数据的录入、存储、检索和输出提供了强有力的手段。用户屏幕和图形、图像卡的发展增强了人机对话和高质量图形显示功能,促使 GIS 朝着使用方向迅速发展。一些发达国家先后建立了许多不同专题、不同规模、不同类型的各具特色的地理信息系统。如从 1970 年至 1976 年,美国地质调查所就建成 50 多个信息系统,分别作为处理地理、地质和水资源等领域空间信息的工具。其他如加拿大、联邦德国、瑞典和日本等国也先后发展了自己的地理信息系统。同时,一些商业公司开始活跃起来,软件在市场上受到欢迎。此外,探讨以遥感数据为基础的地理信息系统逐渐受到重视。如将遥感纳入地理信息系统的可能性、接口问题以及遥感支持的信息系统的结构和构成等问题;美国喷气推动实验室(JPL)在 1976 年研制成功兼具影像数据处理和地理信息系统功能的影像信息系统 IBIS(Image Based Information System),可以处理 Landsat 影像多光谱数据。

在此期间,国际地理联合会先后于 1972 年和 1979 年召开关于地理信息系统的学术讨论会;1978 年,FIG 规定第三委员会的主要任务是研究地理信息系统,同年,在联邦德国达姆斯塔特工业大学召开了第一次地理信息系统讨论会等。期间,许多大学(如美国纽约州立大学布法罗校区等)开始注意培养地理信息系统方面的人才,创建了地理信息系统实验室。一些商业性的咨询服务公司开始从事地理信息系统工作。

总之,地理信息系统在继承 60 年代技术的基础上,充分利用了新的计算机技术,但系统的数据分析能力仍然很弱,在地理信息系统技术方面未有新的突破,系统的应用与开发多限于某个机构,专家个人的影响削弱,而政府影响增强。

1.3 GIS技术的大发展时期(20世纪80年代)

随着计算机软、硬件技术的发展和普及,地理信息系统也逐渐走向成熟,这一时期是地理信息系统发展的重要时期。计算机价格的大幅度下降、功能较强的微型计算机系统的普及和图形输入、输出和存储设备的快速发展,大大推动了地理信息系统软件的发展,大量的微机GIS软件系统被研制出来。GIS软件技术在以下几个方面有了很大的突破。在栅格扫描输入的数据处理方面,尽管扫描数据的处理要花费很长的机时,但是仍可大大提高数据输入的效率;在数据存储和运算方面,随着硬件技术的发展,GIS软件处理的数据量和复杂程度大大提高,许多软件技术固化到专用的处理器中,而且遥感影像的自动校正、实体识别、影像增强和专家系统分析软件也明显增加;在数据输出方面,与硬件技术相配合,GIS软件可支持多种形式的地图输出;在地理信息管理方面,除了DBMS技术已发展到支持大型地图数据库的水平外,专门研制的适合GIS空间关系表达和分析的空间数据库管理系统也有了很大的发展。

总之,这一时期的地理信息系统的发展有如下特点:

(1)在70年代技术开发的基础上,地理信息系统技术全面推向应用;

(2)开展工作的国家和地区更为广泛,国际合作日益加强,地理信息系统由发达国家推向发展中国家,如中国;

(3)地理信息系统技术进入多种学科领域,从比较简单的、单一功能的、分散的系统发展到多功能的、共享的综合性信息系统,并向智能化发展,新型的地理信息系统将运用专家系统知识进行分析、预报和决策;

(4)微机地理信息系统蓬勃发展,并得到广泛应用。在地理信息系统理论指导下研制的地理信息系统工具具有更高的效率和更强的独立性和通用性,更少依赖于应用领域和计算机硬件环境,为地理信息系统的建立和应用开辟了新的途径。

1.4 GIS的应用普及时代(20世纪90年代)

由于计算机的软硬件均得到飞速的发展,因此,地理信息系统已成为许多机构必备的工作系统,尤其是政府决策部门,在一定程度上受地理信息系统的影响而改变了现有机构的运行方式、设置与工作计划等。另外,社会对地理信息系统的认识普遍提高,需求大幅度增加,从而导致地理信息系统应用的扩大与深化。国家级乃至全球性的地理信息系统已成为公众关注的问题,如地理信息系统已列入美国政府制定的"信息高速公路"计划,美国前副总统戈尔提出的"数字地球"战略也包括地理信息系统。

进入90年代,随着地理信息产业的建立和数字化信息产品在全世界的普及,地理信息系统将深入到各行各业乃至各家各户,成为人们生产、生活、学习和工作中不可缺少的工具。国家级乃至全球性的地理信息系统已成为公众关注的问题。

2 国内发展状况

地理信息系统的研制与应用在我国起步较晚,从20世纪70年代末开始,虽然历史较短,但是发展很快。中国地理信息系统的发展也可分为三个阶段:

第一阶段从1978年到1980年,为准备阶段,主要进行舆论准备,正式提出倡议,开始组建队伍,组织个别实验研究。以1980年中国科学院遥感应用研究所成立全国第一个地理信息系统研究室为标志。

第二阶段从1981年到1985年，为起步阶段，主要是对地理信息系统进行理论探索和区域性实验研究，并在此基础上制定国家地理信息系统规范。1981年，在四川渡口二滩进行试验，以航空遥感资料为基础，进行信息采集和数据库模型设计。从1984年开始，国家测绘局测绘科学研究所着手组建中国国土基础信息系统。1985年，国家资源与环境信息系统实验室成立，这是一个新型的开放性研究实验室。

第三阶段从1986年至今，为初步发展阶段。地理信息系统的研究被列入我国“七五”攻关课题，且作为一个全国性的研究领域，已逐步和国民经济建设相结合，并取得了重要进展和实际应用效益。这个阶段，全国形成了一个比较系统的研究计划：一方面，以研究资源与环境信息系统的国家规范和标准、省、市、县级的规范和区域性的规范为主体，解决信息共享和系统兼容的问题；另一方面，开展全国性的自然资源与环境、国土和水土保持信息系统的建立和应用模式研究，开展结合水土保持、洪水预警和救灾对策、防护林生态和城市环境等方面区域信息系统的研究；第三方面，研制和发展软件系统和专家系统，从技术上支撑上述研究领域的开拓与发展。在这个阶段，全国建成了一批数据库，如林业部研制的全国森林资源数据库；开发了一系列空间信息处理和制图软件，如南京大学的微机制图系统及地图绘制软件包、中国科学院地理研究所的地理网络法软件系统；建立了一些具有分析和应用深度的地理模型和基础性的专家系统，如北京大学的地理专家系统、中国科学院的资源开发模型工具库系统、武汉大学的基于GIS的专题地图设计专家系统、华东师范大学的地理应用程序软件包等；完成了一批综合性、区域性和专题性的信息系统，如中国科学院的中国国土基础信息系统、黄土高原水土流失信息系统、黄河下游洪水险情预警信息系统等；开始出版有关地理信息系统理论、技术和应用等方面的著作，并积极开展国际合作，参与全球性地理信息系统的讨论和实验。现在全国有近200所高校开设了地理信息系统专业，在全国范围内建立了地理信息系统的科研队伍，逐步建立了不同层次、不同规模的研究中心和实验室。

进入新世纪以来，地理信息系统步入快速发展阶段，已日益广泛应用于政府办公自动化、土地管理、资源调查、农林水利、环境保护、防灾减灾、人口与城市规划、交通运输、国防建设及其他所有涉及空间信息的行业和部门并向纵深发展。地理信息系统产业化也获得飞速发展，以MapGIS、SuperMap、GeoStar等为代表的一批先进的国产地理信息系统软件不但占领了一定份额的国内市场，而且还走出了国门。同时，涌现出了北斗星通、超图软件、合众思壮、中海达、数字政通、四维图新等一批行业上市公司，地理信息技术产业化发展方兴未艾。

思考题

1. 什么是GIS？它具有什么特点？
2. GIS与其他信息系统有什么区别？
3. 简述GIS的构成。
4. 举例说明GIS可应用的行业。
5. 简述GIS的研究内容。
6. 简述GIS的相关学科。
7. 简述目前GIS的发展状况。

第二章 GIS空间数据结构与数据库

第一节 GIS空间数据模型与数据结构

1 空间数据的分类

在地理信息系统中，按照空间数据的特征，可将其分为三种类型：空间特征数据（定位数据）、时间属性数据（时间尺度数据）和专题属性数据（非定位数据）。

1.1 空间特征数据

空间特征指空间物体的位置、形状和大小等几何特征以及与相邻物体的拓扑关系，空间特征又称为几何特征或定位特征。空间特征数据记录的是空间实体的位置、拓扑关系和几何特征，这是地理信息系统区别于其他数据库管理系统的标志。

空间位置可以由不同的坐标系统来描述，如经纬度坐标、一些标准的地图投影坐标或任意的直角坐标等。人类对空间目标的定位一般不是通过实体的坐标，而是确定某一目标与其他目标间的空间位置关系，而这种关系往往也是拓扑关系。

1.2 专题特征数据

专题特征数据又称属性特征（非定位数据）数据，是指地理实体所具有的各种性质，如变量、级别、数量特征和名称等。如一条道路的属性包括路宽、路名、路面材料、路面等级、修建时间等。属性数据本身属于非空间数据，但它是空间数据中的重要数据成分，它同空间数据相结合，才能表达空间实体的全貌。属性特征的量测是按属性等级的差异以及量度单位的不同进行的。

1.3 时间特征数据

时间特征（时间尺度）指地理实体的时间变化或数据采集的时间等，其变化的周期有超短期的、短期的、中期的、长期的等。严格地讲，空间数据总是在某一特定时间或时段内采集得到或计算产生的。由于有些空间数据随时间变化相对较慢，因而有时被忽略；有时，时间可以被看成一个专题特征。

对于绝大部分地理信息系统的应用来说，时间和专题属性数据结合在一起共同作为属性特征数据，而空间特征数据和属性特征数据统称为空间数据（或地理数据）。那么，地理信息系统是如何建立空间特征数据和属性特征数据之间的联系呢？我们已经知道了空间特征是如何通过坐标值和拓扑关系来表达，属性特征又是怎样组织成表格中一系列的记录。

如果对于每一个具有拓扑关系的空间特征以及这个空间特征的一个描述记录赋予共同并且是惟一的标识符(Identifier),那么,由于这个标识符保证了在空间特征和属性记录之间一一对应的关系,这样,就可以通过空间记录查找并显示属性信息,或者依据存储在属性表格中的属性生成具有地学分析意义的空间图形,如地图。

2 空间数据模型

在计算机中,现实世界是以各种符号形式来表达和记录的。计算机在对数字和字符进行操作时,又将它们表示为二进制形式。因此,基于计算机的地理信息系统不能直接作用于现实世界,必须经过对现实世界的数据描述这一步骤。

模型是对现实世界的简化表达。一幅地质图是一个符号模型,因为它是通过地质学家处理后得到现实世界的简化描述;存储数字地质图的计算机文件也是一种符号模型,它以数字代码来表现图形符号。一幅数字地图的产生不仅需要选择所要表现的物体,还要考虑如何对表达它们的数据进行组织。如果数据的组织规则没有很好地建立起来,那么,一幅数字地图除了对生产这些数据的个人或组织有用以外,对于其他人是没有什么用处的。

数据建模是指把现实世界的数据组织为有用且能反映真实信息的数据集的过程。根据一定的方案建立的数据逻辑组织方式叫数据模型。数据建模过程分为三步:首先,选择一种数据模型来对现实世界的数据进行组织;然后,选择一种数据结构来表达该数据模型;最后,选择一种适合于记录该数据结构的文件格式。例如,表示地表高程的空间数据可以选用栅格模型进行组织,栅格模型选用游程编码这一数据结构进行表达,处理后的数据则以诸如后缀名为.COT 的文件进行存储。同样地,地表也可用矢量模型来组织,即以等高线来表示地表,数据以 POLYVRT 的拓扑结构进行安排,并且以 DLG(Digital Line Graph)文件格式存储。不规则三角网(TIN)模型是另一种能很好地表达高程数据的数据模型。因此,一种空间数据建模可能有几种可选的数据结构,而每一种数据结构又可能有多种文件格式进行存储。由此可见,只有同时理解了存储数据的数据模型和数据结构,用户才能够更好地使用数据。

空间数据可依据它们的收集方式、存储方法、说明内容、使用目标等,用不同的数据模型进行组织。地理信息系统中最常用的数据组织方式为矢量模型和栅格模型。在矢量模型中,用点、线、面表达世界;在栅格模型中,用空间单元(Cell)或像元(Pixel)来表达。

2.1 空间数据模型的作用

在地理信息系统中,模型尤其是数学模型起着十分重要的作用。由于模型是对客观世界中解决各种实际问题所依据的规律或过程的抽象或模拟,因此,它能有效地帮助人们从各种因素之间找出其因果关系或者联系,有利于问题的解决。模型的建立是数学或技术性的问题,但它必须以广泛、深入的专业研究为基础,专业研究的深入程度决定了所建模型的质量与效果,而模型的质量和数量又决定了系统中数据使用的效率和深度。大量模型的发展和应用实际上集中和验证了该应用领域中许多专家的经验和知识,这无疑成为一般地理信息系统向专家系统发展的基础。

GIS 作为一种信息系统,是以现实世界为研究目标,以计算机内部的二进制数字世界作为存储载体的。它将人们对于客观世界的理解经过一系列处理后,变成数字形式存于计算机中。现实世界极其复杂,人们一方面希望 GIS 包含充足的数据;另一方面,又期望从中能方便地选择所需要的相关数据而抛开其他兴趣不大的数据。这就要求人们以一种高效的数据组织方式兼顾两方面的要求,既尽可能地包含信息(包括对未来潜在有用的信息),又要能方便快速地选取。在这其中,人们对于客观世界的理解及其表达——GIS的数据模型(概念、逻辑和物理)起着至关重要的作用。从现实世界到计算机系统,人们首先要做的是概念模型的建立。概念模型反映了人们对现实世界的认知与理解,是从现实世界到人们大脑的映射,对后期 GIS 的建设起着先导性的作用。

2.2 空间数据模型类型

一般而言,GIS空间数据模型由概念数据模型、逻辑数据模型和物理数据模型三个有机联系的层次所组成。

2.2.1 GIS空间概念数据模型

由于专业不同,人们所关心的问题、研究的对象、期望的结果等方面存在着差异,因而对现实世界的描述和抽象也不同,这就形成了不同的用户视图,称之为外模式。GIS空间数据模型的概念模型是考虑用户需求的共性,是用统一的语言描述和综合、集成各用户视图。目前,广为采用的数据模型是基于平面图的矢量数据模型和基于连续铺盖的栅格数据模型。

2.2.2 空间逻辑数据模型

逻辑数据模型是根据概念数据模型确定的空间数据库信息内容(空间实体及相互关系),具体地表达数据项、记录等之间的关系,因而可以有若干不同的实现方法。一般来说,可将空间逻辑数据模型分为采用结构化模型和面向操作的模型两大类。

(1)结构化逻辑数据模型

结构化模型是显式表达数据实体之间关系的树型结构。其中的层次数据模型是按树型结构组织数据记录,以反映数据之间的隶属或层次关系。网络数据模型是层次数据模型的一种广义形式,是若干层次结构的并,其优点是能反映现实世界中极为常见的多对多的联系,缺点是复杂。一般而言,结构化模型能直接地反映现实世界中空间实体之间的联系。

(2)面向操作的逻辑数据模型

关系数据模型是用二维表格表达数据实体之间的关系,用关系操作提取或查询数据实体之间的关系,因此称之为面向操作的逻辑数据模型。其优点是灵活简单,缺点是在表示复杂关系时比其他数据模型困难;当数据构成多层联系时,存储空间利用效率较低。当前的一种发展趋势是将两者的优点集中起来,形成新的或改进的逻辑数据模型,如扩展的网络模型。

2.2.3 物理数据模型

逻辑数据模型并不涉及最底层的物理实现细节,但计算机处理的是二进制数据,必须将逻辑数据模型转换为物理数据模型,即要设计空间数据的物理组织、空间存取方法、数据库总体存储结构等。

(1)物理表示与组织

层次逻辑数据模型的物理表示方法主要有物理邻接法、表结构法、目录法。网络数据模型的物理表示方法主要有变长指针表、位图法、目录法等。关系数据模型的物理表示是用关系表进行的。物理组织主要是考虑如何在外存储器上以最优的形式存放数据,通常要考虑操作效率、响应时间、空间利用和总的开销。

(2)空间数据存取

数据库的“存”是指从内存写一块到外存,“取”指从外存写一段到内存。常用的存取方法有：

- 文件结构法：包括顺序结构（如二分查找、插值查找）、表结构（线性表、倒排表）和随机结构。
- 索引文件：它是提高数据存取效率的基本方法。对索引的插入、删除等只涉及索引记录本身，而对数据记录的操作要看具体的数据组织策略。如果索引本身很大，就要对索引文件再索引，建立多级索引，如 B 树、B+树等。B 树是基于主关键字的索引，若要根据次关键字进行索引，必须建立倒排索引表。但是，如果这种基于次关键字的搜索是主要操作，这类索引就不适合了。
- 点索引结构：由于 B 树在进行基于次关键字的搜索时不适合，为此，将空间定位数据及其属性看做是多维空间中的点，采用栅格索引、KD 树、四叉树、R 树等多维点索引结构进行索引。目前，空间存取方法及查询优化仍是 GIS 研究中的一个重要课题。

3　空间数据结构

空间数据结构是指适合于计算机系统存储、管理和处理的地学图形的逻辑结构，是地理实体的空间排列方式和相互关系的抽象描述。它是对数据的一种理解和解释，对同样的一组数据，按不同的数据结构去处理，得到的可能是截然不同的内容。空间数据结构是地理信息系统沟通信息的桥梁，只有充分理解地理信息系统所采用的特定数据结构，才能正确地使用系统。

数据结构的概念至今尚未有一个被一致公认的定义，一般认为，数据结构是相互之间存在一种或几种特定关系的数据元素的集合，它是指并非孤立存在的数据元素之间相互关系的描述。

空间数据的结构基本上可分为两大类：矢量结构和栅格结构（也可以称为矢量模型和栅格模型）（图 2.1）。两类结构都可用来描述地理实体的点、线、面三种基本类型。栅格和矢量模型最根本的不同在于它们如何表达空间概念。栅格模型采用面域或空域枚举来直接描述空间目标对象；矢量模型用边界或表面来表达空间目标对象的面或体要素，通过记录目标的边界，同时采用标识符表达它的属性来描述对象实体。

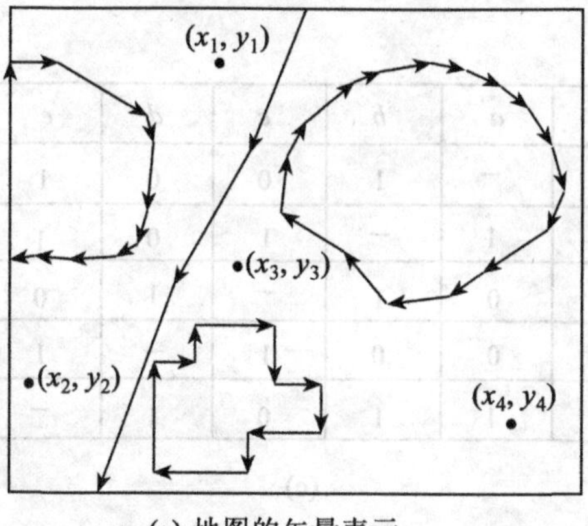

(a) 地图的矢量表示

0	0	0	0	0	0	1	0	0	0	0	0
3	3	0	0	8	1	0	4	4	4	0	0
3	3	3	0	0	1	4	4	4	4	4	0
3	3	3	0	1	0	4	4	4	4	4	4
3	3	3	0	1	0	4	4	4	4	4	0
0	0	0	1	7	0	0	4	4	4	0	0
0	0	0	1	5	5	0	0	0	0	0	0
7	0	1	5	5	5	5	0	0	0	0	0
0	0	1	5	5	5	5	0	0	0	8	0
0	1	0	5	5	0	0	0	0	0	0	0

(b) 地图的栅格表示

图 2.1　地图的矢量结构和栅格结构表示

4 数据模型与数据结构的关系

数据结构是数据模型和文件格式之间的中间媒介。例如,游程编码是一种适用于栅格数据模型的数据结构,它能以各种各样的格式写到数据文件里。事实上,数据模型是数据表达的概念模型,数据结构是数据表达的物理实现,前者是后者的基础,后者是前者的具体实现。

在实际应用中,一般认为数据模型是数据结构的高层次抽象,而数据结构是数据模型的具体实现。在数据库系统中,数据结构指的是按照一定方式存储和访问数据的方法或程序的集合,而数据模型则是一般化的高度抽象的概念集合。数据库管理系统的作用主要是将数据模型的抽象操作映射为数据结构的具体操作。在数据库领域,数据模型就是数据库模型,数据结构就是数据库结构,数据模型与数据结构之间存在比较明确的一一对应关系。

5 空间数据的拓扑关系

5.1 拓扑的基本概念

几何信息和拓扑关系是地理信息系统中描述地理要素的空间位置和空间关系不可缺少的基本信息。其中,几何信息主要涉及几何目标的坐标位置、方向、角度、距离和面积等信息,它通常用解析几何的方法来分析;而空间关系信息主要涉及几何关系的"相连"、"相邻"、"包含"等信息,它通常用拓扑关系或拓扑结构的方法来分析。拓扑关系是明确定义空间关系的一种数学方法。在地理信息系统中,用它来描述并确定空间的点、线、面之间的关系及属性,并可实现相关的查询和检索。从拓扑观点出发,关心的是空间的点、线、面之间的连接关系,而不管实际图形的几何形状。因此,几何形状相差很大的图形,它们的拓扑结构却可能相同。

图 2.2(a)、图 2.2(b)所表示的图,其几何形状不同,但它们节点间的拓扑关系相同,均可用图 2.2(c)所示的节点邻接矩阵表示。图 2.2(c)中交点为 1 处表示相应纵横两节点相连。

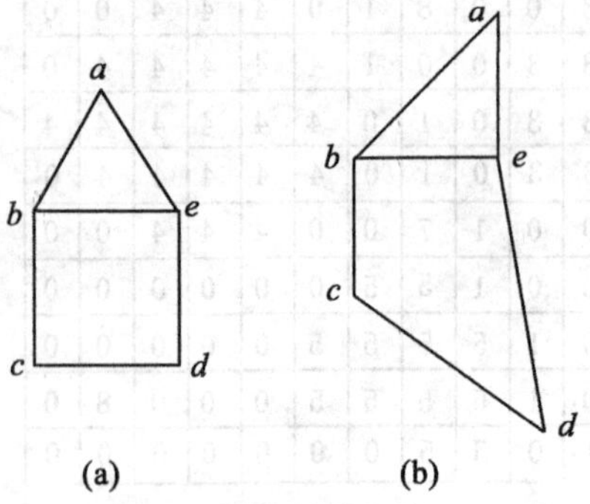

	a	b	c	d	e
a	—	1	0	0	1
b	1	—	1	0	1
c	0	1	—	1	0
d	0	0	1	—	1
e	1	1	0	1	—

(c)

图 2.2 节点之间的拓扑关系

同样,图 2.3(a)、图 2.3(b)所表示的图,其几何形状完全不同,但各面块之间的拓扑邻接关系完全相同,均可用如图 2.3(c)所示的邻接矩阵所示。图 2.3(c)中交点为 1 处表示相应的两个面相邻。

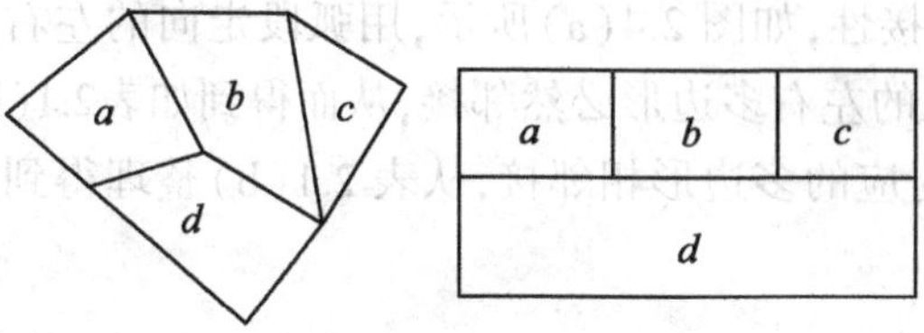

(a) (b)

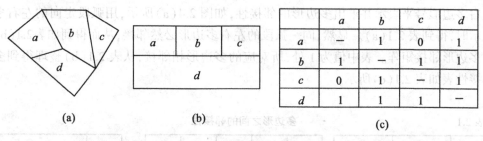

	a	b	c	d
a	—	1	0	1
b	1	—	1	1
c	0	1	—	1
d	1	1	1	—

(c)

图 2.3 面块之间的拓扑关系

总之,拓扑关系反映了空间实体之间的逻辑关系,它不需要坐标、距离信息,不受比例尺限制,也不随投影关系变化。因此,在地理信息系统中,了解拓扑关系对空间数据的组织、空间数据的分析和处理都具有非常重要的意义。

5.2 拓扑关系

空间数据拓扑关系的表示方法主要有下述几种。

5.2.1 拓扑关联性

拓扑关联性表示空间图形中不同类型元素,如节点、弧段及多边形之间的拓扑关系。如图 2.4(a)所示的图形,既有多边形和弧段之间的关联性 $P_1/a_1, a_5, a_6; P_2/a_2, a_4, a_6$ 等,如图 2.4(b)所示;也有弧段和节点之间的关联性 $N_1/a_1, a_3, a_5; N_2/a_1, a_6, a_2$ 等。即从图形的拓扑关联性出发,图 2.4(a)可用图 2.4(b)、图 2.4(c)所示的关联表来表示。

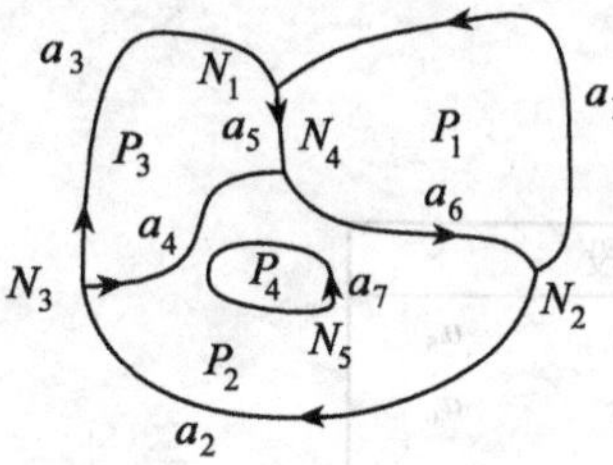

(a)

多边形号	弧段号
P_1	$a_1a_5a_6$
P_2	$a_2a_4a_6$
P_3	$a_3a_4a_5$
P_4	a_7

(b)

弧段号	起点	终点	坐标点
a_1	N_2	N_1	
a_2	N_2	N_3	
a_3	N_3	N_1	
a_4	N_3	N_4	
a_5	N_1	N_4	
a_6	N_4	N_2	
a_7	N_5	N_5	

(c)

图 2.4 图形的拓扑关联性

用关联表来表示图的优点是每条弧段所包含的坐标数据点只需存储一次,如果不考虑它们之间的关联性,而以每个多边形的全部封闭弧段的坐标点来存储数据,不仅数据量大,而且无法反映空间关系。

5.2.2 拓扑邻接性

拓扑邻接性表示图形中同类元素之间的拓扑关系，如多边形之间的邻接性、弧段之间的邻接性以及节点之间的邻接关系（连通性）。由于弧段的走向是有向的，因此，通常用弧段的左右多边形号来表示并求出多边形的邻接性，如图2.4(a)所示，用弧段走向的左右多边形表示时，得到表2.1(a)。显然，同一弧段的左右多边形必然邻接，从而得到如表2.1(b)所示的多边形邻接矩阵。表中值为1处，所对应的多边形相邻接，从表2.1(b)整理得到多边形邻接性表如表2.1(c)所示。

表2.1 多边形之间的邻接性

弧段号	左多边形	右多边形
a_1	P_1	/
a_2	/	P_2
a_3	/	P_3
a_4	P_3	P_2
a_5	P_1	P_3
a_6	P_1	P_2
a_7	P_7	P_4

(a)

	P_1	P_2	P_3	P_4
P_1	—	1	1	0
P_2	1	—	1	1
P_3	1	1	—	0
P_4	0	1	0	—

(b)

	邻接多边形		
P_1	P_2	P_3	
P_2	P_1	P_3	P_4
P_3	P_1	P_2	
P_4	P_2		

(c)

同理，从图2.4(a)可得到如表2.2所示的弧段和节点之间的关系表。由于同一弧段上两个节点必连通，同一节点上的各弧段必相邻，所以可得弧段之间的邻接性矩阵和节点之间的连通性矩阵分别如表2.3(a)、表2.3(b)所示。

表2.2 弧段和节点之间的关系表

弧段	起点	终点
a_1	N_2	N_1
a_2	N_2	N_3
a_3	N_3	N_1
a_4	N_3	N_4
a_5	N_1	N_4
a_6	N_4	N_2
a_7	N_5	N_5

(a)

节点	弧段		
N_1	a_1	a_3	a_5
N_2	a_1	a_2	a_6
N_3	a_2	a_3	a_4
N_4	a_4	a_5	a_6
N_5	a_7		

(b)

表 2.3　　　弧段之间的邻接矩阵和节点之间的连通矩阵

弧段	a_1	a_2	a_3	a_4	a_5	a_6	a_7
a_1	—	1	1	0	1	1	0
a_2	1	—	1	1	0	1	0
a_3	1	1	—	1	1	0	0
a_4	0	1	1	—	1	1	0
a_5	1	0	1	1	—	1	0
a_6	1	1	0	1	1	—	0
a_7	0	0	0	0	0	0	—

(a)弧段的邻接矩阵

节点	N_1	N_2	N_3	N_4	N_5
N_1	—	1	1	1	0
N_2	1	—	1	1	0
N_3	1	1	—	1	0
N_4	1	1	1	—	0
N_5	0	0	0	0	—

(b)节点的连通矩阵

5.2.3　拓扑包含性

拓扑包含性是表示空间图形中，面状实体中所包含的其他面状实体或线状、点状实体的关系。

面状实体中包含面状实体的情况又分为三种，即简单包含、多层包含和等价包含，分别如图 2.5(a)、图 2.5(b)和图 2.5(c)所示。

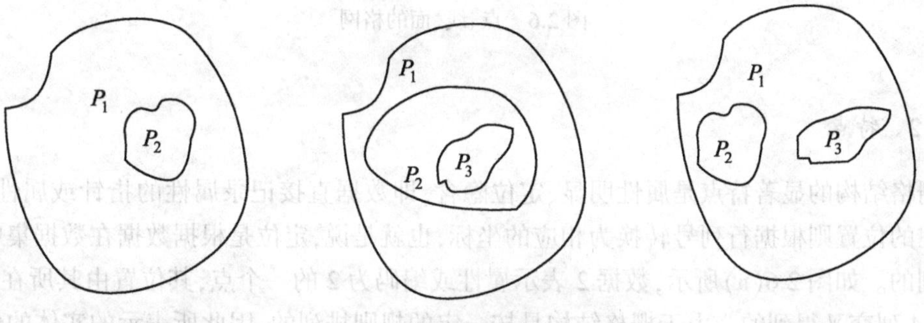

(a) 简单包含　　(b) 多层包含　　(c) 等价包含

图 2.5　面状实体之间的包含关系

图 2.5(a)中多边形 P_1 包含多边形 P_2；图 2.5(b)中多边形 P_3 包含在多边形 P_2 中，而多边形 P_2、P_3 又都包含在多边形 P_1 中；图 2.5(c)中多边形 P_2、P_3 都包含在多边形 P_1 中，多边形 P_2、P_3 对 P_1 而言是等价包含。

第二节　栅格数据结构及其编码

1　栅格数据结构

1.1　定义

栅格结构是最简单、最直接的空间数据结构，是指将地球表面划分为大小均匀、紧密相邻的网格阵列,每个网格作为一个像元或像素由行、列定义,并包含一个代码表示该像素的属性类型或量值,或仅仅包括指向其属性记录的指针。因此,栅格结构是以规则的阵列来表示空间地物或现象分布的数据组织,组织中的每个数据表示地物或现象的非几何属性特征。栅格数据结构实际就是像元阵列,每个像元的大小代表了定义的空间分辨率,每个像元由行列确定它的位置。如图 2.6 所示,在栅格结构中,点用一个栅格单元表示;线状地物用沿线走向的一组相邻栅格单元表示,每个栅格单元最多只有两个相邻单元在线上;面或区域用记有区域属性的相邻栅格单元的集合表示,每个栅格单元可有多于两个的相邻单元同属一个区域。遥感影像属于典型的栅格结构,每个像元的数字表示影像的灰度等级。

0	0	0	0	0	0	0	0
0	0	0	0	0	0	0	0
0	0	0	0	2	0	0	0
0	0	0	0	0	0	0	0
0	0	0	0	0	0	0	0
0	0	0	0	0	0	0	0
0	0	0	0	0	0	0	0
0	0	0	0	0	0	0	0

(a)点

0	0	0	0	0	0	0	0
0	0	0	6	0	0	0	0
0	6	6	0	6	0	0	0
0	0	0	0	0	6	0	0
0	0	0	0	0	6	0	0
0	0	0	0	0	6	0	0
0	0	0	0	0	0	6	0
0	0	0	0	0	0	0	0

(b)线

0	4	4	7	7	7	7	7
4	4	4	4	4	7	7	7
4	4	4	4	8	8	7	7
0	0	4	8	8	8	7	7
0	0	8	8	8	8	7	8
0	0	0	8	8	8	8	8
0	0	0	0	8	8	8	8
0	0	0	0	0	8	8	8

(c)面

图 2.6 点、线、面的格网

1.2 特点

栅格结构的显著特点是属性明显、定位隐含,即数据直接记录属性的指针或属性本身,而所在的位置则根据行列号转换为相应的坐标,也就是说,定位是根据数据在数据集中的位置得到的。如图 2.6(a)所示,数据 2 表示属性或编码为 2 的一个点,其位置由其所在的第 3 行、第 4 列交叉得到的。由于栅格结构是按一定的规则排列的,因此所表示的实体的位置很容易隐含在格网文件的存储结构中。在后面讲述栅格结构编码时可以看到,每个存储单元的行列位置可以方便地根据其在文件中的记录位置得到,且行列坐标可以很容易地转为其他坐标系下的坐标。在格网文件中,每个代码本身明确地代表了实体的属性或属性的编码,如果为属性的编码,则该编码可作为指向实体属性表的指针。图 2.6(a)表示了代码为 2 的点实体,图 2.6(b)表示了一条代码为 6 的线实体,而图 2.6(c)则表示了三个面实体或称为区域实体,代码分别为 4、7 和 8。由于栅格行列阵列容易为计算机存储、操作和显示,因此,这种结构容易实现,且易于扩充、修改,也很直观,特别是易于与遥感影像结合处理,给地理空间数据处理带来了极大的方便。

需要注意的是,栅格模型最小单元与它所表达的真实世界空间实体没有直接的对应关系。栅格数据模型中的空间实体单元不是通常概念上理解的物体,它们只是彼此分离的栅格。例如,道路作为明晰的栅格是不存在的,栅格的值才表达了路是一个实体。道路是被具有道路属性值的一组栅格表达的,这条路不可能通过某一栅格实体被识别出来。

栅格结构表示的地表是不连续的,是量化和近似离散的数据。在栅格结构中,地表被分成相互邻接、规则排列的矩形方块(特殊情况下,也可以是三角形或菱形、六边形等),每个地块与一个栅格单元相对应。栅格数据的比例尺就是栅格大小与地表相应单元的大小之比。在许多栅格数据处理时,常假设栅格所表示的量化表面是连续的,以便使用某些连续函数。由于栅格结构对地表的量化,在计算面积、长度、距离、形状等空间指标时,若栅格尺寸较大,则易造成较大的误差。由于在一个栅格的地表范围内,可能存在多于一种的地物,而表示在相应的栅格结构中常常是一个代码,也类似于遥感影像的混合像元问题,如 Landsat 的 MSS 卫星影像的单个像元对应地表 79m×79m 的矩形区域,影像上记录的光谱数据是每个像元所对应的地表区域内所有地物类型的光谱辐射的总和效果,因而,这种误差不仅有形态上的畸形,还可能包括属性方面的偏差。

栅格数据处理对某些任务来说非常有效,栅格模型的一个优点就是不同类型的空间数据层不需要经过复杂的几何计算就可以进行叠加操作,如两幅或更多幅的遥感图像的叠加操作等。但是它对某些任务来说就不那么有效了,如比例尺变换、投影变换等。栅格数据的表达形式非常适合于模拟空间的连续变化,特别是属性特征的空间变化程度很高的区域,如在卫星图像上所表现的海岸带分布。对数字计算机来说,栅格模型特别适用于刻画像地球重力场那样的连续的空间变量。栅格可以用数字矩阵来表达,它以一种简单的文件结构存储在磁盘中,文件按顺序含有像元的直接地址。数字扫描设备和视频数字化仪能够产生栅格形式的数据,许多输出设备也是基于栅格模式,如视频显示器、行式打印机和喷墨绘图仪。运用栅格模型进行数字图像处理和分析已被广泛应用于遥感、医学成像、计算机视觉和其他有关领域。

2 栅格数据的取值方法

在决定栅格代码时,应尽量保持地表的真实性,保证最大的信息容量。图 2.7 所示的一块矩形地表区域,内部含有 A、B、C 三种地物类型,O 点为中心点,将这个矩形区域近似地表示为栅格结构中的一个栅格单元时,可根据需要,采取如下的方式之一来决定栅格单元的代码。

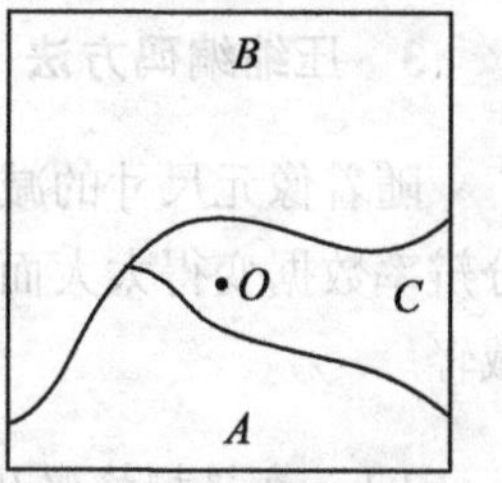

图 2.7 栅格单元代码的确定

2.1 中心点法

用处于栅格中心处的地物类型或现象特性决定栅格代码,在图 2.7 所示的矩形区域中,中心点 O 落在代码为 C 的地物范围内,按中心点法的规则,该矩形区域相应的栅格单元代码为 C。中心点法常用于具有连续分布特性的地理要素,如降雨量分布、人口密度图等。

2.2 面积占优法

以占矩形区域面积最大的地物类型或现象特性决定栅格单元的代码,在图 2.7 所示的例子中,B 类地物所占的面积最大,故相应的栅格代码定为 B。面积占优法常用于分类较细、地物类别斑块较小的情况。

2.3 重要性法

根据栅格内不同地物的重要性，选取最重要的地物类型决定相应的栅格单元代码，假设图 2.7 中 A 类是最重要的地物类型，则栅格单元的代码应为 A。重要性法常用于具有特殊意义而面积较小的地理要素，特别是点、线状地理要素，如城镇、交通枢纽、交通线、河流水系等，在栅格中，代码应尽量表示这些重要地物。

这种方法对于特别重要的地理实体，即使其所在的区域面积很小或不在中心，也采取保留的原则，如稀有金属矿产区域等。

2.4 百分比法

根据矩形区域内各地理要素所占面积的百分比数确定栅格单元的代码，如可记面积最大的两类为 B、A，也可以根据 B 类和 A 类所占面积百分比数在代码中加入数字。

为了逼近原图或原始数据精度，除了采用上述几种取值方法外，还可以采用缩小单个栅格单元的面积，即增加栅格单元总数的方法，这样行列数也相应增加，每个栅格单元可代表更为精细的地面矩形单元，混合单元减少，可以大大提高量算的精度，更接近真实形态，表现更细小的地物类型。然而在增加栅格个数、提高精度的同时也带来了一个严重的问题，那就是数据量大幅度增加，数据冗余严重。为了解决这一矛盾，现已发展了一系列栅格数据压缩编码方法，如键码、游程长度编码、块码和四分树编码等。其目的就是以尽可能少的数据量记录尽可能多的信息，其类型又有信息无损编码和信息有损编码之分。信息无损编码是指编码过程中没有任何信息损失，通过解码操作可以完全恢复原来的信息；信息有损编码是指为了提高编码效率，最大限度地压缩数据，在压缩过程中损失一部分相对不太重要的信息，解码时这部分信息难以恢复。在地理信息系统中，多采用信息无损编码，而对原始遥感影像进行压缩编码时，有时也采取有损型的压缩编码方法。

3 压缩编码方法

随着像元尺寸的减小，完全栅格结构影像的存储空间呈几何级数增长，由此使得一些高分辨率数据变得太大而无法管理，尤其是对于三维数据。存储空间的压力能通过压缩方法减轻。

3.1 直接栅格编码

这是最简单直观而又非常重要的一种栅格结构编码方法，通常称这种编码的图像文件为网格文件或栅格文件。栅格结构不论采用何种压缩编码方法，其逻辑原型都是直接编码网格文件。直接编码就是将栅格数据看做一个数据矩阵，逐行（或逐列）逐个记录代码，可以每行都从左到右逐个像元记录，也可以奇数行从左到右而偶数行从右到左记录，为了特定目的还可采用其他特殊的顺序。完全栅格结构的扫描顺序对游程编码的效率有较大影响。图 2.8 表示了几种扫描顺序：行序（Row order）、行主序（Row-Prime order）、Morton 顺序和 Hilbert-Peano 顺序、对角线和螺旋。

大多数的数字图像处理系统采用完全栅格结构。最简单、最常用的是限制一个栅格数

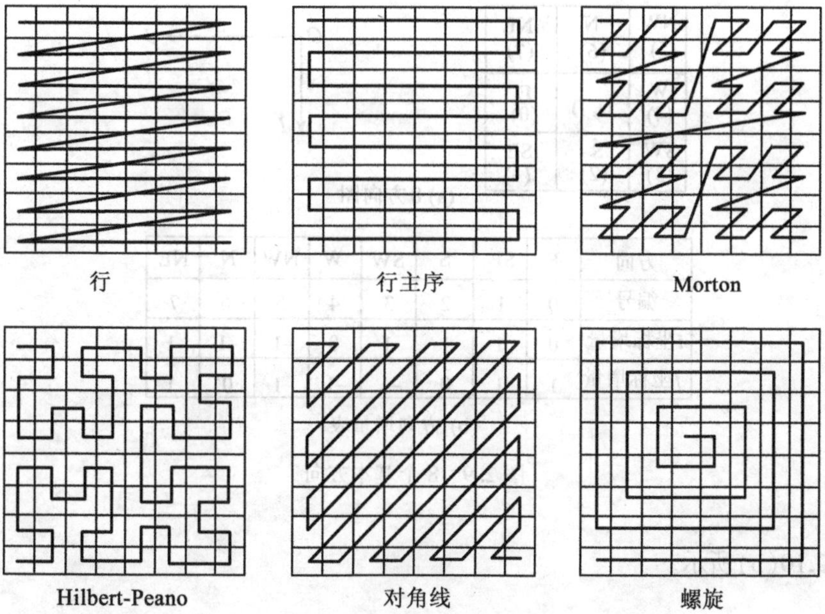

图 2.8 一些常用的栅格排列顺序

据层只存储栅格的一种属性，并且把属性值限定在 0~255 的整数范围内（一个字节对应一个像元）。在完全栅格结构里，像元顺序一般以行为序，以左上角为起点，按从左到右、从上到下的顺序扫描。

完全栅格结构可以波段顺序来组织（BSP 格式），单一波段或属性值以行的顺序来存放，如果有两个以上的属性，那么第二波段就在第一波段结束后才开始存放。多波段图像也可以逐行格式（BIL）或以逐像元格式（BIP）来记录。对于 BIL，先存储各波段的第一扫描行，然后是各波段的第二扫描行；对于 BIP，先存储第一个像元所有波段上的值，再存储第二个像元各波段值。BIP 比 BIL 格式更利于图像复合操作，因为同一像元属性值的物理地址是在一起的。但对于显示较大的多波段影像，BSP 则更有效。

常用的栅格图像结构只存储 0~255 之间的整数（一个字节）。一个像元两个字节则能容纳 $-2^{15} \sim 2^{15}$ 之间的有符号整数，其中有一位用来存储符号。

影像的属性值能表示为指向属性表的指针。这对数字地图特别有用，数字地图里的地图单元或多边形都用来存储属性。在这种情况下，一字节的整数范围常显得不够大，因为属性表常有 256 条以上的记录，因此，对于每个指针需要分配两个字节以上的空间。

3.2 链码

链码又称为弗里曼链码（Freeman）或边界链码，其将多边形的边界表示为：由某一原点开始，并按某些基本方向确定的单位矢量链。基本方向可定义为：东＝0，东南＝1，南＝2，西南＝3，西＝4，西北＝5，北＝6，东北＝7 等 8 个基本方向（图 2.9）。

图 2.10（a）为一等值线图，其中#1 线高程为 100m，#2 线高程为 200m，其费里曼链码编

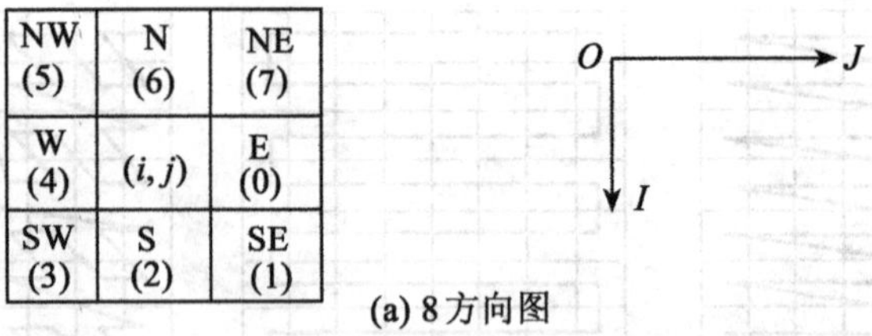

(a) 8 方向图

方向	E	SE	S	SW	W	NW	N	NE
编号	0	1	2	3	4	5	6	7
*i*坐标增量	0	1	1	1	0	–1	–1	–1
*j*坐标增量	1	1	0	–1	–1	–1	0	1

(b) 方向增量表

图 2.9　8 个基本方向

码表如图 2.10(b)所示。

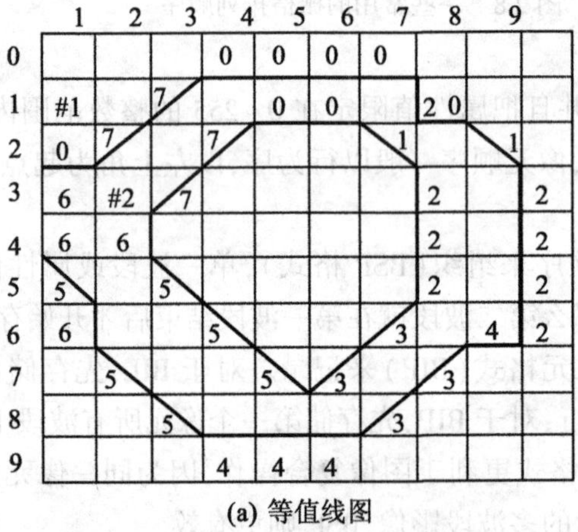

(a) 等值线图

标号	高程	起始行列	链码
#1	100m	30	0，7，7，0，0，0，0，2，0，1，2，2，2，2，4，3，3，4，4，4，5，5，6，5，6，6
#2	200m	42	7，7，0，0，1，2，2，2，3，3，5，5，5，6

(b) 等值线的费里曼链码编码表

图 2.10　链码

链码可以有效地压缩栅格数据，而且对于估算面积、长度、转折方向的凹凸度等运算十分方便，比较适合于存储图形数据。缺点是对边界进行合并和插入等修改编辑工作比较困难，对局部的修改将改变整体结构，效率较低，而且由于链码以每个区域为单位存储边界，相邻区域的边界将被重复存储而产生冗余。

3.3 游程长度编码

有相同属性值的邻近像元被合并在一起称为一个游程,游程用一对数字表达;每个游程对中的第一个值表示游程长度,第二个值表示游程属性值(类别);每一个新行都以一个新的游程开始。表达游程长度的位数取决于影像的列数,游程属性值则取决于影像的最大类别数。通常用两个字节存储游程长度,一个字节存储游程属性值。

游程长度编码是栅格数据压缩的重要编码方法,它的基本思路是:对于一幅栅格图像,常常有行(或列)方向上相邻的若干点具有相同的属性代码,因而可采取某种方法压缩那些重复的记录内容。有两种方案:一种编码方案是只在各行(或列)数据的代码发生变化时,依次记录该代码以及相同的代码重复的个数,从而实现数据的压缩。如对图2.6(c)所示的栅格数据,可沿行方向进行如下游程长度编码:

(0,1),(4,2),(7,5);(4,5),(7,3);(4,4),(8,2),(7,2);(0,2),(4,1),(8,3),(7,2);(0,2),(8,4),(7,1),(8,1);(0,3),(8,5);(0,4),(8,4);(0,5),(8,3)

该编码只用了44个整数就可以表示,而在前述的直接编码中,却需要64个整数表示,可见游程长度编码压缩数据是十分有效的。事实上,压缩比的大小是与图的复杂程度成反比的,在变化多的部分,游程数就多;变化少的部分,游程数就少,图件越简单,压缩效率就越高。另一种编码方案就是逐个记录各行(或列)代码发生变化的位置和相应代码,如对图2.6(c)所示的栅格数据,其游程长度编码如下(沿列方向):

(1,0),(2,4),(4,0),(1,4),(4,0);(1,4),(5,8),(6,0);(1,7),(2,4),(4,8),(7,0);(1,7),(2,4),(3,8),(8,0);(1,7),(3,8);(1,7),(6,8);(1,7),(5,8)

游程长度编码在栅格压缩时,数据量没有明显增加,压缩效率较高,且易于检索、叠加、合并等操作,运算简单,适用于机器存储容量小、数据需大量压缩,而又要避免复杂的编解码运算的情况。

3.4 块码

块码是游程长度编码扩展到二维的情况,采用方形区域作为记录单元,每个记录单元包括相邻的若干栅格,数据结构由初始位置(行、列号)和半径及其记录单位的代码组成。对图2.6(c)所示图像的块码编码如下:

(1,1,1,0),(1,2,2,4),(1,4,1,7),(1,5,1,7),
(1,6,2,7),(1,8,1,7),(2,1,1,4),(2,4,1,4),
(2,5,1,4),(2,8,1,7),(3,1,1,4),(3,2,1,4),
(3,3,1,4),(3,4,1,4),(3,5,2,8),(3,7,2,7),
(4,1,2,0),(4,3,1,4),(4,4,1,8),(5,3,1,8),
(5,4,2,8),(5,6,1,8),(5,7,1,7),(5,8,1,8),
(6,1,3,0),(6,6,3,8),(7,4,1,0),(7,5,1,8),
(8,4,1,0),(8,5,1,0)

该例中,块码用了120个整数,比直接编码还多,这是因为为描述方便,栅格划分很粗糙。在实际应用中,栅格划分细,数据冗余多得多,这样才能显出压缩编码的效果,而且还可以作一些技术处理，如行号可以通过行间标记而省去记录，行号和半径等也不必用双字节整数来记录，可进一步减少数据冗余。

块码具有可变的分辨率，即当代码变化小时，图块大。也就是说，在区域图斑内部，分辨率低；反之，分辨率高，用小块记录区域边界地段，以此达到压缩的目的。因此，块码与游程长度编码相似，随着图形复杂程度的提高而降低效率，即图斑越大，压缩比越高；图斑越碎，压缩比越低。块码在合并、插入、检查延伸性、计算面积等操作时有明显的优越性，然而在某些操作时，则必须把游程长度编码和块码解码，转换为基本栅格结构进行。

3.5 四叉树编码

四叉树又称四元树或四分树，是最有效的栅格数据压缩编码方法之一，绝大部分图形操作和运算都可以直接在四叉树结构上实现，因此，四叉树编码既压缩了数据量，又可大大提高图形操作的效率。区域型物体的四叉树表示方法最早出现在加拿大地理信息系统 CGIS 中。80 年代以来，有关学者对四叉树编码在图像分割、数据压缩、地理信息系统等方面进行了大量研究，并对四叉树数据结构提出了许多编码方案。

3.5.1 常规四叉树及编码

四叉树将整个图像区逐步分解为一系列被单一类型区域内含的方形区域，最小的方形区域为一个栅格像元。分割原则是：将图像区域划分为 4 个大小相同的象限，而每个象限又可根据一定规则判断是否继续等分为次一层的 4 个象限。其终止判据是：不管是哪一层上的象限，只要划分到仅代表一种地物或符合既定要求的少数几种地物时，不再继续划分；否则，一直划分到单个栅格像元为止。四叉树通过树状结构记录这种划分，并通过这种四叉树状结构实现查询、修改、量算等操作。图 2.11(b) 为图 2.11(c) 图形的四叉树分解，各子象限尺度大小不完全一样，但都是同代码栅格单元，其四叉树如图 2.11(c) 所示。

图 2.11(c) 中最上面的那个节点叫做根节点，它对应整个图形。总共有 4 层节点，每个节点对应一个象限，如第 2 层 4 个节点分别对应于整个图形的 4 个象限，排列次序依次为南西(SW)、南东(SE)、北西(NW)和北东(NE)，不能再分的节点称为终止节点(又称叶子节点)，可能落在不同的层上，该节点代表的子象限具有单一的代码，所有终止节点所代表的方形区域覆盖了整个图形。从上到下、从左到右为叶子节点编号，如图 2.11(c) 所示，共有 40 个叶子节点，也就是原图被划分为 40 个大小不等的方形子区。图 2.11(c) 中最下面的一排数字表示各子区的代码。

由上面图形的四叉树分解可见，四叉树中象限的尺寸是大小不一的，位于较高层次的象限较大，深度小，即分解次数少；而低层次上的象限较小，深度大，即分解次数多，这反映了图上某些位置的单一地物分布较广，而另一些位置上的地物比较复杂，变化较大。正是由于四叉树编码能够自动地依照图形变化而调整象限尺寸，因此它具有极高的压缩效率，并且许多运算可以在编码数据上直接实现，大大提高了运算效率。

采用四叉树编码时，为了保证四叉树分解能不断地进行下去，要求图像必须为 $2^n \times 2^n$ 的栅格阵列，n 为极限分割数，$n+1$ 为四叉树的最大高度或最大层数。图 2.11(c) 为 $2^3 \times 2^3$ 的栅格，因此最多划分 3 次，最大层数为 4。对于非标准尺寸的图像，首先需通过增加背景的

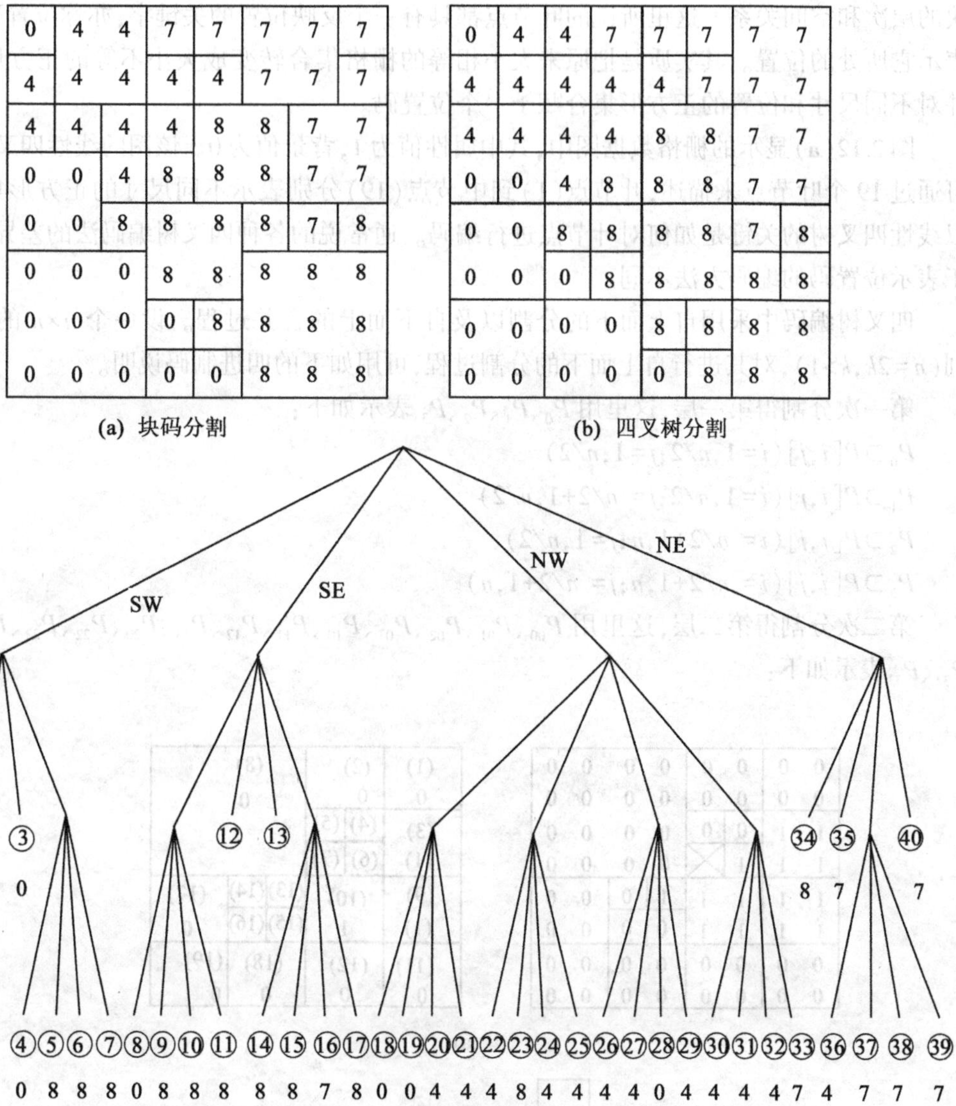

(a) 块码分割　(b) 四叉树分割

(c) (b)的四叉树编码

图 2.11　四叉树编码

方法将图像扩充为 $2^n \times 2^n$ 的图像。

常规四叉树所占的内外存空间比较大，因为它不仅要记录每个节点值，还需记录节点的一个前趋节点及四个后继节点，以反映节点之间的联系。对栅格数据进行运算时，还要作遍历树节点的运算，这样增加了操作的复杂性。为了使计算机既能以最小的冗余存储图像对应的四叉树，又能方便地完成各种图形图像操作，专家们已提出了多种编码方式。

3.5.2　线性四叉树及编码

从数据结构角度看，树数据结构本身属于非线性数据结构。这里所说的线性四叉树编码是指用四叉树的方式组织数据，但并不以四叉树方式存储数据。也就是说，它不像常规四叉树那样存储树中各个节点及其相互间的关系，而是通过编码四叉树的叶节点来表示数据块的层次和空间关系。这里所说的叶节点都具有一个反映位置的关键字，亦称位置码，以此表示它所处的位置。其实质是把原来大小相等的栅格集合转变成大小不等的正方形集合，并对不同尺寸和位置的正方形集合赋予一个位置码。

图 2.12(a)显示的栅格数据图中，其中属性值为 1，背景值为 0。该图的线性四叉树表示可通过 19 个叶节点来描述，叶节点(1)到中节点(19)分别表示不同尺寸的正方形集合，所以线性四叉树的关键是如何对叶节点进行编码。通常说的各种四叉树编码法的差异主要在于表示位置码的编码方法不同。

四叉树编码中采用自上而下的分割以及自下而上的合并过程。设一个 $n\times n$ 的栅格阵列($n=2k,k>1$)，对其进行自上而下的分割过程，可用如下的四进制码说明。

第一次分割得第一层，这里用 P_0、P_1、P_2、P_3 表示如下：

$P_0 \supset P[i,j](i=1,n/2;j=1,n/2)$

$P_1 \supset P[i,j](i=1,n/2;j= n/2+1,n/2)$

$P_2 \supset P[i,j](i= n/2+1,n;j=1,n/2)$

$P_3 \supset P[i,j](i= n/2+1,n;j= n/2+1,n)$

第二次分割得第二层，这里用 P_{00}、P_{01}、P_{02}、P_{03}、P_{10}、P_{11}、P_{12}、P_{13}、P_{20}、P_{22}、P_{23}、P_{30}、P_{31}、P_{32}、P_{33}表示如下：

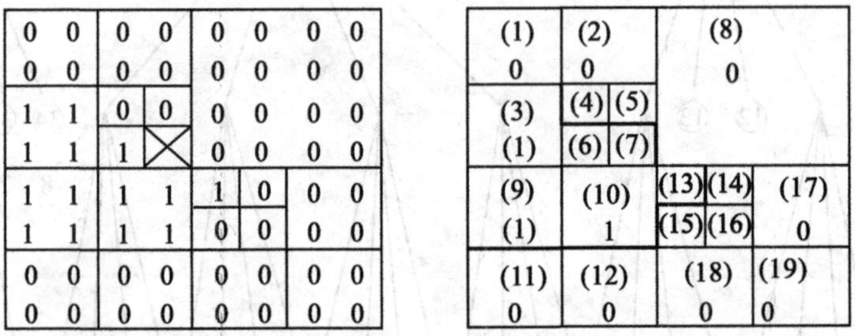

(a)

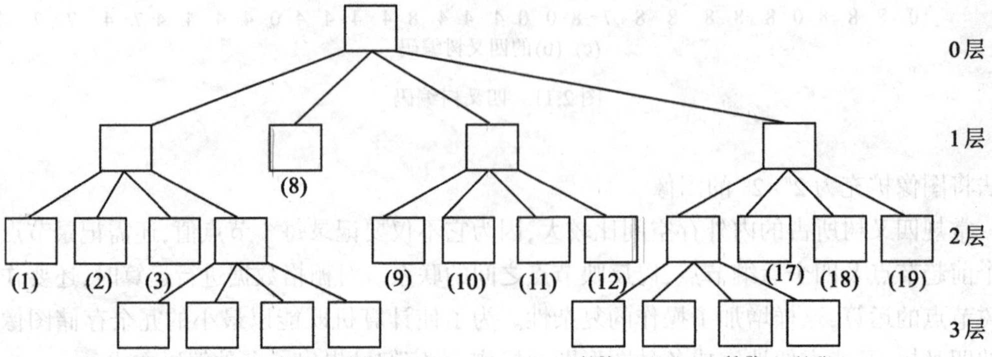

(b)

图 2.12 线性四叉树编码

$P_{00} \supset P[i,j](i=1,n/4;j=1,n/4)$
$P_{01} \supset P[i,j](i=1,n/4;j=n/4+1,n/2)$
⋮
$P_{10} \supset P[i,j](i=n/4+1,n/2;j=1,n/4)$
$P_{11} \supset P[i,j](i=n/4+1,n/2;j=n/4+1,n/2)$
⋮
$P_{33} \supset P[i,j](i=3n/4+1,n;j=3n/4+1,n)$

以下依此类推。上述各式中,"⊃"表示包含;0、1、2、3 分别表示左上、右上、左下、右下,即 NW、NE、SW、SE 部分。

其中位置码的位数决定分割的层数,图形越复杂,分割的层数越多,相应的位置码的位数亦越多。这种自上而下的分割方法需要大量的重复运算,效率比较低,从而出现了自下而上的合并法。

自下而上的合并法首先根据栅格阵列的行列值转换成最大位数的位置码,然后对上述编码进行排序,依次检查 4 个相邻位置码的属性值是否相同,若相同,将其进行合并,并除去一位最低的位置码,这样不断循环,直到没有可合并的子块为止。这种方法的效率高。

总之,四叉树编码有许多优点:容易而有效地计算多边形的数量特征;阵列各部分的分辨率是可变的,边界复杂部分的四叉树较高,即分级多,分辨率也高,而不需表示的细节部分则分级少,分辨率低,因而既可精确表示图形结构,又可减少存储量;栅格到四叉树及四叉树到简单栅格结构的转换比其他压缩方法容易;多边形中嵌套不同类型小多边形的表示较方便。四叉树编码的最大缺点是:树状表示的变换不具有稳定性,相同形状和大小的多边形可能得出不同的四叉树结构,故不利于形状分析和模式识别。但因它允许多边形中嵌套多边形,即所谓"洞"的结构存在,使越来越多的地理信息系统工作者对四叉树结构感兴趣。上述这些压缩数据的方法应视图形的复杂情况合理选用,同时应在系统中备用相应的程序。另外,用户的分析目的和分析方法也决定着压缩方法的选取。

3.6 八叉树及编码

应该指出,上面的数据编码针对的均是二维空间信息,用于解决二维空间的问题。在实际中,许多问题要求地理信息系统能处理三维的空间信息。如研究矿藏资源地下分布情况、研究不同深度层土壤肥力情况等,它们都涉及三维信息,从而出现了三维地理信息系统。

对于一个真三维空间信息,z 值必须成为位置坐标,即任何一个空间数据点用(x,y,z)来表示,另一组属性值来描述其空间特性。

描述三维空间信息的一种数据结构就是八叉树数据结构,它是从四叉树数据结构发展而来的。其原理是将空间区域不断分解成 8 个同样大小的立方体,直到同一区域的属性相同为止。或者说,将空间区域先按一定分辨率划分成三维的栅格,然后按顺序每次比较 8 个相邻栅格区域,若属性相同,则合并,依次递归,直到每 8 个子区均为单值为止。

由于八叉树的结构与四叉树的结构非常相似,所以八叉树的存储结构方式可以完全沿用四叉树的有关方法。根据不同的存储方式,八叉树也可以分为常规的、线性的、一对八的八叉树等。

3.6.1 常规的八叉树

八叉树的存储结构是用一个有九个字段的记录来表示树中的每个节点,其中一个字段用来描述该节点的特性,其余的八个字段用来作为存放指向其八个子节点的指针。这是最普遍使用的表示树型数据的存储结构方式。常规的八叉树缺陷较多,最大的问题是指针占用了大量的空间。因此,这种方式虽然十分自然,容易掌握,但在存储空间的使用率方面不很理想。

3.6.2 线性八叉树

线性八叉树注重考虑如何提高空间利用率,用某一预先确定的次序遍历八叉树,将八叉树转换成一线性表,表的每个元素与一个节点相对应。线性八叉树不仅节省存储空间,而且对某些运算也较为方便,但为此也丧失了一定的灵活性,如图 2.13、图 2.14 所示。

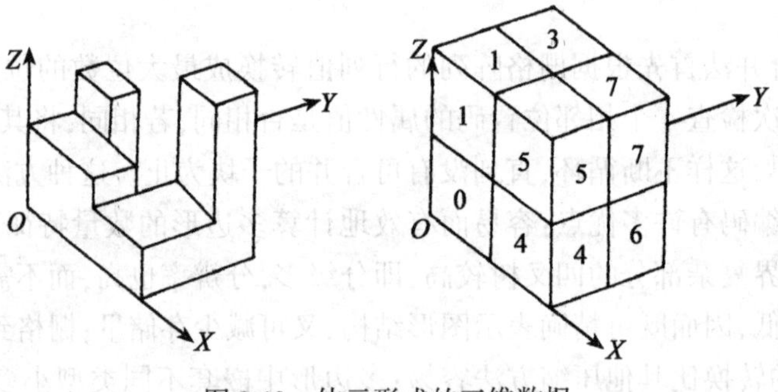

图 2.13 体元形式的三维数据

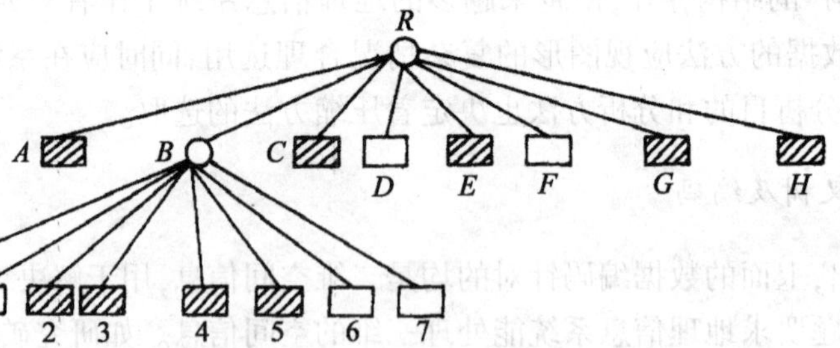

图 2.14 线性八叉树编码

3.6.3 一对八式的八叉树

一个非叶节点有八个子节点,为确定起见,将它们分别标记为 0、1、2、3、4、5、6、7。从上面的介绍可以看到,如果一个记录与一个节点相对应,那么在这个记录中描述的是这个节点的八个子节点的特征值,而指针给出的则是该八个子节点所对应记录的存放处,而且还隐含地假设了这些子节点记录存放的次序。也就是说,即使某个记录是不必要的,那么相应的存储位置也必须空闲,以保证不会错误地存取到其他同辈节点的记录。这样当然会有一定的浪费,除非它是完全的八叉树,即所有的叶节点均在同一层次出现,而在该层次之上的所有层中的节点均为非节点。为了克服这种缺陷,一是增加计算量,即在存取相应节点记录之前，首先检查它的父节点记录，从而可以知道应该如何存取所需节点的记录。这种方法的存储需求无疑是最小的，但是要增加计算量；另一个是在记录中增加一定的信息，使计算工作适当减少或者更方便。如在原记录中增加三个字节，一分为八，每个子节点对应三位，代表它的子节点在指针指向区域中的偏移。因此，要找到它的子节点的记录位置，只要固定地把指针指向的位置加上这个偏移值(0~7)乘以记录所占的字节数，就是所要的记录位置，因而一个节点的描述记录为：

偏移	指针	SWB	SWT	NWB	NWT	SEB	SET	NEB	NET

用这种方式所得到的八叉树和以前相同，只是每个记录前多了三个字节。

运用四叉树或八叉树来代替完整的栅格结构的目的，是为了节省栅格数据的空间需求。一般地，如果空间精度增加1倍(如行列数增加)，则栅格数据将增加到原先的4倍，而四叉树的大小还仅仅是原先的2倍。随着图像精度的提高，四叉树的深度也会增加，栅格方式与四叉树方式存储空间的差异会更显著。但是图像在相邻像元连续变化的情况下有时会无法进行压缩，最坏的情况如棋盘格式，线性四叉树所需的空间是完全栅格的2倍，因为在第零层，每个像元都是一个叶节点。空间上的节省提高了某些算法处理四叉树的效率，因为四叉树地址可以用单个的 Morton 地址来表示，查找某一地址的斑块时就比较快捷。两幅或多幅四叉树表示的影像的叠置也同样比较有效。

另一方面，无论是从栅格数据或从矢量数据构建四叉树或八叉树都比较费时，特别是对层次较多而且空间变化复杂的树。同样，某些操作运用四叉树结构时，与完全栅格相比反而更慢。四叉树数据的显示比游程编码数据要慢。四叉树不利于需要创建新树的操作，如转置、旋转或比例尺变换。选择是否运用四叉树来表示栅格数据，需要在处理速度和存储容限之间作折中。

一般说来，对数据的压缩是以增加运算时间为代价的。为了更有效地利用空间资源，减少数据冗余，不得不花费更多的运算时间进行编码，好的压缩编码方法就是要在尽可能减少运算时间的基础上达到最大的数据压缩效率，并且算法适应性强，易于实现。链码的压缩效率较高，对边界的运算比较方便，但不具有区域的性质，区域运算困难；游程长度编码既可以在很大程度上压缩数据，又最大限度地保留了原始栅格结构，编解码十分容易；块码和四叉树码具有区域性质，又具有可变的分辨率，有较高的压缩效率。四叉树编码可以直接进行大量的图形图像运算，效率较高，并在此基础上发展了用于三维数据的八叉树编码等。

第三节　矢量数据结构及其编码

1　矢量数据结构

1.1　定义

地理信息系统中另一种常见的图形数据结构为矢量结构，即通过记录坐标的方式尽可能精确地表示点、线、多边形等地理实体,坐标空间设为连续、允许任意位置、长度和面积的精确定义。事实上,其精度仅受数字化设备的精度和数值记录字长的限制,在一般情况下,比栅格结构精度要高得多。其坐标空间假定为连续空间,不必像栅格数据结构那样进行量化处理,因此,矢量数据能更精确地定义位置、长度和大小。实际上,因如下原因也不可能绝对精确:表示坐标的计算机字长有限;所有矢量输出设备包括绘图仪在内,尽管分辨率比栅格设备高,但也有一定的步长;矢量法输入时,曲线上选取的点不可能太多;数字化仪分辨率有限;人工输图中不可避免的定位误差。

除数学上的精确坐标假设外,矢量数据存储是以隐式关系以最小的存储空间存储复杂的数据。当然,这只是相对而言的。

对于点实体,矢量结构中只记录其在特定坐标系下的坐标和属性代码;对于线实体,在数字化时即进行量化,就是用一系列足够短的直线首尾相接表示一条曲线,当曲线被分割成多而短的线段后,这些小线段可以近似地看成直线段,而这条曲线也可以足够精确地由这些小直线段序列表示,矢量结构中只记录这些小线段的端点坐标。将曲线表示为一个坐标序列,坐标之间认为是以直线段相连,在一定精度范围内,可以逼真地表示各种形状的线状地物;"多边形"在地理信息系统中是指一个任意形状、边界完全闭合的空间区域。其边界将整个空间划分为两个部分:包含无穷远点的部分称为外部,另一部分称为多边形内部。把这样的闭合区域称为多边形,是由于区域的边界线同前面介绍的线实体一样,可以被看做是由一系列多而短的直线段组成,每个小线段作为这个区域的一条边,因此,这种区域就可以看做是由这些边组成的多边形了。

矢量结构允许最复杂的数据以最小的数据冗余进行存储,相对栅格结构来说,其数据精度高,所占空间小,是高效的空间数据结构。

1.2 特点

矢量结构的特点是:定位明显、属性隐含,其定位是根据坐标直接存储的,而属性则一般存储于文件头或数据结构中某些特定的位置上。这种特点使得其图形运算的算法总体上比栅格数据结构复杂得多,有些甚至难以实现。在计算长度、面积、形状和图形编辑、几何变换操作中,矢量结构有很高的效率和精度,而在叠加运算、邻域搜索等操作时,则比较困难。

2 矢量数据结构编码的基本内容

矢量编码最重要的是信息的完整性和运算的灵活性,这是由矢量结构自身的特点所决定的,目前并无统一的最佳的矢量结构编码方法。在具体工作中,应根据数据的特点和任务的要求灵活设计。

在拓扑数据结构中,点是相互独立的,它们互相连接构成线。线由一系列点相连而成,始于起始节点,止于终止节点。链是一个或多个多边形上的一条线,又称为弧或边。节点是线或链相交或终止的点。一个多边形由一个外环和零个或多个内环组成,一个环由一条或多条链组成。简单多边形没有内环,复杂多边形则可以有一个或多个内环,这些内环称为"孔"或"岛"。

2.1 点实体

点实体包括由单独一对(x,y)坐标定位的一切地理或制图实体。在矢量数据结构中，除点实体的(x,y)坐标外，还应存储其他一些与点实体有关的数据来描述点实体的类型、制图符号和显示要求等。点是空间上不可再分的地理实体，可以是具体的，也可以是抽象的，如地物点、文本位置点或线段网络的节点等。如果点是一个与其他信息无关的符号，则记录时应包括符号类型、大小、方向等有关信息；如果点是文本实体，记录的数据应包括字符大小、字体、排列方式、比例、方向以及与其他非图形属性的联系方式等信息。对其他类型的点，实体也应作相应的处理。

对于点实体的矢量编码，只要能将空间信息和属性信息记录完全就可以了。图 2.15 (a)表示了点的矢量编码的基本内容。

- 统一标识
  - 点类型
  - 类别或系列号
- 坐标(x,y)
- 用于建立和显示数据库联系的属性
  - 简单点-符号
    - 比例
    - 朝向
  - 文本点-字符
    - 比例
    - 朝向
    - 文类
    - 陈述
  - 节点-符号
    - 线指针
    - 线交会角
- 其他非几何属性

(a)点实体

- 惟一标识码
- 线标识码
- 起始点
- 终止点
- 坐标对序列
- 显示信息
- 非几何属性

(b)线实体

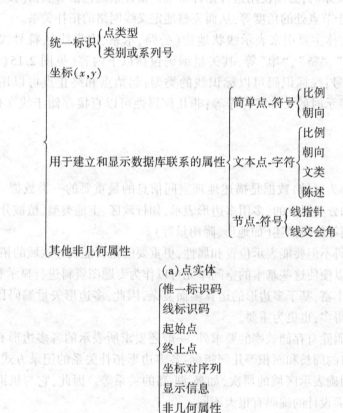

图 2.15　点、线实体编码的基本内容与编码

2.2 线实体

线实体可以定义为直线元素组成的各种线性要素，直线元素由两对以上的(x,y)坐标定义。最简单的线实体只存储它的起止点坐标、属性、显示符等有关数据。如线实体输出时，可能用实线或虚线描绘，这类信息属符号信息，它说明线实体的输出方式。虽然线实体

并不是以虚线存储,但可用虚线输出。

弧、链是 n 个坐标对的集合,这些坐标可以描述任何连续而又复杂的曲线。组成曲线的线元素越短,(x,y)坐标数量越多,就越逼近于一条复杂曲线。既要节省存储空间,又要较精确地描绘曲线,惟一的办法是增加数据处理的工作量,亦即在线实体的记录中加入一个指示字,当启动显示程序时,这个指示字告诉程序:需要数学内插函数(如样条函数)加密数据点,且与原来的点匹配,这样能在输出设备上得到较精确的曲线。但数据内插工作却增加了。弧和链的存储记录中,也要加入线的符号类型等信息。

线的网络结构。简单的线或链携带彼此互相连接的空间信息,而这种连接信息又是供排水网和道路网分析中必不可少的信息。因此,要在数据结构中建立指针系统,才能让计算机在复杂的线网结构中逐线跟踪每一条线。指针的建立要以节点为基础。如建立水网中每条支流之间的连接关系时,必须使用这种指针系统。指针系统包括节点指向线的指针,每条从节点出发的线会于节点处的角度等,从而完整地定义线网络的拓扑关系。

如上所述,线实体主要用来表示线状地物(公路、水系、山脊线)、符号线和多边形边界,有时也称为“弧”、“链”、“串”等,其矢量编码包括以下内容(见图 2.15(b)):惟一标识码是系统排列序号;线标识码可以标识线的类型;起始点和终止点可以用点号或坐标表示;显示信息是显示时的文本或符号等;非几何属性可以直接存储于线文件中,也可单独存储。

2.3 多边形

多边形(有时称为区域)数据是描述地理空间信息的最重要的一类数据。在区域实体中,具有名称属性和分类属性的,多用多边形表示,如行政区、土地类型、植被分布等;具有标量属性的,有时也用等值线描述(如地形、降雨量等)。

多边形矢量编码不但要能表示位置和属性,更重要的是要能表达区域的拓扑性质,如形状、邻域和层次等,以便使这些基本的空间单元可以作为专题图资料进行显示和操作。由于要表达的信息十分丰富,基于多边形的运算多而复杂,因此,多边形矢量编码比点和线实体的矢量编码要复杂得多,也更为重要。

多边形矢量编码除有存储效率的要求外,一般还要求所表示的各多边形有各自独立的形状,可以计算各自的周长和面积等几何指标;各多边形拓扑关系的记录方式要一致,以便进行空间分析;要明确表示区域的层次,如岛-湖-岛的关系等。因此,它与机助制图系统仅为显示和制图目的而设计的编码有很大不同。

在讨论多边形数据结构编码时,对多边形网提出如下要求:

(1)组成地图的每个多边形应有惟一的形状、周长和面积,它们不像栅格结构那样具有简单而标准的基本单元。

(2)地理分析要求的数据结构应能够记录每个多边形的邻域关系,其方法与水系网中记录的连接关系一样。

(3)专题地图上的多边形并不都是同一等级的多边形,而可能是多边形内嵌套小的多边形(次一级)。如湖泊的水域线在土地利用图上可算是个岛状多边形,而湖中的岛屿为“岛中之岛”,这种所谓“岛”或“洞”的结构是多边形关系中较难处理的问题。

3 矢量数据结构的编码方式

3.1 坐标序列法(Spaghetti 方式)

在 Spaghetti 结构中,坐标表是与每一个基本的空间对象(点、线或多边形)相联系的。它不用拓扑属性,因而对地图的遍历需要查找所有的空间坐标。这对查询操作非常不便,但对显示非常方便。点、线和多边形都有各自的坐标表,相互之间并不相连。这种连接只有通过计算空间坐标才能确定。即使在一幅复杂程度中等的地图中,空间坐标也需占大量的存储空间,如分析一个点是否在某个多边形内,或确定两条线的交点等操作就非常费时。Spaghetti 结构中,线和多边形都没有拓扑数据,多边形的公共边界是两个相邻多边形的公共部分,所以被定义了两次。

如对图 2.16 所示的多边形 1^0、2^0、3^0、4^0、5^0,可记为以下坐标文件:

1^0:x_1,y_1;x_2,y_2;x_3,y_3;x_4,y_4;x_5,y_5;x_6,y_6;x_7,y_7;x_8,y_8;x_9,y_9;x_{10},y_{10};x_{11},y_{11};

2^0:x_1,y_1;x_{12},y_{12};x_{13},y_{13};x_{14},y_{14};x_{15},y_{15};x_{16},y_{16};x_{17},y_{17};x_{18},y_{18};x_{19},y_{19};x_{20},y_{20};x_{21},y_{21};x_{22},y_{22};x_{23},y_{23};x_8,y_8;x_9,y_9;x_{10},y_{10};x_{11},y_{11};

3^0:x_{33},y_{33};x_{34},y_{34};x_{35},y_{35};x_{36},y_{36};x_{37},y_{37};x_{38},y_{38};x_{39},y_{39};x_{40},y_{40};

4^0:x_{19},y_{19};x_{20},y_{20};x_{21},y_{21};x_{28},y_{28};x_{29},y_{29};x_{30},y_{30};x_{31},y_{31};x_{32},y_{32};

5^0:x_{21},y_{21};x_{22},y_{22};x_{23},y_{23};x_8,y_8;x_7,y_7;x_6,y_6;x_{24},y_{24};x_{25},y_{25};x_{26},y_{26};x_{27},y_{27};x_{28},y_{28}。

坐标序列法文件结构简单,易于实现以多边形为单位的运算和显示,能够顺次进行数字化绘置工作。这种方法的缺点是:

(1)多边形之间的公共边界被数字化和存储两次,由此产生冗余和碎屑多边形;

(2)每个多边形自成体系而缺少邻域信息,难以进行邻域处理,如消除某两个多边形之间的共同边界;

(3)岛只作为一个单个的图形建造,没有与外包多边形的联系;

(4)不易检查拓扑错误,如有无不完整的多边形等。这种方法可用于简单的粗精度制图系统中。

此外,如果以 Spaghetti 的方式进行数字化,每条线的第二次数字化记录未必与第一次的记录一致,这会导致相邻多边形存在人为的间隙或有叠置的情况。

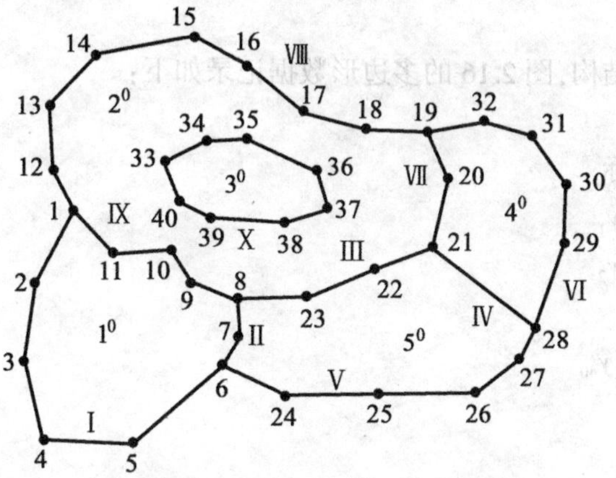

图 2.16 坐标序列法表示的多边形

3.2　树状索引编码法

该法采用树状索引以减少数据冗余，并间接增加邻域信息。方法是：对所有边界点进行数字化，将坐标对以顺序方式存储，由点索引与边界线号相联系，以线索引与各多边形相联系，形成树状索引结构。

图 2.17、图 2.18 分别为图 2.16 的多边形文件和线文件树状索引示意图。

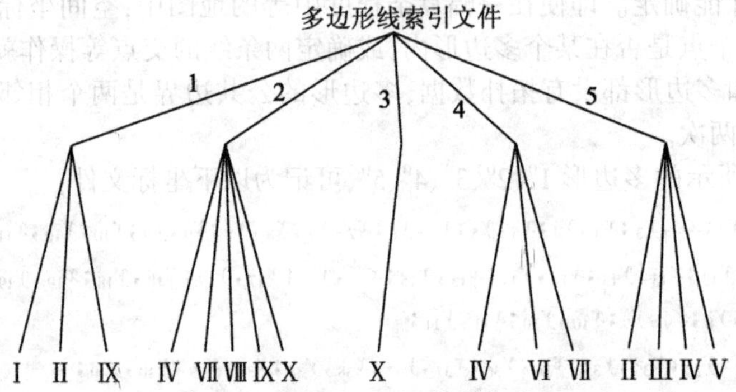

图 2.17　线与多边形之间的树状索引

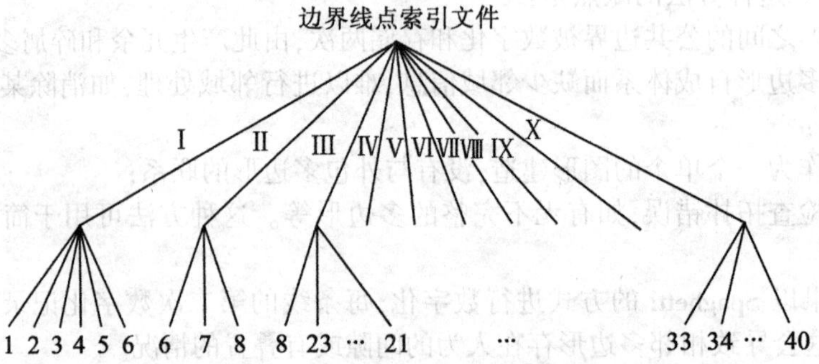

图 2.18　点与边界线之间的树状索引

采用上述的树状结构，图 2.16 的多边形数据记录如下：

(1)点文件

点号	坐标
1	x_1, y_1
2	x_2, y_2
…	…
40	x_{40}, y_{40}

(2)线文件

线号	起点	终点	点号
Ⅰ	1	6	1,2,3,4,5,6
Ⅱ	6	8	6,7,8
…	…	…	…
Ⅹ	33	33	33,34,35,36,37,38,39,40,33

(3)多边形文件

多边形编号	多边形边界
1^0	Ⅰ,Ⅱ,Ⅸ
2^0	Ⅲ,Ⅶ,Ⅷ,Ⅸ,Ⅹ
3^0	Ⅹ
4^0	Ⅳ,Ⅵ,Ⅶ
5^0	Ⅱ,Ⅲ,Ⅳ,Ⅴ

树状索引编码消除了相邻多边形边界的数据冗余和不一致的问题,在简化过于复杂的边界线或合并相邻多边形时,可不必改造索引表,邻域信息和岛状信息可以通过对多边形文件的线索引处理得到,但是比较繁琐,因而给相邻函数运算、消除无用边、处理岛状信息以及检查拓扑关系带来一定的困难,而且两个编码表都需要以人工方式建立,工作量大,且容易出错。

3.3 拓扑结构编码法

要彻底解决邻域和岛状信息处理的问题,必须建立一个完整的拓扑关系结构,这种结构应包括以下内容:惟一标识、多边形标识、外包多边形指针、邻接多边形指针、边界链接、范围(最大和最小(x,y)坐标值)。采用拓扑结构编码,可以较好地解决空间关系查询等问题,但增加了算法的复杂性和数据库的大小。

目前比较常用的拓扑结构有 POLYVRT 结构(Peucker Chrisman,1975)、NCGIA 核心教程中对于面和网络联系的简单结构(Goodchild and Kemp,1990)、加拿大农业部于 20 世纪 70 年代开发的 CANSIS 结构、美国 1990 年为进行人口普查而开发的 TIGER 结构(Marx,1986)等,这些结构之间基本相似。

首先在地理数据结构中建立拓扑关系的是美国人口调查局建立的双重独立地图编码系统,又可简称为 DIME(Dual Independent Map Encoding)。DIME 建立城市街道网和统计单位,如街区、人口统计区等的数据库,并实现自动和半自动的编辑和分析,用于人口分析制图,也可以用于土地利用等多种信息系统的编辑和分析。

(1) DIME 编码的特点

i.以线段为主的记录方式。这里的线段是用起始节点、终止节点及相邻的左多边形和右多边形作为基本代码形成拓扑关系。在这种记录方式中,可以根据需要加入选择要素,线段本身的空间坐标位置数据常置于另一层数据结构中。

ii.它是一种具有拓扑功能的编码方法。把研究对象看成由点、线和面组成的简单的几何图形,通过基于图论的拓扑编辑,不仅实现上述三要素的自动编辑,还可以不断查出数据组织中的错误。

由于 DIME 编码系统的上述特点,尤其是它的拓扑编码方法和拓扑编辑功能,因此,它在地理信息系统中的应用很广。在此基础上发展的综合拓扑地理编码参考系统 TIGER(Topologically Integrated Geographic Encoding and Reference)及 Arc/Info 系统矢量编码方法等,尽管在记录方式上各不相同,但其基本概念是相类似的。

(2) DIME 编码结构

DIME 编码文件由线段组成。每条线段包括线段名、线段的起始节点和终止节点、线段的左区号和右区号及线段所表示街道两边的地址范围。如图 2. 19 所示,其文件结构为:

i.基本要素:线段名、线段的起止节点、线段的左右街区号码。

ii.专用要素:地址范围、地区码、人口统计、地段码。

iii.其他要素:邮政分区代码、选择分区代码等。

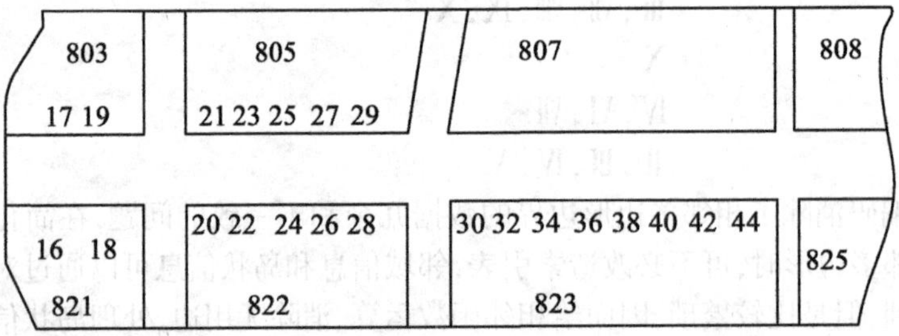

街道名	街道类型	地址范围				起始点	终止点	左街区	右街区
		奇数		偶数					
		低	高	低	高				
1st ST	主干道	21	29	20	28	N_{18}	N_{19}	805	822
2nd ST	主干道	31	45	30	44	N_{19}	N_{20}	807	823

图 2.19 DIME 编码

(3) DIME 的拓扑编辑

DIME 的拓扑编辑可实现拓扑关系的半自动编辑和自动编辑,其中分多边形编辑和节点编辑两种。由于 DIME 编辑起始于人口统计,前一种编辑亦称为街区联结编辑,用来组成封闭多边形(或街区)的线段;后一种编辑用来形成围绕某一节点的所有多边形(街区)。在编辑过程中,不断检查线段代码的各项特性是否正确,若不正确,可指出错误的线段码,以便修正。

尽管 DIME 编码系统起源于人口统计,但其功能并不局限于街区分析,其方法亦可推广到以点、线和面 3 要素组成的其他矢量数据结构系统中。

DIME 数据文件的基本元素是由始末点定义的简单线元素,复杂的曲线则由许多这种线元素组成。每条线元素有两个指向节点指针和线元素两边多边形的编码。由于这种数据结构中没有链反向节点及链指向邻近链的指针,因此要花很多时间去查找组织多边形的各条边界线。此外,简单线元素结构法使复杂曲线的处理十分不便,因为有大量的多余数据同时存储于数据库中。

荷兰土地调查研究院发展了另一种简单而有效的多边形数据结构,并能在小型计算机上处理多边形数据组的分配问题。基本方法是：地图上的多边形以线段或链文件的形式存储，该文件中每条链又以组成该链的各坐标对来列表存储，而且每条链还包括两个指向邻接多边形的指针。多边形的名称存储在另一个独立文件中，该文件实际上是一个表格，也包括一些指针。这种数据结构不能进行更为复杂的邻域关系的搜索，也不能检查奇异多边形和“死点”等差错，只有完整的拓扑结构数据库才能处理这类问题。

4 多边形编码及拓扑关系的自动生成

在矢量数据结构的地理信息系统中，通常用不规则多边形来描述面状地物的区域。这样，把一幅地图中许多图斑看成许多多边形，每个多边形的边界轮廓由一条或若干条线段或弧段组成，每个弧段含首尾两个节点，每个节点连接两条或两条以上的弧段。这种数据结构形成了以面、线、点3元素组成的网络数据结构，其核心是建立各元素之间的拓扑关系，为空间数据的处理和分析提供基础。

为了建立恰当的拓扑多边形数据结构，使“岛屿多边形”、面积计算、邻域关系处理、奇异多边形和“死点”检查等都能顺利处理，许多实验性和生产性的制图系统都要求在数字化的同时在数据库中建立拓扑联结关系，而且常常要求用户按顺时针方向或逆时针方向数字化所有的多边形，以便把线元素与其左右两边的多边形组合起来。另外，还要求用户用数字化图中的虚线把“岛屿”和它们周围的“湖泊”连接起来。

下面讨论如何从一系列按任意顺序和任意方向数字化的链组成完整拓扑多边形网络结构的数据组织方法。这种数据结构能够处理湖和岛屿在任何一级多边形网络中的嵌套问题，能检查奇异多边形和“死点”，能自动或半自动地将非空间属性数据与多边形连接起来，并全面支持邻域关系的搜索等。

前面讨论过的简单多边形数据结构经常要求数据输入方法必须满足数据结构要求，从而给数据输入和数据结构优化处理带来一些问题。因此，把数据输入和数据结构分成两个单独的处理过程是更加有效的方法。为了建立这样的数据结构，只需对数据输入作两种假设：①多边形边界已按链或弧编码；②用以连接图形数据与属性数据的多边形名称以每个多边形内某处可识别的点实体的形式数字化。在这种假设条件下，组成完整拓扑多边形数据结构的步骤如下：

4.1 数字化仪输入数据

多边形的弧段和节点数据是建立多边形编码系统的基础，通常由数字化仪输入。数字化仪输入的过程和要求随系统的不同而有差异。下面举例说明。

（1）以节点为核心的输入法：以图中节点所分割的弧段为单位输入坐标点数据，同时按弧段的前进方向输入其左右多边形号，以帮助建立系统的拓扑关系，这种方法对输入要求严格，但自动生成多边形的工作量小。

（2）以连续线段为核心的输入法：它允许用户自由选择输入连续线段的坐标点，并按每一线段只输入一次的原则输入全部线段，然后由系统对线段求交得到各个节点，分割线段，自动生成多边形，并生成相应的数据文件。这种方法对输入要求相对宽松些，但输入后，自动生成多边形的计算复杂。

4.2 数据的预处理

由于用数字化仪输入数据是一件劳动量很大的工作，因此，输入过程中不可避免地会出现错误，如遗漏线段，输入多余线段，弧段相交处出现如图 2.20 所示的过交、尖峰、未拟合点以及悬挂线等现象；同时，输入过程中也难免会出现一些多余点。如图 2.20 (a)所示，图中的弧段由坐标对(x_0,y_0)，(x_1,y_1)，(x_2,y_2)，…，(x_n,y_n)组成，若其中(x_0,y_0)，(x_1,y_1)，(x_2,y_2)和(x_3,y_3)在一条直线上或接近于在一条直线上，则认为(x_1,y_1)，(x_2,y_2)是多余点，应予除去。

如图 2.20(b)中，若直线 AB 的长度为 L，点 C 到直线 AB 的垂直距离为 $CD=H$，当 $H/L<\varepsilon$ 时，认为 A、B、C 三点几乎在一条直线上，可去除点$C(x_1,y_1)$；当 $H/L>\varepsilon$ 时，则保留点 $C(x_1,y_1)$，其中 ε 为一很小值，如 $\varepsilon=0.001$。对数字化输入的点，以弧段为单位逐点作上述处理后，可去除全部多余点，以减少数据冗余量。

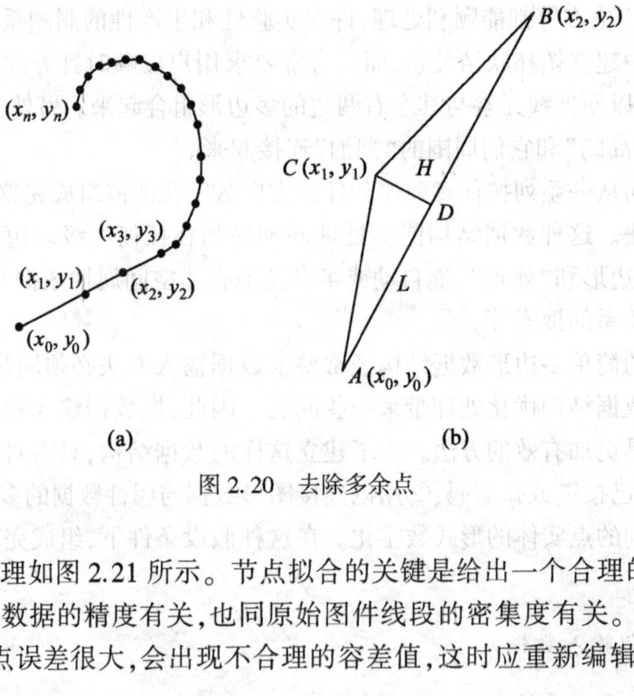

图 2.20 去除多余点

节点的拟合处理如图 2.21 所示。节点拟合的关键是给出一个合理的容差，容差值的大小同数字化输入数据的精度有关，也同原始图件线段的密集度有关。若原始图线条密集，输入弧段相交点误差很大，会出现不合理的容差值，这时应重新编辑修改输入图的数据。

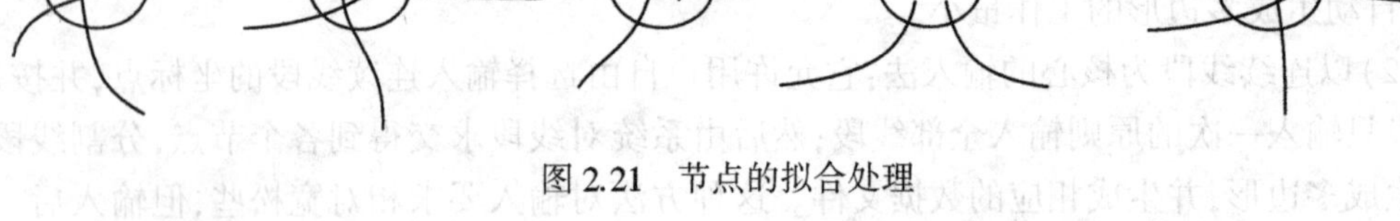

图 2.21 节点的拟合处理

4.3　将链连接成边界网络

首先按链的尺度（最大、最小(x,y)坐标）存储多边形的链，使各条链能按拓扑关系彼此集中在一起，同时在数据文件中存储在一起，从而节省查找相邻链的时间，然后对这些链进行检查，看哪些其他链与它们相交，把各交点存储在组成这些点的所有链的后面，并把链的数据记录延长，以包括指针和角度。如果链不是在端点相接，而是在中间相交，就会自动切成新链和形成新节点，同时建立新的指针。

（1）判断直线相交关系

对于以线段为核心输入数据的方法，通常只有少量的节点直接输入，大量的节点需要经矢量求交获取，再以节点为核心分割弧段，得到全部弧段数据。为了减少矢量求交的计算量，可将整幅图分成 $m\times n$ 块，逐步判断每小块内有否相交的弧段。判断直线相交关系如图 2.22 所示，然后进行求交。其算法如下：

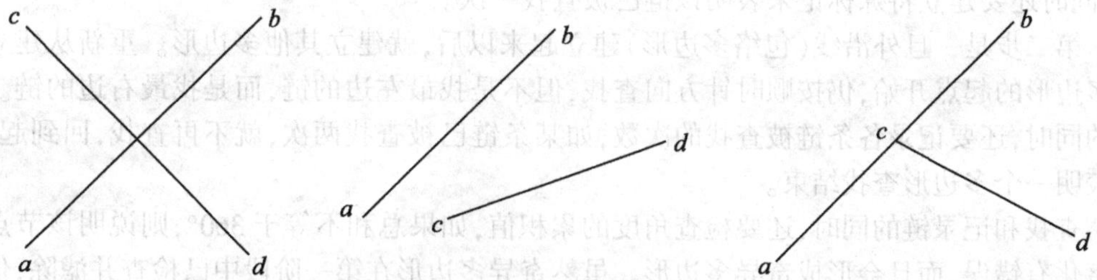

图 2.22　两直线间关系

$$S_{abc}=\frac{1}{2}\begin{vmatrix} x_a & y_a & 1 \\ x_b & y_b & 1 \\ x_c & y_c & 1 \end{vmatrix},S_{abd}=\frac{1}{2}\begin{vmatrix} x_a & y_a & 1 \\ x_b & y_b & 1 \\ x_d & y_d & 1 \end{vmatrix}$$

当 $S_{abc}\cdot S_{abd}>0$ 时，两直线不相交；当 $S_{abc}\cdot S_{abd}=0$ 时，两直线中一条直线的一端点在另一直线上；当 $S_{abc}\cdot S_{abd}<0$ 时，两直线相交。

（2）对相交直线求出交点坐标(x,y)

从$\frac{y-y_a}{x-x_a}=\frac{y_b-y_a}{x_b-x_a},\frac{y-y_c}{x-x_c}=\frac{y_d-y_c}{x_d-x_c}$中求出两方程的交点$(x,y)$，该交点即为所求节点。这样对全幅图求完交点，按节点对弧段进行分割后，形成以节点为核心的弧段。

有些地理信息系统不能自动形成节点，需用手工输入。虽然手工输入节点及指针可以减少计算处理的时间，但会产生非标准的数据格式和数据库中的多余数据，同时输入工作量也大。

4.4　检查多边形是否闭合

检查多边形闭合与否的方法很简单，即扫描修改过的链记录，看每条链是否有指向其他链和从其他链指向它。如果每条链都至少有一个指针指向其他链和一个从其他链指向它的指针，则说明多边形网络中的各多边形是闭合的。如果组成岛的链只有一条，它的指针就指向它本身。某链经检查不合要求时,系统会以特殊的方法显示出来,并决定是否去除或修改。

4.5 多边形的自动生成

多边形的自动生成实质上是根据分割好的各弧段及拟合匹配的节点信息搜索组成每个多边形的各弧段,自动建立多边形的拓扑关系。搜索多边形的方式可以是顺时针方向,也可以是逆时针方向。

组成多边形的第一步是建立多边形网最外沿线组成的包络多边形(实体),这个包络实体由以下记录内容组成:惟一标识、惟一的编码、环形指针、指向边界链的指针列表、包络多边形的面积、范围(包围包络多边形的矩形的最大、最小(x,y)坐标值)。此包络多边形用户是看不见的,它的惟一作用是建立多边形网络的拓扑结构。

包络多边形按如下方法建立:在多边形网的最外沿选择一个点作为起始点,按顺时针方向沿着边界查找下一个节点。原则是选取每一个节点处的最左边一条链,并以这条链的另一端作为起点查找最左边的链,以此类推。选出的链的识别符和其他有关数据需记录和存储,同时还要建立特殊标记来表明该链已被查找一次。

第二步是一旦外沿线(包络多边形)建立起来以后,就建立其他多边形。重新从建立包络多边形的起点开始,仍按顺时针方向查找,但不是找最左边的链,而是找最右边的链。查找的同时,还要记录各条链被查找的次数,如某条链已被查找两次,就不再查找,回到起点,就表明一个多边形查找结束。

查找和记录链的同时,还要检查角度的累积值,如果总和不等于360°,则说明该节点处数字化有错误,而且会形成奇异多边形。虽然奇异多边形在第一阶段中已检查并滤除,但如果一条链必须连接到手工输入的节点上时,这一检查还是必要的。

与包络多边形一样,每个多边形实体也包括如下信息:惟一的标识符,多边形编码,包围多边形到该多边形的环形指针,同时,该多边形的识别符应写入包络多边形的环形指针记录中去;所有边界链列表(同时,多边形的识别符应写入链的记录中去);指向多边形网中邻接多边形的指针;包络多边形的矩形的最大、最小坐标值。

这些工作都完成后,用同样的过程查找下一个多边形,但下一个多边形必须位于同一多边形网中,且属分级结构中的同一级,直到每个多边形都生成后才结束查找工作。当最后一个多边形查找完毕时,就将它的指针指回到包络多边形,这样就能保证每一条链都与两个多边形有关。

"岛"的查找过程与上述基本一样,但"岛"必须按适当的拓扑等级进行编排,而且把"岛"的水域线围成的多边形也指定为包络多边形,编排"岛"的拓扑等级可以按包络多边形的面积分类排列,然后检查小包络多边形(即"岛")是否落入较大的包络多边形内。较为快速的查找方法是比较它们的范围,即包络矩形(最大、最小(x,y)坐标)的大小。如果发现多边形落入较大多边形内,则用"点在多边形内"程序检查"岛"多边形是否完全在大多边形内。

4.6 计算多边形面积

采用解析坐标法计算每个多边形的面积,并把所计算的面积作为多边形的属性数据存储。由于在地理数据中,多边形可能具有几百个边界坐标点,而且多边形网络中常包括多个岛屿,计算机计算面积的有效方法是尽可能只算一次,因此,湖泊水域面积最好是从湖的外沿多边形面积中减去岛的面积(如果湖中有岛)。

4.7 属性数据与多边形的连接

建立完整拓扑多边形数据结构的最后一步是把多边形图形数据与对应的属性数据连接在一起。这两类数据的连接具有惟一性。多边形识别符的建立有两种方法：

(1)在每个多边形内数字化一个文本实体作为数据输入的一部分,或者在多边形形成后交互地输入。文本实体可以是文字、号码、名称等,但整个多边形网必须统一,而且每个多边形的识别符不能相同,即需在各自的记录中加入惟一的识别符或关键字,并将二者的识别符再存储在另一文件——关系表中,以便参照查找。

(2)由程序自动寻找多边形的中央点,并在该点写上多边形的识别符(大多数程序都是顺序号),并打印出这些识别符列表,用户按表再把对应的识别符写入属性数据文件中,或建立关系表,以供图形和属性相互参照查找使用。

建立这类复杂的拓扑多边形网络数据结构有如下优点：

(1)多边形网络完全综合成一个整体,没有重叠和漏洞,也没有过多的冗余数据。

(2)全部多边形、链、属性数据均为内部连接在一起的整体单元的一部分,可以进行任何类型的邻域分析,而且能将属性数据与链连接后再进行分析。

(3)多边形中嵌套多边形可以无限地嵌套,如湖→岛→小湖→小岛等。

(4)数据库的位置精度只受数字化的精度和计算机字长的限制。

(5)数据结构与数据收集和输入的牵连不多。

第四节 矢栅结构的比较及转换算法

自从20世纪70年代美国学术界提出地理信息系统中的两种空间数据结构方式以来,目前世界各国所用的地理信息系统仍然采用矢量数据结构和栅格数据结构。

1 栅格结构与矢量结构的比较

栅格结构与矢量结构似乎是两种截然不同的空间数据结构,栅格结构属性明显、位置隐含,而矢量结构位置明显、属性隐含(见表2.4)。由此可知,栅格结构和矢量结构都有各自的优点和局限性。

表2.4 **栅格结构和矢量结构的比较**

比较内容	矢量格式	栅格格式
数据量	小	大
图形精度	高	低
图形运算	复杂、高效	简单、低效
影像格式	不一致	一致或接近
输出表示	抽象、昂贵	直观、便宜
数据共享	不易实现	容易实现
拓扑和网络分析	容易实现	不易实现

从上述比较中可了解到栅格数据和矢量数据结构的适用范围。对于一个与遥感相结合的地理信息系统来说,栅格结构是必不可少的,因为遥感影像是以像元为单位的,可以直接

将原始数据或经处理的影像数据纳入栅格结构的地理信息系统,而对地图数字化、拓扑检测、矢量绘图等,矢量数据结构又是必不可少的。近年来,人们越来越清楚地认识到:把栅格数据和矢量数据结构的差别当成重要的概念差别是不正确的,事实上它们都是技术问题。计算机技术的发展使运算速度、存储能力、地理数据的空间分辨率大大提高。为了更有效地利用 GIS,人们面临的问题之一是栅格数据和矢量数据结构的恰当选择问题。实践证明,栅格结构和矢量结构在表示空间数据上可以同样有效,对于一个 GIS 软件,较为理想的方案是采用两种数据结构,即栅格结构和矢量结构并存,用计算机程序实现两种结构的高效转换。数字地图根据需要,按矢量结构或栅格结构存储最大限度地减少冗余,提高数据精度,对于数据的提取和分析、输出,由程序自动根据操作的需要选取合适的结构,以获取最强的分析能力和时间效率。栅格和矢量双结构对于提高地理信息系统的空间分辨率、数据压缩率和增强系统分析、输入输出的灵活性十分重要,但是在转换程序效率不高、硬软件功能不太全的情况下,又要及时开展 GIS 工作,选用恰当的数据结构是 GIS 有效运行的前提之一。

2 相互转换算法

矢量结构与栅格结构的相互转换是地理信息系统的基本功能之一,目前已经发展了许多高效的转换算法。但是,从栅格数据到矢量数据的转换,特别是扫描图像的自动识别,仍然是目前研究的重点。

对于点状实体,每个实体仅由一个坐标对表示,其矢量结构和栅格结构的相互转换基本上只是坐标精度变换问题,不存在太大的技术问题。线实体的矢量结构由一系列坐标对表示,在变为栅格结构时,除把序列中坐标对变为栅格行列坐标外,还需根据栅格精度要求,在坐标点之间插满一系列栅格点,这由两点式直线方程容易得到。线实体由栅格结构变为矢量结构与将多边形边界表示为矢量结构相似,因此,以下重点讨论多边形(面实体)的矢量结构与栅格结构的相互转换。

2.1 矢量格式向栅格格式的转换

矢量格式向栅格格式转换又称为多边形填充,就是在矢量表示的多边形边界内部的所有栅格点上赋以相应的多边形编码,从而形成类似图 2.16 的栅格数据阵列。几种主要的算法描述如下。

2.1.1 内部点扩散算法

该算法由每个多边形的一个内部点(种子点)开始,向其八个方向的邻点扩散,判断各个新加入点是否在多边形边界上,如果在边界上,则该新加入点不作为种子点;否则,把非边界点的邻点作为新的种子点与原有种子点一起进行新的扩散运算,并将该种子点赋以该多边形的编号。重复上述过程,直到所有种子点填满该多边形并遇到边界停止为止。

扩散算法程序设计比较复杂,并且在一定的栅格精度上,如果复杂图形的同一多边形的两条边界落在同一个或相邻的两个栅格内,会造成多边形不连通,这样,一个种子点不能完成整个多边形的填充。

2.1.2 复数积分算法

对全部栅格阵列逐个栅格单元地判断该栅格归属的多边形编码,判别方法是由待判点对每个多边形的封闭边界计算复数积分,对某个多边形,如果积分值为 $2\pi r$,则该待判点属于此多边形,赋以多边形编号;否则在此多边形外部,不属于该多边形。

2.1.3　射线算法和扫描算法

射线算法可逐点判断数据栅格点在某多边形之外或在多边形内，由待判点向图外某点引射线，判断该射线与某多边形所有边界相交的总次数，如为偶数次，则待判点在该多边形外部；如为奇数次，则待判点在该多边形内部。采用射线算法要注意的是：射线与多边形边界相交时，有一些特殊情况会影响交点的个数，必须予以排除（图 2.23）。

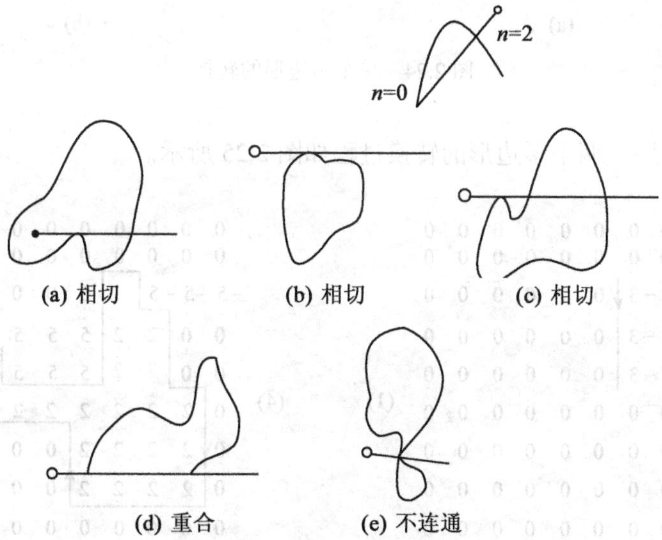

图 2.23　射线算法的特殊情况

扫描算法是射线算法的改进，将射线改为沿栅格阵列列或行方向扫描线，判断与射线算法相似。扫描算法省去了计算射线与多边形边界交点的大量运算，大大提高了效率，但一般需要预留一个较大的数组以存放边界点，而且扫描线与多边形边界相交的几种特殊情况仍然存在，需要加以判别。

2.1.4　边界代数算法

边界代数多边形填充算法是一种基于积分思想的矢量格式向栅格格式的转换算法，它适合于记录拓扑关系的多边形矢量数据转换为栅格结构。图 2.24 表示转换单个多边形的情况，多边形编号为 a，模仿积分求多边形区域面积的过程，初始化的栅格阵列的各栅格值为零，以栅格行列为参考坐标轴，由多边形边界上某点开始顺时针搜索边界线，当边界上行时（图 2.24（a）），位于该边界左侧的具有相同行坐标的所有栅格被减去 a；当边界下行时（图 2.24（b）），该边界左边（前进方向看为右侧）的所有栅格点加 a，边界搜索完毕，则完成了多边形的转换。

事实上，每幅数字地图都是由多个多边形区域组成的，如果把不属于任何多边形的区域（包含无穷远点的区域）看成编号为零的特殊的多边形区域，则图上每一条边界弧段都与两个不同编号的多边形相邻，按弧段的前进方向分别称为左、右多边形。可以证明，对于这种多个多边形的矢量向栅格的转换问题，只需对所有多边形边界弧段作如下运算，而不考虑排列次序：当边界弧段上行时，该弧段与左图框之间的栅格增加一个值（左多边形编号减去右多边形编号）；当边界弧段下行时，该弧段与左图框之间的栅格增加一个值（右多边形编号

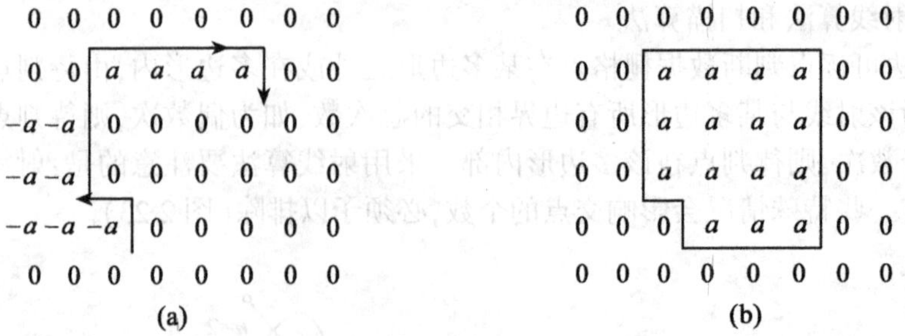

图 2.24　单个多边形的转换

减去左多边形编号)。两个多边形的转换过程如图 2.25 所示。

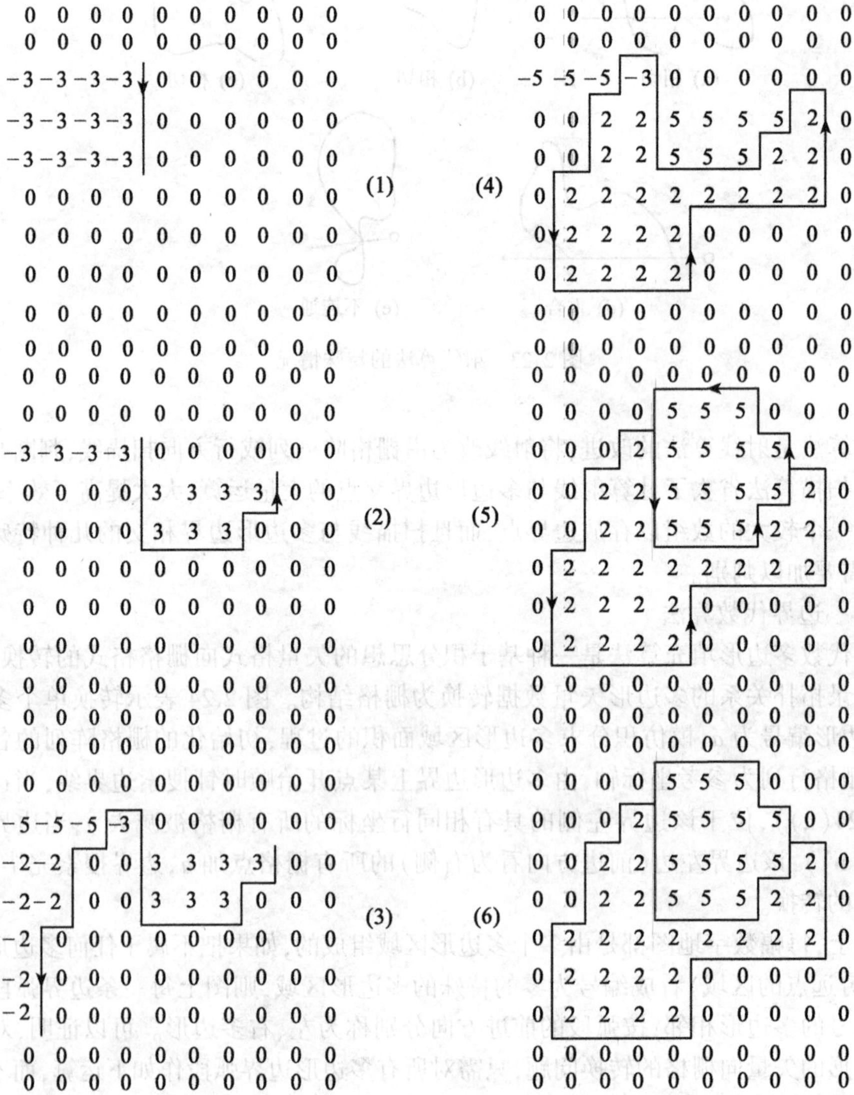

图 2.25　多个多边形的转换

边界代数法与前述其他算法的不同之处在于,它不是逐点判断与边界的关系完成转换,而是根据边界的拓扑信息,通过简单的加减代数运算将边界位置信息动态地赋给各栅格点,实现了矢量格式到栅格格式的高速转换,而不需要考虑边界与搜索轨迹之间的关系,因此算法简单、可靠性好,各边界弧段只被搜索一次,避免了重复计算。

但是这并不意味着边界代数法可以完全替代其他算法,在某些场合下,还是要采用种子填充算法和射线算法,前者应用于在栅格图像上提取特定的区域,后者则可以进行点和多边形关系的判断。

2.2 栅格格式向矢量格式的转换

栅格格式向矢量格式转换的目的是为了将栅格数据分析的结果通过矢量绘图装置输出,或者为了数据压缩的需要,将大量的面状栅格数据转换为由少量数据表示的多边形的边界。但更重要的是为了将自动扫描仪获取的栅格数据加入矢量形式的数据库。

多边形栅格格式向矢量格式转换,就是提取以相同编号的栅格集合表示的多边形区域的边界和边界的拓扑关系,并表示由多个小直线段组成的矢量格式边界线的过程。

2.2.1 步骤

栅格格式向矢量格式转换通常包括以下几个基本步骤。

(1)图像二值化。即采用高通滤波将栅格图像二值化或以特殊值标识边界点。图像二值化用于从原始扫描图像计算得到黑白二值图像(Binary Image),通常将图像上的白色区域的栅格点赋值为0,而将黑色区域的栅格点赋值为1。黑色区域对应了要矢量化提取的地物,又称为前景。

(2)平滑。图像平滑用于去除图像中的随机噪声,通常表现为斑点。

在将地图扫描或摄像输入时,由于线不光滑以及扫描、摄像系统分辨率的限制,使得一些曲线目标带来多余的小分支(即毛刺噪声);此外,还有孔洞和凹陷噪声,如图2.26所示。如果不在细化前去除这几种噪声,就会造成细化误差和失真,这样会最终影响地图跟踪和矢量化。曲线目标越宽,提取骨架和去除轮廓所需的次数越多,因此噪声影响也越大。

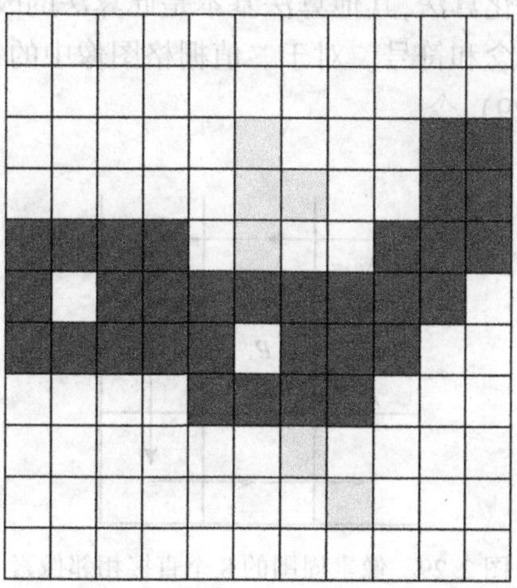

图2.26 扫描图像的“59毛刺”和“凹陷孔洞”

为了去除毛刺噪声的影响，可以采用如图2.27所示的3×3模板进行处理。处理的过程是：按点阵格式扫描图像上的每一像素，只要图像的相应区域与图2.27中的模板（包括其三次90°旋转所形成的模板）匹配，则判定为毛刺，对应于模板中心的像素数值变为0。根据需要，可进行多次这种匹配运算。

为了去除孔洞及凹陷噪声，采用如图2.28所示的模板进行处理，只要图像的对应区域与该模板（包括其三次90°旋转）匹配，则区域中心点数值变为1。

总之，通过以上两种平滑处理，基本上消除了毛刺和孔洞凹陷噪声的影响，为进一步进行细化处理打下了基础。

0	0	0
0	1	0
X	X	X

图2.27　去毛刺模板，X为任意数值

X	1	X
1	0	1
X	X	X

图2.28　去孔洞凹陷模板

（3）细化。细化是矢量化过程中的重要步骤，也是矢量化的基础。线细化是处理包含线状地物二值图像的一种重要技术，在地图扫描处理中，由于地图上的主要信息是不同粗细和不同形状的线，必须先进行线细化，以准确、有效地提取这些线信息，并进一步完成跟踪矢量化。

线细化就是不断去除曲线上不影响连通性的轮廓像素的过程，对细化的一般要求是：

- 保证细化后曲线的连通性；
- 细化结果是原曲线的中心线；
- 保留细线端点。

根据各种不同的应用，目前已经提出了许多线细化算法，如内接圆法、经典算法、异步算法、快速并行算法及并行八边算法等，不同的算法在处理速度和效果上各有其特点。

下面介绍一个常用的细化算法，其他算法基本是此算法的改进。

首先介绍几个相关的概念和符号。对于二值栅格图像中的每个像素点 p 以及该像素直接相邻的8个像素点（图2.29），令

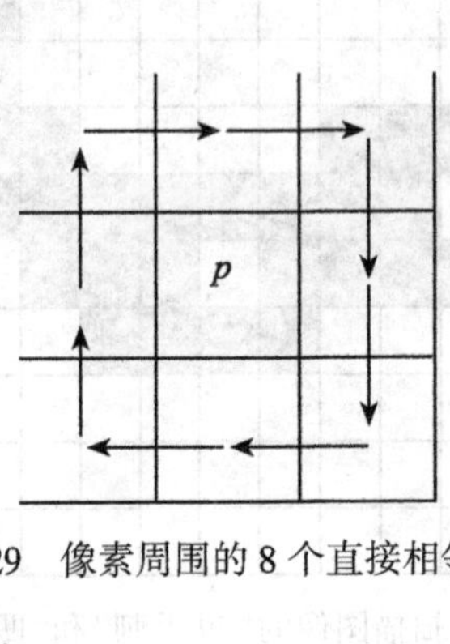

图2.29　像素周围的8个直接相邻像素

① $N(p)$ 为 p 的邻点的数值的和；

② 图像像素连接数 $T(p)$，如果旋转着看像素周围的点，$T(p)$ 就是 p 周围 8 个点从 0 变成 1 的次数，它反映了像素邻点连接的块数（图 2.30）；

③ p_W、p_E、p_S、p_N 分别指像素左侧、右侧、下面、上面邻点的数值。

算法步骤如下[Zhang-Suen，1984]：

① 对于栅格图像中的每个点 p，进行如下操作：

如果 $2 \leqslant N(p) \leqslant 6$ 且 $T(p)=1$，并且 $p_N p_S p_E=0$，$p_W p_E p_S=0$，则标志 p 点；

② 将所有被标志的栅格点赋值为 0，如果没有被标志的点，则算法结束；

③ 对于栅格图像中的每个点 p，进行如下操作：

如果 $2 \leqslant N(p) \leqslant 6$ 且 $T(p)=1$，并且 $p_N p_S p_W=0$，$p_W p_E p_N=0$，则标志 p 点；

④ 将所有被标志的栅格点赋值为 0，如果没有被标志的点，则算法结束；

⑤ 转到步骤①。

图 2.31 显示了采用该算法细化的过程和结果。

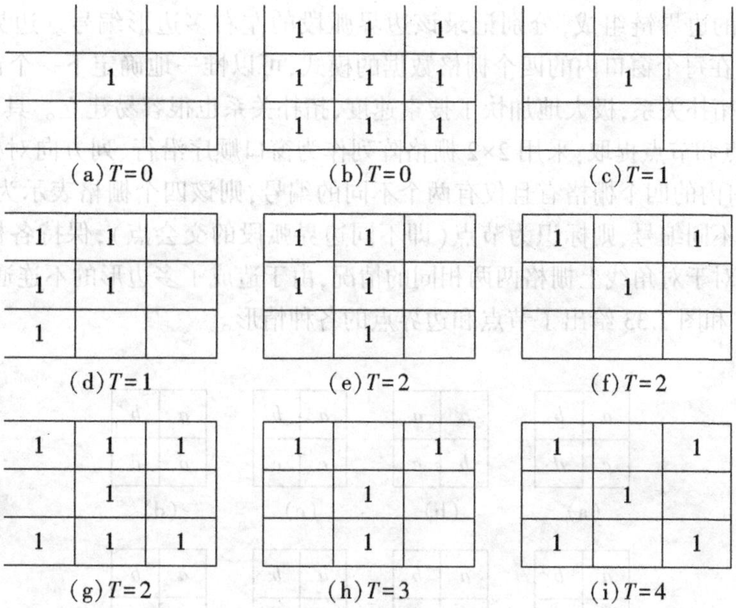

(a) $T=0$　(b) $T=0$　(c) $T=1$　(d) $T=1$　(e) $T=2$　(f) $T=2$　(g) $T=2$　(h) $T=3$　(i) $T=4$

图 2.30　像素连接数

(4) 边界线追踪。对每个边界弧段由一个节点向另一个节点搜索，通常对每个已知边界点，需沿除了进入方向的其他 7 个方向搜索下一个边界点，直到连成边界弧段。

(5) 拓扑关系生成。对于矢量表示的边界弧段数据，判断其与原图上各多边形的空间关系，以形成完整的拓扑结构，并建立与属性数据的联系。

(6) 去除多余点及曲线圆滑。由于搜索是逐个栅格进行的，必须去除由此造成的多余点记录，以减少数据冗余；曲线由于栅格精度的限制可能不够圆滑，需采用一定的插补算法进行光滑处理。常用的算法有：线性迭代法、分段三次多项式插值法、正轴抛物线平均加权法、斜轴抛物线平均加权法、样条函数插值法。

栅格向矢量转换中最为困难的是边界线搜索、拓扑结构生成和多余点去除。任伏虎等

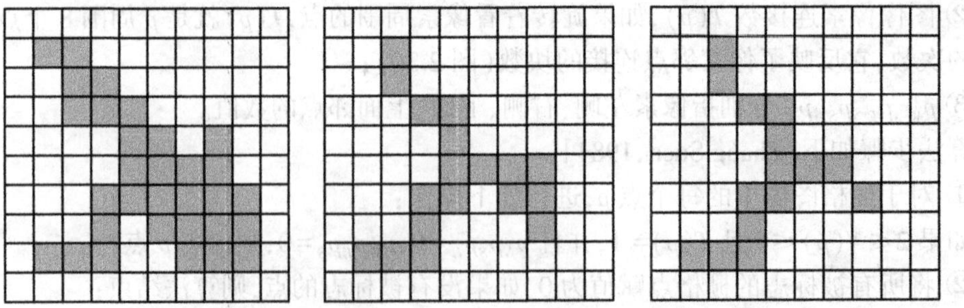

图 2.31　线状地物的细化

发展了一种栅格数据库数据双边界直接搜索算法(Double Boundary Direct Finding,DBDF),较好地解决了上述问题。

2.2.2　多边形栅格转矢量的双边界搜索算法

该算法的基本思想是:通过边界提取,将左右多边形信息保存在边界点上,每条边界弧段由两个并行的边界链组成,分别记录该边界弧段的左右多边形编号。边界线搜索采用2×2栅格窗口,在每个窗口内的四个栅格数据的模式,可以惟一地确定下一个窗口的搜索方向和该弧段的拓扑关系,极大地加快了搜索速度,拓扑关系也很容易建立。具体步骤如下:

(1)边界点和节点提取:采用2×2栅格阵列作为窗口顺序沿行、列方向对栅格图像全图扫描,如果窗口内的四个栅格有且仅有两个不同的编号,则该四个栅格表示为边界点;如果有三个以上的不同编号,则标识为节点(即不同边界弧段的交会点),保持各栅格原多边形的编号信息。对于对角线上栅格两两相同的情况,由于造成了多边形的不连通,也当做节点处理。图 2.32 和图 2.33 给出了节点和边界点的各种情形。

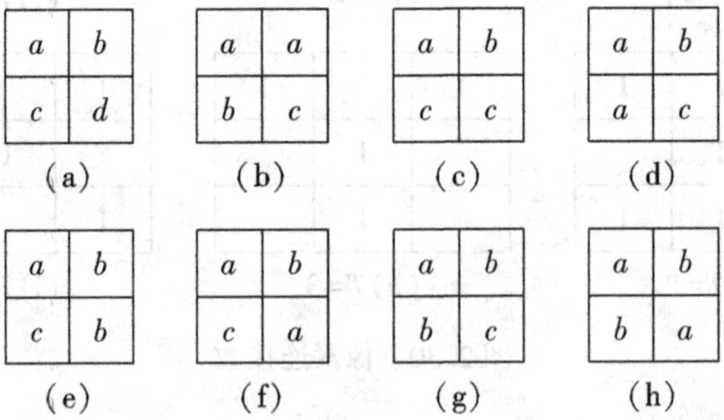

图 2.32　节点的 8 种情形

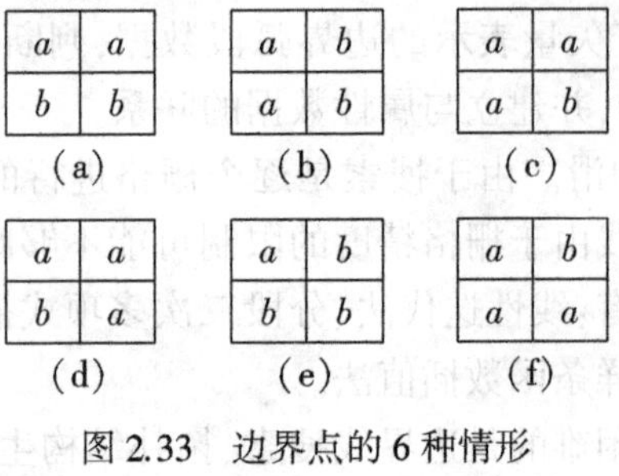

图 2.33　边界点的 6 种情形

(2)边界线搜索与左右多边形信息记录:边界线搜索是逐个弧段进行的,对每个弧段由一组已标识的四个节点开始,选定与之相邻的任意一组四个边界点和节点都必定属于某一窗口的四个标识点之一。首先记录开始边界点的两个多边形编号,作为该弧段的左右多边形,下一点组的搜索方向则由进入当前点的搜索方向和该点组的可能走向决定,每个边界点组只能有两个走向,一个是前点组进入的方向,另一个则可确定为将要搜索后续点组的方向。如图2.33(c)所示的边界点组只可能有两个方向,即下方和右方,如果该边界点组由其下方的一点组被搜索到,则其后续点组一定在其右方;反之,如果该点在其右方的点组之后被搜索到(即该弧段的左右多边形编号分别为 b 和 a),对其后续点组的搜索应确定为下方,其他情况依此类推。可见,双边界结构可以惟一地确定搜索方向,从而大大地减少搜索时间,同时形成的矢量结构带有左右多边形编号信息,容易建立拓扑结构和属性数据的联系,提高转换的效率。

(3)多余点去除:在一个边界弧段上的连续的三个点,如果在一定程度上可以认为在一条直线上(满足直线方程),则三个点中间一点可以被认为是多余的,予以去除。多余点是由于栅格向矢量转换时逐点搜索边界造成的(当边界为直线时),多余点去除算法可大量去除多余点,减少数据冗余。

2.2.3 曲线离散化算法

在数字化过程中,尤其是采用流方式或扫描自动矢量化进行采样后,需要对曲线进行采样简化,即在曲线上取有限个点,将其变为折线,并且能够在一定程度上保持原有的形状。下面介绍 Douglas-Peucker 算法(图2.34)。(1)在曲线首尾两点 A、B 之间连接一条直线段 AB,该直线称为曲线的弦。(2)得到曲线上离该直线段距离最大的点 C,并计算其与 AB 的距离 d。(3)比较该距离与预先给定阈值 ε 的大小,如果小于 ε,则将该直线段作为曲线的近似,该段曲线处理完毕。(4)如果距离大于阈值,则用 C 将曲线分为两段 AC 和 BC,并分别对两段曲线进行(1)~(3)步的处理。(5)当所有曲线都处理完毕后,依次连接各个分割点形成的折线,即可以作为曲线的近似。很明显,该算法是一个递归算法。

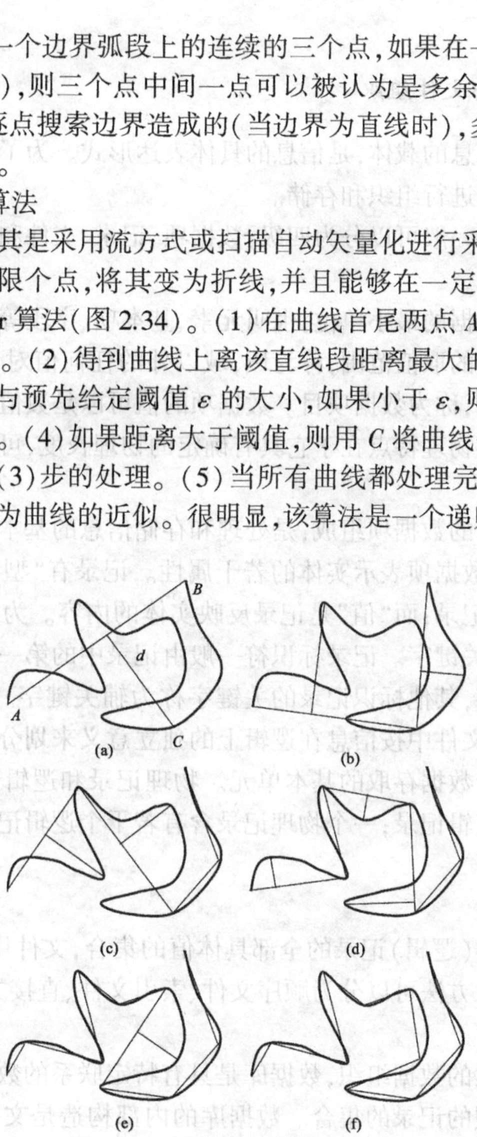

图2.34 曲线的离散算法

第五节 GIS空间数据库与数据库管理系统

1 数据库

1.1 数据库的概念

数据库(Data Base)是以一定的组织方式存储在一起的相互关联的数据集合,能以最佳方式、最少重复(冗余)为多种目的服务。数据库也可看成是与某方面有关的所有文件的集合,数据库对数据文件重新组织,最大限度地减少数据冗余,增强数据间的联系,实现对数据的合理组织和灵活存取。

1.2 数据库的数据与文件组织

数据是现实世界中信息的载体,是信息的具体表达形式。为了表达有意义的信息内容,数据必须按照一定的方式进行组织和存储。

数据库中的数据组织一般可以分为四级:数据项、记录、文件和数据库。

(1)数据项

数据项是可以定义数据的最小单位,也叫元素、基本项、字段等,它与现实世界实体的属性相对应。数据项有一定的取值范围,称为域,域以外的任何值对该数据项都是无意义的。每个数据项都有一个名称,称为数据项目。数据项的值可以是数值的、字母的、字母数字的、汉字的等形式。数据项的物理特点在于它具有确定的物理长度,可以作为整体看待。

(2)记录

记录是由若干相关联的数据项组成,是处理和存储信息的基本单位,是关于一个实体的数据总和,构成该记录的数据项表示实体的若干属性。记录有“型”和“值”的区别,“型”是同类记录的框架,它定义记录;而“值”是记录反映实体的内容。为了惟一标识每个记录,就必须有记录标识符,也叫关键字。记录标识符一般由记录中的第一个数据项担任,惟一标识记录的关键字称主关键字,其他标识记录的关键字称为辅关键字。记录可以分为逻辑记录与物理记录,逻辑记录是文件中按信息在逻辑上的独立意义来划分的数据单位;而物理记录是单个输入输出命令进行数据存取的基本单元。物理记录和逻辑记录之间的对应关系有:一个物理记录对应一个逻辑记录;一个物理记录含有若干个逻辑记录;若干个物理记录存放一个逻辑记录。

(3)文件

文件是一给定类型的(逻辑)记录的全部具体值的集合,文件用文件名称标识。文件根据记录的组织方式和存取方法可以分为顺序文件、索引文件、直接文件和倒排文件等。

(4)数据库

数据库是比文件更大的数据组织,数据库是具有特定联系的数据的集合,也可以看成是具有特定联系的多种类型的记录的集合。数据库的内部构造是文件的集合,这些文件之间存在某种联系,不能孤立存在。

1.3 数据库结构

数据间的逻辑联系主要是指记录与记录之间的联系。记录是表示现实世界中的实体。实体之间存在着一种或多种联系,这样的联系必然要反映到记录之间的联系上来。数据之间的逻辑联系主要有三种:一对一的联系、一对多的联系、多对多的联系。

数据库由许多文件和文件中的大量数据组成。为便于从一个文件或多个文件中存取数据,必须用某种方式来构造或组织数据库。目前,通用的有三种数据库结构,即层次结构、网络结构和关系结构。

1.3.1 层次数据库结构

层次模型是数据处理中发展较早、技术上也比较成熟的一种数据模型。它的特点是将数据组织成一对多(或父节点与子节点)关系的有向有序的树结构。结构中的节点代表数据记录,连线描述位于不同节点数据间的从属关系(限定为一对多的关系)。例如,土壤族下属的土类、类下的亚类就是常见的分级结构之一。环境科学中多用这种数据组织系统,除土壤外,还用于动物、植物、岩石等分类。

层次结构采用关键字来访问其中每一层次的每个部分,并假定关键属性和数据项之间可能具有紧密的相关性。关键字是指识别标志,如记录序号、数据项名称和其他属性等。

层次数据库结构的优点是层次模型反映了现实世界中实体间的层次关系,层次结构是众多空间对象的自然表达形式,并在一定程度上支持数据的重构;存取方便,且速度快,容易理解;数据修改和数据库扩展都较容易;检索关键属性十分方便等。层次结构最适合于文献目录、银行等管理系统。

但其应用时存在以下问题:

(1)由于层次结构的严格限制,对任何对象的查询必须始于其所在层次结构的根,使得低层次对象的处理效率较低,并难以进行反向查询。数据的更新涉及许多指针,插入和删除操作也比较复杂。母节点的删除意味着其下属所有的子节点均被删除,必须慎用删除操作。

(2)层次命令具有过程式性质,它要求用户了解数据的物理结构,并在数据操纵命令中显式地给出存取途径。

(3)模拟多对多联系时,导致物理存储上的冗余。

(4)数据独立性较差。

(5)基本不具备演绎功能。

(6)基本不具备操作代数基础。

1.3.2 网络数据库结构

层次数据库结构中数据的联结只限于上下通路。许多情况下,特别是图形数据的数据库结构要求具有更多的通路,以便更为快速地把需要的数据组织起来。例如,一个复杂的图形中,各图形要素(甚至相邻接的要素)常常存储在数据库的不同部分,要把这些元素组织在一起,需要进行多通路连接,才能迅速形成图形。网络数据库结构满足这种要求。

网络数据库结构的基本特征是:节点数据间没有明确的从属关系,一个节点可与其他多个节点建立联系。网状模型将数据组织成有向图结构。结构中的节点代表数据记录,连线描述不同节点数据间的关系。

网状模型反映了现实世界中常见的多对多关系,在一定程度上支持数据的重构,具有一

定的数据独立性和共享特性,并且运行效率较高。但它应用时存在以下问题:

(1)网状结构的复杂性增加了用户查询和定位的困难。它要求用户熟悉数据的逻辑结构,知道自身所处的位置。

(2)网状数据操作命令具有过程式性质。

(3)不直接支持对于层次结构的表达。

(4)基本不具备演绎功能。

(5)基本不具备操作代数基础。

1.3.3 关系数据库结构

就地理科学来说,分析研究工作离不开空间(主要指图形)数据和非空间(主要指属性)数据。关系数据库则以建立这两类数据之间的关系为主要目标来组织数据。点、线、面图形数据的记录中都包含一个有序特征值,此特征值也可成为关键字,其后存储其他信息。整个记录称为一个"元组",多个元组组成一张二维表,称为"关系"。表结构中的行对应于元组,列对应于域,列的名字称为属性。n 元关系必有 n 个属性。满足一定条件(如第一范式 1NF)的规范化关系的集合就构成了关系模型。每个关系通常是一个独立的文件。关系数据库以记录组(或数据表)的形式组织数据,以便于利用各种实体(图形)与属性之间的关系进行数据存取和变换,不分层也无指针。

关系是一组域的笛卡儿积的子集。给定一组域 $D_1, D_2, \cdots, D_n$(可包含相同的域),其笛卡儿积为:$D_1 \times D_2 \times \cdots \times D_n = \{(d_1, d_2, \cdots, d_n) \mid d_i \in D_i, i=1,2,\cdots,n\}$。其中每一个元素$(d_1, d_2, \cdots, d_n)$叫做一个 n 元组,或简称为元组。关系 $R(D_1, D_2, \cdots, D_n)$ 是元组的集合,且 $R(D_1, D_2, \cdots, D_n) \subseteq D_1 \times D_2 \times \cdots \times D_n$。

关系的数据操作是通过关系代数实现的,具有严格的数学基础,并支持数据的重构,其数据描述具有较强的一致性和独立性。关系操作和关系演算具有非过程式特点,关系模型具有严密的数学基础和操作代数基础,并且与一阶逻辑理论密切相关,具有一定的演绎功能。关系数据库还能搜索、组合和比较不同类型的数据;加入和删除数据都非常方便,因为这一活动只涉及单个元组。目前,绝大多数数据库系统采用关系模型。但它的应用也存在着如下问题:

(1)实现效率不够高。由于概念模式和存储模式的相互独立性,按照给定的关系模式重新构造数据的操作相当费时。另外,实现关系之间的联系需要执行系统开销较大的连接操作。

(2)描述对象语义的能力较弱。现实世界中包含的数据种类和数量繁多,许多对象本身具有复杂的结构和涵义,为了用规范化的关系描述这些对象,则需对对象进行不自然的分解,从而在存储模式、查询途径及其操作等方面均显得语义不甚合理。

(3)不直接支持层次结构,因此不直接支持对于概括、分类和聚合的模拟,即不适合于管理复杂对象的要求。关系理论是基于第一范式(1NF)的,它不允许嵌套元组和嵌套关系存在。为了表示和模拟现实世界中的层次嵌套结构,人们扩展了现有的 1NF 关系模型,如嵌套关系模型、RM/T 和 Non-1NF 关系模型。

(4)模型的可扩充性较差。新关系模式的定义与原有的关系模式相互独立,并未借助已有的模式支持系统的扩充。关系模型只支持元组的集合这一种数据结构,并要求元组的属性值为不可再分的简单数据(如整数、实数和字符串等),它不支持抽象数据类型,因而不具备管理多种类型数据对象的能力。

(5)模拟和操纵复杂对象的能力较弱。关系模型表示复杂关系时比其他数据模型困难,因为它无法用递归和嵌套的方式来描述复杂关系的层次和网状结构,只能借助于关系的规范化分解来实现。如果数据库很大,这一查找过程要花很多时间。商业性的关系数据库必须非常精心地设计才能达到一定的速度,这是关系数据库的主要技术指标,也是建立关系数据库花费高的主要原因。

2 数据库管理系统

数据库是关于事物及其关系的信息组合,早期的数据库物体本身与其属性是分开存储的,只能满足简单的数据恢复和使用。数据定义使用特定的数据结构定义,利用文件形式存储,称之为文件处理系统。

文件处理系统是数据库管理最普遍的方法,但是有很多缺点。首先,每个应用程序都必须直接访问所使用的数据文件,应用程序完全依赖于数据文件的存储结构,数据文件修改时,应用程序也随之修改;另外,由于若干用户或应用程序共享一个数据文件,要修改数据文件必须征得所有用户的认可。由于缺乏集中控制,也会带来一系列数据库的安全问题。数据库的完整性是严格的,信息质量很差。

数据库管理系统(Database Management System,DBMS)是在文件处理系统的基础上进一步发展的处理数据库存储和各种管理控制的软件系统。它是数据库系统的中心枢纽,在用户应用程序和数据文件之间起到了桥梁作用。DBMS 的最大优点是提供了两者之间的数据独立性,即应用程序访问数据文件时,不必知道数据文件的物理存储结构。当数据文件的存储结构改变时,不必改变应用程序,应用程序对数据库的操作全部通过 DBMS 进行。

数据库管理系统的功能因不同系统而有所差异,但一般都具有数据库定义、数据库管理、数据库维护、数据库通信等功能。

为了实现上述功能,每一项工作都有相应的程序,所以数据库管理系统实际上是许多系统程序组成的一个整体。它大体上可分成三大组成部分。

(1)语言处理程序:包括完成数据库定义、操作等功能的程序,主要有数据描述语言(DDL)编译程序、数据操作语言(DML)的处理程序、终端命令解释程序和主语言的预编译程序等。

(2)系统运行控制程序:主要有系统控制程序、数据存取程序、数据更新程序、并发控制程序、保密控制程序、数据完整性控制程序等。

(3)建立和维护程序:包括数据装入程序、性能监督程序、工作日志程序、重新组织程序、转储程序和系统恢复程序等。

数据库理论是地理信息系统的理论基础,尽管目前流行的通用数据库管理系统在空间实体的定义、描述和检索运算上存在很大不足,完全采用通用的 DBMS 建立地理信息系统并不理想。但由于DBMS在数据定义、结构扩充、数据更新和检索运算(特别是逻辑运算)上效率高、通用性强,因此,现阶段仍倾向于采用DBMS管理属性数据,也就是扩充目前通用的DBMS以作为GIS的支持系统。同时,更适合于GIS需要的空间型数据库管理系统也正在积极发展之中。

3 GIS空间数据库

3.1 GIS空间数据库的定义

综合目前国内外学术界的基本观点, GIS数据库是指以特定的信息结构和数据模型(关系模型、面向对象模型等)表达、存储和管理从地理空间中获取的某类空间信息,以满足Internet和Intranet上的不同用户对空间信息需求的数据库。

3.2 空间数据库特点

GIS数据库是空间数据有组织的集合,所以,GIS数据库除了一般数据特征外,还具有一些区别于其他一般数据库的特征,这些特征表现在以下七个方面。

(1)空间特征

空间特征是空间数据最主要的特征,它描述了空间物体的位置、形态,甚至需要描述物体的空间拓扑关系。如描述一条河流,一般数据侧重于河流的流域面积、水流量、枯水期;而空间数据则侧重于描述河流的位置、长度、发源地等和空间位置有关的信息,复杂的还要处理河流与流域内各河流间的距离、方位等空间关系。

(2)抽象特征

空间数据描述的是真实世界所具有的综合特征,非常复杂,必须经过抽象处理。不同主题的GIS数据库,人们所关心的内容也有差别。在不同的抽象中,同一自然地物可能会有不同的语义。如既可以被抽象成水系要素,也可以被抽象成行政边界,如省界、县界等。

(3)空间关系特征

空间数据除了空间坐标隐含了空间分布关系外,空间数据中也记录了拓扑数据结构表达的多种空间关系。这种拓扑数据结构一方面方便了空间数据的查询和空间分析,另一方面也增加了空间数据的一致性和完整性维护的复杂程度。特别是有些几何对象没有直接记录空间坐标的信息,如拓扑的面状目标仅记录组成它的弧段的标识,因而在进行查找、显示和分析操作时,都要操纵和检索多个数据文件。

(4)多尺度与多态性

不同观察尺度具有不同的比例尺和精度,同一地物在不同情况下会有形态差异。如任何城市在地理空间都占据一定范围的区域,可以被作为面状空间对象。在比例尺较小的GIS数据库中,城市是作为点状空间对象来处理的。

(5)非结构化特征

在当前通用的关系数据库管理系统中,数据记录一般是结构化的,即它满足关系数据模型的第一范式要求。也就是说,每一条记录是定长的,数据项表达的只能是原始数据,不允许嵌套记录。而空间数据则不能满足这种结构化要求。若将一条记录表达成一个空间对象,它的数据项可能是变长的。例如,1 条弧段的坐标,其长度是不可限定的,它可能是 2 对坐标,也可能是 10 万对坐标。此外,1 个对象可能包含另外的 1 个或多个对象,如 1 个多边形,它可能含有多条弧段。若 1 条记录表示几条弧段,在这种情况下,2 条多边形的记录就可能嵌套多条弧段的记录,所以它不满足关系数据模型的范式要求,这也就是为什么空间图形数据难以直接采用通用的关系数据管理系统的主要原因之一。

(6)分类编码特征

一般而言,每一个空间对象都有一个分类编码,而这种分类编码往往属于国家标准或行业标准,或地区标准,每一种地物的类型在某个 GIS 中的属性项个数是相同的。因而在许多情况下,一种地物类型对应于一个属性数据表文件。当然,如果几种地物类型的属性项相同,也可以有多种地物类型共用一个属性数据表文件。

(7)海量数据特征

空间数据量通常称海量数据。之所以称为海量数据,是指它的数据量比一般的通用数据库要大得多。一个城市 GIS 的数据量可能达几十个 GB,如果考虑影像数据的存储,可能达几百个 GB 乃至 TB 级。这样的数据量在城市管理的其他数据库中是很少见的。正因为空间数据量大,所以需要在二维空间上划分块或者图幅,在垂直方向上划分层来进行组织。

4 GIS 空间数据库管理系统

4.1 传统数据库管理空间数据的局限性

空间数据库是作为一种应用技术而诞生和发展起来的,其目的是为了使用户能够方便灵活地查询出所需的地理空间数据,同时能够进行有关地理空间数据的插入、删除、更新等操作,为此,建立了如实体、关系、数据独立性、完整性、数据操纵、资源共享等一系列基本概念。数据库系统是与程序设计语言、软件工程和人工智能等技术相互融合、共同发展的结果,其应用领域从统计、管理迅速扩大到实际工程应用。以地理空间数据存储和操作为对象的地理空间数据库,把被管理的数据从一维推向了二维、三维甚至更高维。由于传统数据库系统(如关系数据库系统)的数据模拟主要针对简单对象,因而无法有效地支持以复杂对象(如图形、影像等)为主体的工程应用。地理空间数据库系统必须具备对地理对象(大多为具有复杂结构和内涵的复杂对象)进行模拟和推理的功能。一方面,可将地理空间数据库技术视为传统数据库技术的扩充;另一方面,地理空间数据库突破了传统数据库理论(如将规范关系推向非规范关系),其实质性发展必然导致理论上的创新。

地理空间数据库是一种应用于地理空间数据处理与信息分析领域的具有工程性质的数据库,它所管理的对象主要是地理空间数据(包括空间数据和非空间数据)。传统数据库系统管理地理空间数据有以下几个方面的局限性。

(1)传统数据库系统管理的是不连续的、相关性较小的数字和字符;而地理信息数据是连续的,并且具有很强的空间相关性。

(2)传统数据库系统管理的实体类型较少,并且实体类型之间通常只有简单、固定的空间关系;而地理空间数据的实体类型繁多,实体类型之间存在着复杂的空间关系,并且还能产生新的关系(如拓扑关系)。

(3)传统数据库系统存储的数据通常为等长记录的数据；而地理空间数据通常是非结构化的，其数据项可能很大，很复杂，并且变长记录。

(4)传统数据库系统只操纵和查询文字和数字信息；而地理空间数据库中需要有大量的空间数据操作和查询，如特征提取、影像分割、影像代数运算、拓扑和相似性查询等。

(5)具有高度内部联系的 GIS 数据记录需要更复杂的安全性维护系统，为了保证空间数据库的完整性，保护数据文件的完整性，保护系列必须与空间数据一起存储；否则，一条记录的改变就会使其他数据文件产生错误。

因而，大部分 GIS 软件采用不同于一般数据库的管理模式。

4.2 GIS 空间数据的主要管理方法

4.2.1 文件与关系数据库混合管理系统

目前，大部分 GIS 软件采用混合管理模式，即用文件系统管理几何图形数据，用商用关系数据库管理系统管理属性数据，它们之间的联系通过目标标识或者内部连接码进行连接。

GIS 中图形数据与属性数据的连接在这种管理模式中，几何图形数据与属性数据除它们的 OID(标识)作为连接关键字段以外，两者几乎是独立地组织、管理与检索的。就几何图形而言，由于 GIS 系统采用高级语言编程，可以直接操纵数据文件，所以图形用户界面与图形文件处理是一体的，中间没有裂缝。但对属性数据来说，则因系统和历史发展而异。早期系统由于属性数据必须通过关系数据库管理系统，图形处理的用户界面和属性的用户界面是分开的，它们只是通过一个内部码连接。导致这种连接方式的主要原因是早期的数据库管理系统不提供编程的高级语言，如 Fortran 或 C 的接口，只能采用数据库操纵语言。这样，通常要同时启动两个系统(GIS 图形系统和关系数据库管理系统)甚至两个系统来回切换，使用起来很不方便。

最近几年，随着数据库技术的发展，越来越多的数据库管理系统提供高级编程语言 C 和 Fortran 等接口，使得 GIS 可以在 C 语言的环境下直接操纵属性数据，并通过 C 语言的对话框和列表框显示属性数据，或通过对话框输入 SQL 语句，并将该语句通过 C 语言与数据库的接口查询属性数据库，并在 GIS 的用户界面下，显示查询结果。这种工作模式并不需要启动一个完整的数据库管理系统，用户甚至不知道何时调用了关系数据库管理系统，图形数据和属性数据的查询与维护完全在一个界面之下。在开放性数据库连接协议(ODBC)推出之前，每个数据库厂商提供一套自己的与高级语言的接口程序，这样，GIS 软件商就要针对每个数据库开发一套与 GIS 的接口程序，所以往往在数据库的使用上受到限制。在推出了 ODBC 之后，GIS 软件商只要开发 GIS 与 ODBC 的接口软件，就可以将属性数据与任何一个支持 ODBC 协议的关系数据库管理系统连接，无论是通过 C，还是通过 ODBC 与关系数据库连接，GIS 用户都是在一个界面下处理图形和属性数据，它比前面分开的界面要方便得多，这种模式称为混合处理模式。

采用文件与关系数据库管理系统的混合管理模式，还不能说建立了真正意义上的 GIS 数据库管理系统，因为文件管理系统的功能较弱，特别是在数据的安全性、一致性、完整性、并发控制以及数据损坏后的恢复方面缺少基本的功能。多用户操作的并发控制比起商用数据库管理系统来要逊色得多，因而 GIS 软件商一直采用商用数据库管理系统来同时管理图形和属性数据。

4.2.2 全关系型GIS数据库管理系统

全关系型GIS数据库管理系统是指图形和属性数据都用现有的关系数据库管理系统进行管理。关系数据库管理系统的软件厂商不做任何扩展,由GIS软件商在此基础上进行开发,使之不仅能管理结构化的属性数据,而且能管理非结构化的图形数据。用关系数据库管理系统管理图形数据有两种模式:一种是基于关系模型的方式,图形数据按照关系数据模型组织。这种组织方式由于涉及一系列关系连接运算,相当费时。例如,为了显示一个多边形,需要找出组成多边形的采样点坐标。它要涉及四个关系表,做多次的连接映射运算。由此可见,关系模型在处理空间目标方面效率不高。另一种方式是将图形数据的变长部分处理成Binary二进制块Block字段。目前,大部分关系数据库管理系统都提供了二进制块的字段域,以适应管理多媒体数据或可变长文本字符。GIS利用这种功能,通常把图形的坐标数据当做一个二进制块,交由关系数据库管理系统进行存储和管理。这种存储方式虽然省去了前面所述的大量的关系连接操作,但是二进制块的读写效率要比定长的属性字段慢得多,特别是牵涉到对象的嵌套,速度会更慢。

4.2.3 对象-关系数据库管理系统

由于直接采用通用的关系数据库管理系统的效率不高,而非结构化的空间数据又十分重要,所以许多数据库管理系统的软件商纷纷在关系数据库管理系统中进行扩展,使之能直接存储和管理非结构化的空间数据,如Ingres、Informix和Oracle等都推出了空间数据管理的专用模块,定义了操纵点、线、面、圆、长方形等空间对象的API函数。这些函数将各种空间对象的数据结构进行了预先的定义,用户使用时必须满足它的数据结构要求,用户不能根据GIS要求(即使是GIS软件商)再定义。例如,这种函数涉及的空间对象一般不带拓扑关系,多边形的数据是直接跟随边界的空间坐标,那么GIS用户就不能将设计的拓扑数据结构采用这种对象-关系模型进行存储。这种扩展的空间对象管理模块主要解决了空间数据变长记录的管理,由于由数据库软件商进行扩展,效率要比前面所述的二进制块的管理高得多。但是它仍然没有解决对象的嵌套问题,空间数据结构也不能由用户任意定义,使用上仍然受到一定限制。

4.2.4 面向对象的GIS数据库管理系统

面向对象的方法起源于面向对象的编程语言(Object-Oriented Program Language,OOPL),如Smalltalk和C++等。面向对象的方法是分析问题和解决问题的新方法,其基本出发点是尽可能按照人们认识世界的方法和思维方式来分析和解决问题。客观世界是由许多具体的事物或事件、抽象的概念、规则等组成的,因此,可以将任何感兴趣的事物概念都统称为“对象”。面向对象的方法正是以对象作为最基本的元素,它也是分析问题、解决问题的核心。由此可见,面向对象的方法很自然地符合人的认识规律。计算机实现的对象与真实世界具有一对一的对应关系,不需作任何转换。面向对象的方法更易于被人们所理解、接受和掌握,所以有着广泛的应用。面向对象的定义是指无论怎样复杂的实体都可以准确地由一个对象表示,这个对象是一个包含了数据集和操作集的实体。除数据与操作的封装性以外,面向对象的数据模型还涉及分类、概括、聚集和联合四个抽象概念,以及继承和传播两个语义模型工具。面向对象的数据模型是当前研究的一个热点，虽然它还不能完全应用于GIS的各种应用层面中，但很多GIS软件正努力发展自己的面向对象数据模型。

面向对象方法的基本思想是：对问题领域进行自然的分割，以更接近人类通常思维的方式建立问题领域的模型，以便对客观的信息实体进行结构模拟和行为模拟，从而使设计出的系统尽可能直接地表现问题求解的过程。面向对象数据库系统就是采用面向对象方法建立的数据库系统。

4.2.5 面向对象的矢栅一体化GIS数据库管理系统

以上所述的GIS数据库管理系统主要是针对图形矢量空间数据的管理而采取的方案。目前，除图形矢量数据以外，还存在大量的影像数据和DEM数据，如何将矢量数据、影像数据、DEM数据和属性数据进行统一管理，已成为GIS数据库的一个重要研究方向。一种实现方案是采用面向对象的矢栅一体化空间数据模型。

面向对象的矢栅一体化数据模型是面向对象技术与GIS数据库技术相结合的产物，面向对象数据模型和面向对象的空间数据管理一直是GIS领域所追求的目标。自20世纪80年代末至90年代初，人们就相当重视面向对象技术在GIS领域中的运用，软件技术也在不断发生变革，较早推出的面向对象GIS软件System9，对面向对象方法在GIS中的运用起了很大的推动作用。之后，SmallWord和近年推出的ArcInfo8.3已经使面向对象GIS达到了普及运用阶段。武汉大学(原武汉测绘科技大学)开发的GIS软件GeoStar从一开始设计就采用了面向对象数据模型和面向对象技术，中国的地球空间数据交换格式也是以面向对象的逻辑模型为主要设计思想的。在面向对象数据模型中，其核心是对象。在实际中，仍然将矢量、栅格、DEM等分别建库，可以分别进行空间数据查询、分析和制图。另外，为了实现与其他数据类型的集成管理，可各自提供一套动态链接库函数，使之能在矢量数据库管理中调用影像数据库和DEM数据库，或者三者互相调用，进行深层次、多数据源的空间查询、分析和制图。

思 考 题

1. 试述空间数据的基本特征与分类。
2. 试述空间数据模型的概念与分类。
3. 空间数据有哪些基本拓扑关系？如何建立点、线、面拓扑关系表？
4. 试述栅格结构的含义、特点。
5. 试述栅格结构的主要编码方法。
6. 试述矢量结构的含义、特点。
7. 试述矢量结构的主要编码方法。
8. 试述拓扑关系的自动生成过程。
9. 试述矢、栅结构的优缺点及两者主要的转换算法。
10. 试述数据库、数据库管理系统的概念。
11. 试述数据库结构的分类，各自主要的优缺点。
12. 试述GIS数据库的概念，GIS空间数据的主要管理方法。

第三章　GIS 数学基础

地理信息系统是处理与地理空间分布有关信息的理论技术。因此,如何描述地球,建立地球模型,表达或确定地球表面的位置,并把这种空间曲面转换为平面的理论和方法是地理信息系统学科或技术的共同基础。它为各种地理信息的输入、输出以及匹配处理提供一个统一的定位框架,从而使各种地理信息和数据能够具有共同的地理基础。

第一节　地球椭球及其坐标系

1　地球椭球

1.1　地球球面

地理信息系统中的空间概念常用“地理空间(Geo-spatial)”来表述。为了深入研究地理空间,有必要建立地球表面的几何模型。根据大地测量学的研究成果,地球表面的几何模型可分述如下。

1.1.1　地球的自然表面

地球的自然表面是包括海洋底部、高山高原在内的固体地球表面。固体地球表面的形态是由多种成分的内、外地貌应力在漫长的地质年代里综合作用的结果,所以非常复杂,难以用一个简洁的数学表达式描述出来,所以不适合于数学建模,也无法进行运算。

1.1.2　地球的物理表面

由于地球的自然表面不能作为测量与制图的基准面,因此,应该寻求一种与地球自然表面非常接近的规则曲面,来代替这种不规则的曲面。地球表面的72%被流体状态的海水所覆盖,可以假设一个当海水处于完全静止的平衡状态时,从海平面延伸到所有大陆下部,而与地球重力方向处处正交的一个连续、闭合的水准面,这就是大地水准面(见图3.1)。由于海水温度、盐度差异、盛行风等原因,同时雷达卫星高程测量事实也证明,大地水准面仍然不是一个规则的曲面,因此,它也不能用一个简单的几何形状和数学公式来表达。

1.1.3　地球的数学表面

虽然大地水准面的形状十分复杂,但从整体来看,其起伏是微小的,它是一个很接近于绕自转轴(短轴)旋转的椭球体,所以在测量和制图中,就用旋转椭球来代替大地体(大地水准面包围的形体称大地体),这个旋转球体通常称地球椭球体,简称椭球体。地球椭球体表面是个可以用数学模型定义和表达的曲面,这就是所称的地球数学表面。

数学模型表面是在解决其他一些大地测量学问题时提出来的,如类地形面、准大地水准面、静态水平衡椭球体等,在此不予讨论。

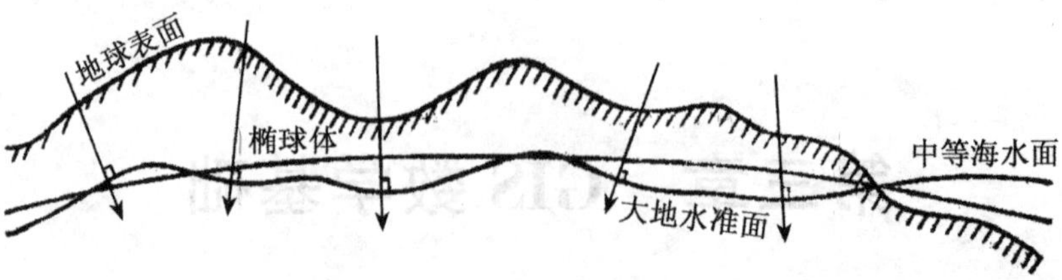

图 3.1　大地水准面

1.2　地球椭球元素

1.2.1　地球椭球的基本几何元素

如图 3.2,地球椭球体表面是一个规则的数学表面,椭球体的大小通常用两个半径:长半径 a 和短半径 b,或由一个半径和扁率 α 来决定,$\alpha=(a-b)/a$,表示椭球的扁平程度。

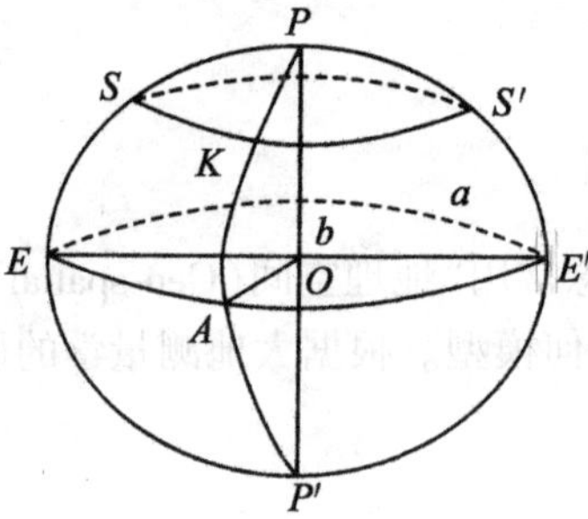

图 3.2　地球椭球

推算地球椭球参数历来是研究地球科学的一项重要任务。对于旋转椭球体的描述,由于计算年代不同,所用方法以及测定地区不同,因此,其描述方法变化多样。世界各国常用的地球椭球体的数据见表 3.1。

表 3.1　**各种地球椭球体模型**

椭球体名称	年代	长半轴/m	短半轴/m	扁率
白塞尔(Bessel)	1841	6 377 397	6 356 079	1 : 299.15
克拉克(Clarke)	1880	6 378 249	6 356 515	1 : 293.5
克拉克(Clarke)	1866	6 378 206	6 356 584	1 : 295.0
海福特(Hayford)	1910	6 378 388	6 356 912	1 : 297.0
克拉索夫斯基	1940	6 378 245	6 356 863	1 : 298.3

GIS 软件大多提供多种椭球体模型供选择,如 Arc/Info 软件中提供了多达 30 种旋转椭球体模型。我国在 1953—1980 年采用克拉索夫斯基椭球体作为地球表面的几何模型,自

1980 年开始采用 GRS(1975)新参考椭球体系。

1.2.2　椭球面上各种曲率半径

地球椭球面上的曲率半径在大地坐标变换和地图投影中是不可缺少的椭球参数。如图 3.3,过椭球面上任意一点 P 可作一条垂直于椭球面的法线 PK_P,包含这条法线的平面称法截面,法截面同椭球面的交线称法截线(或法截弧)。要研究椭球面上曲线的性质,必然要研究法截线的性质,而法截线的曲率半径便是其基本内容。

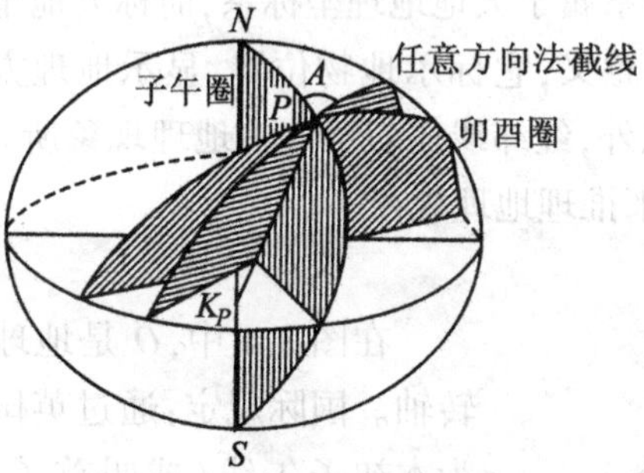

图 3.3　地球椭球上的截法

过包含椭球面一点的法线可作无数个法截面,即有无数条法截线。除极点外,椭球面上任意一点不同方向的法截线,其曲率半径不同。

(1)子午圈曲率半径

包含法线 PK_P 的子午面同椭球面相截形成的闭合圈是子午圈,子午圈曲率半径用 M 表示:$M=\frac{a(1-e^2)}{W^3}=\frac{a(1-e^2)}{(1-e^2\sin^2B)^{3/2}}$。

(2)卯酉圈曲率半径

过包含椭球面一点的法线可作无数个法截面,其中一个与该点的子午面垂直的法截面同椭球面相截形成的闭合圈是卯酉圈,卯酉圈曲率半径用 N 表示:$N=\frac{a}{W}=\frac{a}{\sqrt{1-e^2\sin^2B}}$或写作 $N=\frac{c}{V}$。

(3)任意方向法截弧曲率半径

子午法截弧是南北方向,其方位角为 0°或 180°;卯酉法截弧是东西方向,其方位角为 90°或 270°,二者是相互正交的,其半径称为主曲率半径。根据尤拉公式,过曲面上任意一点 P 的方位角为 A 的任意法截弧的曲率半径 R_A 的公式为:$\frac{1}{R_A}=\frac{\cos^2A}{M}+\frac{\sin^2A}{N}$,即 $R_A=\frac{MN}{N\cos^2A+M\sin^2A}$。从上式可以得出:当 $A=0°$或 180°时,R_A 值最小,$R_A=M$;当 $A=90°$或 270°时,R_A 值最大,$R_A=N$。可见,R_A 的值是以 90°为周期且与子午圈和卯酉圈对称的。

由于 R_A 的数值随方位变化,给计算带来不便。在实际工作中,常根据一定的精度要求,把椭球面当做球面来处理,此时用平均曲率半径来代替。所谓平均曲率半径是指过椭球面上一点的所有法截弧的曲率半径的算术平均值的极限,用 R 表示:$R=\sqrt{MN}$。

2 各种坐标系的建立及其相互关系

2.1 地理坐标系

通常将用经度和纬度表示地面点位的坐标系称为地理坐标系。地理坐标分为天文地理坐标和大地地理坐标,前者是用天文测量方法确定的,后者是用大地测量方法确定的。在地球椭球面上所用的地理坐标系属于大地地理坐标系,简称大地坐标系。

经纬度具有深刻的地理意义,它标示地物位置,显示地理方位(经线与东西对应,纬线与南北对应),表示时差。此外,经纬线还表示许多地理现象所处的地理带,如气候、土壤及其他部门,都要利用经纬度来推理地理规律等。

(1)大地坐标系

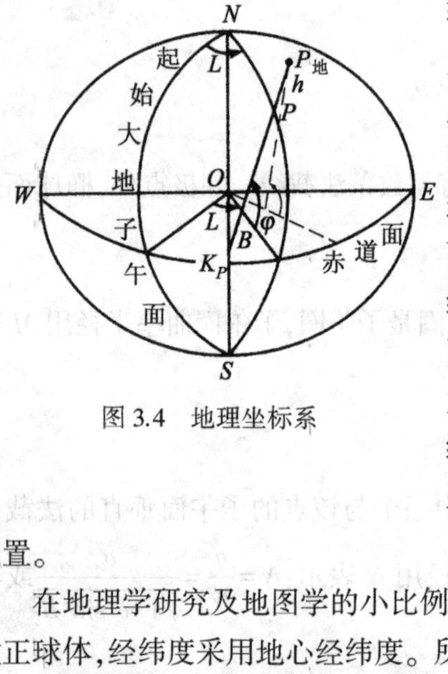

图 3.4 地理坐标系

在图 3.4 中,O 是地球椭球的中心,ON 为椭球旋转轴。国际规定:通过英国格林尼治天文台的子午线为本初子午线(或叫首子午线),作为计算经度的起点。过地面 P 点的大地子午面 NPS 与起始大地子午面所构成的二面角叫做 P 点的大地经度 L,由起始大地子午面算起,向东为正,称东经,取值为 0°~180°;向西为负,称西经,取值为 0°~−180°。过 P 点椭球的法线 K_P 与赤道面的夹角称为 P 点的大地纬度 B,由赤道面算起,向北为正,向南为负。赤道以北称北纬,取值为 0°~90°;以南称南纬,取值为 0°~−90°。P 点沿法线到椭球面的距离 H 称大地高,从椭球面算起,向外为正,向内为负。这样,L、B、H 就惟一地确定了 P 点的位置。

在地理学研究及地图学的小比例尺制图等工作中,由于精度要求不高,通常将椭球体看做正球体,经纬度采用地心经纬度。所谓地心经纬度所谈的地心指地球的质心,地心经度等同大地经度,地心纬度为地面点和地心连线与赤道面的夹角。

(2)天文坐标系

图 3.4 中,若过 P 点作铅垂线(虚线表示的,注意铅垂线一般不落在过 P 点的子午面内),则其与赤道面的交角称为 P 点的天文纬度,通常以字母 φ 表示,P 点的天文子午面与起始子午面的夹角称为 P 点的天文经度,通常用字母 λ 表示,这样建立的经纬度坐标系称为天文坐标系。显然,天文经纬度取值方法、范围和大地经纬度一致。

2.2 空间直角坐标系

如图 3.5,在地球椭球上建立三维直角坐标系 $O\text{-}XYZ$,坐标系的原点位于椭球的中心,Z 轴与椭球的短轴重合,指向北极,X 轴指向起始大地子午面与赤道面的交点,Y 轴与 XZ 平面正交,$O\text{-}XYZ$ 构成右手坐标系。这样,X、Y、Z 就惟一确定了地面 P 点的位置。

2.3 平面直角坐标系

地理坐标是一种球面坐标，由于地球表面是不可展开的曲面，也就是说，曲面上的各点不能直接表示在平面上，因此，必须运用地图投影的方法，建立地球表面和平面上点的函数关系，使地球表面上任一由地理坐标确定的点，在平面上都有一个与它相对应的点。由于经纬度坐标系不是一种平面坐标系，而且度不是标准的长度单位，给识图、用图带来很大不便，因此需建立平面直角坐标系。

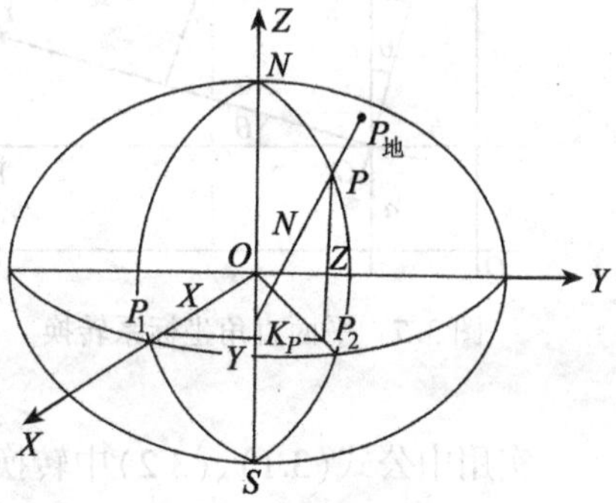

图 3.5　空间直角坐标系

在平面上选一点 O 为直角坐标原点，过点 O 作相互垂直的两轴 OX 和 OY，建立平面直角坐标系，如图 3.6 所示（注意和笛卡儿坐标系的区别）。在直角坐标系中，规定 OX、OY 方向为正值，因此，在坐标系中的一个已知点 P 的位置便可由该点对 OX 与 OY 轴的垂线长度惟一地确定，即 $x=AP$，$y=BP$，通常记为 $P(x_P,y_P)$。

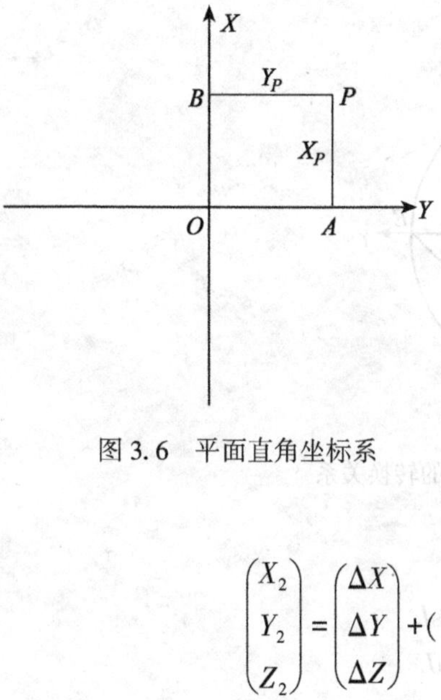

图 3.6　平面直角坐标系

2.4 坐标系坐标换算

2.4.1 平面直角坐标系的换算

如图 3.7 所示，坐标系 $X'O'Y'$ 的原点在坐标系 XOY 中的坐标为 (a,b)，X 轴与 X' 轴的夹角为 θ。在 $X'O'Y'$ 系中有一点 P，其坐标为 (x',y')，则由坐标系平移公式与坐标系旋转公式可得：

$$\begin{aligned} x&=x'\cos\theta-y'\sin\theta+a \\ y''&=y'\cos\theta+x'\sin\theta+b \end{aligned} \tag{3.1}$$

2.4.2 不同空间直角坐标系之间的换算

设有两个三维空间直角坐标系 $O_1\text{-}X_1Y_1Z_1$ 和 $O_2\text{-}X_2Y_2Z_2$ 具有如图 3.8 所示的关系，则同一点在两坐标系中的坐标 (X_1,Y_1,Z_1) 和 (X_2,Y_2,Z_2) 之间有如下关系：

$$\begin{pmatrix} X_2 \\ Y_2 \\ Z_2 \end{pmatrix}=\begin{pmatrix} \Delta X \\ \Delta Y \\ \Delta Z \end{pmatrix}+(1+k)\cdot \boldsymbol{R}_1(\varepsilon_X)\cdot \boldsymbol{R}_2(\varepsilon_Y)\cdot \boldsymbol{R}_3(\varepsilon_Z)\begin{pmatrix} X_1 \\ Y_1 \\ Z_1 \end{pmatrix} \tag{3.2}$$

其中，$\boldsymbol{R}_1(\varepsilon_X)=\begin{pmatrix} 1 & 0 & 0 \\ 0 & \cos\varepsilon_X & \sin\varepsilon_X \\ 0 & -\sin\varepsilon_X & \cos\varepsilon_X \end{pmatrix}$，$\boldsymbol{R}_2(\varepsilon_Y)=\begin{pmatrix} \cos\varepsilon_Y & 0 & -\sin\varepsilon_Y \\ 0 & 1 & 0 \\ \sin\varepsilon_Y & 0 & \cos\varepsilon_Y \end{pmatrix}$，$\boldsymbol{R}_3(\varepsilon_Z)=\begin{pmatrix} \cos\varepsilon_Z & \sin\varepsilon_Z & 0 \\ -\sin\varepsilon_Z & \cos\varepsilon_Z & 0 \\ 0 & 0 & 1 \end{pmatrix}$，$(\Delta X,\Delta Y,\Delta Z)^{\mathrm{T}}$ 为坐标平移参数；ε_X、ε_Y、ε_Z 为坐标旋转参数（也称为

三个欧勒角)；k 为坐标比例系数。上式即为著名的 Bursa-Wolf 模型。

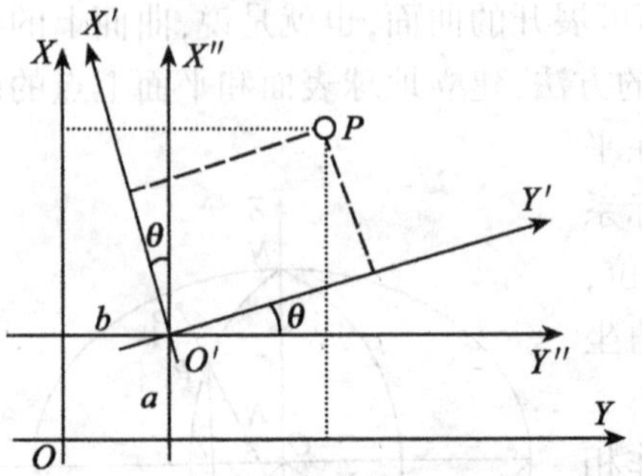

图 3.7　平面直角坐标系转换

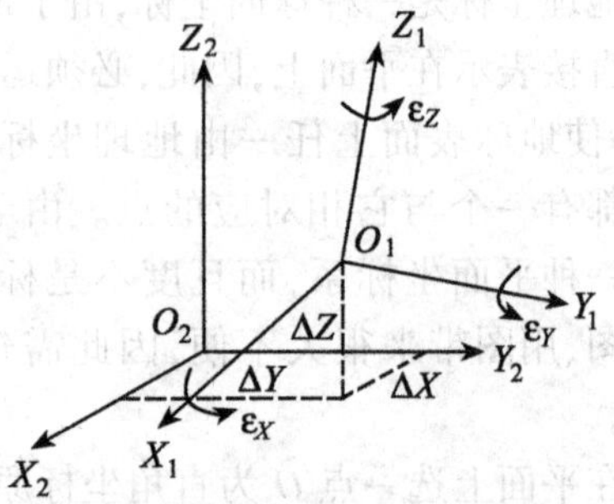

图 3.8　空间直角坐标系转换

实用中公式(3.1)、(3.2)中转换参数的确定一般需通过公共点坐标采用最小二乘法来确定。

2.4.3　大地坐标系和空间直角坐标系之间的换算

如图 3.9 所示，同一坐标系内，大地坐标系和空间直角坐标系之间的变换如下。

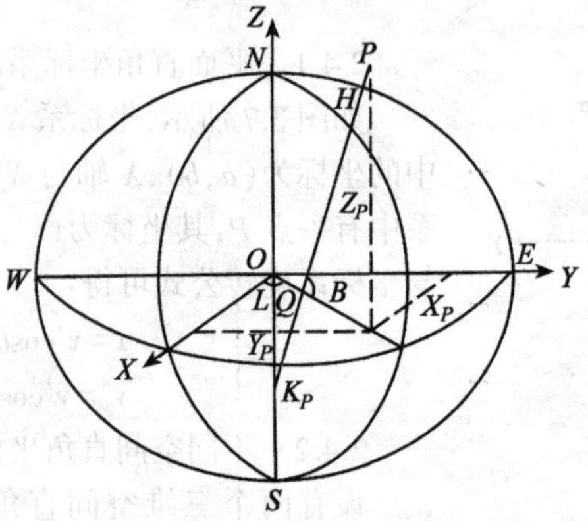

图 3.9　大地坐标系和空间直角坐标系的转换关系

(1)由(B,L,H)求(X,Y,Z)

$$X=(N+H)\cdot\cos B\cdot\cos L$$
$$Y=(N+H)\cdot\cos B\cdot\sin L$$
$$Z=[N(1-e^2)+H]\cdot\sin B$$

其中，H 为 P 点的大地高；N 为卯酉圈的曲率半径，$N=\dfrac{a}{W}=\dfrac{a}{\sqrt{1-e^2\sin^2 B}}$。

(2)由(X,Y,Z)求(B,L,H)

$$B=\arctan\left[\frac{1}{\sqrt{X^2+Y^2}}\cdot\left(Z+\frac{c\cdot e^2\cdot\tan B}{\sqrt{1+e'^2+\tan^2 B}}\right)\right]$$
$$L=\arctan(Y/X)$$

$$H=\frac{\sqrt{X^2+Y^2}}{\cos B}-N$$

其中，$c=a^2/b$，$e'^2=\frac{e^2}{1-e^2}$。在求 B 时，应使用迭代方法。为减少迭代次数，按下述方法求得的 B 的初值只需迭代两次即可满足精度要求：$B_0=\varphi+\Delta B$，$\varphi=\arcsin(Z/R)$，$R=\sqrt{X^2+Y^2+Z^2}$，$\Delta B=A\cdot\sin(2\varphi)\cdot[1+2\cdot A\cdot\cos(2\varphi)]$，$A=ae^2/(2R\sqrt{1-e^2\sin^2\varphi})$。

不同坐标系统的控制点坐标可以通过一定的数学模型，在一定的精度范围内进行互相转换，使用时，必须注意所用成果相应的坐标系统。

3 我国的高程系

地面点沿铅垂线到大地水准面的高程称为绝对高程，又称海拔。如图 3.10，$P_0P'_0$ 为大地水准面，地面点 A 和 B 到 $P_0P'_0$ 的垂直距离 H_A 和 H_B 称为 A、B 两点的绝对高程。$P_1P'_1$ 为一任意水准面，地面 A、B 两点至 $P_1P'_1$ 的垂直距离 H'_A 和 H'_B 称为 A、B 两点的相对高程。由于大地水准面是实际重力等位面，因此，人们才有可能通过测量仪器获得相对于大地水准面的海拔高程。

我国高程的起算面是黄海平均海水面。我国曾规定采用青岛验潮站求得的 1956 年黄海平均海水面作为我国的统一高程基准面，并在青岛设立了水准原点，水准原点的高程为 72.289m，称此建立的高程系为 1956 年黄海高程系。1987 年启用了新的 1985 国家高程基准，水准原点高程为 72.260m。因此，1985 国家高程基准与 1956 国家高程基准的水准点间的转换关系为 $H_{85}=H_{56}-0.029$m，式中，H_{85}、H_{56} 分别表示新旧高程基准水准点的高程。

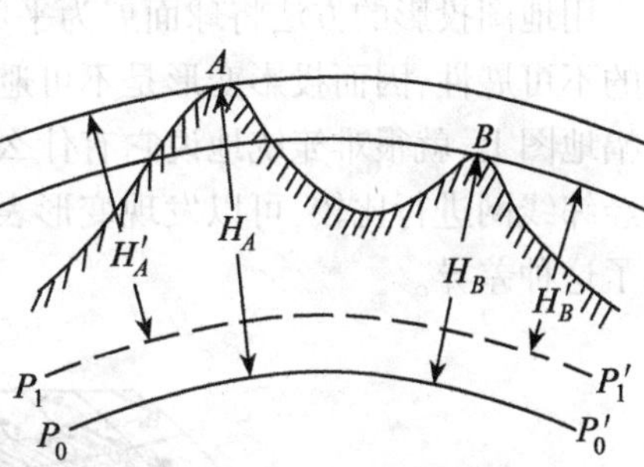

图 3.10　地面点的高程

现在世界各国采用的高程基准面不相一致。高程基准面不统一，给大地测量带来了一些问题。预计，随着海洋学和海洋大地测量学的发展，将可提供更精确的海面地形图，从而使这个问题得到解决。

第二节　地图投影

1 地图投影的基本原理

1.1 地图投影的实质

投影一词来源于几何学，投影的含义是指建立两个点集间一一对应的映射关系。在地图学中，不规则的地球表面可以用地球椭球面来替代，地球椭球面是不可展曲面，即把它直接展为平面时，不可能不发生破裂或褶皱。为解决由不可展的地球椭球面描绘到地图平面上的矛盾,用几何透视或数学分析的方法,将地球上的点投影到可展的曲面(如平面、圆柱面或圆锥面)上,由此建立该平面上的点和地球椭球面上点的一一对应关系的方法,称为地图投影。

地图投影的使用保证了空间信息在地域上的联系和完整性,地理信息系统研究地理空间数据,必然要考虑地图投影。早期的地图投影多采用几何透视的方法来实现曲面到平面的转换,这种直观的透视投影方法有很大的局限性。现代的投影方法是在数学解析的基础上,建立地球椭球面上的经纬线网与平面上相应的经纬线网相对应的基础上的,其实质就是建立地球椭球面上点的坐标(λ,φ)与平面上对应的坐标(x,y)之间的函数关系,用数学表达式表示为:

$$x=f_1(\varphi,\lambda)$$
$$y=f_2(\varphi,\lambda)$$

这是地图投影的一般方程式。当给定不同的具体条件时,就可得到不同种类的投影公式。虽然GIS软件大多提供多种投影以供选择,但深刻理解地图投影的数学原理将有助于更好地理解和使用它。

1.2 地图投影变形

用地图投影的方法将球面展为平面,虽然可以保持图形的完整和连续,但由于地球椭球面的不可展性,因而投影变形是不可避免的。地图投影的变形随地点的改变而改变,因此在一幅地图上,就很难笼统地说它有什么变形,变形有多大。把地图上的经纬线网与地球仪上的经纬线网进行比较,可以发现变形表现在长度、面积和角度三个方面,图3.11中A、B、C表明了这种差异。

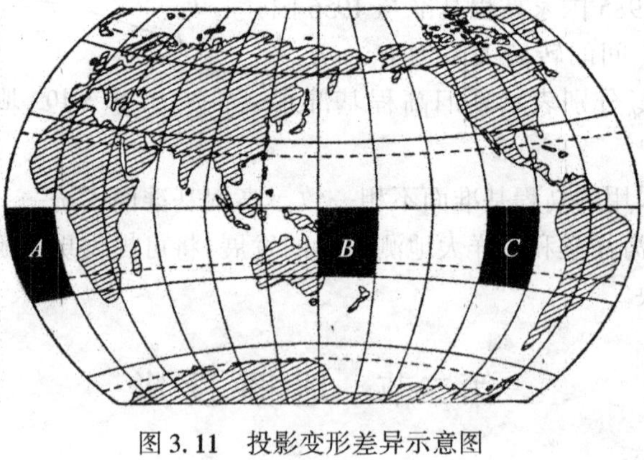

图3.11 投影变形差异示意图

1.2.1 变形椭圆

变形椭圆是地面上一点处的一个无穷小圆——微分圆(半径为r,$r=1$时也称为单位圆)在投影后一般地成为一个微分椭圆,利用这个微分椭圆能较恰当地、直观地显示变形的特征。变形椭圆的长短半轴(a,b)即为极值长度比,长轴与短轴的方向即主方向。微分椭圆长、短半轴的大小等于该点主方向的长度比。可根据变形椭圆来确定投影的变形情况。如投影后为大小不同的圆形$(a=b)$,则该投影为等角投影;如果投影后为面积相等而形状不同的椭圆($a \cdot b=r^2$),则该投影为等面积投影;如果投影后为面积不等、形状各不相同的椭圆($a>r,\ b=r$ 或 $a \neq b \neq r$),则为任意投影,其中,如果椭圆的某一半轴与微分圆的半径相等,如 $b=r$,则为等距离投影。

1.2.2 投影变形基本公式

(1)长度比公式

各种变形(面积、角度等变形)均可用长度变形来表达,因此,长度变形是各种变形的基础。按长度比公式 $\mu=\dfrac{ds'}{ds}$,并考虑球面上微分段与平面上微分段的比值,经推导可得任意一点与经线成 α 角方向上的长度比 μ_α 为:$\mu_\alpha^2=\dfrac{E}{M^2}\cos^2\alpha+\dfrac{G}{r^2}\sin^2\alpha+\dfrac{F}{Mr}\sin2\alpha$,式中,$M=\dfrac{a(1-e^2)}{(1-e^2\sin^2\varphi)^{3/2}}$ 为子午圈曲率半径;$r=\dfrac{a\cos\varphi}{(1-e^2\sin^2\varphi)^{1/2}}$ 为纬线圈半径;$E=\left(\dfrac{\partial x}{\partial\varphi}\right)^2+\left(\dfrac{\partial y}{\partial\varphi}\right)^2$,$F=\dfrac{\partial x}{\partial\varphi}\cdot\dfrac{\partial x}{\partial\lambda}+\dfrac{\partial y}{\partial\varphi}\cdot\dfrac{\partial y}{\partial\lambda}$,$G=\left(\dfrac{\partial x}{\partial\lambda}\right)^2+\left(\dfrac{\partial y}{\partial\lambda}\right)^2$,$E$、$F$、$G$ 是投影公式 $x=f_1(\varphi,\lambda)$、$y=f_2(\varphi,\lambda)$ 中 x、y 关于 φ、λ 的一阶偏导数,称一阶基本量,或称高斯系数;φ 为该点纬度。若$\alpha=0°$,可得经线长度比 $m=\sqrt{E}/M$;若 $\alpha=90°$,可得纬线长度比 $n=\sqrt{G}/r$。一般地,一点上的长度比随方向的不同而不同,而两个相互垂直的极值长度比 a、b 存在于主方向上,称为长度比在这点的极大值和极小值。

(2)面积比公式

根据长度比公式可推导出面积比公式为:$P=a\cdot b=m\cdot n\sin\theta'$,式中,$a$、$b$ 为极值长度比;θ'为经纬线投影后所成的夹角。

(3)角度变形公式

由于经纬线在椭球面上是相互垂直的,因此,经纬线夹角变形 $\varepsilon=\theta'-90°$。经纬线夹角变形表达式可以通过下面公式得到:$\tan\varepsilon=-F/H$,$H=\dfrac{\partial x}{\partial\varphi}\cdot\dfrac{\partial y}{\partial\lambda}-\dfrac{\partial x}{\partial\lambda}\cdot\dfrac{\partial y}{\partial\varphi}$,$H$ 也称一阶基本量,且 $H=\sqrt{EG-F^2}$。

一点上可有无数的方位角,该点的最大角度变形 ω 可用极值长度比 a、b 表示为:

$\sin\dfrac{\omega}{2}=\dfrac{a-b}{a+b}$ 或 $\tan\left(45°+\dfrac{\omega}{4}\right)=\sqrt{\dfrac{a}{b}}$。

1.3 地图投影的分类

地图投影的种类很多,为了学习和研究的方便,应对其进行分类。由于分类的标志不同,分类方法就不同。从使用地图的角度出发,需要了解下述几种分类。

1.3.1 按投影的变形性质分类

按变形性质,地图投影可以分为等角投影、等积投影和任意投影三类。

(1)等角投影

等角投影指角度没有变形的投影($a=b$)。投影面上某点的任意两方向线夹角与椭球面上相应两线段夹角相等,即角度变形为零。投影前后对应的微分面积保持图形相似,该投影也称为相似投影或正形投影。

等角投影在一点上任意方向的长度比都相等，但在不同地点长度比是不同的，即不同地点上的变形椭圆大小不同。等角投影的面积变形较大。

(2) 等积投影

等积投影指面积没有变形的投影($a \cdot b=1$)。在投影平面上任意一块面积与椭球面上相应的面积相等($a \cdot b=1$)，即面积变形等于零。等积投影角度变形较大。

(3) 任意投影

任意投影指既不满足等角条件，又不满足等积条件的投影($a \neq b \neq 1$)。在任意投影上，长度、面积和角度同时存在变形。在任意投影中，有一种比较常见的等距投影，定义为沿某一特定方向(一般为主方向)的距离，投影前后保持不变，即沿着该特定方向的长度比为1($a \neq b$，但有 $a=1$ 或 $b=1$)。

任意投影的面积变形小于等角投影，角度变形小于等积投影。

经投影后，地图上所产生的长度变形、面积变形和角度变形是相互联系、相互影响的。

1.3.2 按投影方式分类

地图投影最初建立在透视几何原理上，把椭球面直接透视到平面上或可展开的曲面(如圆柱面、圆锥面等)上，得到具有几何意义的方位、圆柱和圆锥投影。随着科学的发展，为了尽量减小地图上的变形，或者为了使地图满足某些特定要求，地图投影就逐渐地产生了一系列按照数学条件构成的投影。因此，按照构成方法，可以把地图投影分为几何投影和非几何投影两大类。

(1) 几何投影

几何投影是把椭球面上的经纬线网投影到几何面上，然后将几何面展为平面。根据几何面的形状，可以进一步分为下述几类(图3.12)。

按辅助投影面的类型划分为：

方位投影：以平面作为投影面的投影；

圆柱投影：以圆柱面作为投影面的投影；

圆锥投影：以圆锥面作为投影面的投影。

方位投影、圆柱投影实际上也可看做是圆锥投影的特殊情况。假设当圆锥顶角扩大到180°时，圆锥面就成为一个平面，圆锥投影即成了方位投影，若设想圆锥顶点延伸到无穷远时，圆锥面就成为一个圆柱面，圆锥投影即成了圆柱投影。

按辅助投影面与地球(椭球)面相割或相切的关系划分为：

割投影：以平面、圆柱面或圆锥面作为投影面，使投影面与球面相割投影而成。

切投影：以平面、圆柱面或圆锥面作为投影面，使投影面与球面相切投影而成。

按辅助投影面与地球(椭球)面的位置关系划分为：

正轴投影：辅助投影平面中心法线或者圆锥、圆柱面中心旋转轴与地轴重合的投影；

横轴投影：辅助投影平面中心法线或者圆锥、圆柱面中心旋转轴与地轴垂直的投影；

斜轴投影：辅助投影平面中心法线或者圆锥、圆柱面中心旋转轴与地轴斜交的投影。

(2) 非几何投影

不借助几何面，根据某些条件用数学解析法确定球面与平面之间点与点的函数关系。在这类投影中，一般按经纬线形状又分为伪方位投影、伪圆柱投影、伪圆锥投影、多圆锥投影。

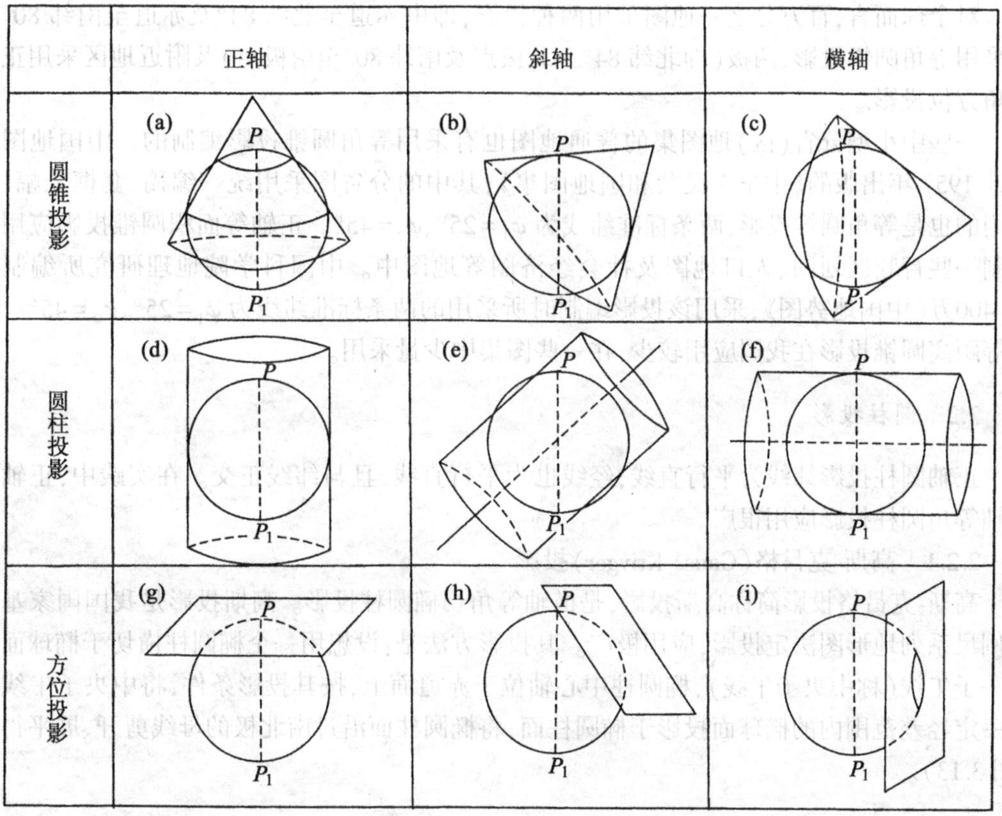

图 3.12　几何投影的类型

2　常用的一些地图投影

2.1　圆锥投影

实践中应用最多的是正轴圆锥投影。正轴圆锥投影的纬线为同心圆，经线为同心圆的半径，经线间的夹角 δ 和球面相应的经差 $\Delta\lambda$ 成正比关系。

圆锥投影在编制各种比例尺地图中均得到了广泛应用。首先是地球上广大陆地位于中纬地区，其次是这种投影经纬线形状简单，经线为辐射直线，纬线为同心圆圆弧，在编图过程中比较方便，特别在使用地图和进行图上量算时比较方便，通过一定方法，容易改正变形。

在制图实践中，等角圆锥投影得到广泛的采用。1962 年，联合国在德国波恩举行世界百万分之一国际地图技术会议，通过制图规范，采用等角圆锥投影代替改良的多圆锥投影，作为百万分之一地图的数学基础。目前，许多国家包括我国在内出版的百万分之一地图已改用等角圆锥投影。1∶100 万地图采用的等角圆锥投影是对每幅图单独进行投影，并采用双标准纬线，纬度指定为：$\varphi_1=\varphi_S+40'$，$\varphi_2=\varphi_N-40'$，φ_S、φ_N 表示该图幅南、北纬线纬度。

1978 年后，我国的 1∶100 万地图采用的等角圆锥投影分幅与国际一致，但标准纬线位置与指定的纬度有差异，两条标准纬线的纬度为：$\varphi_1=\varphi_S+35'$，$\varphi_2=\varphi_N-35'$。该投影的长度变形在边纬和中纬上为±0.030%,面积变形约为长度变形的两倍。

对全球而言,百万分之一地图采用两种投影,即由赤道至北纬 84°及赤道至南纬 80°之间采用等角圆锥投影,两极(即北纬 84°至北极点及南纬 80°至南极点)及附近地区采用正轴等角方位投影。

一些中小型分省(区)地图集的普通地图也有采用等角圆锥投影编制的。中国地图出版社 1957 年出版的《中华人民共和国地图集》,其中的分省图采用统一编稿、套框分幅,所采用的也是等角圆锥投影,两条标准纬线为 $\varphi_1=25°$、$\varphi_2=45°$。正轴等面积圆锥投影应用在编制一些行政区划图、人口地图及社会经济图等地图中。中国科学院地理研究所编制的 1:400万《中国地势图》,采用该投影编制时所采用的两条标准纬线为 $\varphi_1=25°$、$\varphi_2=45°$。正轴等距离圆锥投影在我国应用较少,在一些图集中少量采用。

2.2 圆柱投影

正轴圆柱投影纬线为平行直线,经线也为平行直线,且与纬线正交。在实践中,正轴和横轴等角圆柱投影应用很广。

2.2.1 高斯-克吕格(Gauss-Krivger)投影

高斯-克吕格投影简称高斯投影,是横轴等角切椭圆柱投影。高斯投影是我国国家基本比例尺系列地形图法定投影,应用极广。其投影方法是:设想用一个椭圆柱横切于椭球面上某一子午线(称中央子午线),椭圆柱中心轴位于赤道面上,按其投影条件,将中央子午线两侧一定经差范围内的椭球面投影于椭圆柱面,将椭圆柱面沿过南北极的母线剪开、展平得到(图 3.13)。

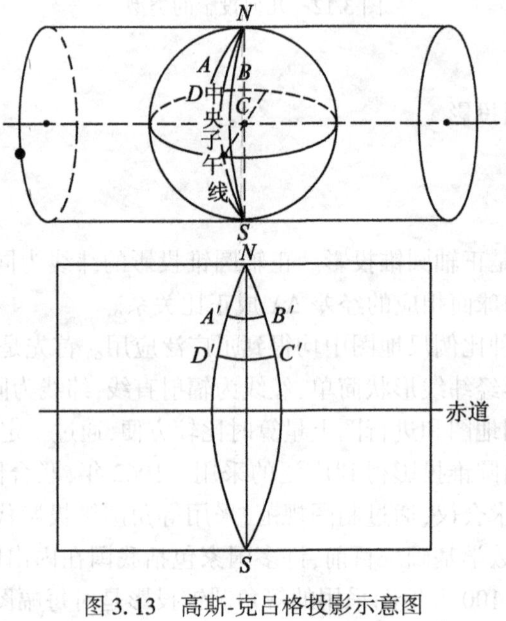

图 3.13　高斯-克吕格投影示意图

高斯-克吕格投影的条件为:

(1) 中央经线和赤道投影为相互垂直的直线,而且是投影的对称轴;

(2) 是等角投影；

(3) 中央经线上长度没有变形。

高斯-克吕格投影的特点是：高斯克吕格投影的中央经线和赤道为互相垂直的直线，其他经线均为凹向并对称于中央经线的曲线，其他纬线均为以赤道为对称轴向两极弯曲的曲线，经纬线成直角相交。在这个投影上，角度没有变形。中央经线长度比等于1，没有长度变形，其余经线长度比均大于1，长度变形为正，距中央经线愈远，变形愈大，最大变形在边缘经线与赤道的交点上；在同一条经线上，长度变形随纬度的降低而增大，在赤道处为最大；在同一条纬线上，长度变形随经差的增加而增大，且增大速度较快；在6°带范围内，长度最大变形不超过0.14%。面积变形也是距中央经线愈远，变形愈大。

根据高斯-克吕格投影条件可得到其直角坐标公式：

$$x=s+\frac{\lambda^2 N}{2}\sin\varphi\cos\varphi+\frac{\lambda^4 N}{24}\sin\varphi\cos^3\varphi(5-\tan^2\varphi+9\eta^2+4\eta^4)+\frac{\lambda^6 N}{720}\sin\varphi\cos^5\varphi(61-58\tan^2\varphi+\tan^4\varphi+270\eta^2)+\cdots$$

$$y=\lambda N\cos\varphi+\frac{\lambda^3 N}{6}\cos^3\varphi(1-\tan^2\varphi+\eta^2)+\frac{\lambda^5 N}{120}\cos^5\varphi(5-18\tan^2\varphi+\tan^4\varphi+14\eta^2-58\eta^2\tan^2\varphi)+\cdots$$

其中，子午线弧长 $s=a(1-e^2)\int_{B_1}^{B_2}(A_0-B_0\cos2B+C_0\cos4B-D_0\cos6B+\cdots)\mathrm{d}B$；$B_1$、$B_2$ 为要计算弧长的任两点的纬度。因一般要计算从赤道（即 B_1 纬度为0°）到大地纬度为 B 的子午线弧长，有：$s=a(1-e^2)\left\{A_0B-\frac{1}{2}B_0\sin2B+\frac{1}{4}C_0\sin4B-\frac{1}{6}D_0\sin6B+\cdots\right\}$，式中，$A_0=1+\frac{3}{4}e^2+\frac{45}{64}e^4+\frac{175}{256}e^6+\cdots$，$B_0=\frac{3}{4}e^2+\frac{15}{16}e^4+\frac{512}{525}e^6+\cdots$，$C_0=\frac{15}{64}e^4+\frac{105}{256}e^6+\cdots$，$D_0=\frac{35}{512}e^6+\cdots$。根据采用的椭球不同，将其参数代入计算即可，实用上应将 λ 化为弧度，并以秒为单位。

此投影具有投影公式简单、各带投影相同等优点，适用于广大测区的一种大地测量地图投影，为许多国家所采用。我国于1952年开始正式用作国家大地测量和地形图的基本投影，曾用来将椭球面上二等以下的三角锁网化算至高斯投影平面上进行平差，使计算大为简化，并作为我国五十万分之一及更大比例尺的国家基本地形图的数学基础。

高斯投影中央子午线无变形，离中央子午线越远，长度变形越大，为了保证地图必要的精度，必须限制投影变形，按一定经差将地球椭球面划分成若干投影带，这是高斯投影中限制长度变形的最有效的方法，即分带投影方法。

所谓分带投影就是按照一定的经度差将椭球体按经线划分成若干个狭窄的区域，即将投影范围的东西界加以限制，使各个区域分别按高斯投影的规律进行投影，使其变形不超过一定的限度，这样把许多带结合起来，可成为整个区域的投影（图3.14）。每一个区域就称为一个投影带。在每一个投影带内，位于各带中央的子午线就是轴子午线，各带相邻的子午线叫边缘子午线。

分带时，既要控制长度变形使其不大于测图误差，又要使带数不致过多，以减少换带计算工作，据此将地球椭球面沿子午线划分成经差相等的瓜瓣形地带，以便分带投影。高斯-克吕格投影分带规定：

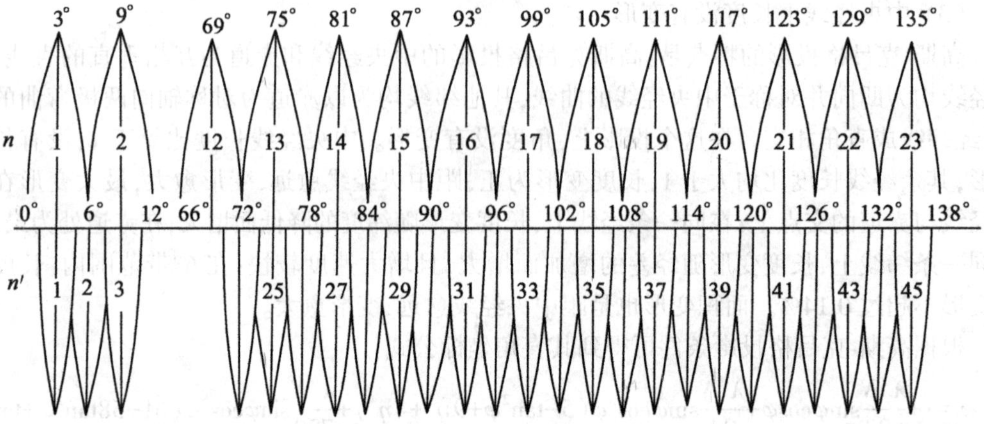

图 3.14　高斯-克吕格投影分带

在比例尺 1∶2.5 万~1∶50 万图上采用 6°分带，1∶1 万及大于 1∶1 万的图采用 3°分带。

6°分带法：从格林威治零度经线起，每 6°分为一个投影带，全球共分为 60 个投影带，东半球从东经 0°~6°为第一带，中央经线为 3°，依此类推，投影带号为 1~30。

3°分带法：从东经 1°30′起，每 3°为一带，将全球划分为 120 个投影带，东经 1°30′，4°30′，…，178°30′至西经 178°30′，…，1°30′至东经 1°30′。

高斯坐标系取中央子午线与赤道交点的投影为原点，中央子午线的投影为纵坐标 x 轴，赤道的投影为横坐标 y 轴，构成高斯平面直角坐标系（图 3.15）。按高斯投影公式，将大地坐标转换为这样的平面直角坐标，称为高斯坐标。高斯投影是按分带方法各自进行投影，故各带坐标成独立系统。分带之后，各带均有自己的坐标轴和原点，形成各自独立但又相同的坐标系统。

高斯平面直角坐标的纵坐标以赤道为零起算，赤道以北为正，以南为负。我国位于北半球，纵坐标均为正值。横坐标如以中央经线为零起算，中央经线以东为正，以西为负，横坐标出现负值，使用不便。为使用方便，我国规定将各带纵坐标轴西移 500km，即将所有 y 值加上 500km，坐标值前再加各带带号。以 18 带为例，原坐标值为 y=243 353.5m，西移后为 y=743 353.5m。由于采用了分带方法，各带的投影完全相同，某一坐标值（x，y）在每一投影带中均有一个同样的坐标值，不能确切表示该点的位置。因此，在 y 值前，需冠以带号，这样的坐标称为通用坐标。如上例加带号后通用坐标为 y=18 743 353.5m。

2.2.2　UTM 投影

通用横轴墨卡托（Universal Transverse Mercator Projection）投影，简称 UTM 投影。该投影是横轴等角割椭圆柱投影，和高斯投影十分相似。UTM 投影的两条割线上无变形，中央经线长度比为 0.999 6。在 6°带内，最大长度变形不超过 0.04%。

UTM 投影在美国等一些国家和地区广泛用于地形图、作为卫星影像和自然资源数据库的参考格网以及要求精确定位的其他应用等。

2.2.3　Mercator 投影

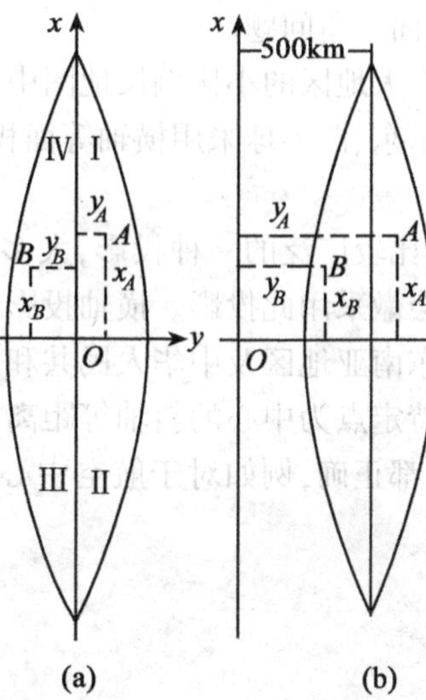

图 3.15　高斯平面直角坐标系

墨卡托(Mercator)投影是正轴等角圆柱投影,自 16 世纪荷兰地图学家墨卡托创造以来,广泛应用于航海、航空方面。墨卡托投影除了编制海图外,在赤道附近,如印度尼西亚、赤道非洲、南美洲等地,也可用来编制各种比例尺地图。我国出版的《世界地图集》的爪哇岛图幅采用过该投影。我国 1973 年出版的《世界形势图》(比例尺为 1∶1 000 万)就是采用墨卡托投影,标准纬线为 35°。

墨卡托投影因其经线为平行直线,便于显示时区的划分,故多用来编制世界时区图。人造地球卫星运行轨道的宇航图也是在墨卡托投影图上反映出来的,在这种地图上可以表示大于经度 360°的范围。

国外地图和地图集中也经常看到用这种投影编制的地图,例如:法国的《国际政治与经济地图集》中的新旧大陆自然图、新旧大陆航空路线图、新旧大陆交通图;英国《泰晤士地图集》中的太平洋、大西洋;德国《斯底莱大地图集》中的世界图等。前苏联《海图集》第一卷主要用的也是墨卡托投影。

2.3　方位投影

方位投影可视为一个平面与地球相切或相割,再将地球经纬线投影于此平面上。在正轴方位投影中,纬线投影为同心圆,经线投影为交于一点的直线束,两经线间夹角等于实地经度差。对于横轴和斜轴方位投影,等高圈投影为同心圆,垂直圈投影后为同心圆的半径,两垂直圈之间的交角与实地方位角相等。因为各种方位投影具有不同的特点,故有不同的用途,我们可举一些实例如下。

等角方位投影:由于它的等角性质以及圆投影后仍保持为圆形的特征,所以在实用上有一定价值。在欧洲有些国家曾用它作为大比例尺地图的数学基础。美国采用的所谓通用极球面投影实质上就是正轴等角割方位投影。它指定极点长度比为 0.994,用来编制两极地区的地图。我国设计的全球百万分之一分幅地图的数学基础中,在纬度等于+84°和-80°以上采用等角方位投影,并在+84°和-80°处与等角圆锥投影相衔接。此外,等角方位投影格网在工程和科研方面可用以解算球面三角问题。

等面积方位投影:该投影在广大地区的小比例尺地图中,特别是在东西半球图中应用得很多。许多世界地图集中,为表示东、西半球采用横轴等面积方位投影。对水陆半球图多采用斜轴等积方位投影。

等距离方位投影也是应用得比较广泛的一种投影,大多数世界地图集中的南北极图采用正轴等距离方位投影,联合国会徽采用此投影。横轴投影用来编制东西半球图,斜轴投影在制图实践中也应用得很多,如东南亚地区及中华人民共和国挂图也采用过这种投影。

对于特殊需要,可以编制以特定点为中心的斜轴等距离方位投影。该类型的地图中,从此点向任何地点的方位角与距离都正确,例如对于航空中心站、地震观测中心、气象站等都需要这类地图。

2.4 各类非几何投影

2.4.1 多圆锥投影

从多圆锥投影原来的几何构成来理解,可视为对地球上每一定纬度间隔的纬线作一个切线圆锥,这样一系列圆锥的圆心必位于地球的旋转轴线上,然后将这些圆锥系列沿一母线展开。各纬线成为以切线为半径的圆弧,使各圆心位于同一直线上(作为中央经线),圆心的定位以相邻圆弧间的中央经线距离保持与实地等长为准,这就使得各纬线成为同轴圆圆弧。经线则是以光滑曲线的形式连接各纬线(即圆锥对球面的切线)与一定间隔的经线交点而构成的对称曲线,如图3.16所示。

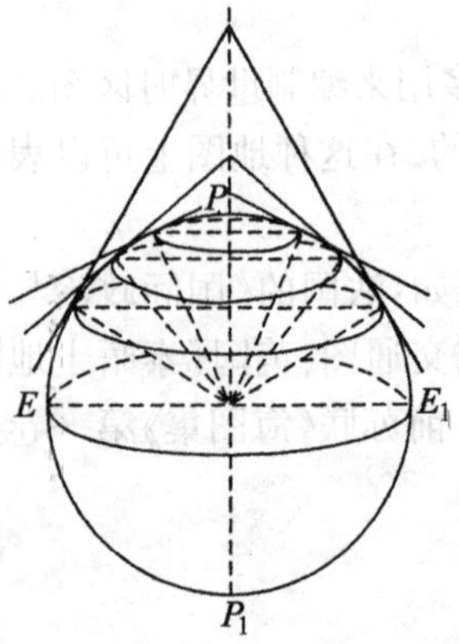

图3.16 多圆锥投影示意图

按变形性质,可将多圆锥投影分为等角的和任意的两种。在任意多圆锥投影中,最常见的是普通多圆锥投影。普通多圆锥投影适宜于表示沿中央经线延伸的制图区域,在美国被广泛应用,所以也称为美国多圆锥投影。该投影的中央经线是直线,其长度比为1,即 $m=1$,纬线是与中央经线正交的同轴圆圆弧,圆心位于中央经线上,其半径为 $\rho=N\cot\varphi$。各条纬线上的长度比保持不变,即 $n=1$。

在多圆锥投影中,我国还设计出等差分纬线多圆锥投影和正切差分纬线多圆锥投影,用于编制世界地图。等差分纬线多圆锥投影已在我国编制各种比例尺世界政区图以及在其他类型世界地图中得到较广泛的使用,获得了较好的效果。正切差分纬线多圆锥投影是继等差分纬线多圆锥投影之后,我国于1976年设计的,它应用于1:1 400万世界地图。

2.4.2 伪圆锥投影

伪圆锥投影纬线为同心圆弧,中央经线为直线,其余经线均为对称于中央经线的曲线。在伪圆锥投影的实际应用中,最常见的是彭纳等面积伪圆锥投影。

彭纳投影是保持纬线长度不变的等面积伪圆锥投影,即 $n=1, P=1$。该投影的中央经线 λ_0 及指定的纬线 φ_0 上没有变形,所以它的等变形线在中心点(λ_0, φ_0)附近是"双曲线"。彭纳投影曾因用于法国地形图而著名,现在一般用于小比例尺地图,如中国地图出版社出版的《世界地图集》中的亚洲政区图、单幅的亚洲地图、英国《泰晤士世界地图集》中澳洲与西南太平洋地图,均采用此投影。在其他国家出版的地图和地图集中,也常可看到用该投影编制的欧洲、亚洲、北美洲和南美洲以及个别地区的地图。

2.4.3 伪圆柱投影

伪圆柱投影中纬线投影为平行直线,经线投影为对称于中央直经线的曲线。伪圆柱投影可视为伪圆锥投影的特例,当后者的纬圈半径为无穷大时,即成为伪圆柱投影。根据经纬线形状可知,伪圆柱投影中不可能有等角投影,而只能有等面积投影和任意投影,且以等面积投影较多。下面介绍两种等面积伪圆柱投影。

(1)正弦曲线等面积伪圆柱投影

本投影又称桑逊(Sanson)投影。其中纬线投影为间隔相等且互相平行的直线,中央经线为垂直于各纬线的直线,其他经线投影为正弦曲线,并对称于中央经线;中央经线和所有纬线无长度变形。该投影中离中央经线和纬线越高,变形越大,因此,该投影最适宜于沿赤道或中央经线延伸的地区制图。

(2)椭圆经线等面积伪圆柱投影

本投影又称摩尔威特(Mollweide)投影。其中央经线投影为直线,离中央经线经差为±90°的经线投影后合成一个圆,其面积等于地球半球面积,其他经线投影为椭圆曲线;纬线是平行于赤道的直线,并且间隔向高纬逐渐变小,赤道长度是中央经线长度的2倍;同一条纬线经线间隔相等。中央经线和±40°44′11.8″的交点无变形,离交点越远,变形越大,且高纬变形增长快。该投影多用于编制世界地图或东、西半球图。

2.4.4 伪方位投影

在伪方位投影中,一般情况下纬线为同心圆,中央经线为直线,其余的经线均为对称于中央经线的曲线,且相交于纬线的共同圆心。在横轴、斜轴投影中,等高圈投影为同心圆,垂直圈表现为交于等高圈圆心的对称曲线,而经纬线投影为较复杂的曲线。

伪方位投影的最大特点是其等变形线可设计为椭圆形或卵形、三角形、三叶玫瑰形、方形等规则的几何图形,使它符合对投影变形分布的特殊要求(和制图轮廓一致)。

3 我国编制地图常用的地图投影

地图投影的性质、经纬线形状对地图的使用有重大影响,地图投影选择得是否恰当,直接影响地图的精度和使用价值,所以,地图投影的选择就成了制图中一项重要的工作。这里所讲的地图投影选择,主要指中、小比例尺地图,不包括国家基本比例尺地形图。因为国家基本比例尺地形图的投影、分幅等是由国家测绘主管部门研究制订,不容许任意改变的。另外,编制小区域大比例尺地图,无论采用什么投影,变形都很小。

选择地图投影是一项创造性的工作,没有现成的公式、方案或规范,而要在熟悉各类地图投影的性质、变形分布、经纬线形状及所编地图的具体要求的前提下,经过对比来选择。选择地图投影应综合考虑制图区域位置、大小、区域形状、地图用途、地图投影本身的特点变形性质等。

3.1 我国编制地形图采用的投影

我国的各种地理信息系统中都采用了与我国基本比例尺地形图系列一致的地图投影系

统,这就是大于等于1∶50万时采用高斯-克吕格投影,小于等于1∶100万采用正轴等角割圆锥投影。采用这种坐标系统的配置与设计原则如下。

(1)我国基本比例尺地形图1∶5 000、1∶1万、1∶2.5万、1∶5万、1∶10万、1∶20万、1∶50万均采用高斯-克吕格投影为地理基础;

(2)我国1∶100万地形图采用正轴等角割圆锥投影,其分幅与国际百万分之一所采用的分幅一致;

(3)我国大部分省区图多采用正轴等角割圆锥投影和属于同一投影系统的正轴等面积割圆锥投影;

(4)正轴等角圆锥投影中,地球表面上两点间的最短距离间的大圆航线近于直线,这有利于地理信息系统中空间分析和信息量度的正确实施。

因此,在我国地理信息系统中,采用高斯投影和正轴等角圆锥投影,既适合我国的国情,又符合国际上通行的标准。

3.2　编制世界地图的投影

世界地图的投影主要考虑要保证全球整体变形不大,根据不同的要求,需要具有等角或等积性质,主要包括等差分纬线多圆锥投影、正切差分纬线多圆锥投影(1976年方案)、任意伪圆柱投影、正轴等角割圆柱投影。

3.3　编制半球地图的投影

东、西半球有横轴等面积方位投影、横轴等角方位投影;南、北半球有正轴等面积方位投影、正轴等角方位投影、正轴等距离方位投影。

3.4　编制各大洲地图投影

(1)亚洲地图的投影:斜轴等面积方位投影、彭纳投影。

(2)欧洲地图的投影:斜轴等面积方位投影、正轴等角圆锥投影。

(3)北美洲地图的投影:斜轴等面积方位投影、彭纳投影。

(4)南美洲地图的投影:斜轴等面积方位投影、桑逊投影。

(5)澳洲地图的投影:斜轴等面积方位投影、正轴等角圆锥投影。

(6)拉丁美洲地图的投影:斜轴等面积方位投影。

3.5　编制极地地图投影

多采用正轴等角方位投影。

4　地理信息系统中地图投影的配置

地图是地理信息系统的主要数据来源,即地理信息系统的数据多来自于各种类型的地图资料。不同的地图资料根据其成图的目的与需要的不同而采用不同的地图投影。当把来自这些地图资料的数据输入计算机时,首先就必须将它们进行转换,用共同的地理坐标系统和直角坐标系统作为参照系来记录存储各种信息要素的地理位置和属性,保证同一地理信息系统内(甚至不同的地理信息系统之间)的信息数据能够实现交换、配准和共享,否则,此后所有基于地理位置的分析、处理及应用都是不可能的。

地理信息系统中地图投影配置的一般原则为：

(1)所配置的投影系统应与相应比例尺的国家基本图(基本比例尺地形图、基本省区图或国家大地图集)投影系统一致；

(2)系统一般最多只采用两种投影系统，一种服务于大比例尺的数据处理与输入输出，另一种服务于中小比例尺；

(3)所用投影以等角投影为宜；

(4)所用投影应能与网格坐标系统相适应，即所用的网格系统在投影带中应保持完整。

目前，绝大多数 GIS 软件具有地图投影选择与变换功能，对地图投影原理的深刻理解是灵活使用 GIS 地图投影功能和开发的关键。

第三节　地图的分幅和编号

为便于测制、保管、检索、储存和使用地图，所有地图均需按照规定的大小进行统一分幅和编号。由于地形图具有基本图和法定的性质，是地理信息系统的重要数据组成部分，而且在国际上对地形图区域框架的划分有着统一的规定，所以了解掌握地形图区域框架划分原则，对于组织地理信息系统数据库有着重要意义。我国现行对地形图的分幅编号规定主要是国标《国家基本比例尺地形图分幅和编号》(GB/TB13989-92)，作业时应依据此规定。

1　地图分幅

分幅是指按照特定的图廓线分割图幅，包括按矩形分幅和按经纬线分幅两种形式。

1.1　矩形分幅

每幅地图的图廓是矩形，相邻图幅间的图廓线都是直线，图廓的大小多根据图纸规格、用户需要以及印刷机的规格等综合确定。矩形分幅又可分为拼接和不拼接两种，其主要区别是图幅有无重叠。矩形分幅的挂图、地图集、专题图等多用矩形分幅。

1.2　经纬线分幅

每幅地图的图廓由经线和纬线构成，一般表现为上下图廓为曲线的梯形，所以又称梯形分幅。经纬线分幅是当前世界各国地形图、大区域分幅地图所采用的主要形式，我国国家基本比例尺系列地形图即采用这种分幅方式。

2　地图编号

地形图的编号是根据各种比例尺地形图的分幅，对每一幅地图给予一个固定的号码，这种号码不能重复出现，并要保持一定的系统性、逻辑性。常见的编号方式有自然序数编号法、行列式编号法和行列-自然序数结合编号法等。

3　我国地形图分幅和编号

我国国家基本比例尺地形图有 1∶5 000、1∶1 万、1∶2.5 万、1∶5 万、1∶10 万、1∶20

万、1∶50万和1∶100万8种，都是在1∶100万地形图编号的基础上进行。1∶100万地形图为国际统一分幅编号，如图3.17所示。20世纪90年代前后，编号有较大变化。90年代前，1∶100万地形图采用行列式编号，其他各比例尺地形图在1∶100万地形图编号的基础上加自然序数。为便于计算机处理需要，1991年后，1∶100万地形图采用行列式编号法，其他各比例尺地形图在1∶100万地形图编号的基础上加行列号。

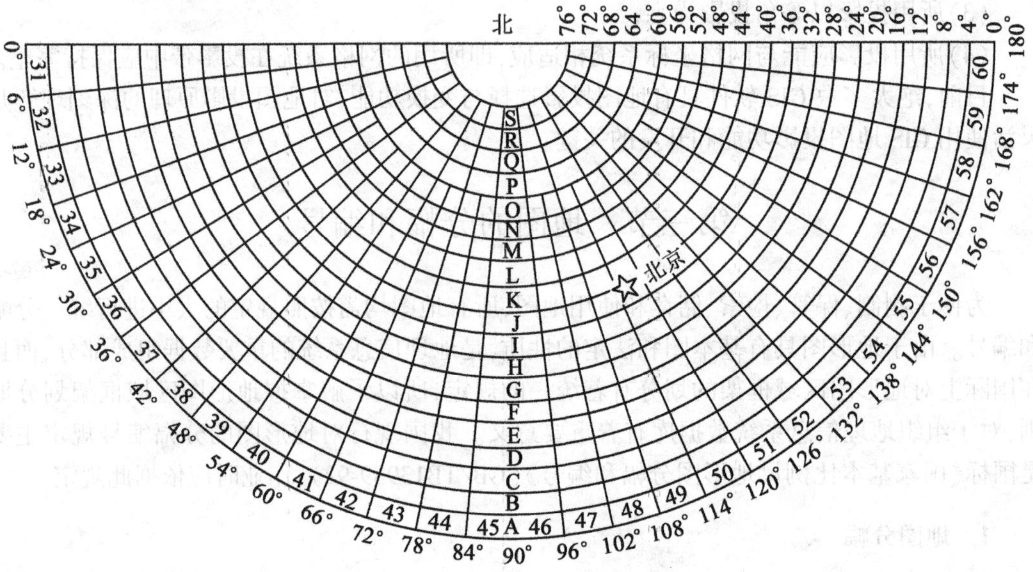

图3.17　1∶100万地形图分幅和编号

3.1　20世纪90年代以前地形图的分幅和编号方法

3.1.1　1∶100万地形图分幅和编号

由赤道起向南、北两极每隔纬差4°为一列，直到南北88°（南北纬88°至南北两极地区，采用正轴方位投影各自单独成一幅图），将南北半球各划分为22列，分别用拉丁字母A，B，C，D，…，V表示，列号前加N或S分别表示北、南半球（因我国疆域全部在北半球，图号前N一般省去）；从经度180°起向东每隔6°为一行，将全球一周划分为60行，分别以数字1，2，3，4，…，60表示。一般来讲，把列数的字母写在前，行数的数字写在后，中间用一条短线连接，形成"列号-行号"的结合形式作为该图幅编号。如北京所在的一幅百万分之一地图的编号为J-50。

由于地球的经线向两极收敛，随着纬度的增加，同是6°的经差但其纬线弧长已逐渐缩小，因此规定在纬度60°~76°间的图幅采用双幅合并（经差为12°，纬差为4°）；在纬度76°~88°间的图幅采用四幅合并（经差为24°，纬差为4°）。这些合并图幅的编号，列数不变，行数（无论包含两个或四个）并列写在其后。如北纬80°~84°，西经48°~72°的一幅百万分之一的地图编号应为U-19、20、21、22。

3.1.2　1∶50万、1∶25万、1∶10万地形图的分幅和编号

这三种地形图的编号都是在1∶100万地图图号后加上代号构成，如图3.18所示。

每幅 1∶100 万地图划分为 2 行 2 列 4 幅 1∶50万地形图，分别用 A、B、C、D 表示，如 J-50-A。

每幅 1∶100 万地图划分为 4 行 4 列 16 幅 1∶25 万地形图，分别用带括号的数字［1］，［2］，…，［16］表示，如 J-50-［16］。

1∶25 万是在 20 世纪 70~80 年代后用于代替原 1∶20 万比例尺地形图的，每幅 1∶100 万地图划分为 9 行 9 列 36 幅 1∶20 万地形图，分别用带括号的数字(1)，(2)，…，(36)表示，如J-50-(16)。

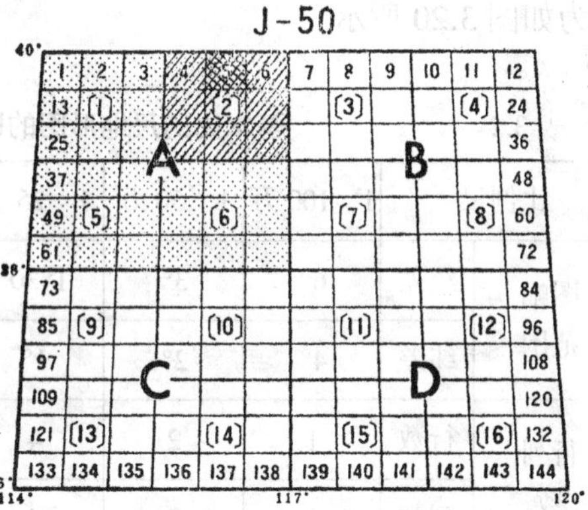

图 3.18　1∶50 万、1∶25 万、1∶10 万

每幅 1∶100 万地图划分为 12 行 12 列 144 幅1∶10万地形图，分别用数字 1~144 表示，如J-50-144。

3.1.3　1∶5 万、1∶2.5 万地形图的编号

这两种地图编号是以 1∶10 万地形图的编号为基础延伸而来的，如图 3.19 所示。

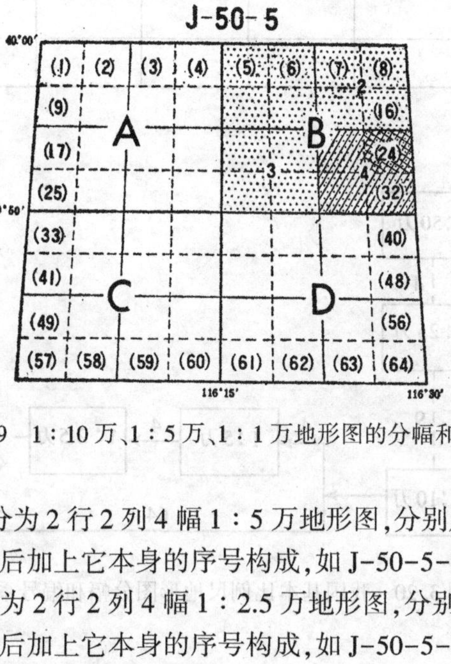

图 3.19　1∶10 万、1∶5 万、1∶1 万地形图的分幅和编号

每幅 1∶10 万地图划分为 2 行 2 列 4 幅 1∶5 万地形图，分别用 A、B、C、D 表示，其编号是在1∶10万地形图的编号后加上它本身的序号构成，如 J-50-5-B。

每幅 1∶5 万地图划分为 2 行 2 列 4 幅 1∶2.5 万地形图，分别用 1、2、3、4 表示，其编号是在 1∶5 万地形图的编号后加上它本身的序号构成，如 J-50-5-B-4。

3.1.4　1∶1 万、1∶5 000 地形图的编号

如图 3.20，每幅 1∶10 万地形图划分为 8 行 8 列 64 幅 1∶1 万地形图，分别以带括号的(1)、(2)、…、(64)表示，其编号是在 1∶10 万地形图的编号后加上它本身的序号构成，如J-50-5-(24)。

每幅 1∶1 万地图划分为 2 行 2 列 4 幅 1∶5 000 地形图，分别用 a、b、c、d 表示，其编号是在1∶1万地形图的编号后加上它本身的序号构成，如 J-50-144-(10)-d。

上述各基本比例尺的图幅大小及图幅间的数量关系可表示为表 3.2。其编号系统可表

示为如图 3.20 所示。

表 3.2　　　　基本比例尺地形图的图幅大小及其图幅间的数量关系

比例尺		1∶100 万	1∶50 万	1∶25 万	1∶10 万	1∶5 万	1∶2.5 万	1∶1 万	1∶5 000
图幅范围	经差	6°	3°	1°30′	30′	15′	7′30″	3′45″	1′52.5″
	纬差	4°	2°	1°	20′	10′	5′	2′30″	1′15″
行列数	行数	1	2	4	12	24	48	96	192
	列数	1	2	4	12	24	48	96	192
图幅间数量关系		1	4	16	144	576	2 304	9 216	36 864
			1	4	36	144	576	2 304	9 216
				1	9	36	144	576	2 304
					1	4	16	64	256
						1	4	16	64
							1	4	16
								1	4

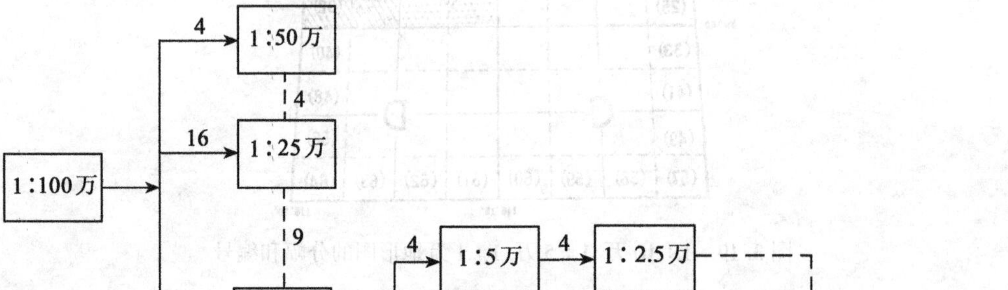

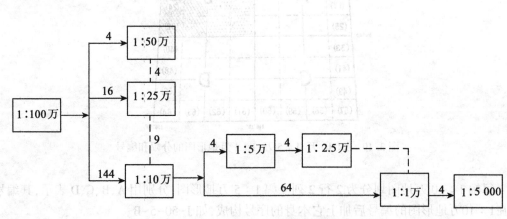

图 3.20　我国基本比例尺地形图分幅和编号系统

3.2　20 世纪 90 年代以后地形图的分幅和编号方法

为适应计算机处理的需要，1992 年国家发布了新的地形图分幅编号规定《国家基本比例尺地形图分幅和编号》（GB/TB13989-92）。新系统的分幅和过去一致，但编号方法变动很大。

3.2.1　1∶100 万地形图编号

和原来比较无实质变化，只是将原来的行改称列，列改称为行，即横向为行，纵向为列，同时去掉了中间的短线,形成“行号列号”的形式作为该图幅编号。如北京所在的一幅百万分之一地图的编号为J50。

3.2.2　1：50万~1：5 000地形图的编号

1：50万~1：5 000图幅编号均以1：100万图幅编号为基础,采用行列编号方法。将1：100万地形图按所包含的各比例尺经纬差划分为若干行和列,见图3.21,横行从上至下、纵列从左至右按顺序分别用阿拉伯数字编码。表示图幅的行列代码位数均用三位数字(不足三位,前面补0),加在1：100万图幅号和比例尺代码(见表3.3)后共十位代码组成,见图3.22。

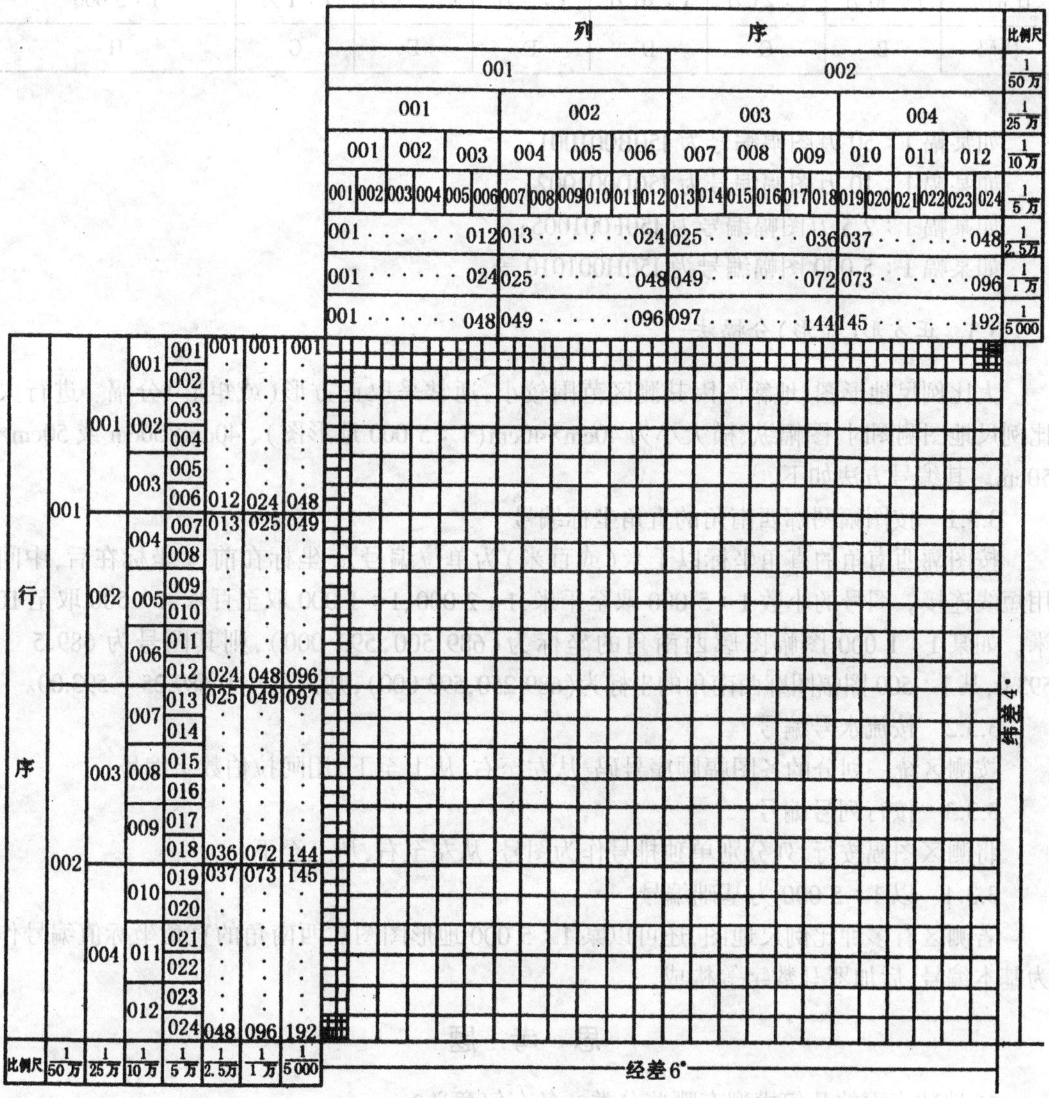

图3.21　新编1：50万~1：5 000地形图行、列划分与编号

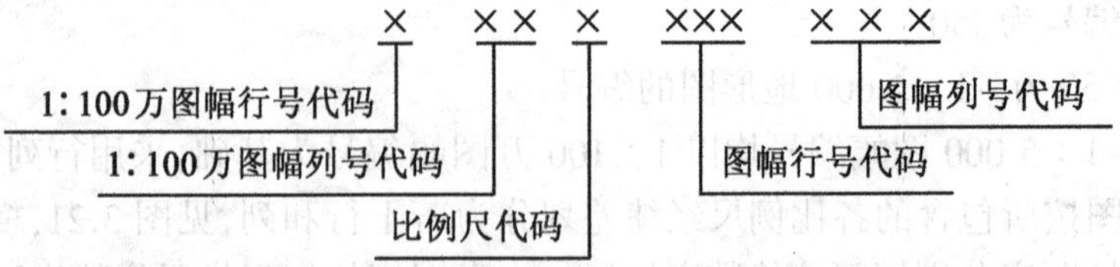

图 3.22　新编 1∶50 万~1∶5 000 地形图图号的构成

表 3.3　比例尺及代码

比例尺	1∶50 万	1∶25 万	1∶10 万	1∶5 万	1∶2.5 万	1∶1 万	1∶5 000
代码	B	C	D	E	F	G	H

如某幅 1∶50 万图幅编号为 J50B001001；

如某幅 1∶10 万图幅编号为 J50D001002；

如某幅 1∶2.5 万图幅编号为 J50F001005；

如某幅 1∶5 000 图幅编号为 J50H001010 等。

3.3　正方形(矩形)分幅法

大比例尺地形图、地籍图因其测区范围较小，通常采取正方形(或矩形)分幅。进行大比例尺地图测图时，图幅纵、横大小为 40cm×40cm(1∶5 000 地形图)、40cm×50cm 或 50cm×50cm。其编号方法如下。

3.3.1　按图幅图廓西南角的直角坐标编号

按图廓西南角的直角坐标以千米(或百米)为单位编号，x 坐标在前，y 坐标在后，中间用短线连接。图号的小数 1∶5 000 取至千米，1∶2 000、1∶1 000 取至百米，1∶500 取至 10 米。如某 1∶1 000 图幅图廓西南角的坐标为(689 500，593 000)，则其图号为 689.5 - 593.0，某 1∶500 图幅图廓西南角的坐标为(689 250，593 000)，则其图号为 689.25 - 593.00。

3.3.2　按流水号编号

按测区统一划分的各图幅顺序号码，从左至右，从上至下，用阿拉伯数字编号。

3.3.3　按行列号编号

将测区图幅按行、列分别单独排号作为图号，从左至右，从上至下。

3.3.4　以 1∶5 000 为基础编号

若测区有多种比例尺地图，还可以某 1∶5 000 地形图图廓西南角的直角坐标值编号作为基本编号，后加罗马数字等构成。

思　考　题

1. 地球表面的几何模型有哪些分类？各有何意义？
2. GIS 中常用哪几种坐标系？它们是如何定义的？
3. 什么是绝对高程？什么是相对高程？
4. 试述地图投影的实质。

5. 地图投影变形表现在哪几个方面？为什么说长度变形是主要变形？

6. 什么是变形椭圆？为什么说变形椭圆能够显示投影变形的性质与大小？

7. 地图投影的分类方法有几种？它们是如何进行分类的？

8. 何谓高斯投影？其投影的基本条件是什么？高斯投影中为什么要采取分带投影的方法？UTM 投影和高斯投影相比有哪些优点？

9. 举例说明地图投影选择的一般原则。

10. 地图投影与 GIS 的关系如何？我国地理信息系统中为什么要采用高斯投影和正轴等角圆锥投影？

11. 何谓梯形分幅？何谓矩形分幅？各有何特点？

12. 梯形分幅 1 : 10 万比例尺地形图的图幅是如何划分的？如何规定它的编号？

13. 某控制点的地理位置为东经 115°14′24″、北纬 28°36′17″，试求其所在 1 : 5 000 比例尺梯形图幅的编号。

14. 已知某梯形分幅地形图的编号为 J47D006003，试求其比例尺和该地形图西南图廓点的经度与纬度。

第四章　GIS 数据获取与处理

第一节　GIS 的数据源

地理信息系统的数据源是指建立地理信息系统数据库所需要的各种类型数据的来源，主要包括以下各种。

1　地图

各种类型的地图是 GIS 最主要的数据源，因为地图是地理数据的传统描述形式，包含着丰富的内容，不仅含有实体的类别或属性，而且实体的类别或属性可以用各种不同的符号加以识别和表示。我国大多数的 GIS 系统，其图形数据大部分来自地图，主要包括普通地图、地形图和专题图。

但由于地图以下的特点，应用时需加以注意：(1)地图存储介质的缺陷。地图多为纸质，由于存放条件的不同，都存在不同程度的变形，在具体应用时，需对其进行纠正。(2)地图现势性较差。由于传统地图更新需要的周期较长，造成现存地图的现势性不能完全满足实际的需要。(3)地图投影的转换。由于地图投影的存在，使得不同地图投影的地图数据在进行交流前，需先进行地图投影的转换。

2　遥感影像数据

遥感数据是一种大面积的、动态的、近实时的数据源，是 GIS 的重要数据源。遥感数据含有丰富的资源与环境信息，在 GIS 的支持下，可以与地质、地球物理、地球化学、地球生物、军事应用等方面的信息进行信息复合和综合分析。

3　社会经济数据

社会经济数据是 GIS 的数据源，尤其是 GIS 属性数据的重要来源。

4　实测数据

各种实测数据特别是一些 GPS、大比例尺地形图测量数据、试验观测数据等常常是 GIS 的一个很准确和很现势的资料。

5　数字数据

随着各种 GIS 系统和数据共享工程的建立，直接获取数字图形数据和属性数据的可能性越来越大，数字数据成为 GIS 信息源不可缺少的一部分。

6 各种文字报告和立法文件

文本资料是指各行业、各部门的有关法律文档、行业规范、技术标准、条文条例等，如边界条约等，这些都属于 GIS 的数据。各种文字报告和立法文件在一些管理类的 GIS 系统中有很大的应用，如在城市规划管理信息系统中，各种城市管理法规及规划报告在规划管理工作中起着很大的作用。

第二节 GIS 数据获取

GIS 数据获取的任务是将现有的地图、外业观测成果、航空像片、遥感图像、文本资料等转换成 GIS 可以处理与接收的数字形式，通常要经过验证、修改、编辑等处理。数据获取是 GIS 项目经费中最昂贵的部分。据统计，GIS 中数据获取的费用是整个 GIS 代价的 50%～80%。空间数据获取是地理信息系统建设首先要进行的任务。不同数据的输入需要采用不同的设备和方法。

1 属性数据的采集

属性数据又称为语义数据、非几何数据，是描述实体数据的属性特征的数据，包括定性数据和定量数据。定性数据用来描述要素的分类或对要素进行标名，如行政区划名称、土地用途等。定量数据是说明要素的性质、特征或强度的，如距离、面积、人口、产量、收入、流速以及温度和高程等。

当属性数据的数据量较小时，可以在输入几何数据的同时，用键盘输入；但当数据量较大时，一般与几何数据分别输入，并检查无误后转入到数据库中。属性数据的录入有时也可以辅助于字符识别软件。

为了把空间实体的几何数据与属性数据联系起来，还必须在几何数据与属性数据之间建立公共标识符，标识符可以在输入几何数据或属性数据时手工输入，也可以由系统自动生成（如用顺序号代表标识符）。只有当几何数据与属性数据有共同的数据项时，才能将几何数据与属性数据自动地连接起来；当几何数据或属性数据没有公共标识码时，只有通过人机交互的方法，如选取一个空间实体，再指定其对应的属性数据表来确定两者之间的关系，同时自动生成公共标识码。

当空间实体的几何数据与属性数据连接后，就可进行各种 GIS 的操作与运算了。当然，不论是在几何数据与属性数据连接之前或之后，GIS 都应提供灵活而方便的手段，以对属性数据进行增加、删除、修改等操作。

2 几何数据的采集

在 GIS 的几何数据采集中，如果几何数据已存在于其他的 GIS 或专题数据库中，那么只要经过转换装载即可；对于由测量仪器获取的几何数据，只要把测量仪器的数据输入数据库即可，测量仪器如何获取数据的方法和过程通常是与 GIS 无关的，但也有许多 GIS 软件如 MapGIS、SuperMap 等带有测量制图模块，其图形数据可直接为 GIS 建库所用。对于矢量数据的获取，GIS 中的采集方法主要包括地图跟踪数字化与地图扫描数字化。

2.1　手扶跟踪数字化输入

2.1.1　手扶跟踪数字化仪

根据采集数据的方式,手扶跟踪数字化仪分为机械式、超声波式和全电子式三种，其中全电子式数字化仪精度最高,应用最广。按照其数字化版面的大小可分为 A0、A1、A2、A3、A4 等。

数字化仪由电磁感应板、游标和相应的电子电路组成,如图 4.1 所示为长地 CD-91200B 数字化仪。

图 4.1　长地 CD-91200B 数字化仪

定点装置主要有笔式和光标式两种类型。常用的光标式定点装置是带有聚焦和十字丝的鼠标器,十字丝的定点指示需要数字化的点。鼠标器有 4 键及 16 键,每一个键的功能可通过软件应用来定义,4 键光标分按线状排列和方块排列两种,16 键为十六进制的形式,即 0~9 和 A~F,其用法与 4 键光标相类似。

2.1.2　数字化

(1)设置手扶跟踪数字化仪的通信和参数。

(2)数字化。把待数字化的图件固定在图形输入板上,首先用鼠标器输入图幅范围和多个控制点的坐标,随后即可输入图幅内各点、线的坐标。

通过数字化仪采集数据量小,数据处理的软件也比较完备,但由于数字化的速度比较慢,工作量大,自动化程度低,数字化的精度与作业员的操作有很大关系,所以,目前很多单位在大批量数字化时,已不再采用它。

2.2　扫描数字化输入

地图扫描数字化首先通过扫描仪将地图转换为栅格数据,然后采用栅格数据矢量化的技术追踪出线和面,采用模式识别技术识别出点和注记,并根据地图内容和地图符号的关系,自动、半自动或人工给矢量数据赋属性值,建立数据库。

2.2.1　扫描仪

扫描仪是直接把图形(如地形图)和图像(如遥感影像、照片)扫描输入到计算机中,以像素信息进行存储表示的设备(图 4.2)。按其所支持的颜色分类可分为单色扫描仪和彩色扫描仪;按所采用的固态器件分为电荷耦合器件(CCD)扫描仪、MOS 电路扫描仪、紧贴型扫描仪等;按扫描宽度和操作方式分为大型扫描仪、台式扫描仪和手动式扫描仪。

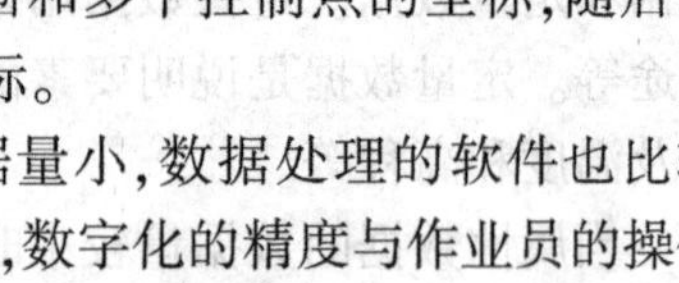

图 4.2　大幅面工程扫描仪

2.2.2　扫描数字化

(1)扫描参数设置:扫描模式的设置、分辨率的设置、扫描范围的设定。

(2)矢量化:扫描后,由软件进行二值化、去噪音等处理,经常需要进行一些编辑,以保证自动跟踪和识别的进行;在软件自动进行跟踪和识别时,仍需要进行部分的人机交互,如处理断线、确定属性值等,有时甚至要人工在屏幕上进行数字化。扫描数字化是目前较为先进的地图数字化方式。

2.3 图像数据获取

对于遥感影像数据的获取,GIS 主要涉及使用扫描仪等设备对图件的高精度扫描数字化,或使用几何纠正、光谱纠正、影像增强、图像变换、结构信息提取、影像分类等技术,从遥感影像上直接提取专题信息,这属于遥感图像处理的内容。

对于摄影测量影像数据的获取,目前有:(1)解析测图仪法。利用解析测图仪根据航空或航天影像对建立空间立体模型,直接测得地面三维坐标(x,y,z),并直接输入计算机,形成空间数据库,它不仅能记录三维坐标,还能通过计算机处理比例尺变形和其他制图变形。(2)全数字摄影测量法。将航摄负片经扫描数字化,然后将扫描得到的数字化图像转入数字摄影测量软件内,可完成从自动空中三角测量到测绘数字线画地形图 DLG、数字高程模型 DEM、数字正射影像图 DOM、数字三维景观模型等 GIS 4D 产品的全套生产作业流程。我国的全数字摄影测量系统 VirtuoZo 具有世界先进水平。若采用数码照相机,则可直接获得数字像片。

作为优秀的地理信息系统,应具有完善的数据输入模块,不仅能接收外来不同格式的空间数据,包括不同系统中不同格式的数据,也包括某些特定装置(如 GPS 设备)输出的数字数据以及网络数据等。

第三节　GIS 数据处理

数据的处理和解释是非常重要的环节。所谓数据处理,是指对数据进行收集、筛选、排序、归并、转换、检索、计算以及分析、模拟和预测的操作,其目的就是把数据转换成便于观察、分析、传输或进一步处理的形式,为空间决策服务。

尽管随着数据的不同和用户要求的不同,空间数据处理的过程和步骤也会有所不同,但其主要内容包括数据编辑、比例尺及投影变换、数据编码和压缩、空间数据类型转换以及空间数据插值等方面,如图 4.3 所示。

- 编辑处理——图形数据的编辑、属性数据的编辑、图形的拼接和分割等;
- 变换处理——投影交换、坐标变换、比例尺变换、几何校正等;
- 编码和压缩处理——栅格数据的编码、矢量数据的编码、栅格数据的压缩、多余点的除去等;
- 数据的插值——点的内插、区域的内插等;
- 数据类型的转换——矢量向栅格的转换、栅格向矢量的转换、系统间数据格式的转换等。

图 4.3　空间数据的处理

1　空间数据预处理

数据预处理主要是指数据的误差或错误的检查与编辑。通过矢量数字化或扫描数字化所获取的原始空间数据，都不可避免地存在着错误或误差，属性数据在建库输入时，也难免会存在错误，所以，在对图形数据和属性数据处理前，进行一定的检查、编辑是很有必要的。

1.1 空间数据误差

图形数据和属性数据的误差主要包括以下几个方面：(1)空间数据的不完整或重复：主要包括空间点、线、面数据的丢失或重复、区域中心点的遗漏、栅格数据矢量化时引起的断线等；(2)空间数据位置的不准确：主要包括空间点位的不准确、线段过长或过短、线段的断裂、相邻多边形节点的不重合等；(3)空间数据的比例尺不准确；(4)空间数据的变形；(5)空间属性和数据连接有误；(6)属性数据不完整。图 4.4 是几种数字化误差的示例。

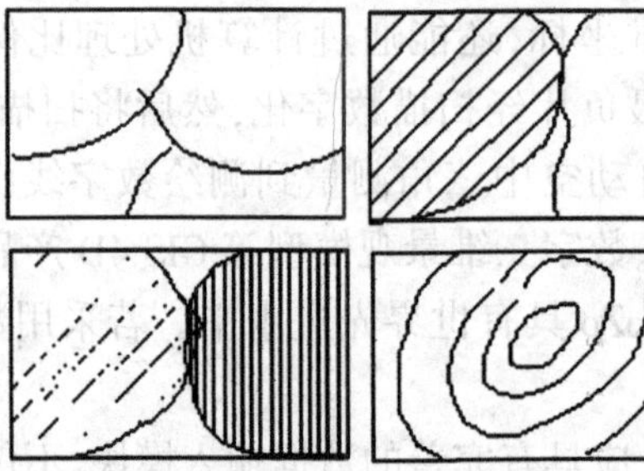

图 4.4 几种数字化误差的示例

1.2 空间数据的检查

对于空间数据的不完整或位置的误差，主要是利用 GIS 的图形编辑功能，如删除(目标、属性、坐标)、修改(平移、拷贝、连接、分裂、合并、整饰)、插入等进行处理。

为发现并有效消除误差，一般采用如下方法进行检查：

(1)目视检查法，指用目视检查的方法在屏幕上用地图要素对应的符号显示数字化的结果，对照原图检查一些明显的数字化误差与错误，包括线段过长或过短、多边形的重叠和裂口、线段的断裂等；通过图形实体与其属性的联合显示，发现数字化中的遗漏、重复、不匹配等错误。

(2)叠合比较法，是空间数据数字化正确与否的最佳检核方法，按与原图相同的比例尺把数字化的内容绘在透明材料上，然后与原图叠合在一起，在透光桌上仔细地观察和比较。一般对于空间数据的比例尺不准确和空间数据的变形马上就可以观察出来，对于空间数据的位置不完整和不准确，则需用粗笔把遗漏、位置错误的地方明显地标注出来。如果数字化的范围比较大，分块数字化时，除检核一幅(块)图内的差错外，还应检核已存入计算机的其他图幅的接边情况。

(3)逻辑检查法，如根据数据拓扑一致性进行检验，将弧段连成多边形，进行数字化误差的检查。有许多软件已能自动进行多边形节点的自动平差。另外，对属性数据的检查一般也最先用这种方法，检查属性数据的值是否超过其取值范围。属性数据之间或属性数据与地理实体之间是否有荒谬的组合。对等高线，通过确定最低和最高等高线的高程及等高距，编制软件来检查高程的赋值是否正确；对于面状要素，可在建立拓扑关系时，根据多边形是否闭合来检查,或根据多边形与多边形内点的匹配来检查等。

以上方法应综合利用,如对于属性数据,通常是在屏幕上逐表、逐行检查,也可打印出来检查;对于属性数据,还可编写检核程序,如有无字符代替了数字,数字是否超出了范围等。

2 数据处理

2.1 图形变换

在地图录入完毕后,经常需要进行投影变换,得到用户希望的参照系下的地图。对各种投影进行坐标变换的原因主要是输入时的地图是一种投影,而输出的地图产物是另外一种投影。进行投影变换有两种方式,一种是直接应用投影变换公式进行变换,在前章已有论述;另一种是利用多项式拟合,类似于图像几何纠正。

2.1.1 基本坐标变换

在投影变换过程中,有以下三种基本的操作:平移、旋转和缩放。其转换公式同第三章第一节 2.3.1。

2.1.2 仿射变换(Affine Tranformation)

第三章第一节 2.3.1 的转换公式是一个正交变换,其一般的形式是被称为二维的仿射变换:

$$(X', Y') = \lambda \begin{bmatrix} a & b \\ c & d \end{bmatrix} \begin{bmatrix} X \\ Y \end{bmatrix} + \begin{bmatrix} T_X \\ T_Y \end{bmatrix}$$

仿射变换在不同的方向可以有不同的压缩和扩张,可以将球变为椭球,将正方形变为平行四边形(图 4.5)。

还有其他如双线性变换、平方变换、双平方变换、立方变换、高次变换等方法。高阶方程不但要描述平面坐标系统之间的尺度、旋转和转换,而且还要考虑扭曲的影响。地图变换控制点应该均匀地分布在地图上,并且控制点位置处的现投影坐标和目标投影坐标已知。如果有控制点的误差较大,则坐标转换不能进行,需要查找原因,并重新计算匹配精度再进行变换。

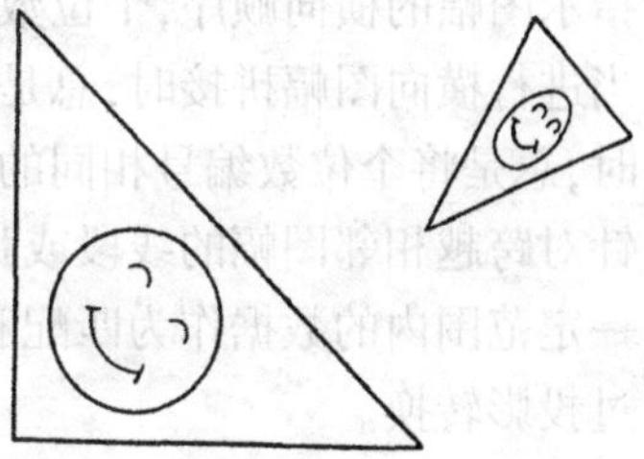

图 4.5 仿射变换

2.2 图幅拼接

在对底图进行数字化以后,由于图幅比较大或者使用小型数字化仪时,难以将研究区域的底图以整幅的形式来完成,这时需要将整个图幅划分成几部分分别输入。在所有部分都输入完毕并进行拼接时,在相邻图幅的边缘部分,由于原图本身的数字化误差,使得同一实体的线段或弧段的坐标数据不能相互衔接,或是由于坐标系统、编码方式等不统一,常常会有边界不一致的情况,需要进行边缘匹配处理(图 4.6)。边缘匹配处理类似于下面提及的悬挂节点处理,可以由计算机自动完成,或者辅助以手工半自动完成。

图幅的拼接总是在相邻两图幅之间进行的。要将相邻两图幅之间的数据集中起来,就要求相同实体的线段或弧的坐标数据相互衔接,也要求同一实体的属性码相同,因此必须进

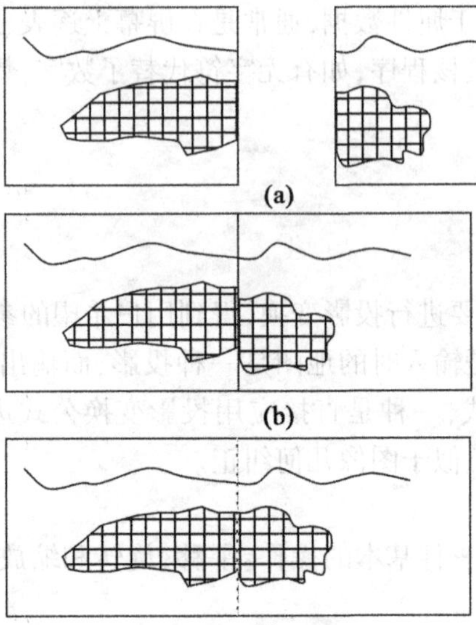

图 4.6　图幅拼接

行图幅数据边缘匹配处理。具体如下：

(1)逻辑一致性的处理。由于人工操作的失误，两个相邻图幅的空间数据库在接合处可能出现逻辑裂隙，如一个多边形在一幅图层中具有属性 A，而在另一幅图层中属性为 B，此时，必须使用交互编辑的方法，使两相邻图斑的属性相同，取得逻辑一致性。

(2)识别和检索相邻图幅。将待拼接的数据按图幅进行编号，编号有 2 位，其中十位数指示图幅的横向顺序，个位数指示纵向顺序(图 4.7)，并记录图幅的长宽标准尺寸。因此，当进行横向图幅拼接时，总是将十位数编号相同的图幅数据收集在一起；进行纵向图幅拼接时，总是将个位数编号相同的图幅数据收集在一起。其次，图幅数据的边缘匹配处理主要是针对跨越相邻图幅的线段或弧的，为了减少数据容量，提高处理速度，一般只提取图幅边界一定范围内的数据作为匹配和处理的目标。同时要求图幅内空间实体的坐标数据已经进行过投影转换。

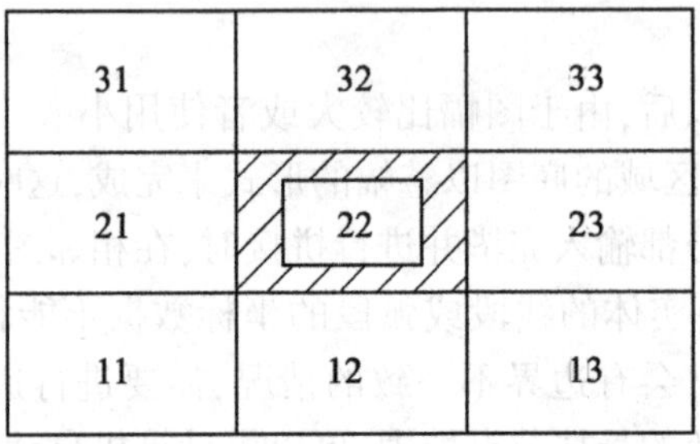

图 4.7　图幅编号及图幅边缘数据提取范围

(3)相邻图幅边界点坐标数据的匹配。匹配采用追踪拼接法，只要符合下列条件，两条线段或弧段即可匹配衔接；相邻图幅边界两条线段或弧段的左右码各自相同或相反；相邻图幅同名边界点坐标在某一允许值范围内（如±0.5mm）。匹配衔接时是以一条弧或线段作为处理的单元，因此，当边界点位于两个节点之间时，需分别取出相关的两个节点，然后按照节点之间线段方向一致性的原则进行数据的记录和存储。

(4)相同属性多边形公共边界的删除。当图幅内图形数据完成拼接后，相邻图斑会有相同属性。此时，应将相同属性的两个或多个相邻图斑组合成一个图斑，即消除公共边界，并对共同属性进行合并。

多边形公共边界线的删除可以通过构成每一面域的线段坐标链，删去其中共同的线段，然后重新建立合并多边形的线段链表（图4.8）。

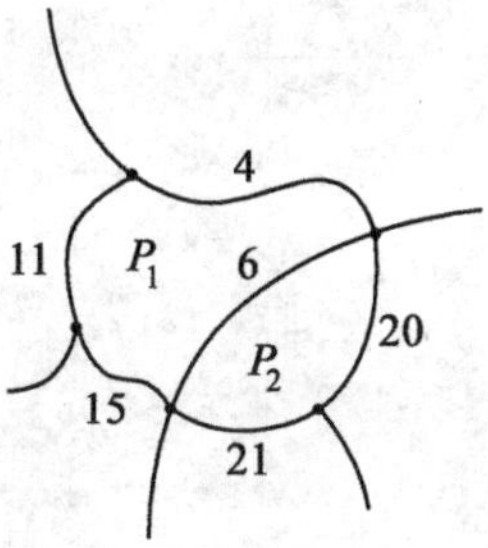

P_1		P_2		P_1+P_2
4		6		4
				6
6	+	20	=	20
				21
15				15
		21		
11				11

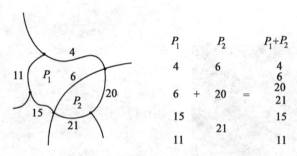

图4.8　多边形公共边界的自动删除

对于新多边形的属性表，有些属性如多边形的面积和周长需重新计算，有些属性继承原图斑的属性即可。

除了图幅尺寸的原因，在GIS实际应用中，由于经常要输入标准分幅的地形图，也需要在输入后进行拼接处理，这时由于高斯投影分带等原因，一般需要先进行投影变换。通常的做法是从地形图使用的高斯-克吕格投影转换到经纬度坐标系中，然后再进行拼接。

2.3　图像纠正

此处的图像主要指通过扫描得到的地形图和遥感影像。由于遥感影像本身就存在着几何变形、地形图受介质及存放条件限制、扫描过程中工作人员的操作误差等原因，图像会产生一定的变形，需进行图像纠正。

对扫描得到的图像进行纠正，主要是建立要纠正的图像与标准的地形图或地形图的理论数值或纠正过的正射影像之间的变换关系。目前，主要的变换函数有仿射变换、双线性变换、平方变换、双平方变换、立方变换、四阶多项式变换等，具体采用哪一种，则要根据纠正图像的变形情况、所在区域的地理特征及所选点数来决定。具体算法和图形变换基本相同。地形图和遥感影像的纠正过程及具体步骤如下。

2.3.1　地形图的纠正

对地形图的纠正，一般采用四点纠正法或逐网格纠正法。

四点纠正法一般是根据选定的数学变换函数，输入需纠正地形图的图幅的行、列号、地形图的比例尺、图幅名称等，生成标准图廓，分别采集4个图廓控制点坐标来完成。

逐网格纠正法是在四点纠正法不能满足精度要求的情况下采用的。这种方法和四点纠正法的不同点就在于采样点数目的不同，它是逐方里网进行的，也就是说，对每一个方里网，都要采点。

具体采点时，一般要先采源点（需纠正的地形图），后采目标点（标准图廓）；先采图廓点和控制点，后采方里网点。

2.3.2 遥感影像的纠正

遥感影像的纠正一般选用和遥感影像比例尺相近的地形图或正射影像图作为变换标准，选用合适的变换函数，分别在要纠正的遥感影像和标准地形图或正射影像图上采集同名地物点（图4.9）。

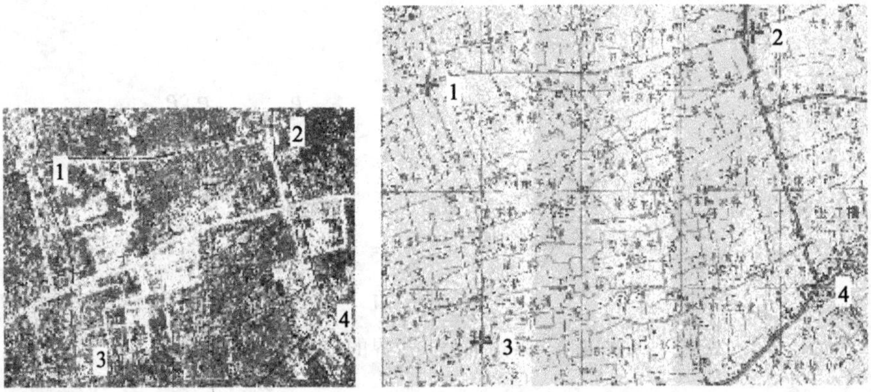

图4.9 遥感影像纠正选点示例

具体采点时，要先采源点（影像），后采目标点（地形图）。选点时，要注意选点的均匀分布，点不宜太多。如果在选点时没有注意点位的分布或点太多，这样不但不能保证精度，反而会使影像产生变形。另外选点时，点位应选明显的固定地物点，如渠或道路交叉点、桥梁等，尽量不要选河床易变动的河流交叉点，以免点的移位影响配准精度。

2.4 图像解译

遥感影像的信息要进入GIS，很重要的一步就是图像解译。图像解译是一项涉及诸多内容的复杂过程。这些内容包括研究地理区域的一般知识，掌握影像分析的经验和技能，对影像特征的深入理解。有时，在图像解译之前，还会对其进行图像增强处理。

图像解译过程一般是建立在对图像及其解译区域进行系统研究的基础之上，具体包括图像的成像原理、图像的成像时间、图像的解译标志、成像地区的地理特征、地图、植被、气候学以及区域内有关人类活动的各种信息。

遥感图像的解译标志很多，包括图像的色调或色彩、大小、形状、纹理、阴影、位置及地物之间的相互关系等。色调被认为是最基本的因素，因为没有色调变化，物体就不能被识别。大小、形状和纹理较复杂，需要进行个体特征的分析和解译。而阴影、类型、位置和相互关系则最为复杂，涉及特征间的相关关系。

遥感图像的解译有目视判读和计算机自动解译两种方法，其中，自动解译又可分为监督分类和非监督分类两种。

2.5 数据格式的转换

数据格式的转换一般分为两大类:一类是不同数据介质之间的转换,即将各种不同的源材料信息如地图、照片、各种文字及表格转为计算机可以兼容的格式,主要采用数字化、扫描、键盘输入等方式,这在上一节中已经说明;第二类是数据结构之间的转换,包括同一数据结构不同组织形式间的转换和不同数据结构间的转换。

同一数据结构不同组织形式间的转换包括不同栅格记录形式之间的转换(如四叉树和游程编码之间的转换)和不同矢量结构之间的转换(如索引式和 DIME 之间的转换)。这两种转换方法要视具体的转换内容根据矢量和栅格数据编码的原理和方法来进行。

不同数据结构间的转换主要包括矢量到栅格数据的转换和栅格到矢量数据的转换两种。具体的转换方法参见第二章中相关内容。

2.6 拓扑生成

在矢量结构表示方法中,任何地理实体均可以用点、线、面来表示其特征,进而可根据各特征间的空间关系解译出更多的信息,为此,可用确定区域定义、连通性和邻接性的方法来达到上述目的。其特点是弧段用点的连接来定义,多边形用点及弧段的连接来定义,这样,相邻多边形的公共边不必重复输入,且通过邻接性的关系能识别出各地理信息实体的相对位置,从而解译出多种信息。拓扑结构就是明确这些空间关系的一种数据方法,也就是说,用来表示要素之间连通性或相邻性的关系,称为拓扑结构。

在图形数字化完成后,对于大多数地图需要建立拓扑,以正确判别要素之间的拓扑关系。

2.6.1 图形修改

在建立拓扑关系的过程中,一些在数字化输入过程中的错误需要被改正,否则,建立的拓扑关系将不能正确地反映地物之间的关系。如 ESRI 定义了以下判断录入图形是否正确的六个准则,可以帮助发现拓扑错误:(1)所有录入的实体都能够表现出来;(2)没有输入额外的实体;(3)所有的实体都在正确的位置上,并且其形状和大小正确;(4)所有具有连接关系的实体都已经连接上;(5)所有的多边形都有且只有一个标志点以识别它们;(6)所有的实体都在边界之内。上述的准则,特别是第(5)条和第(6)条,只是针对 ESRI 的 Arc/Info 软件而言的,其他的 GIS 软件由于具体实现的不同,可能会有差异。

由于地图数字化,特别是手扶跟踪数字化,是一件耗时、繁杂的人力劳动,在数字化过程中的错误几乎是不可避免的。造成数字化错误的具体原因包括:(1)遗漏某些实体;(2)某些实体重复录入。由于地图信息是二维分布的,并且信息量一般很大,因此要准确记录哪些实体已经录入、哪些实体尚未录入是困难的,这就容易造成重复录入和遗漏;(3)定位的不准确。数字化仪分辨率可以造成定位误差,但是人的因素是位置不准确的主要原因,如手扶跟踪数字化过程中手的抖动,两次录入之间图纸的移动都可以使位置不准确;更重要的是,在手扶跟踪数字化过程中,难以实现完全精确的定位,如在水系的录入中(见图 4.10),将支流的终点恰好录入在干流上基本上是不可能的(图 4.10(a)),更常见的是图 4.10(b)和图 4.10(c)所示的两种情况。

在数字化后的地图上,错误的具体表现形式有:

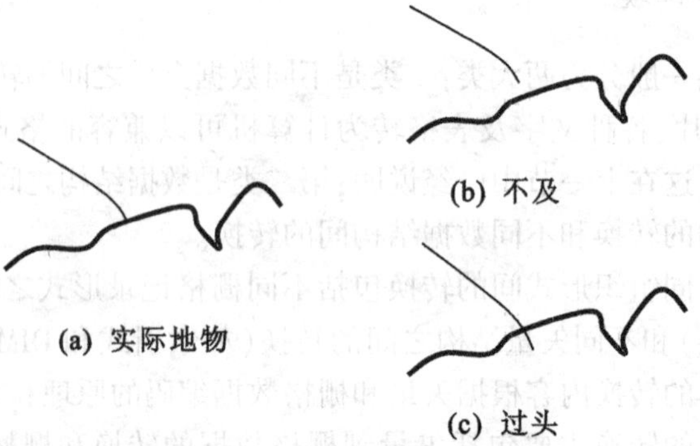

图 4.10　数字化错误——不及和过头

(1)伪节点。伪节点使一条完整的线变成两段(见图 4.11),造成伪节点的原因常常是没有一次录入完毕一条线。

(2)悬挂节点。如果一个节点只与一条线相连接,那么该节点称为悬挂节点,悬挂节点有多边形不封闭、不及和过头、节点不重合等几种情形(见图 4.12)。

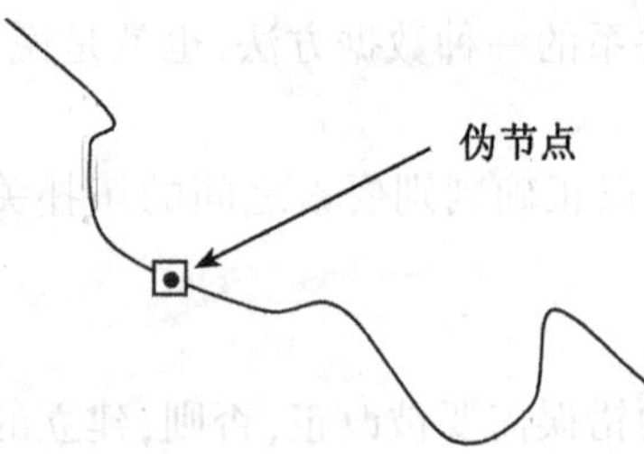

图 4.11 伪节点

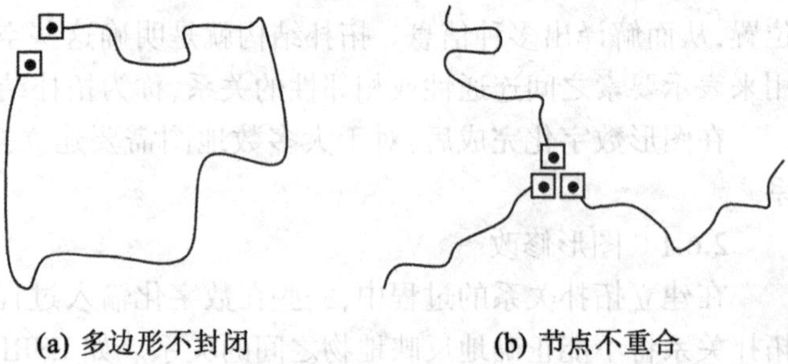

图 4.12 悬挂节点的两种情形

(3)"碎屑"多边形或"条带"多边形。条带多边形一般由重复录入引起,由于前后两次录入同一条线的位置不可能完全一致,造成了"碎屑"多边形。另外,由于用不同比例尺的地图进行数据更新,也可能产生"碎屑"多边形(图 4.13)。

(4)不正规的多边形。不正规的多边形是由于输入线时,点的次序倒置或者位置不准确引起的。在进行拓扑生成时,同样会产生"碎屑"多边形(图 4.14)。

上述的错误一般会在建立拓扑的过程中发现,需要进行编辑修改。一些错误如悬挂节点,可以在编辑的同时,由软件自动修改。通常的实现办法是设置一个"捕获距离",当节点之间或者节点与线之间的距离小于此数值后,即自动连接;而另外的错误需要进行手工编辑修改。

2.6.2　建立拓扑关系

在图形修改完毕之后,就意味着可以建立正确的拓扑关系,拓扑关系可以由计算机自动生成。目前,大多数 GIS 软件也提供了完善的拓扑功能;但是在某些情况下,需要对计算机

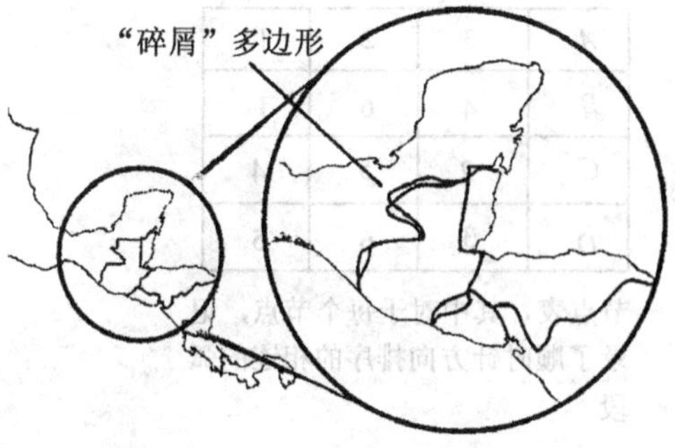

图 4.13　碎屑多边形

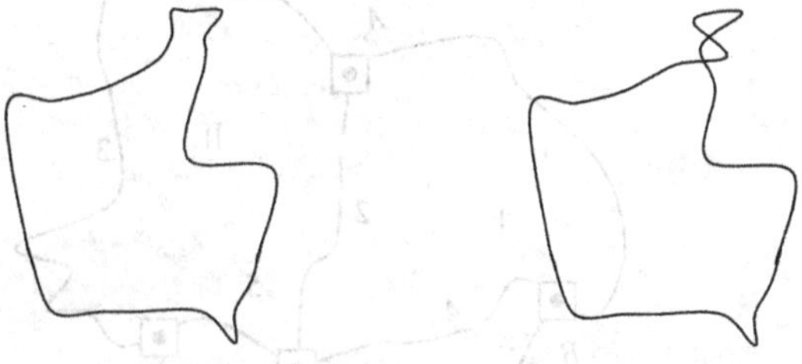

(a) 正常多边形　　(b) 不正规多边形

图 4.14　不正规的多边形

创建的拓扑关系进行手工修改,典型的例子是网络连通性。

正如拓扑的定义所描述的,建立拓扑关系时只需要关注实体之间的连接、相邻关系,而节点的位置、弧段的具体形状等非拓扑属性则不影响拓扑的建立过程。

(1)多边形拓扑关系的建立

如果使用 DIME 或者类似的编码模型,多边形拓扑关系的表达需描述以下实体之间的关系:①多边形的组成弧段;②弧段左右两侧的多边形,弧段两端的节点;③节点相连的弧段。

多边形拓扑的建立过程实际上就是确定上述的关系。具体的拓扑建立过程与数据结构有关,但是其基本原理是一致的,下面简述多边形拓扑的建立过程(图 4.15)。

图 4.15 中共有 4 个节点,以 A、B、C、D 表示;6 条弧段,用数字 1、2、3、4、5、6 表示;以及Ⅰ、Ⅱ、Ⅲ三个多边形(图 4.15(a))。首先定义以下概念:①由于弧段是有方向的,算法中将弧段 A 的起始节点称为首节点 $N_S(A)$,而终止节点为尾节点 $N_E(A)$;②考虑到弧段的方向性,沿弧段的前进方向,将其相邻的多边形分别定义为左多边形 $P_L(A)$ 和右多边形 $P_R(A)$。

在建立拓扑之前,首先将所有弧段的左右多边形(在实现中,可以用多边形的编码表示)都设置为空;然后对每个节点计算与其相连弧段在连接处的角度,并进行排序(图 4.15(b))(注意,这个排序是循环的)。建立拓扑的算法如下:①得到第一条弧段 A,并设置为当前弧段;②判断 $P_L(A)$ 和 $P_R(A)$ 是否为空。如果都非空,转到第①步,当所有弧段处理完毕后,算法结束;③如果左多边形为空,则创建一个新的多边形 P,多边形的第一条弧段为当前弧段,并设置 $P_L(A)=P$,设置搜寻起始节点为 $N_S(A)$,当前节点为 $N_E(A)$。如果右多边形为空,则创建一个新的多边形 P,多边形的第一条弧段为当前弧段,并设置 $P_R(A)=P$,设置搜寻起始节点 $N_0=N_E(A)$,当前节点 $N_C=N_S(A)$;④判断 N_0 和 N_C 是否相等,如果相等,则多边形的所有弧段都已经找到,转到第①步;⑤检查与当前节点相连接的、已经排列好的弧段序列,将当前弧段的下一条弧段 A' 作为多边形的第二条弧段;⑥如果 $N_C=N_S(A')$,设置 $P_L(A')=P$,$N_C=N_E(A)$;如果 $N_C=N_E(A')$,设置 $P_R(A')=P$,$N_C=N_S(A)$,转到第④步。

如图 4.15(c)所示,如果从弧段 4 开始搜寻,找到节点 C 后,根据弧段的排序,下一条弧段是 2;然后找到节点 A,弧段 1,整个搜寻结束,建立多边形Ⅰ,其组成弧段为 4、2、1。

按照这种算法,生成多边形的弧段从多边形内部看,是逆时针排列的。如果节点弧段排

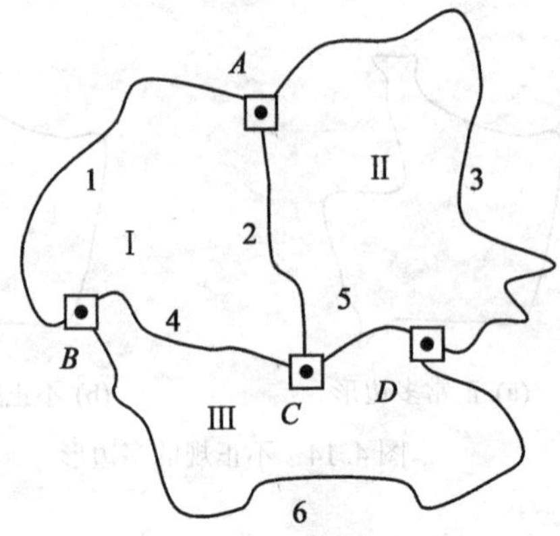

(a)

A	3	2	1
B	4	6	1
C	2	5	4
D	3	6	5

节点表，其中对于每个节点，记录了顺时针方向排序的相连的弧段

(b)

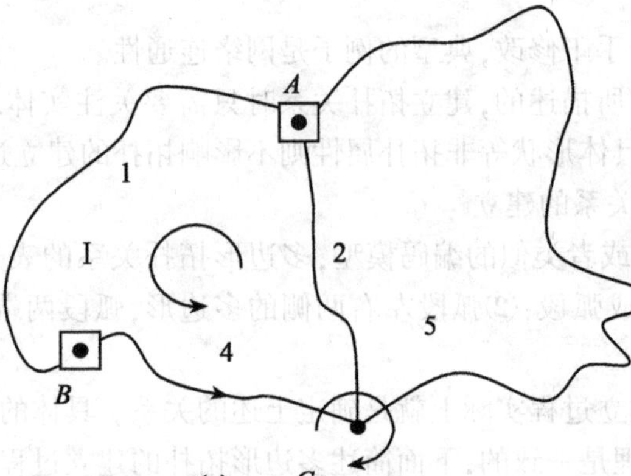

(c)

图 4.15　多边形拓扑的建立过程

序为顺时针,则算法中用 $P_L(A)$ 代替 $P_R(A)$、用 $P_R(A)$ 代替 $P_L(A)$,生成的多边形弧段是顺时针排列的。

多边形拓扑的建立要注意多边形带"岛"(或称为环)的情况。按照上述算法,对于带"岛"的多边形,其包含的弧段构成了多个闭合曲线,并且"岛"的弧段排序是顺时针的(图 4.16)(实际上,从环状多边形内部看,它仍然是逆时针的)。

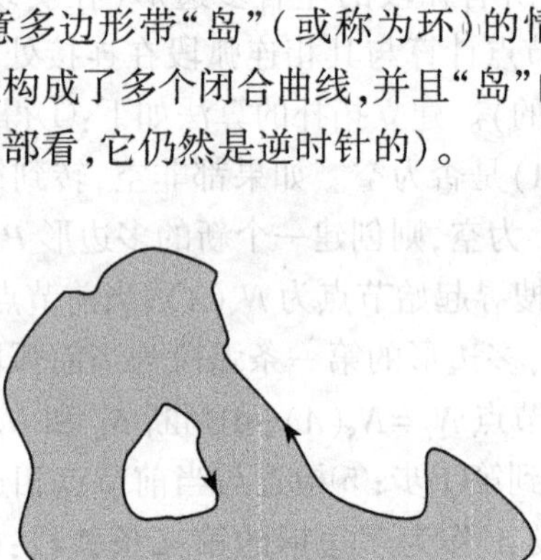

图 4.16　带"岛"的多边形建立拓扑

(2)网络拓扑关系的建立

在输入道路、水系、管网、通信线路等信息时,为了进行流量以及连通性分析,需要确定线实体之间的连接关系。网络拓扑关系的建立包括确定节点与连接线之间的关系,这个工作可以由计算机自动完成,但是在一些情况中,如道路交通应用中,一些道路虽然在平面上相交,但实际上并不连通,如立交桥,这时需要手工修改,将连通的节点删除(图4.17)。

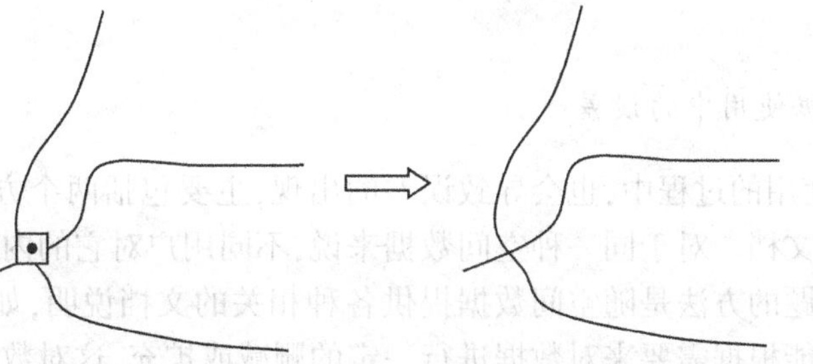

图4.17　节点的编辑,将实际不连通的线路形成的节点删除

第四节　GIS空间数据质量及其控制

空间数据质量是指GIS中空间数据(几何数据和属性数据)的可靠性,通常用空间数据的误差来度量。GIS中数据质量的优劣决定着系统分析质量以及整个应用的成败,地理信息系统的价值在很大程度上取决于系统内所包含数据内容的数量与质量。

1　空间数据质量问题的产生

从空间数据的形式表达到空间数据的生成,从空间数据的处理变换到空间数据的应用,在这两个过程中都会有数据质量问题的发生。下面按照空间数据自身存在的规律性,从几个方面来阐述空间数据质量问题的来源。

1.1　空间现象自身存在的不稳定性

空间数据质量问题首先来源于空间现象自身存在的不稳定性。空间现象自身存在的不稳定性包括空间特征和过程在空间、专题和时间内容上的不确定性。空间现象在空间上的不确定性指其在空间位置分布上的不确定性变化;空间现象在时间上的不确定性表现为其在发生时间段上的游移性;空间现象在属性上的不确定性表现为属性类型划分的多样性、非数值型属性值表达的不精确性。因此,空间数据存在质量问题是不可避免的。

1.2　空间现象的表达

空间数据是对现实世界中空间特征和过程的抽象表达。由于现实世界的复杂性和模糊性以及人类认识和表达能力的局限性,这种抽象表达总是不可能完全达到真值,而只能在一定程度上接近真值,从这种意义上讲,数据质量发生问题也是不可避免的。如在地图投影中,由椭球体到平面的投影转换必然产生误差;用于获取各种原始数据的各种测量仪器都有一定的设计精度，如 GPS 提供的地理位置数据都有用户要求的设计精度，因而数据误差的产生不可避免。

1.3 空间数据处理中的误差

在空间数据处理过程中，投影变换、地图数字化和扫描后的矢量化处理、数据格式转换、数据抽象、建立拓扑关系、数据叠加操作和更新、数据集成处理、数据的可视化表达等过程中都会产生误差。

1.4 空间数据使用中的误差

在空间数据使用的过程中，也会导致误差的出现，主要包括两个方面：一是对数据的解释过程，二是缺少文档。对于同一种空间数据来说，不同用户对它的内容的解释和理解可能不同，处理这类问题的方法是随空间数据提供各种相关的文档说明，如元数据。例如，在某些应用中，用户可能根据需要来对数据进行一定的删减或扩充，这对数据记录本身来说也是一种误差。另外，缺少对某一地区不同来源的空间数据的说明，如缺少投影类型、数据定义等描述信息，这样往往导致数据用户对数据的随意性使用而使误差扩散。

2 研究空间数据质量问题的目的和意义

GIS 数据质量研究的目的是建立一套空间数据的分析和处理的体系，包括误差源的确定、误差的鉴别和度量方法、误差传播的模型、控制和削弱误差的方法等，使未来的 GIS 在提供产品的同时，附带提供产品的质量指标，即建立 GIS 产品的合格证制度。

从应用的角度，可把 GIS 数据质量的研究分为两大问题。当 GIS 录入数据的误差和各种操作中引入的误差已知时，计算 GIS 最终生成产品的误差大小的过程称为正演问题。而根据用户对 GIS 产品所提出的误差限值要求，确定 GIS 录入数据的质量称为反演问题。显然，误差传播机制是解决正反演问题的关键。

研究 GIS 数据质量对于评定 GIS 的算法、减少 GIS 设计与开发的盲目性都具有重要意义。如果不考虑 GIS 的数据质量，那么当用户发现 GIS 的结论与实际的地理状况相差较大时，GIS 将毫无意义。

3 空间数据质量体系

3.1 空间数据质量的基本内容

3.1.1 准确度

数据的准确度被定义为结果、计算值或估计值与真实值或者大家公认的真值的接近程度。空间数据的准确性经常是根据所指的位置、拓扑或非空间属性来分类的，可用误差来衡量。

3.1.2 精密度

数据的精密度指数据表示的精密程度，亦即数据表示的有效位数。它表现了测量值本身的离散程度。由于精密度的实质在于它对数据准确度的影响，同时在很多情况下，它可以通过准确度而得到体现，故常把二者结合在一起称为精确度，简称精度。

3.1.3 误差

误差是指数据与真值的偏离。定义出一个所记录的测量和它的事实之间的准确性以后,很明显,对于大多数数据而言,它的数值是不准确的。误差研究包括位置误差、属性误差、位置和属性误差之间的关系、误差的传播规律等。

3.1.4 比例尺精度

比例尺精度定义为地图上0.1mm所代表的实地水平距离,是地图表示的极限。例如,在一个1∶1万比例尺的地图上,一条0.1mm宽度的线对应着1m的地面距离,因此,也就不可能表示宽度小于1m的现象或特征,要么舍弃,要么综合。

3.1.5 不确定性

不确定性是关于空间过程和特征不能被准确确定的程度,是自然界各种空间现象自身固有的属性。GIS的不确定性包括空间位置的不确定性、属性不确定性、时域不确定性、逻辑上的不一致性及数据的不完整性。在内容上,它是以真值为中心的一个范围,这个范围越大,数据的不确定性也就越大。

3.2 空间数据质量标准内容

GIS使用数字化空间数据,因而便关系到数字制图数据的标准。美国数字制图数据标准全国委员会(NCDCDS,1988)确定的数字化制图数据质量标准,如线状、位置精度、属性精度、逻辑的连贯性、完整性和时间精度,对每种元素均确定了检验其精度的标准。

空间数据质量标准要素及其内容为:

(1)数据情况说明:要求对地理数据的来源、数据内容及其处理过程等作出准确、全面和详尽的说明。

(2)位置精度或定位精度:为空间实体的坐标数据与实体真实位置的接近程度,常表现为空间三维坐标数据精度。它包括数学基础精度、平面精度、高程精度、接边精度、形状再现精度(形状保真度)、像元定位精度(图像分辨率)等。平面精度和高程精度又可分为相对精度和绝对精度。

(3)属性精度:指空间实体的属性值与其真值相符的程度。通常取决于地理数据的类型,且常常与位置精度有关,包括要素分类与代码的正确性、要素属性值的准确性及其名称的正确性等。

(4)时间精度:指数据的现势性。可以通过数据更新的时间和频度来表现。

(5)逻辑一致性:指地理数据关系上的可靠性,包括数据结构、数据内容(包括空间特征、专题特征和时间特征),以及拓扑性质上的内在一致性。

(6)数据完整性:指地理数据在范围、内容及结构等方面满足所要求的完整程度,包括数据范围、空间实体类型、空间关系分类、属性特征分类等方面的完整性。

(7)表达形式的合理性:主要指数据抽象、数据表达与真实地理世界的吻合性,包括空间特征、专题特征和时间特征表达的合理性等。

3.3 空间数据质量评价标准

空间数据质量标准的建立必须考虑空间过程和现象的认知、表达、处理、再现等全过程。在质量评定过程中,一般来说,数据的精度或准确度越高越好,但在实际应用中却不能一概而论。事实上,有的数据在实际应用中的意义很大(如大地控制点等),其本身精度也可以达到很高,因此,对这些数据的精度要求也就很高;而另一些数据本身的精度不可能很高,如不同土壤类型的面积,由于它们之间的界限是模糊的,所以面积也是相对的,若要求很高,则不可能办到。有的数据其精度可以达到很高,但需要花费很多的人力、物力和时间才能达到,而生产上或应用上又不一定要求很高。有些数据是动态的,甚至是瞬间的。如人口数、耕地数等,对这些数据太精确则没有必要,因为它们的精度只具有瞬间的意义。因此,在实际应用中应根据具体需求来评定数据的质量。

空间数据质量的评价就是用空间数据质量标准要素对数据所描述的空间、专题和时间特征进行评价 (表 4.1)。

表 4.1　**空间数据质量评价矩阵表**

空间数据描述 / 空间数据要素	空间特征	时间特征	专题特征
世系(继承性)	✓	✓	✓
位置精度	✓		
属性精度	✓	✓	✓
逻辑一致性	✓	✓	✓
完整性	✓	✓	✓
表现形式准确性	✓	✓	✓

3.4　研究 GIS 数据质量的常用方法

3.4.1　敏感度分析法

一般而言,精确确定 GIS 数据的实际误差非常困难。为了从理论上了解输出结果如何随输入数据的变化而变化,可以通过人为地在输入数据中加上扰动值来检验输出结果对这些扰动值的敏感程度。然后根据适合度分析,由置信域来衡量由输入数据的误差所引起的输出数据的变化。

为了确定置信域,需要进行地理敏感度测试,以便发现由输入数据的变化引起输出数据变化的程度,即敏感度。这种研究方法得到的并不是输出结果的真实误差,而是输出结果的变化范围。对于某些难以确定实际误差的情况,这种方法是行之有效的。

在 GIS 中,敏感度检验一般有以下几种:地理敏感度、属性敏感度、面积敏感度、多边形敏感度、增删图层敏感度等。敏感度分析法是一种间接测定 GIS 产品可靠性的方法。

3.4.2　尺度不变空间分析法

地理数据的分析结果应与所采用的空间坐标系统无关,即为尺度不变空间分析,包括比例不变和平移不变。尺度不变是数理统计中常用的一个准则,一方面能保证用不同的方法能得到一致的结果,另一方面又可在同一尺度下合理地衡量估值的精度。

也就是说,尺度不变空间分析法使 GIS 的空间分析结果与空间位置的参考系无关,以防止由基准问题而引起分析结果的变化。

3.4.3 Monte Carlo 实验仿真

由于 GIS 的数据来源繁多,种类复杂,既有描述空间拓扑关系的几何数据,又有描述空间物体内涵的属性数据。对于属性数据的精度,往往只能用打分或不确定度来表示。对于不同的用户,由于专业领域的限制和需要,数据可靠性的评价标准并不相同,因此,想用一个简单的、固定不变的统计模型来描述 GIS 的误差规律似乎是不可能的。在对所研究问题的背景不十分了解的情况下,Monte Carlo 实验仿真是一种有效的方法。

Monte Carlo 实验仿真首先根据经验对数据误差的种类和分布模式进行假设,然后利用计算机进行模拟试验,将所得结果与实际结果进行比较,找出与实际结果最接近的模型。对于某些无法用数学公式描述的过程,用这种方法可以得到实用公式,也可检验理论研究的正确性。

3.4.4 空间滤波

获取空间数据的方法可能是不同的,既可以采用连续方式采集,也可采用离散方式采集。这些数据采集的过程可以看成是随机采样,其中包含倾向性部分和随机性部分。前者代表所采集物体的实际信息,而后者是由观测噪声引起的。

空间滤波可分为高通滤波和低通滤波。高通滤波是从含有噪声的数据中分离出噪声信息;低通滤波是从含有噪声的数据中提取信号。如经高通滤波后可得到一随机噪声场,然后用随机过程理论等方法求得数据的误差。

对 GIS 数据质量的研究,传统的概率论和数理统计是其最基本的理论基础,同时还需要信息论、模糊逻辑、人工智能、数学规划、随机过程、分形几何等理论与方法的支持。

4 常见空间数据的误差分析

空间数据误差的来源是多方面的,根据空间数据处理的过程,误差来源见表 4.2。

表 4.2 数据的主要误差来源

数据处理过程	主要误差来源
数据采集	地面测量误差:仪器、环境、操作者 遥感数据误差:辐射和几何纠正误差、信息提取误差等 地图数据误差:原始数据误差、坐标转换、制图综合及印刷
数据输入	数字化误差:仪器误差、操作误差 不同系统格式转换误差:栅格-矢量转换、三角网-等值线转换
数据存储	数值精度不够:计算机字长 空间精度不够:每个格网点太大、地图最小制图单元太大

续表

数据处理过程	主要误差来源
数据处理	拓扑分析引起的误差：逻辑错误、地图叠置操作 分类与综合引起的误差：分类方法、分类间隔、内插方法 多层数据叠合引起的误差传播：插值误差、多源数据综合分析误差 比例尺大小引起的误差
数据输出	输出设备不精确引起的误差 输出的媒介不稳定造成的误差
数据使用	对数据所包含的信息的误解 对数据信息使用不当

从广义上讲，在地理信息系统中，从获取原始数据到最终输出信息产品，其中间过程包括数据的存储、管理、操作和分析。在此，将其分为数据源误差和数据处理误差两类来讨论。

4.1 源误差

源误差是指数据采集和录入中产生的误差，主要包括如下几点。

4.1.1 地面测量数据的误差

测量数据主要指使用大地测量、GPS、城市测量、摄影测量和其他一些测量方法直接量测所得到的测量对象的空间位置信息。这部分数据的质量问题主要是空间数据的位置误差，位置误差中含有控制测量误差和碎部测量误差。测量方面的误差通常考虑的是系统误差、偶然误差和粗差。系统误差采用实验方法校正或建立系统误差模型处理，偶然误差可采用随机模型进行估计和处理，粗差采用可靠性理论探测剔除。

4.1.2 地图数字化的误差

地图数字化是获取矢量数据的主要方法之一，也是GIS中的重要误差源，是GIS数据质量研究的重点之一。在地图数字化中，原图固有误差和数字化过程中引入的误差是两个主要的误差源。

(1)地图原图固有误差

原图固有误差除含有上述地面控制测量和碎部测量的全部误差外，至少还含有制图误差，包括控制点展绘误差、编绘误差、绘图误差、综合误差、地图复制误差、分色板套合误差、绘图材料的变形误差、归化到同一比例尺所引起的误差、特征的定义误差、特征夸大误差等。

由于很难知道制图过程中各种误差间的关系以及图纸尺寸的不稳定性，因此，很难准确地评价原图固有误差。

(2)地图数字化过程的误差

数字化的精度主要受数字化要素对象、数字化仪的精度、数字化方式、操作员的水平、数字化软件的算法等的影响。

目前，在生产实践中多采用扫描数字化，然后屏幕半自动化跟踪。影响扫描数字化数据质量的因素包括原图质量(如清晰度)、扫描精度、扫描分辨率、配准精度、校正精度等。扫描数字化所引起的平面误差较小，只是在扫描数字化时，要素结合处出现的误差较大。

4.1.3 矢量数据栅格化的误差

矢量数据栅格化的误差可分为属性误差和几何误差两种。

在矢量数据转换为栅格数据后,栅格数据中的每个像元只含有一个属性数据值,它是像元内多种属性的一种概括。例如,在陆地卫星图像上,每个像元对应的地面面积为 80m×80m,像元的属性值是像元内各地物发射量的平均值。如果像元内有一部分物体的反射率很高,即使占像元的面积比例很小,对像元属性值的影响也很大,从而导致分类错误,且损失一些其他有用的信息。因此,像元越大,属性误差越大。

几何误差是指在矢量数据转换成栅格数据后所引起的位置误差,以及由位置误差引起的长度、面积、拓扑匹配等的误差。几何误差的大小与像元的大小成正比。其中,矢量数据表示的多边形网用像元逼近时会产生较严重的拓扑匹配问题。

4.1.4 遥感数据误差

遥感图像获取、处理和解译过程均会产生空间位置和属性方面的误差。遥感数据的误差累积过程可以区分为数据获取误差、数据预处理误差、遥感解译判读误差等。

4.2 数据处理误差

除了 GIS 原始录入数据本身带有的源误差外,空间数据在 GIS 的模型分析和数据处理等操作中还会引入新误差。主要误差来源包括几何纠正、坐标变换、几何数据的编辑、属性数据的编辑、空间分析(如多边形叠置等)、图形化简(如数据压缩)、数据格式转换、计算机截断误差、空间内插等。这类误差也最难以弄清,因为它不仅要求用户具有对数据的直接了解,而且也要熟悉数据的结构和计算方法。

在 GIS 的数据处理中,几何纠正、坐标变换、格式转换等的计算,除了计算机字长的影响外,在理论上可以认为是无误差的,因此,数据处理过程中的主要误差集中在与应用直接相关的处理中,如由计算机字长引起的误差、由拓扑分析引起的误差、数据分类和内插引起的误差、多边形叠置产生的误差等。

一般来说,源误差远远大于操作误差,因此,要想控制 GIS 产品的质量,良好的原始录用数据是首要的。

5 空间数据误差的传播

GIS 产品是利用含有源误差的空间数据,通过 GIS 分析操作产生的。在空间数据处理的各个过程中,误差还会累计和扩散,前一过程的累计误差可能成为下一个阶段的误差起源,从而导致新的误差的产生。源误差和操作误差通过 GIS 操作最后累积传播到 GIS 的产品中。考虑如下的 GIS 空间操作:$y=f(x_1,x_2,\cdots,x_n)$,其中,$x_i(i=1,2,\cdots,n)$为描述空间数据的自变量,它带有源误差;y 为描述 GIS 产品的因变量;$f(x)$为描述 GIS 空间操作过程的数学函数,用以计算操作误差。根据 $f(x)$的特征,可以分成两类运算:算术运算和逻辑运算。下面讨论这两种运算关系下的误差传播。

5.1 算术关系下的误差传播

如果 $f(x)$为算术关系,如独立变量的和差关系、倍数关系或线性关系,则其中误差传播规律是众所周知的;若为相关或一般非线性函数时,其误差传播规律也在经典测量误差理论中已有详细介绍。

5.2 逻辑关系下的误差传播

除了上述算术关系操作外，在 GIS 中还存在着叠置、推理等大量逻辑运算，如布尔逻辑运算(AND 、OR、NOT)和专家系统中的不精确推理。

5.2.1 布尔逻辑运算下的误差传播

布尔逻辑运算是 GIS 中的一类典型操作。如空间集合分析就是按照逻辑运算合成的。例如，现有一幅土地利用现状图和一幅土壤类型图，需查询土层厚度大于 50cm 的麦地。在分析操作时，首先从土地利用现状图中找出小麦地的子集 A_1，再从土壤类型图中获取土层厚度大于 50cm 的子集 A_2；然后求两个子集的交集 $A = A_1 \cap A_2$，即为查询结果。由于子集 A_1 和 A_2 实际上都含有误差，如 A_1 子集中可能也包含了其他地物，麦地只是其中心类别。设 A_1 的误差为 5%，A_2 的误差为 10%，但 A 的误差是不易计算的。

5.2.2 不精确推理关系下的误差传播

GIS 作为辅助决策工具常常需要进行综合分析、评判和基于知识的推理。在利用含有误差的知识时，经不精确推理所得结论的精度和可信度如何？这是推理关系下的误差传播定律所要解决的问题。

逻辑关系下的误差传播律正处于研究中，借用信息论、模糊数学、人工智能和专家系统的基础理论可望解决这一问题。

通过上述讨论不难理解，由于人们对 GIS 数据的质量和精度问题还不太了解，因此还有许多问题有待于深入研究。例如，由于用户的需求多式多样，对数据质量和精度还没有一致的意见；缺乏度量空间数据和 GIS 输出结果不确定性的方法；在 GIS 功能中，没有标准方法来建立误差模型。对如何处理误差，没有成熟的规范可循，现有的 GIS 能够提供一个派生信息的工具，但却没能提供一个关于系统可靠性的工具。

6 空间数据质量的控制

空间数据质量的控制是一个复杂的过程。要控制数据质量，应从数据质量产生和扩散的所有过程和环节入手，分别用一定的方法减少误差。空间数据质量控制常见的方法有如下几种。

6.1 传统的手工方法

人工方法主要是将数字化数据与数据源进行比较，图形部分的检查包括目视方法、绘制到透明图上与原图叠加比较、属性部分的检查采用与原属性逐个对比或其他比较方法。

6.2 元数据方法

元数据中包含了大量的有关数据质量的信息，通过它可以检查数据质量，同时元数据也记录了数据处理过程中质量的变化，通过跟踪元数据，可以了解数据质量的状况和变化。

6.3 地理相关法

用空间数据的地理特征要素自身的相关性来分析数据的质量。例如，从地表自然特征的空间分布着手分析,山区河流应位于微地形的最低点,因此,叠加河流和等高线两层数据时,若河流的位置不在等高线的外凸连线上,则说明两层数据中必有一层数据有质量问题,如不能确定哪层数据有问题时,可以通过将它们分别与其他质量可靠的数据层叠加来进一步分析。因此,可以建立一个有关地理特征要素相关关系的知识库,以备各空间数据层之间地理特征要素的相关分析之用。如桥或停车场等与道路应是相接的,如果数据库中只有桥或停车场,而没有与道路相连,则说明道路数据被遗漏,数据不完整。

数据质量控制应体现在数据生产和处理的各个环节。下面以地图数字化生成地图数据过程为例,说明数据质量控制的方法。数字化过程的质量控制主要包括数据预处理、数字化设备的选用、对点精度、数字化误差和数据精度检查等内容。

(1)数据预处理工作:主要包括对原始地图、表格等的整理、誊清或清绘。对于质量不高的数据源,如散乱的文档和图面不清晰的地图,通过预处理工作不但可减少数字化误差,还可提高数字化工作的效率。对于扫描数字化的原始图形或图像,还可采用分版扫描的方法来减少矢量化误差。

(2)数字化设备的选用:主要根据手扶跟踪数字化仪、扫描仪等设备的分辨率和精度等有关参数进行挑选,这些参数应不低于设计的数据精度要求。一般要求数字化仪的分辨率达到0.025mm,精度达到0.2mm;扫描仪的分辨率则不低于0.083mm。

(3)数字化对点精度(准确性):是数字化时数据采集点与原始点重合的程度。一般要求数字化对点误差应小于0.1mm。

(4)数字化限差:限差的最大值分别规定如下:采点密度(0.2mm)、接边误差(0.02mm)、接合距离(0.02mm)、悬挂距离(0.007mm)、细化距离(0.007mm)和纹理距离(0.01mm)。

接边误差控制,通常当相邻图幅对应要素间的距离小于0.3mm时,可移动其中一个要素以使两者接合;当这一距离在0.3mm与0.6mm之间时,两要素各自移动一半距离;若距离大于0.6mm,则按一般制图原则接边,并做记录。

(5)数据的精度检查:主要检查输出图与原始图之间的点位误差。一般对直线地物和独立地物,这一误差应小于0.2mm;对曲线地物和水系,这一误差应小于0.3mm;对边界模糊的要素,应小于0.5mm。

空间数据的采集与处理工作是建立GIS的重要环节,了解GIS数字化数据的质量与不确定性特征,最大限度地纠正所产生的数据误差,对保证GIS分析应用的有效性具有重要意义。

第五节 空间数据的元数据

1 元数据基本概念

1.1 元数据的定义

元数据(Metadata)是描述数据的数据。元数据并不是一个新的概念。实际上,传统的图书馆目录卡片、出版图书的版权说明、磁盘的标签等都是元数据。纸质地图的元数据主要表现为地图类型、地图图例,包括图名、空间参照系和图廓坐标、地图内容说明、比例尺和精度、编制出版单位和日期、销售信息等。在这种形式下,元数据是可读的,生产者和用户之间容易交流,用户通过它可以非常容易地确定该书或地图是否能够满足其应用的需要。

在地理空间数据中,空间元数据(Geospatial Metadata)是地理空间数据和信息资源的描述性信息。它通过对地理空间数据的内容、质量、条件和其他特征进行描述与说明,以便人们有效地定位、评价、比较、获取和使用与地理相关的数据。空间元数据是一个由若干复杂或简单的元数据项组成的集合。如果说地理空间数据是对地理空间实体的一个抽象映射,那么可以认为,空间元数据是对地理空间数据的一个抽象映射。空间元数据和地理空间数据是对地理空间实体不同层次的描述,是对地理信息的不同深度的表达。

1.2 元数据的内容

为了便于不同系统之间的空间数据和空间元数据的相互交换,许多机构或组织对空间元数据所要描述的一般内容进行层次化和范式化,指定出可供参考与遵循的空间元数据标准的内容框架。

空间元数据标准由两层组成,第一层是目录层,它所提供的信息主要用于对数据集信息进行宏观描述,适合在数字地球的国家级空间信息交换中心或区域以及全球范围内管理和查询空间信息时使用。第二层是空间元数据标准的主体,它由 8 个基本内容部分和 4 个引用部分组成,其中基本内容部分包括标识信息、数据质量信息、数据集继承信息、空间数据表示信息、空间参考系信息、实体和属性信息、发行信息以及空间元数据参考信息等方面的内容;4 个引用部分包括引用信息、时间范围信息、联系信息以及地址信息。

(1)标识信息。是关于地理空间数据集的基本信息。通过标识信息,数据生产者可以对有关数据集的基本信息进行详细的描述,诸如数据集的名称、作者信息、所采用的语言、数据集环境、专题分类、访问限制等,同时用户也可以根据这些内容对数据集有一个总体的了解。

(2)数据质量信息。是对空间数据集质量进行总体评价的信息。通过这部分内容,用户可以获得有关数据集的几何精度和属性精度等方面的信息,也可以知道数据集在逻辑上是否一致以及它的完备性,这是用户对数据集进行判断以及决定数据集是否满足需要的主要判断依据。数据生产者也可以通过这部分内容对数据集质量评价的方法和过程进行详细的描述。

(3)数据集继承信息。是建立该数据集时所涉及的有关事件、参数、数据源等的信息,以及负责这些数据集的组织机构信息。通过这部分信息,可以对建立数据集的中间过程有一个详细的描述,如当一幅数字专题地图的建立经过了航片判读、清绘、扫描、数字地图编辑以及验收等过程时,应对每一过程有一个简要的描述,使用户对数据集的建立过程比较清晰,也使数据集每一过程的责任比较清楚。

(4)空间数据表示信息。是数据集中用来表示空间信息的方式的描述,如空间数据类型、空间数据结构、矢量对象描述、栅格对象描述等内容,它是决定数据转换以及数据能否在用户计算机平台上运行的必需信息。利用空间数据表示信息,用户便可以在获取该数据集后对它进行各种处理或分析了。

(5)空间参考系信息。是关于空间数据集地理参考系统与编码规则的描述,它是反映现实世界与地理数字世界之间关系的通道,如地理标识码参照系统、水平坐标系统、垂直坐标系统以及大地模型等。通过空间参考系中的各元素,可以知道地理实体转换成数字对象的过程以及各相关的计算参数,使数字信息成为可以度量和决策的依据。

(6)实体和属性信息。是关于数据集信息内容的信息,包括实体类型及其属性、属性值、阈值等方面的信息。通过该部分内容,数据集生产者可以详细地描述数据集中各实体的名称、标识码以及含义等内容,用户也可以知道各地理要素属性码的名称、含义等。

(7)发行信息。是关于数据集发行及其获取方法的信息,包括发行部门、数据资源描述、发行部门责任、订购程序、用户订购过程以及使用数据集的技术要求等内容。通过发行信息,用户可以了解到数据集在何处、怎样获取,可以获取介质以及费用等信息。

(8)空间元数据参考信息。是关于空间元数据的标准、版本、现时性与安全性等方面的信息,它是当前数据集进行空间元数据描述的依据。通过该空间元数据描述,用户可以了解到所使用的描述方法的实时性等信息,加深对数据集内容的理解。

(9)引用信息。是引用或参考该数据集时所需的简要信息,它自己不单独使用,而是被基本内容部分的有关元素引用。它主要由标题、作者信息、参考时间、版本等信息组成。

(10)时间范围信息。是关于有关事件的日期和时间的信息。该部分是基本内容部分的有关元素引用时要用到的信息,它自己不单独使用。

(11)联系信息。是同与数据集有关的个人或组织联系时所需的信息,包括联系人的姓名、性别、所属单位等信息。该部分是基本内容部分的有关元素引用时要用到的信息,它自己不单独使用。

(12)地址信息。是同组织或个人通信的地址信息,包括邮政地址、电子邮件地址、电话等信息。该部分是描述有关地址元素的引用信息,它自己不单独使用。

1.3 元数据的作用

在地理信息系统应用中,元数据的主要作用可以归纳为如下几个方面。

(1)帮助数据生产单位有效地管理和维护空间数据、建立数据文档,并保证即使其主要工作人员离退时,也不会失去对数据情况的了解。

(2)提供有关数据生产单位数据存储、数据分类、数据内容、数据质量、数据交换网络及数据销售等方面的信息,便于用户查询、检索地理空间数据。通过元数据定义数据集被用于检索的相关信息,使得被查询的数据具有了一定的结构性,从而使查询更加准确和方便。

(3)帮助用户了解数据,以便就数据是否能满足其需求作出正确的判断。

(4)提供有关信息,以便用户处理和交换有用的数据。

1.4 元数据的类型

1.4.1 根据元数据的内容分类

由于不同性质、不同领域的数据所需要的元数据的内容不同,而且为不同应用目的而建设的数据库的元数据内容会有很大的差异,因此将元数据划分为三种类型:

(1)科研型元数据:主要目标是帮助用户获取各种来源的数据及其相关信息,它不仅包括如数据源名称、作者、主体内容等传统的、图书管理式的元数据,还包含数据拓扑关系等。这类元数据的任务是帮助科研工作者高效地获取所需的数据。

(2)评估型元数据:主要服务于数据利用的评价,内容包括数据最初收集情况、收集数据所用的仪器、数据获取的方法和依据、数据处理过程和算法、数据质量控制、采样方法、数据精度、数据的可信度、数据潜在应用领域等。

(3)模型元数据:用于描述数据模型的元数据与描述数据的元数据在结构上大致相同,其内容包括模型名称、模型类型、建模过程、模型参数、边界条件、作者、引用模型描述、建模使用软件、模型输出等。

1.4.2 根据元数据描述对象分类

(1)数据层元数据:指描述数据集中每个数据的元数据,内容包括日期邮戳、位置戳、量纲、注释、误差标识、缩略标识、存在问题标识、数据处理过程等。

(2)属性元数据:是关于属性数据的元数据,内容包括为表达数据及其含义所建的数据字典、数据处理规则(协议),如采样说明、数据传输线路及代数编码等。

(3)实体元数据:是描述整个数据集的元数据,内容包括数据集区域采样原则、数据库的有效期、数据时间跨度等。

1.4.3 根据元数据在系统中的作用分类

(1)系统层元数据:指用于实现文件系统特征或管理文件系统中数据的信息,如访问数据的时间、数据的大小、在存储级别中的当前位置、如何存储数据块以保证服务控制质量等。

(2)应用层元数据:指有助于用户查找、评估、访问和管理数据等与数据用户有关的信息,如文本文件内容的摘要信息、图形快照、描述与其他数据文件相关关系的信息。它往往用于高层次的数据管理,用户通过它可以快速地获取合适的数据。

1.4.4 根据元数据的作用分类

(1)说明元数据:是为用户使用数据服务的元数据。它一般用自然语言表达,如源数据覆盖的空间范围、源数据图的投影方式及比例尺的大小、数据集说明文件等,这类元数据多为描述性信息,侧重于数据库的说明。

(2)控制元数据:是用于计算机操作流程控制的元数据,这类元数据由一定的关键词和特定的句法来实现。其内容包括数据存储和检索文件、检索中与目标匹配方法、目标的检索和显示、分析查询结果排列显示、根据用户要求修改数据库中原有的内部顺序、数据转换方法、空间数据和属性数据的集成、根据索引项把数据绘制成图、数据模型的建设和利用等。这类元数据主要是与数据库操作有关的方法。

2 空间数据元数据的获取与管理

2.1 空间数据元数据的获取

空间数据元数据的获取是一个较复杂的过程,相对于基础数据(Primary Data)的形成时间,它的获取可分为三个阶段:数据收集前、数据收集中和数据收集后。对于模型元数据,这三个阶段分别是模型形成前、模型形成中和模型形成后。

第一阶段的元数据是根据要建设的数据库的内容而设计的元数据,内容包括:①普通元数据,如数据类型、数据覆盖范围、使用仪器描述、数据变量表达、数据收集方法等;②专指性元数据,即针对要收集的特定数据(如中国1950—1980年30年间的逐旬降水数据)的元数据,内容包括数据采样方法、数据覆盖的区域范围、数据表达的内容、数据时间、数据时间间隔、空间上数据的高度(或深度)、使用的仪器、数据潜在利用等。

第二阶段的元数据随数据的形成同步产生，如在测量海洋要素数据时，测点的水平和垂直位置、深度、温度、盐度、流速、海流流向、表面风速、仪器设置等是同时得到的。

第三阶段的元数据是在上述数据收集到以后，根据需要产生的，包括数据处理过程描述、数据的利用情况、数据质量评估、浏览文件的形成、拓扑关系、影像数据的指标体及指标、数据集大小、数据存放路径等。

空间数据元数据的获取方法主要有五种：键盘输入、关联表、测量法、计算法和推理法。在元数据获取的不同阶段，使用的方法也不同。第一阶段主要是键入方法和关联表方法；第二阶段主要是采样测量方法；第三阶段主要是计算和参考方法。

2.2 空间数据元数据的管理

空间数据元数据的理论和方法涉及数据库和元数据两方面。由于元数据的内容、形式的差异，元数据的管理与数据涉及的领域有关，它是通过建立在不同数据领域基础上的元数据信息系统实现的。在元数据管理信息系统中，物理层存放数据与元数据，该层由一些软件通过一定的逻辑关系与逻辑层关联起来。在概念层中，用描述语言及模型定义了许多概念，如实体名称、别名等。通过这些概念及其限制特征，经过与逻辑层关联，可获取、更新物理层的元数据及数据。另外，全球信息源字典采用两步实体关系模型（Two Stages Entity Relationship Model）来管理元数据。

3 空间数据元数据的标准

伴随着人类对数字地理信息重要性认识的加深，元数据标准化便逐渐成为人们共享地学信息的热点。而要研究元数据体系，则首先要对元数据的理论基础有一个正确的分析。事实上，元数据标准依赖于信息共享标准的理论，它与自然科学中的许多学科都有交叉，并依赖于现代科技的发展。计算机是它的基础平台，网络是它的通信基础，没有数学模型和对各学科的综合认识，也就谈不上用遥感等技术研究地球机理。因此，从宏观角度来看，地理信息标准化涉及许多领域；但从微观角度来考虑，数字地理信息所研究的共享体系理论则主要包括地理信息的模型建立表示理论、空间参照系理论、质量体系理论以及计算机通信技术等方面的理论，它们是数据共享体系的基础。当然，其他能够促使地理信息共享的理论也将成为基于数字地球的元数据体系的有力支柱。

同物理、化学等学科使用的数据结构类型相比，空间数据是一种结构比较复杂的数据类型。它既涉及对于空间特征的描述，也涉及对于属性特征及其关系的描述，所以空间数据元数据标准的建立是项复杂的工作；并且由于种种原因，某些数据组织或数据用户开发出来的空间数据元数据标准很难为地学界所广泛接受。但空间数据元数据标准的建立是空间数据标准化的前提和保证，只有建立起规范的空间数据元数据，才能有效地利用空间数据。目前，针对空间数据元数据，已经形成了一些区域性的或部门性的标准①。

对于元数据标准内容，目前，国际上主要有三个组织做了大量的工作，它们分别是欧洲标准化组织（CEN/TC 287）、美国联邦地理数据委员会（FGDC）以及国际标准化组织（ISO/TC 211）（见表4.3）。其他还有美国国家航空和宇宙航行局（NASA）DIF标准、电器和电子

---

① 空间数据元数据标准的具体介绍见“地理信息系统标准”一章。

工程师协会（IEEE）标准等。

表 4.3　　元数据内容组成

CEN/TC 287	FGDC	ISO/TC 211	建议的标准草案
数据集标识信息	标识信息	标识信息	标识信息
数据集综述信息	数据质量信息	数据质量信息	数据质量信息
数据集质量元素	空间数据组织信息	数据集继承信息	数据集继承信息
空间参照系信息	空间参照系信息	空间数据表示信息	空间数据表示信息
范围信息	实体和属性信息	空间参照系信息	空间参照系信息
数据定义	发行信息	应用要素分类信息	实体和属性信息
分类信息	元数据参考信息	发行信息	发行信息
管理信息		元数据参考信息	元数据参考信息
元数据参考			
元数据语言			

思　考　题

1. GIS 的数据源有哪些？
2. GIS 的几何数据采集方法主要有哪些？各有何特点？
3. 地图扫描数据的后续处理包括哪些步骤？
4. 矢量数据结构如何建立拓扑关系？
5. 什么是数据处理？数据处理有什么意义？
6. 什么是数据质量？数据质量应从哪几方面分析？
7. 数据质量控制常见的方法有哪些？
8. 元数据的定义、内容是什么？元数据有何作用？

第五章　GIS 空间分析与地学建模

空间分析源于 20 世纪 60 年代地理和区域科学的计量革命，在开始阶段，主要是应用定量（主要是统计）分析手段用于分析点、线、面的空间分布模式。后来更多地是强调地理空间本身的特征、空间决策过程和复杂空间系统的时空演化过程分析。实际上自有地图以来，人们就始终在自觉或不自觉地进行着各种类型的空间分析。如在地图上量测地理要素之间的距离、方位、面积，乃至利用地图进行战术研究和战略决策等，都是人们利用地图进行空间分析的实例，而后者实质上已属较高层次上的空间分析。

地理信息系统是集成了多学科的最新技术，如关系数据库管理、高效图形算法、插值、区划和网络分析，为空间分析提供了强大的工具，因此具有很强的空间信息分析功能，这是区别于计算机地图制图系统的显著特征之一。利用空间分析技术，通过对原始数据模型的观察和实验，用户可以获得新的经验和知识，并以此作为空间行为的决策依据。

空间分析的内涵极为丰富。作为 GIS 的核心部分之一，空间分析在地理数据的应用中发挥着举足轻重的作用。本章首先从空间查询与量算、缓冲区分析、叠加分析、网络分析、空间统计分析等方面对空间分析的基本方法逐一介绍，然后对地学模型的概念、建模方法及一些相对较复杂的地学应用作一简单介绍。

第一节　GIS 基本空间分析方法

1　空间查询与量算

查询和定位空间对象，并对空间对象进行量算是地理信息系统的基本功能之一，它是地理信息系统进行高层次分析的基础。在地理信息系统中，为进行高层次分析，往往需要查询定位空间对象，并用一些简单的量测值对地理分布或现象进行描述，如长度、面积、距离、形状等。实际上，空间分析首先始于空间查询和量算，它是空间分析的定量基础。

1.1　空间查询

图形与属性互查是最常用的查询，主要有三类：第一类是单纯的属性查询，查询的条件只与空间地物的属性相关，而与地物的地理位置无关。这一类的查询通常为“某某市三星级以上的宾馆有哪些”、“某某省面积大于 100 平方千米的湖泊有哪些”、“某某小区楼层高度低于 6 层的建筑物”等。这和一般非空间的关系数据库的 SQL 查询没有区别，查询到结果后，再利用图形和属性的对应关系，进一步在图上用指定的显示方式将结果定位绘出。第二类是单纯的空间查询，查询的条件只与地物的地理位置相关，而与空间地物的属性无关。如一般地理信息系统软件都提供一个“INFO”工具，让用户利用光标，用点选、画线、矩形、圆、不规则多边形等工具选中地物,并显示出所查询对象的属性列表,可进行有关统计分析。该查询通常分为两步,首先借助空间索引,在地理信息系统数据库中快速检索出被选空间实体,然后根据空间实体与属性的连接关系即可得到所查询空间实体的属性列表。第三类是与空间位置和属性条件同时相关的联合查询。如某一条街道需要扩建,将由原来的20m扩宽到40m,因此,需要将街道两边的建筑物拆迁,为了考虑拆迁的费用,需要统计落在拆迁范围以内,同时楼层大于6层的建筑物的面积,假设拆迁的费用为3000元/m^2,计算最后的拆迁费用,以辅助决定是否进行道路扩建。在这个例子中,我们选择生成的道路缓冲区多边形为运算对象,因此首先使用鼠标选中多边形。在属性条件中输入"FloorID>=6"(假设FloorID代表建筑物的层数),在空间条件中选择"与查询对象有边线相交",点击"查询"按钮进行查询。查询的结果显示在查询结果输出窗口中,如果进行跨图层查询,则会生成多个页面,其中一个页面对应一个被查询的图层。在输出窗口的每个页面中,可以定位记录,也可以将页面中的全部或部分对象保存为数据。

另外还有一类查询称为地址匹配查询,地址匹配实质是对地理位置的查询,它涉及地址的编码,因此也可以把它归入上述第三类查询。根据街道的地址来查询事物的空间位置和属性信息是地理信息系统特有的一种查询功能,这种查询利用地理编码,输入街道的门牌号码,就可知道大致的位置和所在的街区。它对空间分布的社会、经济调查和统计很有帮助,只要在调查表中添加了地址,地理信息系统可以自动地从空间位置的角度来统计分析各种经济社会调查资料。另外这种查询也经常用于公用事业管理、事故分析等方面,如邮政、通信、供水、供电、治安、消防、医疗等领域。地址匹配还可与其他网络分析功能结合起来,以满足实际工作中非常复杂的分析要求。

1.2 空间量算

1.2.1 几何量算

几何量算对不同的点、线、面状地物有不同的含义。

- 点状地物(0维):坐标;
- 线状地物(1维):长度、曲率、方向;
- 面状地物(2维):中心坐标、面积、周长、形状、曲率等;
- 体状地物(3维):体积、表面积等。

一般的GIS软件都具有对点、线、面状地物的几何量算功能,有的是针对矢量数据结构,有的是针对栅格数据结构的空间数据。

一般的GIS软件都直接存储点状地物坐标,因此可通过直接选取点获得其坐标。

(1)线的长度计算

线状地物对象最基本的形态参数之一是长度。在矢量数据结构下,线表示为点对坐标(X,Y)或(X,Y,Z)的序列,在不考虑比例尺的情况下,线长度的计算公式为:

$$L=\sum_{i=0}^{n-1}\left[(X_{i+1}-X_i)^2+(Y_{i+1}-Y_i)^2+(Z_{i+1}-Z_i)^2\right]^{\frac{1}{2}}=\sum_{i=1}^{n}l_i$$

对于复合线状地物对象,则需要在对诸分支曲线求长度后,再求其长度总和。

通过离散坐标点对串来表达线对象,选择反映曲线形状的选点方案非常重要,往往由于选点方案不同,会带来长度计算的不同精度问题。为了提高计算精度,增加点的数目,会对数据获取、管理与分析带来额外的负担，折中的选点方案是在曲线的拐弯处加大点的数目，在平直段减少点数，以达到计算允许精度要求。

在栅格数据结构里，线状地物的长度就是累加地物骨架线通过的格网数目，骨架线通常采用 8 方向连接，当连接方向为对角线方向时，还要乘上$\sqrt{2}$。

(2)面状地物的面积

面积是面状地物最基本的参数。在矢量结构下，面状地物以其轮廓边界弧段构成的多边形表示的，多用坐标解析法计算多边形面积。解析法测得面积的精度，仅与点坐标精度有关，而与成图精度无关，它是一种精确的面积测算方法，适宜于控制面积的量算。对于没有空洞的简单多边形，假设有 N 个顶点，其面积计算公式为：

$$S = \left| \frac{1}{2} \left(\sum_{i=1}^{N-2} (x_i y_{i+1} - x_{i+1} y_i) + (x_N y_1 - x_1 y_N) \right) \right|$$

采用的是几何交叉处理方法，即沿多边形的每个顶点作垂直于 X 轴的垂线，然后计算每条边、它的两条垂线及这两条垂线所截得 X 轴部分所包围的面积，所求出的面积的代数和，即为多边形面积(图 5.1 为任意四边形)。对于有孔或内岛的多边形，可分别计算外多边形与内岛面积，其差值为原多边形面积。此方法亦适合于体积的计算。

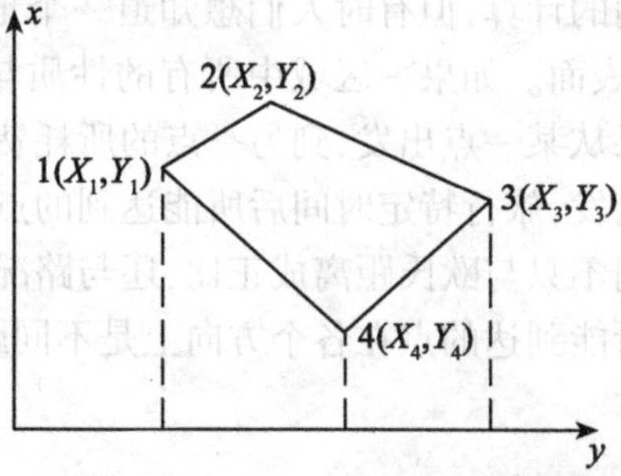

图 5.1　坐标解析法计算多边形面积

对于栅格结构，多边形面积计算就是统计具有相同属性值的格网数目。但对计算破碎多边形的面积有些特殊，可能需要计算某一个特定多边形的面积，必须进行再分类，将每个多边形进行分割赋给单独的属性值，之后再进行统计。

1.2.2　形状量算

关于多边形边界描述的问题，由于面状地物的外观是复杂多变的，很难找到一个准确的指标进行描述。最常用的指标包括多边形长、短轴之比，周长面积比，面积长度比等。其中绝大多数指标是基于面积和周长的，则可定义其形状系数 r 为：

$$r = \frac{P}{2\sqrt{\pi} \cdot \sqrt{A}}$$

其中 P 为地物周长，A 为面积。

1.2.3　质心量算

描述地理对象空间分布的最有用的单一量算量是对象的质心位置。例如要得到一个全国的人口分布等值线图，而人口数据只能到县级，则必须在每个县域里定义一个点作为质心,代表该县的数值,然后进行插值计算全国人口等值线。质心通常定义为一个多边形或面的几何中心,当多边形比较简单(比如矩形)时,计算很容易。但当多边形形状复杂时,计算也更加复杂。

在某些情况下,质心描述的是分布中心,而不是绝对几何中心。同样以全国人口为例,当某个县绝大部分人口明显集中于一侧时,可以把质心放在分布中心上,这种质心称为平均中心或重心。如果考虑其他一些因素的话,可以赋予权重系数,称为加权平均中心。计算公式是:

$$X_G = \frac{\sum_i W_i X_i}{\sum_i W_i}, \quad Y_G = \frac{\sum_i W_i Y_i}{\sum_i W_i}$$

其中,W_i为第 i 个离散目标物权重,X_i,Y_i为第 i 个离散目标物的坐标。

质心量测经常用于宏观经济分析和市场区位选择,还可以跟踪某些地理分布的变化,如人口变迁、土地类型变化等。在某些情况下,可以方便地导出某些预测模型。

1.2.4 距离量算

"距离"是人们日常生活中经常涉及的概念,它描述了两个事物或实体之间的远近程度。最常用的距离概念是欧氏距离,无论是矢量结构还是栅格结构都很容易实现。在 GIS 中,距离通常是两个地点之间的计算,但有时人们想知道一个地点到所有其他地点的距离,这时得到的距离是一个距离表面。如果一区域中所有的性质与方向无关,则称为各向同性区域。以旅行时间为例,如果从某一点出发,到另一点的所耗费的时间只与两点之间的欧氏距离成正比,则从一固定点出发,旅行特定时间后所能达到的点必然组成一个等时圆。而现实生活中,旅行所耗费的时间不只与欧氏距离成正比,还与路况、交通工具性能等有关,从固定点出发,旅行特定时间后所能到达的点在各个方向上是不同距离的,形成各向异性距离表面(如图 5.2 所示)。

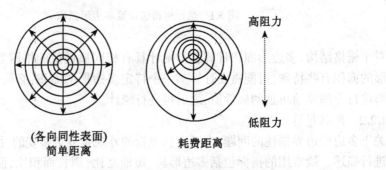

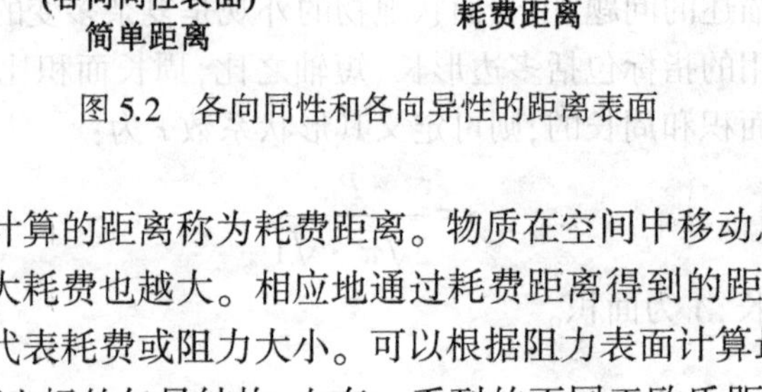

图 5.2 各向同性和各向异性的距离表面

考虑到阻力影响,计算的距离称为耗费距离。物质在空间中移动总要花费一些代价,如资金、时间等。阻力越大耗费也越大。相应地通过耗费距离得到的距离表面称为阻力表面或耗费表面,其属性值代表耗费或阻力大小。可以根据阻力表面计算最小耗费距离。

对于描述点、线、面坐标的矢量结构,也有一系列的不同于欧氏距离的概念。欧氏距离通常用于计算两点的直线距离,公式为:

$$d = \sqrt{(X_i - X_j)^2 + (Y_i - Y_j)^2}$$

当有障碍或阻力存在时，两点之间的距离就不能用直线距离，计算非标准欧氏距离的一般公式为：

$$d = [(X_i - X_j)^k + (Y_i - Y_j)^k]^{1/k}$$

当 $k=2$ 时，就是欧氏距离计算公式。当 $k=1$ 时，得到的距离称为曼哈顿距离。欧氏距离、曼哈顿距离的计算如图 5.3 所示。

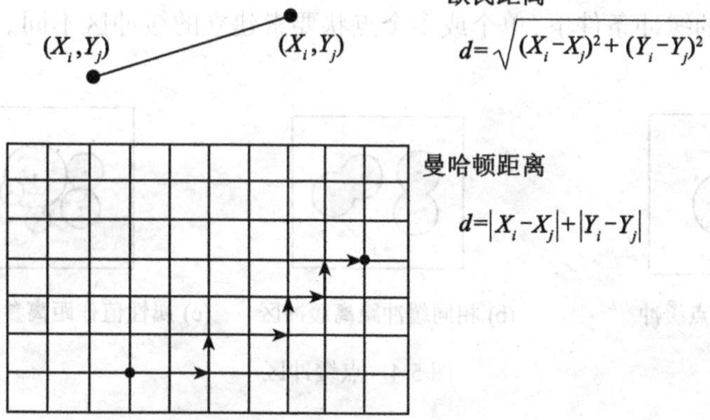

图 5.3　欧氏距离和曼哈顿距离

2　缓冲区分析

2.1　基本概念

所谓缓冲区就是地理空间目标的一种影响范围或服务范围。它是一种因变量，随所研究的要素的形态而改变。从空间变换的观点看，缓冲区分析模型就是将点、线、面地物分布图变换成这些地物的扩展距离图，图上每一点的值代表该点距离最近的某种地物的距离。实际上，缓冲区就是地理目标或工程规划目标的一种影响范围。从数学的角度看，缓冲区分析的基本思想是给定一个空间对象或集合，确定它们的邻域，邻域的大小由邻域半径 r 或缓冲区建立条件来决定。因此对于一个给定的对象 A，它的缓冲区可以定义为：

$$P = \{x \mid d(x,A) \leqslant r\}$$

其中，d 一般是指欧氏距离，也可以是其他的距离，r 为邻域半径或缓冲区建立的条件。

缓冲区分析就是研究根据数据库的点、线、面实体，自动建立其周围一定宽度范围内的缓冲区多边形实体，从而实现空间数据在水平方向得以扩展的信息分析方法。缓冲区分析是地理信息系统中常用的一种空间分析方法，是对空间特征进行度量的一种重要手段，一般应用于求地理实体的影响范围，即邻近度问题。例如，城市的噪音污染源所影响的一定空间范围、交通线两侧所划定的绿化带，交通沿线或河流沿线的地物有其独特的重要性，公共设施（商场、邮局、银行、医院、车站、学校等）的服务半径，大型水库建设引起的搬迁、铁路、公路以及航运河道对其所穿过区域经济发展的重要性等，即可描述为缓冲区分析问题。

2.2　缓冲区的类型

缓冲区的形态多种多样,这要根据缓冲区建立的条件来确定,对于点状要素常用的有圆形,也有三角形、矩形和环形等;对于线状要素有双侧对称、双侧不对称或单侧缓冲区;对于面状要素有内侧缓冲区和外侧缓冲区。不同的形态的缓冲区可以适合不同的应用要求。从缓冲区对象方面来看,缓冲区最基本的可分为点缓冲区、线缓冲区和面缓冲区。

(1)点缓冲区。点缓冲区是选择单个点、一组点、一类点状要素或一层点状要素,按照给定的缓冲条件建立缓冲区结果。通常是以点状要素为圆心、以一定距离为半径的圆。如图 5.4 所示,不同的缓冲条件下,单个或多个点状要素建立的缓冲区不同。

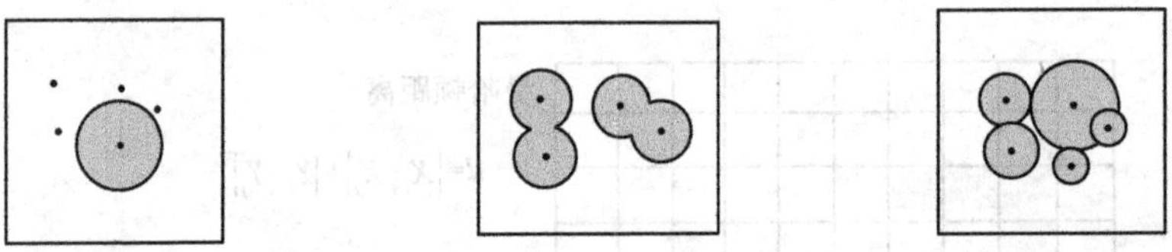

(a) 单个点缓冲　**(b) 相同缓冲距离缓冲区**　**(c) 属性值作距离参数缓冲区**

图 5.4　点缓冲区

(2)线缓冲区。线缓冲区通常是以线为中心轴线,距中心轴线一定距离的平行条带多边形。图 5.5 所示为选择一类或一组线状要素,按照给定的缓冲条件建立缓冲区结果。

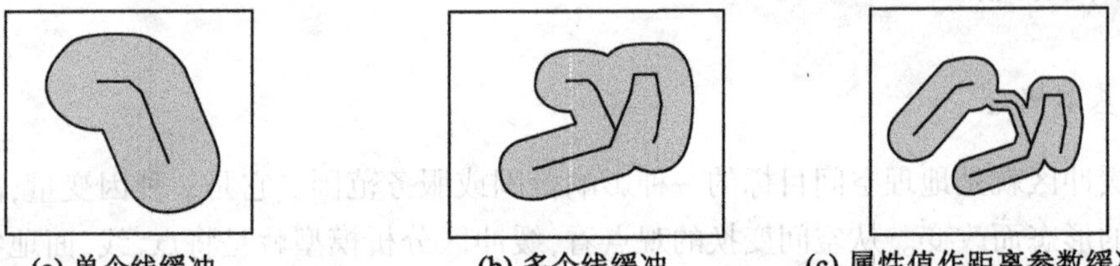

(a) 单个线缓冲　**(b) 多个线缓冲**　**(c) 属性值作距离参数缓冲区**

图 5.5　线缓冲区

(3)面缓冲区。面缓冲区是选择一类或一组面状要素,基于面状要素多边形边界按照给定的缓冲条件,向外或向内扩展一定距离以生成新的多边形,即建立缓冲区。面缓冲区由于自身缓冲区建立的原因,存在内缓冲区和外缓冲区之分。外缓冲区是仅仅在面状地物的外围形成缓冲区,内缓冲区则在面状地物的内侧形成缓冲区,同时也可以在面状地物的边界两侧形成缓冲区,如图 5.6 所示。

2.3　缓冲区的建立

从原理上来说,缓冲区的建立相当简单,对点状要素直接以其为圆心,以要求的缓冲区距离大小为半径绘圆,所包容的区域即为所要求区域,对点状要素因为是在一维区域里,所以较为简单;而线状要素和面状要素则比较复杂,其缓冲区的建立是以线状要素或面状要素

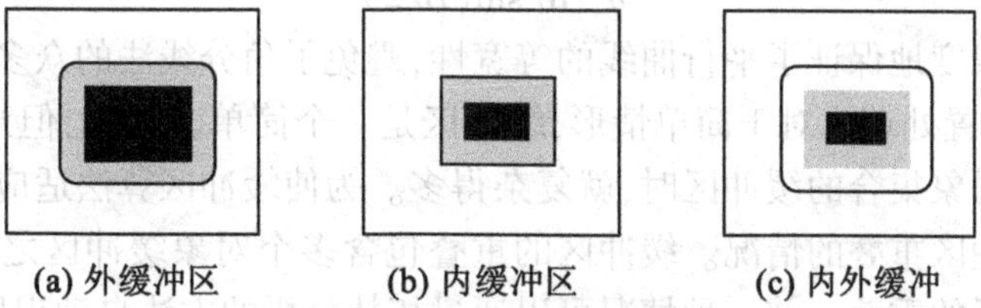

图 5.6　面缓冲区

的边线为参考线,来做其平行线,并考虑其端点处建立的原则,即可建立缓冲区。但是在实际中处理起来要复杂得多,最常见的两种方法为角平分线法和凸角圆弧法。除了这两种缓冲区建立的方法之外,还有一些其他的方法,如拓扑生成法、基于网络距离的缓冲区生成、递归方法等。在建立缓冲区之后,缓冲区是一些新的多边形,而不包含原有的点、线、面要素。

(1)角分线法。角分线法又称简单平行线法,该算法是在轴线首尾点处,作轴线的垂线并按缓冲区半径 R 截出左右边线的起止点;在轴线的其他转折点上,用与该线所关联的前后两邻边距轴线的距离为 R 的两平行线的交点来生成缓冲区对应顶点(见图 5.7)。

角分线法的缺点是难以最大限度地保证双线的等宽性,尤其是在凸侧角点在进一步变锐时,将远离轴线顶点。根据图 5.7,远离情况可由下式表示:

$$d=R/\sin(B/2)$$

当缓冲区半径不变时,d 随张角 B 的减小而增大,结果在尖角处双线之间的宽度遭到破坏。

因此,为克服角分线法的缺点,要有相应的补充判别方案,用于校正所出现的异常情况。但由于异常情况不胜枚举,导致校正措施繁杂。

(2)凸角圆弧法。在轴线首尾点处,作轴线的垂线并按双线和缓冲区半径截出左右边线起止点;在轴线其他转折点处,首先判断该点的凸凹性,在凸侧用圆弧弥合,在凹侧则用前后两邻边平行线的交点生成对应顶点。这样外角以圆弧连接,内角直接连接,线段端点以半圆封闭。如图 5.8 所示。

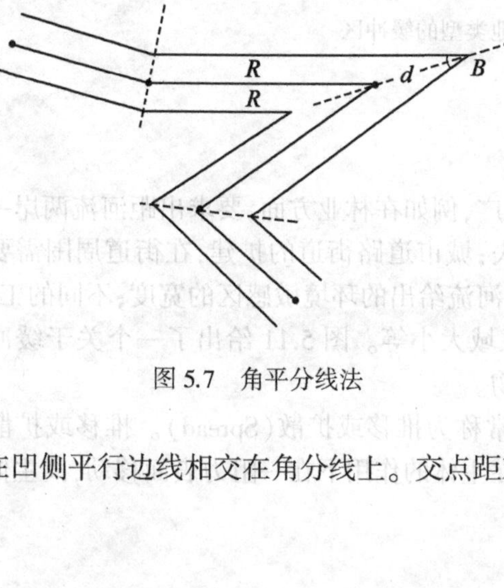

图 5.7　角平分线法

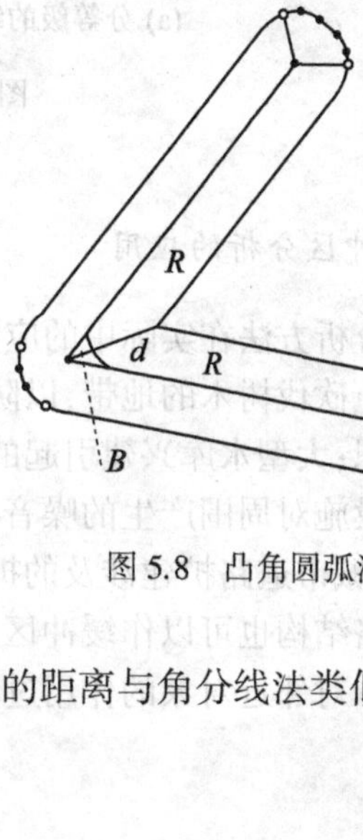

图 5.8　凸角圆弧法

在凹侧平行边线相交在角分线上。交点距对应顶点的距离与角分线法类似公式:

$$d = R/\sin(B/2)$$

该方法最大限度地保证了平行曲线的等宽性,避免了角分线法的众多异常情况。

(3)缓冲区叠置处理。对于简单情形,缓冲区是一个简单多边形,但当计算形状比较复杂的对象或多个对象集合的缓冲区时,就复杂得多。为使缓冲区算法适应更为普遍的情况,就不得不处理缓冲区重叠的情况。缓冲区的重叠包含多个对象缓冲区之间的叠置,以及同一对象缓冲区图形的重叠。前一种情况可以通过拓扑分析的方法自动识别在缓冲区内部的弧段或线段,得到最后的缓冲区;后者可通过缓冲区边界曲线逐条线段求交。图 5.9 给出了一个缓冲区边线自相交的例子,(a)、(b)分别为处理前和处理后。

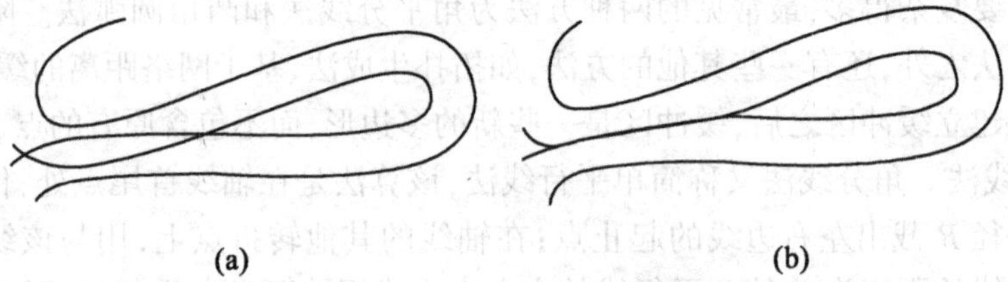

图 5.9 缓冲区边线自相交及其处理

(4)缓冲区宽度不同处理。当不同级别的同一类要素建立缓冲区时,由于级别不同,而产生缓冲区的范围大小不同,如主要街道和次要道路,这时应首先建立要素属性表,根据不同的属性确定不同的缓冲区宽度,然后再产生缓冲区。

除此之外还有分级缓冲区、可变距离缓冲区的问题等(见图 5.10)。

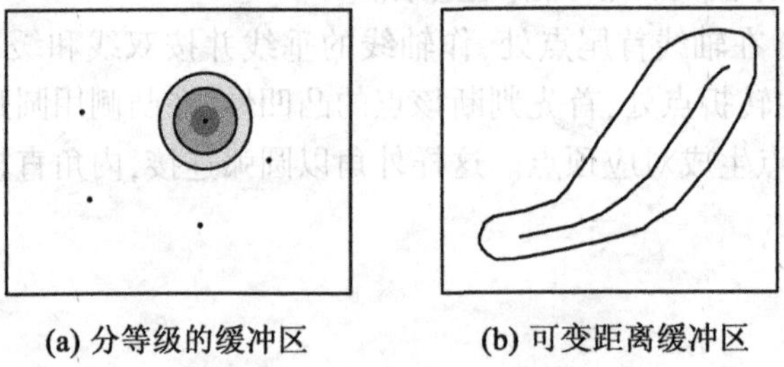

图 5.10 其他类型的缓冲区

2.4 缓冲区分析的应用

缓冲区分析方法在实际中的应用范围很广,例如在林业方面,要求出距河流两岸一定范围内规定禁止砍伐树木的地带,以防水土流失;城市道路街道的扩建,在街道周围需要拆迁的建筑物标识;大型水库兴建引起的搬迁;沿河流给出的环境敏感区的宽度;不同的工厂、飞机场和其他设施对周围产生的噪音污染的区域大小等。图 5.11 给出了一个关于缓冲区分析的实例,某城市道路扩建涉及的拆迁建筑物。

基于栅格结构也可以作缓冲区分析,通常称为推移或扩散(Spread)。推移或扩散实际上是模拟主体对邻近对象的作用过程,物体在主体的作用下在一阻力表面移动,离主体越远

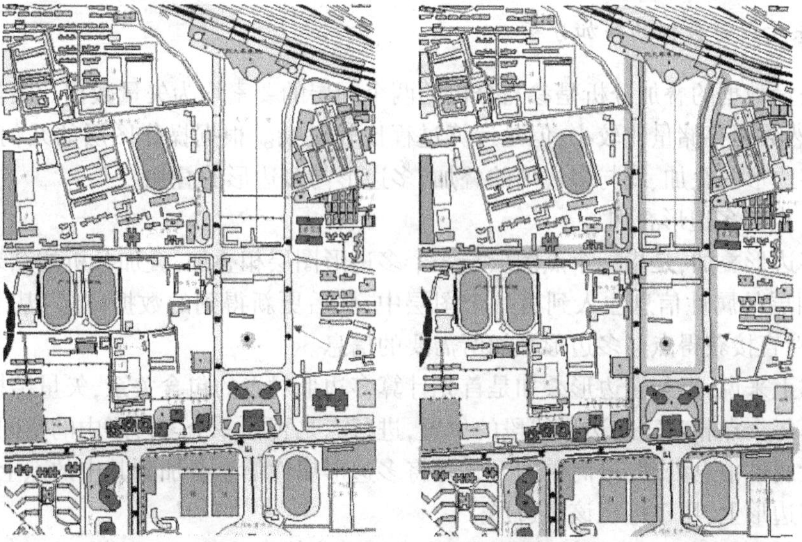

(a) 拟扩建的城市道路　　(b) 城市道路扩建所涉及的拆迁建筑物

图 5.11　城市道路扩建的缓冲区分析

作用力越弱。例如可以将地形、障碍物和空气作为阻力表面，噪声源为主体，用推移或扩散的方法计算噪声离开主体后在阻力表面上的移动，得到一定范围内每个栅格单元的噪声强度。基于栅格结构建立缓冲区的算法比较简单，核心问题是距离变换。

3　叠加分析

大部分 GIS 软件是以分层的方式组织地理数据，将地理数据按主题分层提取，同一地区的整个数据层集表达了该地区地理景观的内容。每个主题层，可以叫做一个数据层面。数据层面既可以用矢量结构的点、线、面图层文件方式表达，也可以用栅格结构的图层文件格式进行表达。叠加分析是 GIS 中的一项非常重要的空间分析功能。比如，我们需要了解某一个行政区内的土地利用情况，我们就要根据研究区域的土地利用图和行政区划图这两个数据集进行叠加分析，然后得到我们需要的结果，从而进行各种分析评价。

3.1　基本概念

叠加分析是在同一地区的两个或多个数据层集之间进行的一系列集合运算，产生新的特征(新的空间图形或空间位置上的新属性的过程)的分析方法。叠加分析是 GIS 中常用的提取空间隐含信息的方法之一，它将有关主题层组成的各个数据层面进行叠加产生一个新的数据层面，其结果综合了原来两个或多个层面要素所具有的属性，同时叠加分析不仅生成了新的空间关系，而且还将输入的多个数据层的属性联系起来产生新的属性关系。被叠加的数据层必须是基于相同坐标系统的、基准面相同的、同一区域的数据，且数据与分析模型能与分析模型有效匹配。

根据所采用的数据结构的不同，叠加分析包含两方面的内容：基于矢量数据的叠加分析;基于栅格数据的叠加分析。

3.2 基于矢量数据的叠加分析

基于矢量数据的叠加分析是参与分析的两个图层的要素均为矢量数据。矢量数据的叠加算法,虽然数据存储量比较小,但是运算过程比较复杂。根据操作图层的几何类型,可以分为点与多边形的叠加、线与多边形的叠加、多边形与多边形的叠加。

3.2.1 点与多边形叠加

点与多边形叠加,是指一个点图层与一个多边形图层相叠加,叠加分析的结果往往是将其中一个图层的属性信息注入到另一个图层中,然后更新得到的数据图层;基于新数据图层,通过属性直接获得点与多边形叠加所需要的信息。

从根本上来说,点与多边形叠加是首先计算多边形对点的包含关系,矢量结构的 GIS 能够通过计算每个点相对于多边形线段的位置,进行点是否在一个多边形中的空间关系判断,其次是进行属性信息处理,最简单的方式是将多边形属性信息叠加到其中的点上,或点的属性叠加到多边形上,用于标识该多边形。

通过点与多边形叠加可以计算出每个多边形里有多少个点,以及落入各多边形内部的点的属性信息。例如:一个县各乡镇农作物产量图(点)与该县的乡镇行政图(多边形)进行叠加分析后,更新点属性表,可以计算各乡镇有多少种农作物及其产量,或者查询哪些农作物在哪些乡镇有分布等信息;一个全国矿产分布图(点)和一个中国行政区图(多边形),二者经叠加分析后,并且将行政区图多边形有关的属性信息加到矿产的属性数据表中,然后通过属性查询,可以查询指定省有多少种矿产,产量有多少,还可以查询指定类型的矿产在哪些省里有分布等信息。

3.2.2 线与多边形叠加

线与多边形的叠加,指一个线图层与一个多边形图层相叠加,叠加结果通常是将多边形图层的属性注入另一个图层中,然后更新得到的数据图层;基于新数据图层,通过属性直接获得线与多边形叠加所需要的信息。

线与多边形的叠加首先要比较线坐标与多边形坐标的关系,判断哪一条线落在哪一个或哪些多边形内,由于一条线常常跨越多个多边形,因此必须首先计算线与多边形的交点,将原线分割为两个或两个以上落入不同多边形的新弧段。然后重建线的属性表,表中既包含每条新弧段原来所属的线的所有属性,也包含新添加的、它所落入的多边形标识序号,以及该多边形的某些附加属性。根据叠加的结果可以确定每条弧段落在哪个多边形内,可以查询指定多边形内指定线穿过的长度。例如河流网络(线)与乡镇区划图(多边形)进行叠加分析,这样河流网络图层中的各个河流的线属性表,将不仅包含原河流的信息,还含有该河流所在行政区的标号和其他信息,可以依此得到任意省市内的河流的分布密度和长度等,如果线状图层为河流,叠加的结果是多边形将穿过它的所有河流打断成弧段,可以查询任意多边形内的河流长度,进而计算它的河流密度等。如果线状图层为道路网,叠加的结果可以得到每个多边形内的道路网密度,内部的交通流量,进入、离开各个多边形的交通量,相邻多边形之间的相互交通量。

3.2.3 多边形叠加

多边形叠加将两个或多个多边形图层进行叠加,产生一个新的多边形图层。新图层的多边形是原来各图层多边形相交分割的结果,每个多边形的属性含有原图层各个多边形的所有属性数据。多边形叠加分析是 GIS 最常用的功能之一,在国内外已有发展并得到较为广泛的应用,如 ArcGIS 地理信息系统中,多边形叠加分析是该系统的关键性软件,英国运用多边形叠加技术进行了土地适宜性评价,此外,国际上已建立起来的地理信息系统中,有许多具备了多边形叠加分析的功能。

多边形叠加首先要进行几何相交,即首先求出所有多边形边界线的交点,再根据这些交点重新装配多边形,建立拓扑关系,每个多边形赋予唯一标识码,并判断新生的多边形分别落在各图层的哪个多边形内,建立新多边形与原多边形的关系。其次,在关系数据库中建立结果层的多边形属性表,将原图层中对应多边形的属性数据,关联到新的多边形属性表中。如图 5.12 所示。

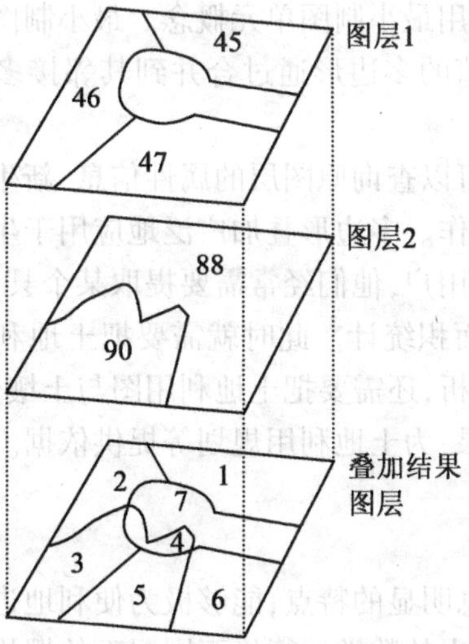

宗地ID	宗地号
45	京-99-01
46	京-99-02
47	京-99-03

土壤ID	稳定性
88	稳定
90	不稳定

ID	宗地ID	宗地号	土壤ID	稳定性
1	45	京-99-01	88	稳定
2	46	京-99-02	88	稳定
3	46	京-99-02	90	不稳定
4	–	–	90	不稳定
5	47	京-99-03	90	不稳定
6	47	京-99-03	88	稳定
7	–	–	88	稳定

图 5.12　多边形叠加分析

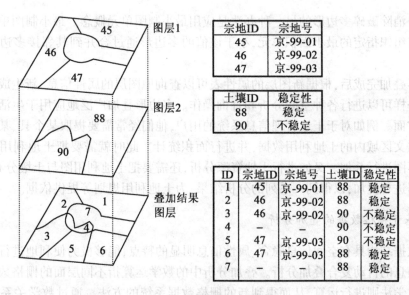

进行多个多边形的叠加运算,在参与运算多边形所构成的属性空间(就图 5.12 而言,为宗地 ID、宗地号、土壤 ID、稳定性)内,每个结果多边形内部的属性值是一致的,可以称为最小公共地理单元(Least Common Geographic Unit,LCGU)。

两个多边形叠加时其边界在相交处是被分割的,在多边形叠加操作中,由于矢量结构的有限精度原因,几何对象不可能完全匹配,叠加结果可能会出现一些碎屑多边形(如图5.13 所示)。碎屑多边形大多是由于数字化过程中的误差而造成的,输入图层上的共同边界线不会刚好相互重叠,其他原因还包括源地图的误差或解译误差。一般来说,多边形边界通常是由野外调查数据、航空相片和卫星图像解译出来的,解译差错也可能产生不正确的多边形边界。

通常 GIS 软件在地图叠加操作中设置模糊容差值,以去除碎屑多边形。模糊容差原理是如果这些点落在指定距离范围之内的话,将强制性把构成线的点捕捉到一起。但是容差值的大小难以把握,容差过大,则容易将一些正确的多边形删除,而容差过小,又无法起到剔

图 5.13　多边形叠加产生碎屑多边形

除的效果。消除破碎多边形的另一种办法是应用最小制图单元概念。最小制图单元代表由政府机构或组织指定的最小面积单元,小于该值的多边形通过合并到其邻接多边形而被消除。

多边形叠加完成后,根据新图层的属性表可以查询原图层的属性信息,新生成的图层和其他图层一样可以进行各种空间分析和查询操作。多边形叠加广泛地应用于生活、科研、生产等各个方面。例如对于土地管理信息系统的用户,他们经常需要提取某个县、某些人口统计单元或水文区域内的土地利用数据,并进行面积统计。此时就需要把土地利用图与人口统计分区等图进行叠加。又如进行土地资源分析,还需要把土地利用图与土壤分布图、DTM模型的数据进行叠加,以得到一系列的分析结果,为土地利用规划等提供依据。

3.3　基于栅格数据的叠加分析

栅格数据结构具有空间信息隐含、属性信息明显的特点,能够极为便利地进行同地区多层面空间信息的自动复合叠加分析。叠加分析中的数学运算指不同层面的栅格数据逐网格按一定的数学法则进行运算,从而得到新的栅格数据系统的方法。通过数学关系建立不同数据层面之间的联系是 GIS 提供的典型功能,空间模拟尤其需要通过各种各样的方式将不同的数据层面进行叠加运算,以揭示某种空间现象或空间过程。在栅格数据内部,叠加运算是通过像元之间的各种运算来实现的。

栅格数据的叠加分析较适量数据更易处理,简单而有效,不存在破碎多边形的问题等优点,故在各类领域应用极为广泛,常被用来进行地学综合分析、环境质量评价、区域适应性评价、资源开发利用、规划等多因素分析研究工作。根据栅格数据叠加层面,将栅格数据的叠加分析运算方法分为布尔逻辑运算、算术运算、函数运算和关系运算。

3.3.1　布尔逻辑运算

栅格数据一般可以按属性数据的布尔逻辑运算来检索,即这是一个逻辑选择的过程。设有 A、B、C 三个层面的栅格数据系统,一般可以用布尔逻辑算子以及运算结果的文氏图表示其一般的运算思路和关系。布尔运算主要包括:和(AND)、或(OR)、异或(XOR)、非(NOT),如图 5.14 所示。

布尔逻辑运算可以组合更多的属性作为检索条件,以进行更复杂的逻辑选择运算。为了把土壤结构为粘性的、土壤 pH 值大于 7.0 的、或者排水不良的区域检索出来,若 A 为土

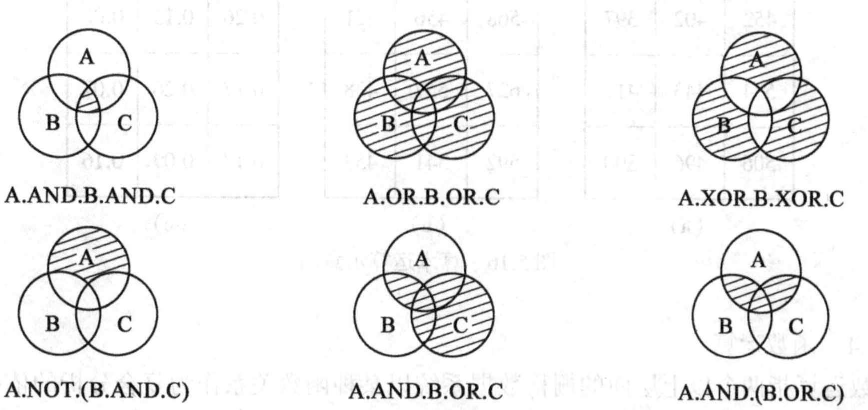

图 5.14　布尔逻辑算子文氏图

壤是粘性的,B 为 pH 值大于 7.0 的,C 为排水不良的,则可以用条件(A AND B) OR C 进行检索。逻辑运算常用于栅格结构的数据库查询,例如:基于位置信息查询如已知地点的土地类型,以及基于属性信息的查询如地价最高的位置;比较复杂的查询涉及多种复合条件,如查询所有的面积大于 10 公顷且邻近工业区的全部湿地。这种查询通常分为两步,首先进行再分类操作,为每个条件创建一个新图层,通常是二值图层,1 代表符合条件,0 表示所有不符合条件。第二步进行二值逻辑叠加操作得到想查询的结果。

3.3.2　关系运算

关系运算以一定的关系条件为基础,符合条件的为真,赋予 1 值,不符条件的为假,赋予 0 值。关系运算符包括六种:=,<,>,<>,>=,<=。图 5.15 为关系">"运算示意图。若需要提取出温度介于 20 度到 30 度之间的地区(包括 20 度和 30 度),则公式为:20<=[温度]<=30。

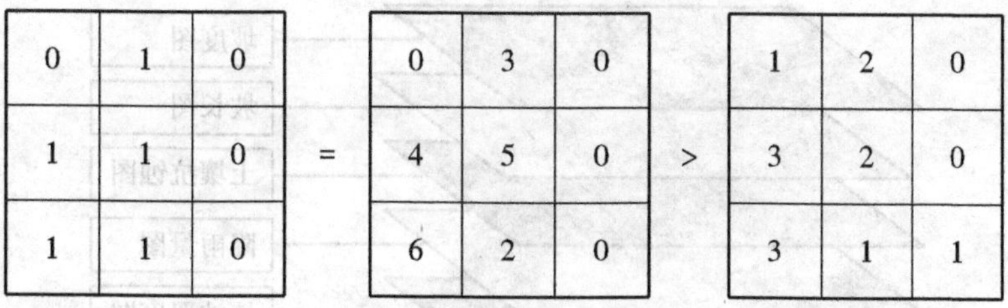

图 5.15　关系运算示意图

3.3.3　算术运算

算术运算指两个以上图层的对应网格值经加、减运算,而得到新的栅格数据系统的方法。算术运算主要包括加、减、乘、除四种。这种复合分析法具有很大的应用范围,图 5.16 给出了该方法在栅格数据处理中的应用例证,以某年的(b)与前一年的(a)降水量数据为基础,用公式(某年降水量-前一年年降水量)/前一年年降水量,即 c=(b-a)/a,可以计算出前一年年降水量的变化程度(c)。

452	402	397
534	443	411
506	496	390

(a)

568	456	421
627	557	438
592	541	453

(b)

0.26	0.13	0.06
0.17	0.26	0.07
0.17	0.09	0.16

(c)

图 5.16　算术运算示意图

3.3.4　函数运算

函数运算指两个以上层面的栅格数据系统以某种函数关系作为复合分析的依据进行逐网格运算，从而得到新的栅格数据系统的过程。这种复合叠置分析方法被广泛地应用到地学综合分析、环境质量评价、遥感数字图像处理等领域中。设 $x_1,x_2,\cdots,x_n$ 分别表示第 1 层至第 n 层上同一坐标属性值，f 函数表示各层上属性与用户需求之间的关系，E 为叠置后属性输出层的属性值，则：

$$E=f(x_1,x_2,\cdots,x_n)$$

例如有一个森林地区融雪经验模型：$M=(0.19T+0.17D)$。式中，M 是融雪速度（厘米/天），T 是空气温度，D 是露点温度。根据此方程，使用该地区的气温和露点温度分布图层，就能计算该地区融雪速率分布图。计算过程是先分别把温度分布图乘以 0.19 和露点温度分布图乘以 0.17，再把得到的结果相加。需要说明的是地图代数在形式和概念上都比较简单，使用起来方便灵活，但把图层作为变量进行计算，在实现的技术上难度较大。

图 5.17 所示为土壤侵蚀多因子函数运算的叠加分析，土壤侵蚀强度与土壤可蚀性、坡度、坡长、降雨侵蚀力等因素有关，可以根据多年统计的经验方程，把土壤可蚀性、坡度、降雨侵蚀力作为数据层面输入，通过数学运算得到土壤侵蚀强度分布图。

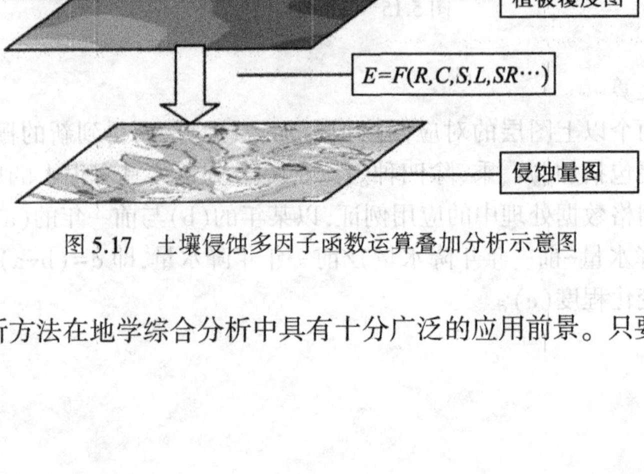

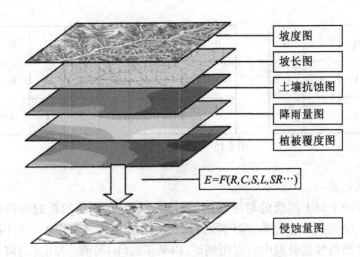

图 5.17　土壤侵蚀多因子函数运算叠加分析示意图

类似这种分析方法在地学综合分析中具有十分广泛的应用前景。只要得到表达事物关系的各图层间的函数关系式,便可运用以上方法完成各种人工难以完成的极其复杂的分析运算。例如,进行土地评价所涉及的多因素分析中可能包括土壤类型、土壤深度、排水性能、土壤结构以及地貌等各个数据层的信息,如果直接对这些数据层上的属性值进行数学运算,得到的结果可能是毫无意义的,必须将其变成另一基本元素(如用数值量化的土地适用性)后才能进行这种多因素分析的数学运算,其结果对土地评价有着重要的指导意义。

4 网络分析

网络是指现实世界中,由链和节点组成的、带有环路,并伴随着一系列支配网络中流动之约束条件的线网图形。它是现实世界中的网状系统的抽象表示,可以模拟交通网、通信网、地下水管网、天然气网等网络系统。对地理网络(如交通网络)、城市基础设施网络(如各种网线、电力线、电话线、供排水管线等)进行地理分析和模型化,是地理信息系统中网络分析功能的主要目的。网络分析是运筹学模型中的一个基本模型,它的根本目的是研究、筹划一项网络工程如何安排,并使其运行效果最好,如一定资源的最佳分配,从一地到另一地的运输费用最低等。其基本思想则在于人类活动总是趋于按一定目标选择达到最佳效果的空间位置。这类问题在社会经济活动中不胜枚举,因此在地理信息系统中此类问题的研究具有重要意义。

4.1 基本概念

网络分析的主要用途是:选择最佳路径;选择最佳布局中心的位置。所谓最佳路径是指从始点到终点的最短距离或花费最少的路线;最佳布局中心位置是指各中心所覆盖范围内任一点到中心的距离最近或花费最小;网流量是指网络上从起点到终点的某个函数,如运输价格,运输时间等。网络上任意点都可以是起点或终点。其基本思想则在于人类活动总是趋向于按一定目标选择达到最佳效果的空间位置。这类问题在生产、社会、经济活动中不胜枚举,因此研究此类问题具有重大意义。

网络的基础数据是点与线组成的网络数据,它的基本组成部分和属性如下:

(1)链。网络中流动的管线,如街道,河流,水管等,其状态属性包括阻力和需求。

(2)障碍。禁止网络中链上流动的点。

(3)拐角点。出现在网络链中所有的分割节点上状态属性的阻力,如拐弯的时间和限制(如不允许左拐)。

(4)中心。是接受或分配资源的位置,如水库、商业中心、电站等。其状态属性包括资源容量,如总的资源量;阻力限额,如中心与链之间的最大距离或时间限制。

(5)站点。在路径选择中资源增减的站点,如库房、汽车站等,其状态属性有要被运输的资源需求,如产品数。

网络中的状态属性有阻力和需求两项,实际的状态属性可通过空间属性和状态属性的转换,根据实际情况赋到网络属性表中。

4.2 主要网络分析功能

4.2.1 路径分析

(1)静态求最佳路径:由用户确定权值关系后,即给定每条弧段的属性,当需求最佳路径时,读出路径的相关属性,求最佳路径。图 5.18(a)和(b)分别给出了时间最短和距离最短的最佳路径。

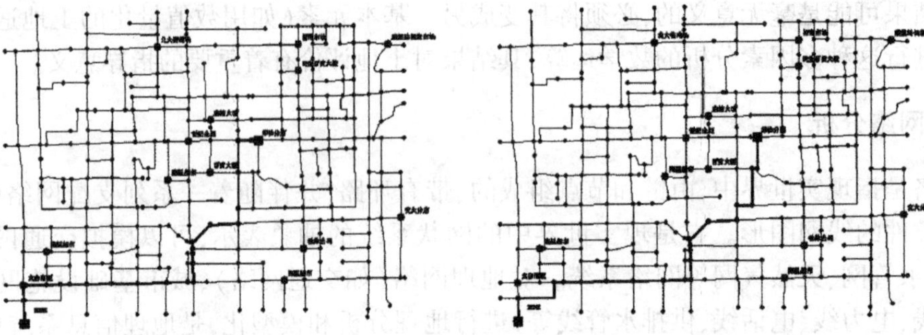

(a) 时间最短　　　　(b) 距离最短

图 5.18　最佳路径的选择示意图

(2)动态分段技术:给定一条路径由多段联系组成,要求标注出这条路上的公里点或要求定位某一公路上的某一点,标注出某条路上从某一公里数到另一公里数的路段。

(3)*N* 条最佳路径分析:确定起点、终点,求代价较小的几条路径,因为在实践中往往仅求出最佳路径并不能满足要求,可能因为某种因素不走最佳路径,而走近似最佳路径。

(4)最短路径:确定起点、终点和所要经过的中间点、中间连线,求最短路径。

(5)动态最佳路径分析:实际网络分析中,权值是随着权值关系式变化的,各网络要素的属性是动态变化的,如城市交通路况的实时变化可能会临时出现一些障碍点,此时需要动态地计算动态最优路径。

最佳路径问题已经在运筹学、计算机科学、空间分析和交通运输工程等领域有广泛研究,对交通、消防、救灾、抢险等有着重要的意义。

4.2.2　地址匹配

地址匹配实质是对地理位置的查询,它涉及地址的编码。地址匹配与其他网络分析功能结合起来,可以满足实际工作中非常复杂的分析要求。所需输入的数据,包括地址表和含地址范围的街道网络及待查询地址的属性值。这种查询也经常用于公用事业管理,事故分析等方面,如邮政、通信、供水、供电、治安、消防、医疗等领域。

4.2.3　资源分配

资源分配主要是优化配置网络资源的问题,资源分配的目的是对若干服务中心,进行优化划定每个中心的服务范围,把所有连通链都分配到某一中心,并把中心的资源分配给这些链以满足其需求,也即要满足覆盖范围和服务对象数量,筛选出最佳布局和布局中心的位置。资源分配网络模型由中心点(分配中心)及其状态属性和网络组成。分配有两种方式,一种是由分配中心向四周输出,另一种是由四周向中心集中。这种分配功能可以解决资源的有效流动和合理分配。

具体来说,资源分配是根据中心容量以及网线和节点的需求,并依据阻力大小,将网线和节点分配给中心,分配是沿着最佳路径进行的。当网络元素被分配给某个中心点时,该中心拥有的资源量就依据网络元素的需求而缩减,中心资源耗尽,分配亦停止。其在地理网络中的应用与区位论中的中心地理论类似。在资源分配模型中,研究区可以是机能区,根据网络流的阻力等来研究中心的吸引区,为网络中每一连接寻找最近的中心,以实现最佳服务。

资源分配模型可用来计算中心地的等时区、等交通距离区、等费用距离区等。可用来进行城镇中心、商业中心或港口等地的吸引范围分析,以用来寻找区域中最近的商业中心,进行各种区划和港口腹地的模拟等(图 5.19 为设立救护车服务中心问题示例)。

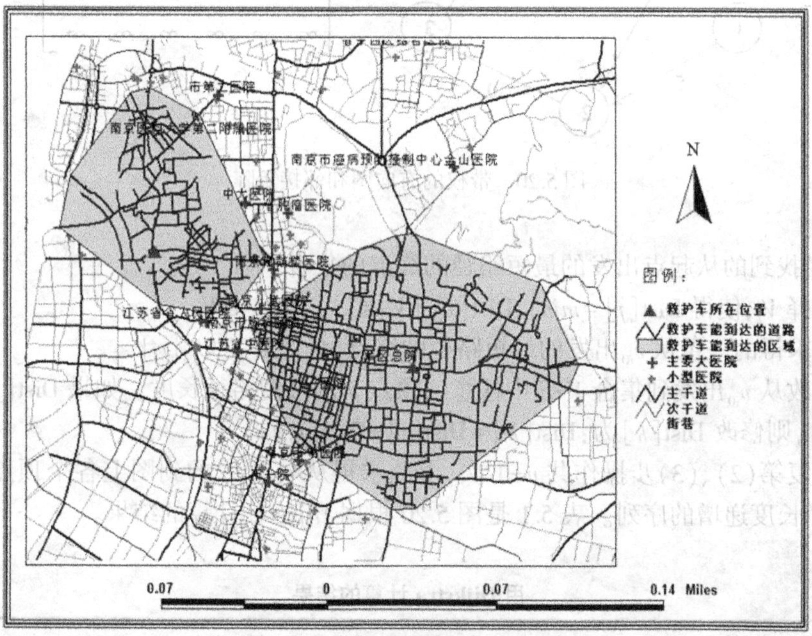

图 5.19　服务中心问题示例

4.3　最短路径的 Dijkstra 算法

网络分析的许多问题都可归结为最短(佳)路径问题,目前在 GIS 领域,对最短(佳)路径搜索问题的研究和应用很多。为了进行网络最短路径分析,需要将网络转换成有向图。无论是计算最短路径还是最佳路径,其核心算法是求两点间的权数最小路径,不同之处在于有向图中每条弧的权值设置。如果要计算最短路径,则权重设置为两个节点的实际距离;而要计算最佳路径,则可以将权值设置为从起点到终点的时间或费用。

1959 年迪克思特拉(Dijkstra)提出的单源问题算法是最适合拓扑网络中两节点间最短路径搜索算法之一,后人在此算法基础上作了大量的优化。下面是该算法的描述。

(1)用带权的邻接矩阵 Cost 来表示带权的 n 个节点的有向图,Cost[i,j]表示弧 $<v_i, v_j>$ 的权值,如果从 v_i 到 v_j 不连通,则 Cost[i,j] = ∞ 。图 5.20 表示了一个带权有向图及其邻接矩阵。

然后,引进一个辅助向量 Dist,每个分量 Dist[i]表示从起始点到每个终点 v_i 的最短路径长度。假定起始点在有向图中的序号为 i_0,并设定该向量的初始值为:

$$\mathrm{Dist}[i] = \mathrm{Cost}[i_0, i], v_i \in V。$$

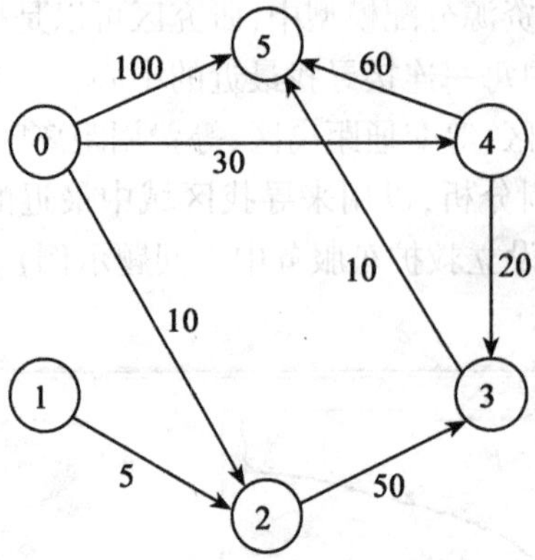

$$\begin{bmatrix} \infty & \infty & 10 & \infty & 30 & 100 \\ \infty & \infty & 5 & \infty & \infty & \infty \\ \infty & \infty & \infty & 50 & \infty & \infty \\ \infty & \infty & \infty & \infty & \infty & 10 \\ \infty & \infty & \infty & 20 & \infty & 60 \\ \infty & \infty & \infty & \infty & \infty & \infty \end{bmatrix}$$

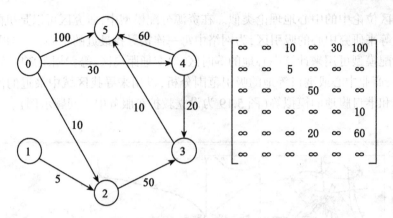

图 5.20　带权的有向图和邻接矩阵

令 S 为已经找到的从起点出发的最短路径的终点的集合。

(2)选择 V_j，使得 $\text{Dist}[j]=min\{\text{Dist}[i] \mid V_i \in V-S\}, v_i \in V$。$v_j$就是当前求得的一条从 v_{i0} 出发的最短路径的终点，令 $S = S \cup \{v_j\}$

(3)修改从 v_{i0} 出发到集合 V-S 中任意一顶点 v_k 的最短路径长度。如果 $\text{Dist}[j]+\text{Cost}[j,k]<\text{Dist}[k]$，则修改 $\text{Dist}[k]$ 为：$\text{Dist}[k]=\text{Dist}[j]+\text{Cost}[j,k]$

(4)重复第(2)、(3)步操作共 $n-1$ 次，由此求得从 v_{i0} 出发的到图上各个顶点的最短路径是依路径长度递增的序列。表 5.1 是图 5.20 根据 Dijkstra 计算的结果。

表 5.1　**用 Dijkstra 计算的结果**

终点	从 v_0 到其他各个节点的最短路径				
v_1	∞	∞	∞	∞	∞
v_2	$10(v_0,v_2)$				
v_3	∞	$60(v_0,v_2,v_3)$	$50(v_0,v_4,v_3)$		
v_4	$30(v_0,v_4)$	$30(v_0,v_4)$			
v_5	$100(v_0,v_5)$	$100(v_0,v_5)$	$90(v_0,v_4,v_5)$	$60(v_0,v_4,v_3,v_5)$	
v_j	v_2	v_4	v_3	v_5	

在实际应用中，采用 Dijkstra 算法计算两点之间的最短路径和求从一点到其他所有点的最短路径所需要的时间是一样的，算法时间复杂度为 $O(n^2)$。

网络分析的具体门类、对象、要求变化非常多，一般的 GIS 软件往往只能提供一些常用的分析方法、或提供描述网络的数据模型和存储信息的数据库。其中最常用的方法是线性阻抗法，即资源在网络上的运输与所受的阻力和距离(或时间)呈线性正比关系，在这基础上选择路径，估计负荷，分配资源，计算时间和距离等。对于特殊的、精度要求极高的、非线性阻抗的网络，则需要特殊的算法分析。

5 空间统计分析

5.1 常规统计分析

常规统计分析主要完成对数据集合的最大值、最小值、均值、总和、方差、频数、峰度系数等参数的统计分析。

5.2 空间自相关分析

所谓相关，是指两个或两个以上变量间相互关系是否密切。相关分析仅限于测定两个或两个以上变量具有相关关系者，其主要目的是计算出相关变量间的相关程度和性质。

在地理信息系统中，被研究的空间变量存在着各种不同的关系。一种是确定性的关系，即函数关系。由于地学中的研究对象或多或少具有随机性的缘故，所以，这种关系在地学研究中较为少见。另一种是相关关系，即研究变量间存在着一定的关系。但这种关系中的一个变量值不能精确地由其他变量的值计算出。以图 5.21 为例说明即为：

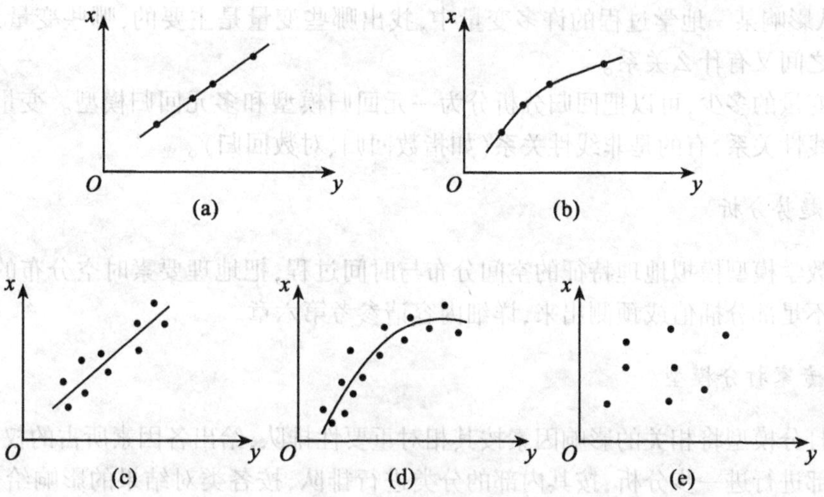

图 5.21 空间变量关系图

假设 x 和 y 为两种空间研究变量。在图 5.21(a)、(b)中，y 严格随 x 的变化而变化，称 x 和 y 完全相关，满足函数关系。在图 5.21(c)、(d)中，通过空间变量确定的点分布在曲线或直线两旁，则表示两个变量间具有相关关系，或称为统计相关。在图 5.21(e)中，如果通过空间变量确定的点的分布状态散乱，无规律可寻，则表示空间研究变量间相互独立，没有依存关系。

空间自相关分析是认识空间分布特征、选择适宜的空间尺度来完成空间分析的最常用的方法。目前，普遍使用空间自相关系数——Moran I 指数，其计算公式如下：

$$I = \frac{N}{W_{ij}} \cdot \frac{\sum \sum W_{ij}(X_i - \overline{X})(X_j - \overline{X})}{X_i - \overline{X}}$$

其中：N 表示空间实体数目；x_i 表示空间实体的属性值；x 是 x_i 的平均值；W_{ij} 表示实体 i 与 j 的空间关系，它通过拓扑关系获得（$W_{ij}=1$ 表示空间实体 i 与 j 相邻，$W_{ij}=0$ 表示空间实体 i 与 j 不相邻）；I 的值介于 1 与 -1 之间（$I=1$ 表示空间自正相关，空间实体呈聚合分布；$I=-1$ 表示空间自负相关，空间实体呈离散分布；$I=0$ 则表示空间实体是随机分布的）。

5.3　回归分析

回归分析是处理变量之间具有相关关系的一种数理统计方法。实际上，回归分析和相关分析都是研究和处理变量之间具有相互关系的一种数理统计方法，但它们之间既有联系，又有区别。在研究对象和内容上两者是相同的，但相关分析主要是研究要素之间的密切程度，并没有严格的自变量和因变量之分；而回归分析则主要是研究变量之间的数学表达形式，因而有自变量和因变量之分，可以通过自变量的值来预测、内插因变量的取值。从这里可以看出，回归分析有预测的性质。

回归分析的主要内容可概括如下：

（1）从一组空间数据出发，确定这些变量间的定量数学表达式，即回归方程；

（2）根据一个或几个变量的值来预测或控制另一个变量的取值；

（3）从影响某一地学过程的许多变量中，找出哪些变量是主要的，哪些变量是次要的，这些变量之间又有什么关系。

根据变量的多少，可以把回归分析分为一元回归模型和多元回归模型。变量之间的关系有的是线性关系，有的是非线性关系（如指数回归、对数回归）。

5.4　趋势分析

通过数学模型模拟地理特征的空间分布与时间过程，把地理要素时空分布的实测数据点之间的不足部分插值或预测出来，详细内容请参考第六章。

5.5　专家打分模型

专家打分模型将相关的影响因素按其相对重要性排队，给出各因素所占的权重值；对每一要素内部进行进一步分析，按其内部的分类进行排队，按各类对结果的影响给分，从而得到该要素内各类别对结果的影响量，最后系统进行复合，得出排序结果，以表示对结果影响的优劣程度，作为决策的依据。其数学表达式为：$G_p=W_iC_{ip}$

式中，G_p 表示 p 点的最终复合结果值；W_i 表示第 i 个要素的权重；C_{ip} 表示第 i 个要素在 p 点的类别的专家打分分值。

专家打分模型可分两步实现：①打分：用户首先在每个 feature 的属性表里增加一个数据项，填入专家赋给的相应的分值；②复合：调用加权符合程序，根据用户对各个 feature 给定的权重值进行叠加，得到最后的结果。

6　空间统计分类分析

多变量统计分析主要用于数据分类和综合评价。数据分类方法是地理信息系统重要的组成部分。与地图相比较，地图上所载负的数据是经过专门分类和处理过的，而一般说来地理信息系统存储的数据具有原始性质，用户可以根据不同的实用目的，进行提取和分析，特别是对于观测和取样数据,随着采用分类和内插方法的不同,得到的结果有很大的差异。因此,在大多数情况下,首先是将大量未经分类的数据输入信息系统数据库,然后要求用户建立具体的分类算法,以获得所需要的信息。

综合评价模型是区划和规划的基础。从人类认识的角度来看有精确的和模糊的两种类型,因为绝大多数地理现象难以用精确的定量关系划分和表示,因此模糊的模型更为实用,结果也往往更接近实际。综合评价一般经过四个过程:

(1)评价因子的选择与简化;

(2)多因子重要性指标(权重)的确定;

(3)因子内各类别对评价目标的隶属度确定;

(4)选用某种方法进行多因子综合。

分类和评价的问题通常涉及大量的相互关联的地理因素,主成分分析方法可以从统计意义上将各影响要素的信息压缩到若干合成因子上,从而使模型大大地简化;因子权重的确定是建立评价模型的重要步骤,权重正确与否极大地影响评价模型的正确性,而通常的因子权重确定依赖较多的主观判断,层次分析法是综合众人意见,科学地确定各影响因子权重的简单而有效的数学手段。隶属度反映因子内各类别对评价目标的不同影响,依据不同因子的变化情况确定,常采用分段线性函数或其他高次函数形式计算。常用的分类和综合的方法包括聚类分析和判别分析两大类。聚类分析可根据地理实体之间影响要素的相似程度,采用某种与权重和隶属度有关的距离指标,将评价区域划分若干类别;判别分析类似于遥感图像处理的分类方法,即根据各要素的权重和隶属度,采用一定的评价标准将各地理实体判归最可能的评价等级或以某个数据值所示的等级序列上;分类定级是评价的最后一步,将聚类的结果根据实际情况进行合并,并确定合并后每一类的评价等级,对于判别分析的结果序列采用等间距或不等间距的标准划分为最后的评价等级。

6.1 主成分分析(PCA)

地理问题往往涉及大量相互关联的自然和社会要素,众多的要素常常给模型的构造带来很大困难,同时也增加了运算的复杂性。为使用户易于理解和解决现有存储容量不足的问题,有必要减少某些数据而保留最必要的信息。由于地理变量中许多变量通常都是相互关联的,就有可能按这些关联关系进行数学处理达到简化数据的目的。主成分分析是通过数理统计分析,求得各要素间线性关系的实质上有意义的表达式,将众多要素的信息压缩表达为若干具有代表性的合成变量,这就克服了变量选择时的冗余和相关,然后选择信息最丰富的少数因子进行各种聚类分析,构造应用模型。

设有 n 个样本,p 个变量。将原始数据转换成一组新的特征值——主成分,主成分是原变量的线性组合且具有正交特征。即将 $x_1,x_2,\cdots,x_p$ 综合成 $m(m<p)$ 个指标 $z_1,z_2,\cdots,z_m$,即:

$$z_1=l_{11}*x_1+l_{12}*x_2+\cdots+l_{1p}*x_p$$

$$z_2=l_{21}*x_1+l_{22}*x_2+\cdots+l_{2p}*x_p$$

$$\cdots\cdots$$

$$z_m=l_{m1}*x_1+l_{m2}*x_2+\cdots+l_{mp}*x_p$$

这样决定的综合指标 $z_1,z_2,\cdots,z_m$ 分别称做原指标的第一,第二,…,第 m 主成分。其中 z_1 在总方差中占的比例最大,其余主成分 $z_2,z_3,\cdots,z_m$ 的方差依次递减。在实际工作中常挑选前几个方差比例最大的主成分,这样既减少了指标的数目,又抓住了主要矛盾,简化了指标之间的关系。

从几何上看,确定主成分的问题,就是找 p 维空间中椭球体的主轴问题,就是得到即将 $x_1, x_2, \cdots, x_p$ 的相关矩阵中 m 个较大特征值所对应的特征向量,通常用雅可比(Jacobi)法计算特征值和特征向量。

很显然,主成分分析这一数据分析技术是把数据减少到易于管理的程度,也是将复杂数据变成简单类别便于存储和管理的有力工具。地理研究和生态研究的 GIS 用户常使用上述技术,因而应把这些变换函数作为 GIS 的组成部分。

6.2 层次分析法

过去说研究自然或社会现象主要有机理分析和统计分析两种方法。前者用经典的数学工具分析现象的因果关系,后者以随机数学为工具,通过大量观测数据寻求统计规律。近年来发展起来的第三种方法称系统分析。层次分析(Analytic Hierarchy Process, AHP)法就是系统分析的数学工具之一,它把人的思维过程层次化、数量化,并用数学方法为分析、决策、预报或控制提供定量的依据。事实上这是一种定性和定量分析相结合的方法。在模型涉及大量相互关联、相互制约的复杂因素的情况下,各因素对问题的分析有着不同的重要性,决定它们对目标重要性的序列,对建立模型十分重要。

AHP 方法把相互关联的要素按隶属关系分为若干层次,请有经验的专家对各层次各因素的相对重要性给出定量指标,利用数学方法综合专家意见给出各层次各要素的相对重要性权值,作为综合分析的基础。例如要比较 n 个因素 $y=\{y_1, y_2, \cdots, y_n\}$ 对目标 Z 的影响,确定它们在 Z 中的比重,每次取两个因素 y_i 和 y_j,用 a_{ij} 表示 y_i 与 y_j 对 Z 的影响之比,全部比较结果可用矩阵 $\boldsymbol{A}=(a_{ij})_{n\times n}$ 表示,$\boldsymbol{A}$ 叫成对比矩阵,它应满足:

$$a_{ij} > 0 \;,\; a_{ji} = 1/a_{ij}(i,\, j = 1,\, 2,\, \cdots,\, n) \tag{5-1}$$

使(5-1) 式成立的矩阵称互反阵,不难看出应有 $\Sigma a_{ij} = 1$。

在旅游问题中,假设某人考虑 5 个因素:费用 y_1、景色 y_2,居住条件 y_3、饮食条件 y_4、旅途条件 y_5。用成对比较法得到的正互反阵是:

$$\begin{pmatrix} 1 & 2 & 7 & 5 & 4 \\ 1/2 & 1 & 4 & 8 & 6 \\ 1/7 & 1/4 & 1 & 2 & 2 \\ 1/5 & 1/8 & 1/2 & 1 & 1 \\ 1/4 & 1/6 & 1/2 & 1 & 1 \end{pmatrix} \tag{5-2}$$

在(5-2)式中 $a_{12}=2$ 表示费用 y_1 与景色 y_2 对选择旅游点(目标 Z)的重要性之比为 2∶1;$a_{13}=7$,表示费用 y_1 与居住条件 y_3 之比为 7∶1;$a_2=4$,则表示景色 y_2 与居住条件 y_3 之比为 4∶1。如果 A 不是一致阵(即 $a_{12}\times a_{23}$ 不等于 a_{13}),需求正互反阵最大特征值对应的特征向量,作为权向量。

6.3 聚类分析

20 世纪 60 年代末到 70 年代初人们把大量精力集中于发展和应用数字分类法,且将这类方法应用于自然资源、土壤剖面、气候分类、环境生态等数据,形成“数字分类学”学科。

虽然数据整理能将大量而复杂的多变量数据适当压缩,但人们还希望进一步减少数据的复杂程度,即将数据定义成一组多变量类别。主成分分析仅仅是数据沿着一条新轴的旋转和投影,得到的新值既大大压缩了原始数据也可以作为新变量使用。主成分分析后的主分量不是按地理空间制图,而是按主成分轴定义的空间制图。当数据在主成分空间的两坐标轴上的分布具有相似性时,这种散射图(常把主成分空间绘制的图称散射图)能够显示出明显的类别特性即聚类特性。如果这些聚类能归纳为分类系统中的某一类的话,就有可能进一步减少数据的复杂性。另外,这些聚类完全由原始数据的分析中推演而得,就能代表"天然"类别,也比外生分类(按所研究数组的门槛值确定其区间,而不是由数组本身派生出来的区间)和层次分类等人为强加的类别更加真实。

系统聚类是根据多种地学要素对地理实体进行划分类别的方法。系统聚类的步骤一般是根据实体间的相似程度,逐步合并若干类别,其相似程度由距离或者相似系数定义。进行类别合并的准则是使得类间差异最大,而类内差异最小。其相似程度由距离或相似系数定义,主要有绝对值距离、欧氏距离、切比雪夫距离、马氏距离等。

对不同的要素划分类别往往反映不同目标的等级序列,如土地分等定级、水土流失强度分级等。目前聚类分析已成为标准的分类技术。

6.4 聚合分析

栅格数据的聚合分析是指根据空间分辨力和分类表,进行数据类型的合并或转换以实现空间地域的兼并。

空间聚合的结果往往将较复杂的类别转换为较简单的类别,并且常以较小比例尺的图形输出。当从地点、地区到大区域的制图综合变换时常需要使用这种分析处理方法。

栅格数据的聚类聚合分析处理法在数字地形模型及遥感图像处理中的应用是十分普遍的。例如,由数字高程模型转换为数字高程分级模型便是空间数据的聚合,而从遥感数字图像信息中提取其一地物的方法则是栅格数据的聚类。

6.5 判别分析

判别分析与聚类分析同属分类问题。所不同的是,判别分析是根据已掌握的历史上的每个类别的若干样本的数据信息,总结出客观事物分类的规律性,建立判别公式和准则,再将分析的地理实体安排到序列的合理位置上的方法,对于诸如水土流失评价、土地适宜性评价等有一定理论根据的分类系统的定级问题比较适用。常规的判别分析主要有距离判别法、费歇准则判别法和 Bayes 最小风险判别法等。

判别分析依其判别类型的多少与方法的不同,可分为两类判别、多总体判别和逐步判别等。通常在两类判别分析中,要求根据已知的地理特征值进行线性组合,构成一个线性判别函数 Y,即:

$$Y=c_1 * x_1+c_2 * x_2+\cdots+c_m * x_p$$

式中,$c_k(k=1,2,\cdots,m)$为判别系数,它可反映各要素或特征值作用方向、分辨能力和贡献率的大小。只要确定了 c_k,判别函数 Y 也就确定了。x_p为已知各要素(变量)的特征值。为了使判别函数 Y 能充分反映 A,B 两种类型的差别,就要使两类之间的均值差 $[\bar{y}(A)-\bar{y}(B)]^2$ 尽可能大,而使各类内部的离差平方和尽可能小。只有这样,其比值 I 才能

尽量达到最大,从而将两类清楚的分开。其表达式为:

$$I=\frac{[\bar{y}(A)-\bar{y}(B)]^2}{\sum_{i=1}^{n}[y_i(A)-\bar{y}(A)]^2+\sum_{i=1}^{n}[y_i(B)-\bar{y}(B)]^2}$$

判别函数求出以后,还需要计算出判别临界值,然后进行归类。不难看出,经过二级判别所作的分类是符合区内差异小而区际差异大的划区分类原则的。

目前在地理信息系统中发展了一种多因素模糊评价模型,相当于模糊评判分析,该方法首先根据标准类别参数的指标空间确定各因素各类别对目标的隶属度,作为判别距离的度量,再结合要素的权重指数,采用适当的模糊算法,计算各地理实体的归属等级类别,作为评价的基础。该方法通过隶属度表达人们对目标与因素之间关系的模糊性认识,用适当的算法将这种认识量化并反映到结果的分类中,对于地理学中的评价与规划问题非常有效。

第二节　GIS 地学建模与应用

1　GIS 地学建模

1.1　基本概念

所谓模型,就是将系统的各个要素,通过适当的筛选,用一定的表现规则所描写出来的简明映像。模型通常表达了某个系统的发展过程或发展结果。

数学模型是应用数学的语言和工具,对部分现实世界的信息(现象、数据)加以翻译、归纳的产物,它源于现实,又高于现实。数学模型经过演绎、推导,给出数学上的分析、预报、决策或控制,再经过解释回到现实世界。最后,这些分析、预报、决策或控制必须经受实际的检验,完成实践—理论—实践这一循环,如图 5.22 所示。

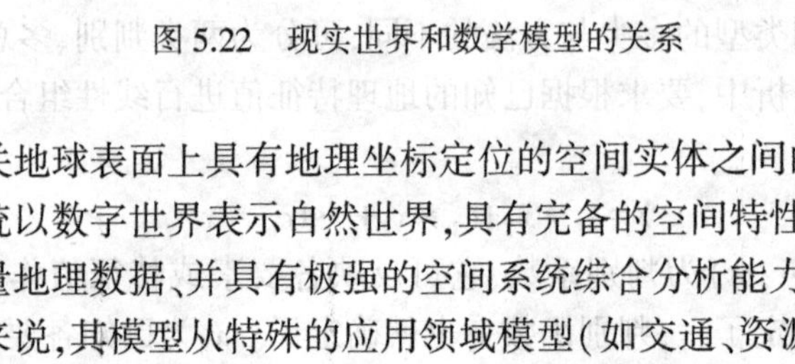

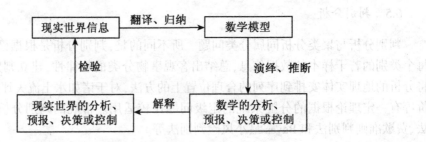

图 5.22　现实世界和数学模型的关系

地理信息是有关地球表面上具有地理坐标定位的空间实体之间的联系及其相互作用的表征。地理信息系统以数字世界表示自然世界,具有完备的空间特性,可以存储和处理不同地理发展时期的大量地理数据、并具有极强的空间系统综合分析能力,是地理空间分析的有力工具。对于 GIS 来说,其模型从特殊的应用领域模型(如交通、资源与环境等领域的分析模型)到地理信息系统中具体的基于计算机的物理信息模型,在不同的学科领域都有着非常广泛的应用。因此,地理信息系统不仅要完成管理大量复杂的地理数据的任务,更为重要的是要完成地理分析、评价、预测和辅助决策的任务，单凭工具型软件提供的一般性空间分析功能是远远不能满足要求的，必须建立广泛的适用于地理信息系统的地理应用分析模型，这是地理信息系统走向实用的关键，也是地学建模的主要任务。

地学模型是用来描述地理系统各地学要素之间的相互关系和客观规律信息的语言的或数学的或其他表达形式，通常反映了地学过程及其发展趋势或结果。地学模型，也称为专题分析模型，是在对系统所描述的具体对象与过程进行大量专业研究的基础上，总结出来的客观规律的抽象或模拟。因此，这种模型的发展不仅是建立 GIS 应用系统的主要内容之一，而且也是决定该系统解决实际问题的能力、效率和最终取得实际效益的关键所在，已受到人们日益广泛的关注和重视。由于各种应用系统的服务对象、解决的问题以及它们的复杂程度有很大差异，故其所用模型也各不相同。为此强调和注意各种 GIS 应用系统及其数学模型的个性具有十分重要的意义。

1.2 模型的作用和特点

在 GIS 应用系统中，地学应用模型起着十分重要的作用。

(1)联系 GIS 应用系统与常规专业研究的纽带。模型的建立虽然是数学或技术性的问题，但它必须以广泛、深入的专业研究为基础。专业研究的深入程度决定了所建模型的质量与效果。从这种意义上讲，模型把 GIS 应用系统和常规专业研究紧紧地联系在一起了。

(2)综合利用 GIS 应用系统中大量数据的工具。在系统中存储有数量巨大、来源不同、形式不同的数据。它们的综合分析处理和应用，主要是通过系统中模型的使用而实现的。因此，系统中数据使用的效率和深度，在很大程度上取决于模型的数量和质量。

(3)GIS 应用系统解决各种实际问题的武器。由于应用模型是客观世界中解决各种实际问题所依赖的规律或过程的抽象或模拟。因此能有效地帮助人们从各种因素之间找出其因果关系或者联系，促进问题的解决。但是由于许多问题十分复杂，完全靠定量方法很难圆满解决，所以系统还要给人为干预留下较大的余地，使定性方法也能发挥一定作用。

(4)GIS 应用系统向更高技术水平发展的基础。大量模型的发展和应用，实际上集中和验证了该应用领域中许多专家的经验和知识，无疑是一般 GIS 应用系统向专家系统发展的基础。

在 GIS 应用系统中，大多数应用数学模型具有综合性、空间性以及动态性的特点，反映了它们在多种数据综合应用以及对各种空间及动态问题等的处理和求解能力。

1.3 模型的分类

系统中应用模型可根据模型的空间特性分为两大类，即空间模型和非空间模型。然后再根据具体模型建立与求解方法，可作进一步的分类。由于空间和非空间两类模型在运算方式、所用数据、结果形式以及管理方法等方面均有较大差别，所以把它们分开对系统设计及模型管理会有许多方便之处。

对于非空间模型而言，它们主要是对系统中的各种属性数据进行运算，常用的方法包括投入产出模型、计量经济学、经济控制论及系统动力学等。这类模型多用于解决社会经济领域中的一些问题，如评价、预测与规划等，但也可用于生态环境及自然资源等领域。对于空间模型来说，则与上述情况不同，它们需要同时对系统中的图形和属性两种数据进行运算，常用的方法包括图形运算、空间检索、统计识别、网络分析以及空间扩散计算等。它们的应用范围兼顾社会和自然两大科学领域。由于这类模型的应用还很不充分,因而是今后 GIS 研究的重点和发展的主要方向之一。

2　GIS 地学建模的一般方法

模型的建立过程可由下式表示:

$$XOY = M$$

其中 X 表示某个体系,可以看作是地理系统中被主观选取的一个局部;Y 表示某种介体,具体讲就是某种模型化方法;O 代表 Y 对 X 产生的作用;M 是体系 X 通过介体 Y 产生的作用 O 所建立的模型。

分析模型按建立的方法主要有以下三种类型:

(1)概念模型:又称为逻辑模型,主要指通过观察、总结、提炼而得到的文字描述或逻辑表达式,常由此构成专家系统的知识库;

(2)数学模型:又称为理论模型,是应用数学分析方法建立的数学表达式,反映地理过程本质的物理规律,如区位模型(Location Models)就是解决地理空间问题的很有价值的理论模型;

(3)统计模型:包括经验模型,是通过数理统计方法和大量观察实验得到的定量模型,具有简单实用的优点。

通常需综合各种方法:概念模型比较灵活,可以引入许多模糊概念,适用范围很广,易于为多数人接受,但难以进行精确定量分析;数学模型因果关系清楚,可以精确地反映系统内各要素之间的定量关系,易于用来对自然过程施加控制,但通常难以包括太多的要素,而常常是大大简化的理想情形,削弱了其实用性;统计模型可以通过大量的实践建立,具有简单实用、适用性广、可以处理大量相关因素的特点,缺点是过程不清,一般是采用"黑箱"或"灰箱"方法建立的。

作为一般规则,首先应在实践中不断观察总结,形成愈来愈丰富的概念模型,在积累经验的基础上采用数理统计方法摸索统计规律;最后上升到理论模型;再采用综合方法建立实用的分析模型。

运用综合方法建立地理信息系统分析模型可采用以下步骤:①系统描述与数据分析:对模型所要分析的系统,选择可以描述系统的状态、与外部关系、随时间变化等方面的数据,构造该系统的数据体系。②理论推导:根据地理规律和系统的特点,进行理论推导,确定上面的数据体系中多因子之间的量纲关系,作为分析模型的基本框架;③简化表达:根据理论分析和具体应用要求,筛选去除相对影响较小和不重要的要素,或采用主成分分析法等数学方法简化表达形式,使模型接近实用;④参数确定:模型参数的确定可采用参数试验方法,或采用层次分析法(AHP)、专家打分法、确定模糊隶属度等方法。形式和参数确定后,分析模型可在应用中完善。

由于理论和实践方面的原因,有时可采用递归模型。递归模型便于导出地理系统在任一演变时期的状态和演变过程,在较短的间隔周期内可以作为线性问题处理,并且可以参照假设条件的变化随时间调整模型参数。

3　应用实例

近几十年来，研究者对大气污染问题进行了大量研究，并且通过实验或计算来建立适合于特定区域的大气污染物扩散模式以及确定相关参数的计算方法（污染源扩散模型）。

3.1　点源扩散的高斯模式

（1）坐标系。高斯模式的坐标系为：以排放点（无界点源或地面源）或高架源排放点在地面的投影点为原点，平均风向为 x 轴，y 轴在水平面内垂直于 x 轴，y 轴的正向在 x 轴的左侧，z 轴垂直于水平面，向上为正方向。即为右手坐标系。在这种坐标系中，烟流中心或与 x 轴重合（无界点源），或在 xoy 面的投影为 x 轴（高架点源）。

（2）高斯模式的四点假设。高斯模式的四点假设为：①污染物在空间 yoz 平面中按高斯分布（正态分布），在 x 方向只考虑迁移，不考虑扩散；②在整个空间中风速是均匀、稳定的，风速大于 1m/s；③源强是连续均匀的；④在扩散过程中污染物质量是守衡的。对后述的模式只要没有特殊指明，以上四点假设条件都是遵守的。图 5.23 所示为高斯模式的坐标系和基本假设。

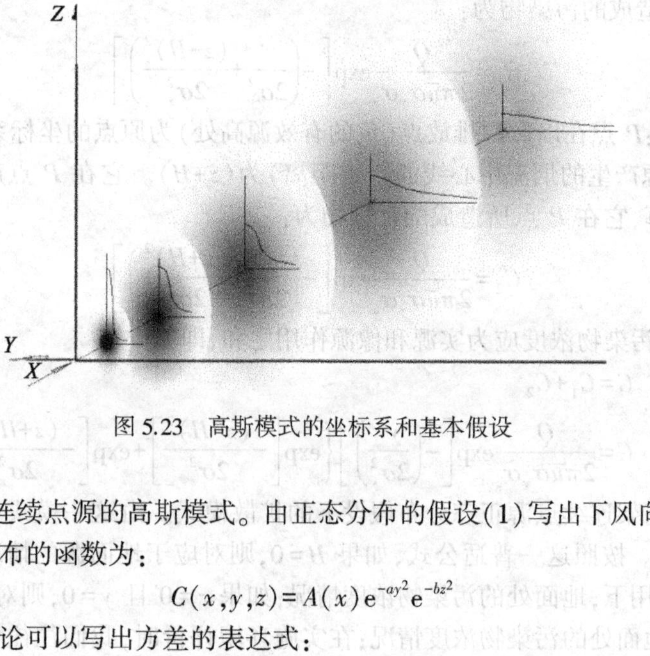

图 5.23　高斯模式的坐标系和基本假设

（3）无限空间连续点源的高斯模式。由正态分布的假设（1）写出下风向任意点 (x,y,z) 污染物平均浓度分布的函数为：

$$C(x,y,z)=A(x)\mathrm{e}^{-ay^2}\mathrm{e}^{-bz^2} \tag{5-3}$$

由概率统计理论可以写出方差的表达式：

$$\sigma_y^2=\frac{\int_0^{\infty} y^2 C\mathrm{d}y}{\int_0^{\infty} C\mathrm{d}y}\quad;\quad \sigma_z^2=\frac{\int_0^{\infty} z^2 C\mathrm{d}y}{\int_0^{\infty} C\mathrm{d}z} \tag{5-4}$$

由假设（4）可写出：

$$Q = \int_{-\infty}^{\infty}\int_{-\infty}^{\infty} \bar{u}C\mathrm{d}y\mathrm{d}z \tag{5-5}$$

上述方程组成一个方程组，源强 Q、平均风速 u、标准差 σ_y、σ_z 为已知量，浓度 C、待定函数 $A(x)$、a 和 b 为待定系数。因此，方程组可求解，得无界空间连续点源高斯模式：

$$C(x,y,z)=\frac{Q}{2\pi\bar{u}\sigma_y\sigma_z}\exp\left[-\left(\frac{y^2}{2\sigma_y^2}+\frac{z^2}{2\sigma_z^2}\right)\right] \tag{5-6}$$

式中：σ_y、σ_z 为污染物在 y、z 方向的标准差，$\bar{u}$ 为平均风速 m/s，Q 为源强。

(4)高架连续点源的高斯模式。高架连续点源的扩散问题，必须考虑到地面对扩散的影响。根据前述假设(4)，可以认为地面像镜面那样，对污染物起着全反射的作用。按照全反射原理，可以用像源法来处理这类问题。

我们可以把 P 点的污染物浓度看成是两部分之和。一部分是不存在地面影响情况下，P 点所具有的污染物浓度；另一部分是由于地面反射作用所增加的污染物浓度。这相当于实源在地面下的 $-H$ 位置处的像源，按照无限空间连续点源模式，在 P 点所造成的污染物浓度。

首先看实源的作用：P 点在以实源排放点（有效源高处）为原点的坐标系（无限空间）中的铅直坐标（距烟流中心线的铅直距离）为 $(z-H)$。当不考虑地面影响时，浓度按式(5-6)计算，它在 P 点所造成的污染物为：

$$C_1=\frac{Q}{2\pi\bar{u}\sigma_y\sigma_z}\exp\left[-\left(\frac{y^2}{2\sigma_y^2}+\frac{(z-H)^2}{2\sigma_z^2}\right)\right] \tag{5-7}$$

像源的作用：P 点在以像源排放点（负的有效源高处）为原点的坐标系（无限空间）中的铅直坐标（距像源产生的烟流中心线的铅直距离）为 $(z+H)$。它在 P 点产生的污染物浓度也按式(5-6)计算，它在 P 点所造成的污染物为：

$$C_2=\frac{Q}{2\pi\bar{u}\sigma_y\sigma_z}\exp\left[-\left(\frac{y^2}{2\sigma_y^2}+\frac{(z+H)^2}{2\sigma_z^2}\right)\right] \tag{5-8}$$

P 点的实际污染物浓度应为实源和像源作用之和，即

$$C=C_1+C_2$$

$$C=\frac{Q}{2\pi\bar{u}\sigma_y\sigma_z}\exp\left[-\left(\frac{y^2}{2\sigma_y^2}\right)\right]\left\{\exp\left[-\frac{(z-H)^2}{2\sigma_z^2}\right]+\exp\left[-\frac{(z+H)^2}{2\sigma_z^2}\right]\right\} \tag{5-9}$$

式(5-9)为高架连续点源正态分布假设下的扩散模式。由这一模式可求出下风向任一点的污染物浓度。按照这一普适公式，如果 $H=0$，则对应于地面源的情况；如果 $z=0$，则对应于连续点源作用下，地面处的污染物浓度情况；如果 $z=0$ 且 $y=0$，则对应于点源作用下，正风向轴线上，地面处的污染物浓度情况；在实施环境评价时，我们往往特别关注这样一些特殊情况。

3.2 线源扩散模式

(1)无限长线源扩散模式。在平坦地形上，一条平直的繁忙的公路可以看作一无限长线源。它在横风向产生的浓度是处处相等的。一条线是由无限多个点组成的。一无限长线源可看成是由无限多个点源组成的。点源的源强可以用单位长线源源强表示。线源在某一空间点产生的浓度，相当于所有点源（单位长度线源）在这空间点产生的浓度之和。它相当

于一个点源在这空间点产生浓度对 y 轴的积分。因此,把点源扩散的高斯模式对变量 y 积分,可获得线源扩散模式。

当风向与线源垂直时,主导风向的下风向为 x 轴。连续排放的无限长线源下风向浓度模式为:

$$C = \frac{Q_1}{\pi \bar{u} \sigma_y \sigma_z} \exp\left(\frac{-H^2}{2\sigma_z^2}\right) \int_{-\infty}^{+\infty} \exp\left(\frac{-y^2}{2\sigma_y^2}\right) \mathrm{d}y = \frac{\sqrt{2}\, Q_1}{\sqrt{\pi}\, \bar{u} \sigma_z} \exp\left(\frac{-H^2}{2\sigma_z^2}\right) \tag{5-10}$$

当风向与线源不垂直时,如果风向和线源交角为 ϕ 且 $\phi > 45°$,线源下风向的浓度模式为:

$$C = \frac{\sqrt{2}\, Q_1}{\sqrt{\pi}\, \bar{u} \sigma_z \sin\varphi} \exp\left(\frac{-H^2}{2\sigma_z^2}\right) \tag{5-11}$$

(2)有限长线源扩散模式。当估算有限长线源产生的环境浓度时,必须考虑有限长线源两端引起的"边缘效应"。随着接收点距线源距离的增加,边缘效应将在更大的横风距离上起作用。当风向垂直于有限长线源时,通过所关心的接收点作垂直于有限长线源的直线,该直线与有跟长线源的交点选作坐标原点,直线的下风方向为 x 轴。线源的范围为从 y_1 延伸到 y_2。有限线源扩散模式为:

$$C = \frac{\sqrt{2}\, Q_1}{\sqrt{\pi}\, \bar{u} \sigma_z} \exp\left(\frac{-H^2}{2\sigma_z^2}\right) \int_{p_1}^{p_2} \frac{1}{\sqrt{2\pi}} \exp(-0.5p2)\, \mathrm{d}p \tag{5-12}$$

式中:$p_1 = \frac{y_1}{\sigma_y}$;$p_2 = \frac{y_2}{\sigma_y}$

3.3 多源和面源排放模式

如果需要评价的点源数多于一个,计算地面浓度时应将各个源对接受点浓度的贡献进行叠加。在评价区内选一原点,以平均风的上风向为正 x 轴,评价区内任一地面点(x,y)的浓度可按各点源对(x,y)点的浓度贡献的叠加,其公式形式与前相同但应注意对应坐标的变换。根据污染源下风向任一点的大气污染物地面浓度估计方程:

$$C(x,y,0) = \frac{Q}{\pi \bar{u} \sigma_y \sigma_z} \exp\left[-\left(\frac{y^2}{2\sigma_y^2} + \frac{H^2}{2\sigma_z^2}\right)\right] \tag{5-13}$$

污染源 i 在下风向任一点 k 处造成的大气污染物地面浓度可写做:

$$t_{ik} = \frac{Q}{\pi \bar{u} \sigma_y \sigma_z} \exp\left[-\left(\frac{y_{ik}^2}{2\sigma_y^2} + \frac{H_i^2}{2\sigma_z^2}\right)\right] \tag{5-14}$$

多源在接受点 k 处的最终污染物浓度为:

$$C_k = \sum_i t_{ik} \tag{5-15}$$

城市的家庭炉灶和低矮烟囱数量很大,单个排放量很小,如按点源处理计算量十分庞大。导则规定平原城区排气筒高度不高于 40m 或排放量小于 0.04 t/h 的排放源可作为面源处理。面源扩散的处理模式是将评价区在选定的坐标系内网格化。即以评价区的左下角为原点;分别以东(E)和北(N)为 x 轴和 y 轴。网格和单元一般可取 1km×1km,评价区较小时,可取 500m×500m,建设项目所占面积小于网格单元,可取其为网格单元面积。然后,按网格统计面源的主要污染物排放量[t/(h · km^2)]和面源平均排放高度(m)等参数。

假设每一面源单元的排放量都集中到面源单元的形心上。每一面源单元,在下风方向所造成的浓度,可用一虚拟点源在下风方向造成同样的浓度所代替。假设虚拟点源在面源单元中心线处产生的烟流宽度($2y_0 = 4.30\sigma_y$)等于面源单元宽度(W),则有 $\sigma_{y_0} = W/4.30$。设虚拟点源在面源单元形心处的上风向 x_{y_0} 处,可由稳定度和 σ_y 的幂函数表达式求得虚拟点源的位置。然后以虚拟点源模式计算其他点的污染物浓度。

无论是点源污染,还是线源污染,其空间分布以及属性可以通过地理信息系统进行管理,而污染扩散的影响因子的空间分布同样可以作为 GIS 的空间数据组成部分,所以,基于 GIS 可以建立大气污染扩散模型。GIS 也提供了丰富的功能,以表现污染物强度空间分布,可以查询强度分布状况,并可以结合其他社会经济数据,进行更加细致的评价分析。

第三节　地学专家系统

1　概述

1.1　定义

地学专家系统是研究模拟有关专家的推理思维过程,将有关领域专家的知识和经验,以知识库的形式存入计算机。系统可以根据这些知识对输入的原始事实进行复杂的推理,并做出判断和决策,从而起到专门领域专家的作用。具有这种功能的系统就称为专家系统(Expert System)。

将专家系统技术应用于地理信息系统领域具有重要的意义。因为地理信息系统常常要解决多层次、多因素、时变型和具有非线性变化的地学问题,解决这类问题是一项具有创造性的过程。这里,专家经验和知识起着重要的作用。另外,使用 GIS 的新用户以及某一特殊科学领域的非 GIS 专家,都不可能准确地知道如何按 GIS 要求阐述它们的需要,能做这种工作的专家还不多,因此也有必要把专家们的知识综合起来,存入计算机系统中,将有关学科的专家知识和经验以及所需的各种信息存储起来,形成一个系统,供其他 GIS 用户使用。地学专家系统是 GIS 的更高级发展。目前,专家系统正广泛应用于地学分析、地质勘探、疾病诊断和军事领域。

1.2　专家系统的基本组成

专家系统是人工智能在信息系统中的应用,它是一个智能计算机程序系统,其内部拥有大量专家水平的某个领域知识与经验,能够利用人类专家的知识和解决问题的方法来解决该领域的问题。专家系统的主要功能取决于大量的知识。设计专家系统的关键是知识表达和知识运用。专家系统与一般计算机程序最本质的区别在于:专家系统所解决的问题一般没有算法解,并且往往是要在不完全、不精确或不确定的信息基础上做出结论。一般的专家系统由数据库、知识库、推理机、解释器及知识获取五个部分组成,它的结构如图 5.24 所示。

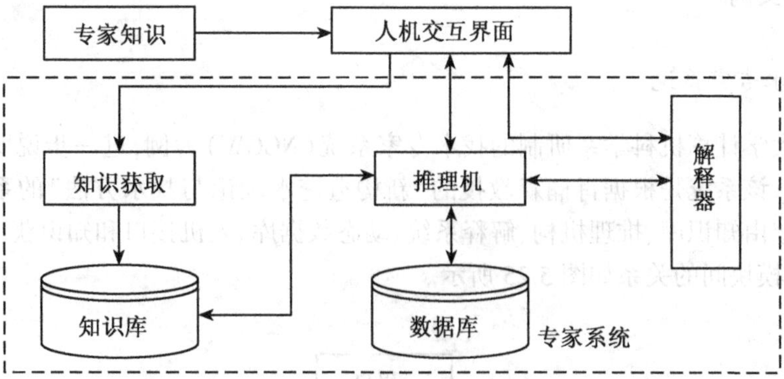

图 5.24　专家系统结构图

(1)知识库。知识库用于存取和管理所获取的专家知识和经验,供推理机利用,具有知识存储、检索、编辑、增删、修改和扩充功能。

(2)数据库。用来存放系统推理过程中用到的控制信息、中间假设和中间结果。

(3)推理机。用于利用知识进行推理,求解专门问题,具有启发推理、算法推理;正向、反向或双向推理;串行或并行推理等功能。

(4)解释器。解释器用于作为专家系统与用户的"人—机"接口,其功能是向用户解释系统的行为,包括:

- 咨询理解:对用户咨询的提问进行"理解",将用户输入的提问及有关事实、数据和条件、转换为推理机可接收的信息。
- 结论解释:向用户输出推理的结论或答案,并且根据用户需要对推理过程进行解释,给出结论的可信度估计。

(5)知识获取器。知识获取是专家系统与专家的"界面"。知识库中的知识一般都是通过"人工移植"方法获得,"界面"就是知识工程师(专家系统的设计者),采用"专题面谈"、"口语记录分析"等方式获取知识,经过整理后,再输入知识库。为了提高知识工程师获得专家知识的效率,可以借助"知识获取辅助工具"来辅助专家整理知识或辅助扩充和修改数据库。近年来,开始机器学习、机器识别、半自动化等方法获取知识。

1.3　主要原理

对某个领域有透彻了解和丰富知识的专家们,将他们的知识以某种方式输入计算机——知识获取阶段。获取的知识被转换成一系列规则,存储在知识库中,用这些规则去识别或描述知识库中的实体。同时,用户对知识库进行访问,达到咨询和调用的目的。最初,知识以形态逻辑语句的形式编码。后来,当人们面对各种需要解决的问题时,采用了"模拟"等更为复杂的方法。现代人工智能的发展趋向于能获取更多人类思维过程的系统公式化的研究。

用户想从知识库中取出信息时,通过一种称为"推理模块"的程序输入他的问题,这一模块的任务是把用户的要求转换成公式化的询问模型,并用这些模型从知识库中获取知识并进行处理。推理模块程序也包括解释功能,即告诉用户它为什么要搜索特定类型的实体。

2 应用实例

2.1 找水专家系统

以南京大学计算机科学系研制的找水专家系统(NCGW)为例,进一步说明专家系统的结构和机理。该系统是根据肖楠森教授的“新构造挖水理论与找水方法”的系统知识而研制的。该系统由知识库、推理机构、解释系统、动态数据库、人机接口和知识获取等六个主要模块组成,其模块间的关系如图5.25所示。

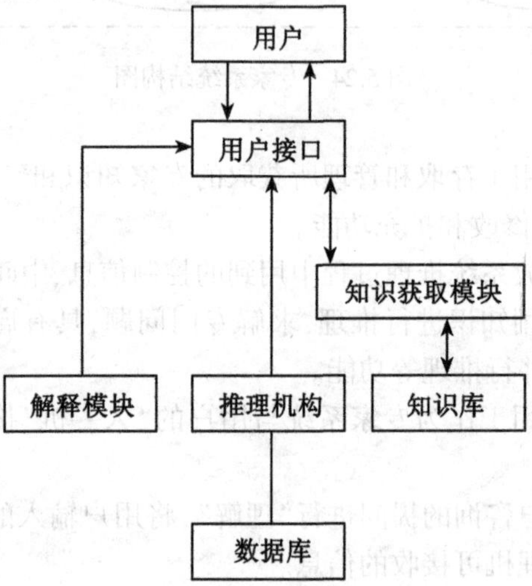

图5.25 NCGW专家系统

系统运行时,根据用户输入的该地区水文地质条件和可信度值,推理机构利用输入的数据和知识库中的知识,推断出该地区是否有可开采的地下水。例如,如果该地区为丘陵岗地,同时又为新构造断裂带,系统便进行新构造断裂带富水性的测试,同时推导出井深、井位和打井方法等结论。

知识库存储着特定领域内的大量事实和规律,是专家实践经验全面和真实的体现。知识库中知识的表示与组织是系统的基础。NCGW系统中采用产生式规则知识表达方式。每个产生方式包含一个“情况—行为对”,在推理系统中,情况就是前提,行为就是结论,因此知识的单位是:

IF〈前题条件〉THEN〈结论〉

NCGW系统的知识库中存在400条产生式规则,根据实际应用的需要,可随时添加或修改知识库中的规则。

知识表示是专家系统赖以生成的基础,而推理控制策略则是系统的灵魂。NCGW系统采用反向推理策略,通过搜索一组规则证明事实是否成立。NCGW系统的知识获取通过机器与专家的对话来实现,系统以菜单方式主动向专家询问,以获取知识,包括建立、添加、删除或修改规则。例如,若要添加一条规则,可用中西文直接键入这条规则的内容,系统自动将这条规则转化为内部形式存入知识库,同时将对应规则名排入推理控制流中,并自动匹配生成对应菜单。

2.2 种植区划专家系统

农业气候区划是根据农作物生长发育过程中对气候条件的要求和气候资源的地理分布特征来进行分区划片的,在某种农作物的气候可种植区内还有不同的地物类型,不同的农作物要求不同的地理环境。为使农业气候区划对农业生产更具有指导作用,将专家系统引入到农业气候区划中。江西省在全省优质早稻种植气候区划和万安县脐橙种植综合区划中(如图5.26所示),结合专家系统知识库,得到了全省优质早稻和万安县脐橙种植规划图。

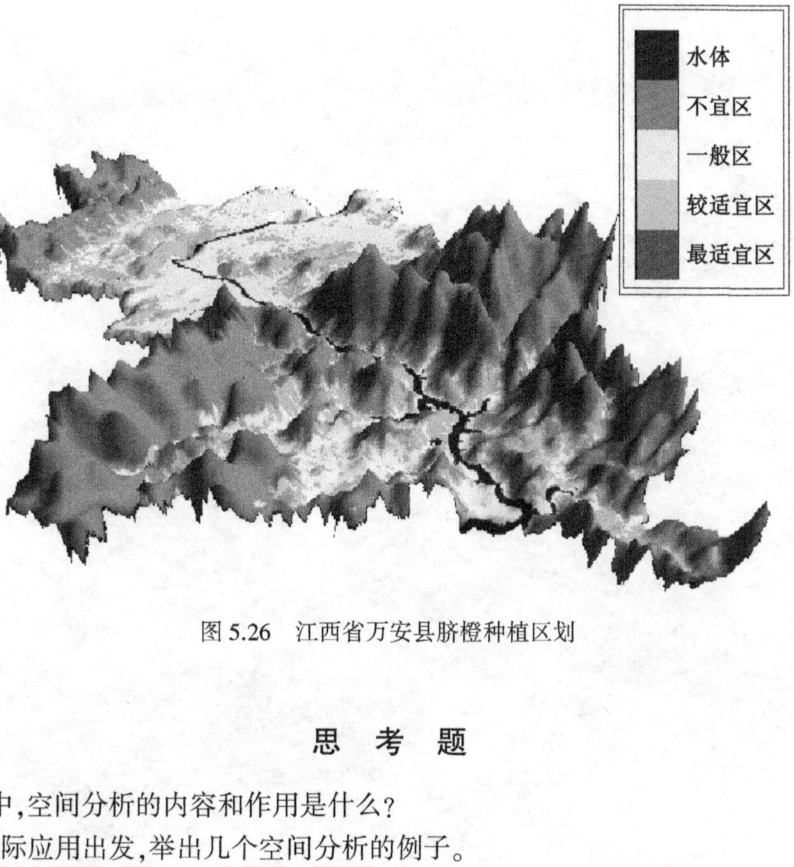

图5.26 江西省万安县脐橙种植区划

思考题

1. GIS中,空间分析的内容和作用是什么?
2. 从实际应用出发,举出几个空间分析的例子。
3. 空间查询有哪些方式?举例说明其有哪些应用。
4. 写出坐标解析法计算图形面积的公式。
5. 什么是多边形叠加分析?其基本步骤有哪些?
6. 什么是缓冲区分析?
7. 计算最短路径的Dijkstra算法的原理是什么?有什么值得改进的地方?
8. 简述空间统计分析的主要方法。
9. 简述空间分类分析的主要方法。
10. 空间决策支持的一般过程是什么?

11. 运用 GIS 知识,分析说明城市道路拓宽中拆迁指标计算的操作步骤(提示:道路向两侧平均拓宽,部分位于拆迁区内的 10 层以上的建筑物不拆迁)。

12. 运用 GIS 知识,分析说明利用栅格数据进行工业厂址适宜性分析的方法步骤(提示:影响因素只考虑土地利用现状、地形坡度、人口密度和自然保护区)。

第六章 数字地面模型

数字地面模型(Digital Terrain Model,简称 DTM)是地理信息系统地理数据库中最为重要的空间信息资料和赖以进行地形分析的核心数据系统,是构建国家空间数据基础设施(NSDI)的重要框架数据之一。数字地面模型在测绘、资源与环境、灾害防治、国防等与地形分析有关的科研及国民经济各领域有着重要作用。

由于数字高程模型(Digital Elevation Model,简称 DEM)的研究方法可以同样用于 DTM,本章将以 DEM 为讨论重点。

第一节 概 述

1 DTM 与 DEM

数字地面模型最初是为了高速公路的自动设计提出来的(Miller,1956)。数字地面模型通用的定义是:描述地表形态多种信息空间分布的有序数值阵列。因为地理空间实质是三维的,但人们往往在二维地理空间上描述并分析地面特性的空间分布,因此从数学的角度,可以用下述二维函数系列取值的有序集合来概括地表示数字地面模型的丰富内容和多样形式:

$$K_p = f_k(\mu_p - v_p) \qquad (k=1,2,3,\cdots,m;p=1,2,3,\cdots,n) \tag{6-1}$$

式中,K_p为第 p 号地面点(可以是单一的点,但一般是某点及其微小邻域所划定的一个地表面元)上的第 k 类地面特性信息的取值;u_p,v_p为第 p 号地面点的二维坐标,可以是采用任一地图投影的平面坐标,或者是经纬度和矩阵的行列号等;m(m 大于等于 1)为地面特性信息类型的数目;n 为地面点的个数。当上述函数的定义域为二维地理空间上的面域、线段或网络时,n 趋于正无穷大;当定义域为离散点集时,n 一般为有限正整数。

从以上看出,数字地面模型就是对某一种或多种地面特性空间分布的数字描述,是叠加在二维地理空间上的一维或多维地面特性向量空间,是地理信息系统空间数据库的某类实体或所有这些实体的总和。数字地面模型的本质共性是二维地理空间定位和数字描述。

在式 6-1 中,当 $m=1$ 且 f_i为对地面高程的映射,(u_p,v_p)为矩阵行列号时,式(6-1)表达的数字地面模型即所谓的数字高程模型。其数学形式可表示为三维向量有限序列,用函数的形式描述为:

$$V_i = (x_i,\ y_i,\ z_i)(i=1,2,3,\cdots,n) \tag{6-2}$$

其中 x_i、y_i是平面坐标,z_i是(x_i,y_i)对应的高程。当该序列中各平面向量的平面位置呈规则格网排列时,其平面坐标可省略,此时 V_i就简化为一维向量序列 z_i,$i=1,2,\cdots,n$。

数字高程模型通过有限的地形高程数据实现对地形曲面的数字化模拟(即地形表面形

态的数字化表示)，它是对二维地理空间上具有连续变化特征地理现象的模型化表达和过程模拟。高程数据常常采用绝对高程，即从大地水准面起算的高度。显然，DEM 是 DTM 的一个分支，是 DTM 中最基本的部分。从研究对象与应用范畴角度出发，DEM 可以归纳为狭义和广义两种定义。从狭义角度定义，DEM 是区域表面海拔高程的数字化表达。这种定义将描述的范畴集中地限制在“地表”、“海拔高程”及“数字化表达”内，观念较为明确。从广义角度定义，DEM 是地理空间中地理对象表面海拔高度的数字化表达。这是随着 DEM 的应用不断向海底、地下岩层以及某些不可见的地理现象(如空中的等气压面等)延伸，而提出的更广义的概念。该定义将描述对象不再限定在“地表面”，因而具有更大的包容性，有海底 DEM、下伏岩层 DEM、大气等压面 DEM 等。

DTM 的另外两个分支是各种非地貌特性的以矩阵形式表示的数字模型，包括自然地理要素以及与地面有关的社会经济及人文要素，如土壤类型、土地利用类型、岩层深度、地价、商业优势区等。实际上 DTM 是栅格数据模型的一种。它与图像的栅格表示形式的区别主要是：图像是用一个点代表整个像元的属性，而在 DTM 中，格网的点只表示点的属性，点与点之间的属性可以通过内插计算获得。

2 DEM 的数据源

获取正确的数据是建立 DEM 的第一步，也是关键的一步，它不仅直接影响 DEM 的精度，也直接影响费用开支。

2.1 遥感图像

这种方法是由航空或航天遥感立体像对，用摄影测量的方法建立空间地形立体模型，量取密集数字高程数据，建立 DEM(如图 6.1 所示)。采集数据的摄影测量仪器包括各种解析的和数字的摄影测量与遥感仪器。

数字摄影测量方法是空间数据采集最有效的手段，它具有效率高、劳动强度低的优点。数据采样可以全部由人工操作，通常费时且易于出错；半自动采样可以辅助操作人员进行采样，以加快速度和改善精度，通常是由人工控制高程 z，由机器自动控制平面坐标 x、y 的驱动；全自动方法利用计算机视觉代替人眼的立体观测，速度虽然快，但精度较差。人工或半自动方式的数据采集，数据的记录可分为“点模式”或“流模式”，前者根据控制信号记录静态量测数据，后者是按一定规律连续地记录动态的量测数据。

摄影测量方法用于生产 DEM，数据点的采样方法根据产品的要求不同而异，主要有以下几种方式：

(1)沿等高线采样。在地形复杂及陡峭地区，可采用沿等高线跟踪方式进行数据采集，而在平坦地区，则不宜采用沿等高线采样。沿等高线采样时可按等距离间隔记录数据或按等时间间隔记录数据方式进行。采用后一种方式，由于在等高线曲率大的地方跟踪速度较慢，因而采集的点较密集，而在等高线较平直的地方跟踪速度快，采集的点较稀疏，故只要选择恰当的时间间隔，所记录的数据就能很好地描述地形，又不会有太多的数据。

(2)规则格网采样。利用解析测图仪在立体模型中按规则矩形格网进行采样，直接构成规则格网 DEM。当系统驱动测标到格网点时，会按预先选定的参数停留一短暂时间(如 0.2 秒)，供作业人员精确测量。该方法的优点是方法简单、精度高、作业效率也较高；缺点

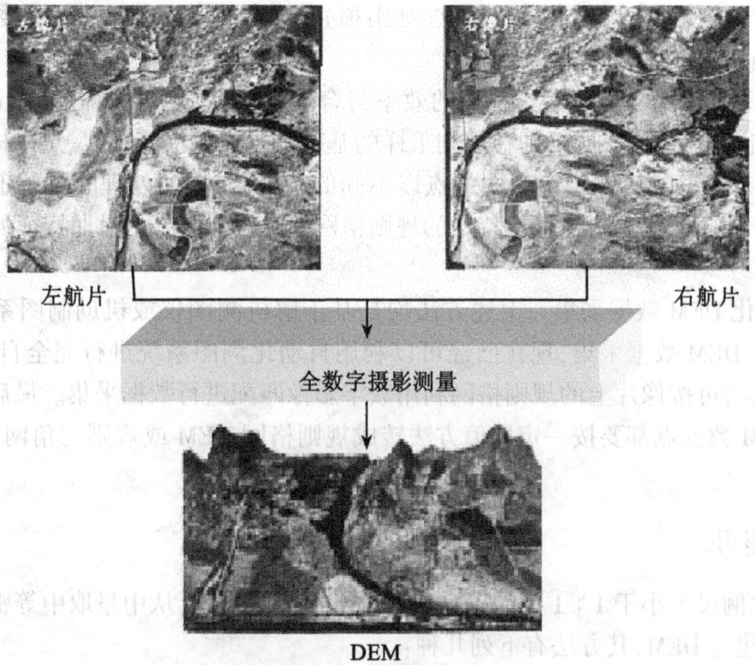

图 6.1　利用航片建立 DEM

是对地表变化的尺度的灵活性较差,可能会丢失特征点。

(3)渐进采样。渐进采样方法的目的是使采样点分布合理,即平坦地区样点少,地形复杂区的样点较多。渐进采样首先按预定比较稀疏的间隔进行采样,获得一个较稀疏的格网,然后分析是否需要对格网进行加密,如图 6.2 所示。判断加密的方法可利用高程的二阶差分是否超过了给定的阈值;或利用相邻的三点拟合一条二次曲线,计算两点间中点的二次内插值与线性内插值之差,判断是否超过阈值。当超过阈值时,则对格网加密采样,然后对较密的格网进行同样的判断处理,直至不再超限或达到预先给定的加密次数(或最小格网间隔),然后再对其他格网进行同样的处理。

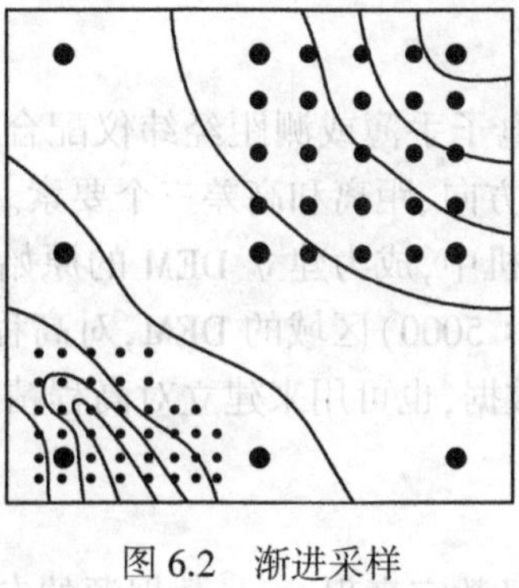

图 6.2　渐进采样

(4)选择采样。为了准确地反映地形,可根据地形特征进行选择采样,例如沿山脊线、山谷线、断裂线进行采集以及离散碎部点(如山顶)的采集。这种方法获取的数据尤其适合于不规则三角网 DEM 的建立。

(5)混合采样。为了同步考虑采样的效率与合理性,可将规则采样(包括渐进采样)与选择性采样结合进行混合采样,即在规则采样的基础上再进行沿特征线、点采样。为了区别一般的数据点和特征点,应当给不同的点以不同的特征码,以便处理时可按不同的方式进行。利用混合采样可建立附加地形特征的规则格网 DEM,也可建立附加特征的不规则三角网 DEM。

(6)自动化 DEM 数据采集。上述方法均是基于解析测图仪或机助制图系统利用半自动的方法进行 DEM 数据采集,现在已经可以利用自动化测图系统进行完全自动化的 DEM 数据采集。此时可按像片上的规则格网利用数字影像匹配进行数据采集。最后数字摄影测量获取的 DEM 数据点都要按一定插值方法转成规则格网 DEM 或规则三角网 DEM 格式数据。

2.2 地形图

主要以比例尺不小于 1∶1 万的国家近期地形图为数据源,从中量取中等密度地面点集的高程数据,建立 DEM,其方法有下列几种:

(1)手工方法采用方格膜片、网点板或带刻画的平移角尺叠置在地形图上,并使地形图的格网与网点板或膜片的格网线逐格匹配定位,自上而下,逐行从左到右量取高程。当格网交点落在相邻等高线之间时,用目视线性内插方法估计高程值。它的优点是几乎不需要购置仪器设备,而且操作简便。

(2)手扶跟踪数字化仪采集方式有:沿主要等高线采集平面曲率极值点,并选采高程注记点和线性加密点作补充;逐条等高线的线方式连续采集样点,并采集所有高程注记点作补充,这种方式适用于等高线较稀疏的平坦地区;沿曲线和坡折线采集曲率极值点,并补采峰-鞍线和水边线的支撑点,分别以等高线、峰-鞍链和边界链格式存储。

(3)扫描数字化仪采集这种方式采集速度最快,但目前仅能以扫描分版等高线图方式采集高程。随着研究的不断深入,一些难点和瓶颈问题被解决,从地图扫描数据中自动地建立 DTM 技术必将达到实用水平。

2.3 地面实测记录

用电子速测仪(全站仪)和电子手簿或测距经纬仪配合 PC1500 等袖珍计算机,在已知点位的测站上,观测到目标点的方向、距离和高差三个要素。计算出目标点的 x、y、z 三维坐标,存储于电子手簿或袖珍计算机中,成为建立 DEM 的原始数据。这种方法一般用于建立小范围大比例尺(比例尺大于 1∶5000)区域的 DEM,对高程的精度要求较高。另外气压测高法获取地面稀疏点集的高程数据,也可用来建立对高程精度要求不高的 DTM。

2.4 专题数据

DTM 的三元组的第三维不是数字高程,而是数据源的专题要素取值。例如:

(1)从水文站、气象站、地质勘探、重力测量中得到的数据经内插后,可获得建立各类专题 DTM 的数据。

(2)以各种专题地图为数据源可建立专题 DTM,正如数字高程模型是地形图的一种等效数字形式,专题 DTM 是专题图的一种等效数字形式。

(3)以统计报表和行政区域地图为数据源。社会经济信息的数据一般以行政区为统计单位。因此,社会经济统计报表要与行政区域地图相配合,才能将报表数据变换成二维地理空间定位的 DTM 数据。这类 DTM 的第三维数据是社会经济统计项目的取值。

2.5 其他

采用近景摄影测量在地面摄取立体像对,构造解析模型,可获得小区域的 DEM。此时,数据的采集方法与航空摄影测量基本相同。这种方法在山区峡谷、线路工程和露天矿山中有较大的应用价值。

另外,航空测高仪可获得精度要求不太高的高程数据,利用全球定位系统 GPS,结合雷达和激光测高仪等进行数据采集。也可以依此来构造 DEM。

3 DEM 的精度与数据质量控制

DEM 的精度主要受原始资料的精度(采样密度、测量误差、地形类别、控制点等)和内插的精度(内插方法、地形类型、原始数据的密度等)的影响。在研究 DEM 的精度时,一般都假定已排除了粗差的影响,因为 DEM 的粗差难以探测。

数据采集是 DEM 的关键问题,研究结果表明,任何一种 DEM 内插方法,均不能弥补取样不当所造成的信息损失。数据点太稀会降低 DEM 的精度;数据点过密,又会增大数据量、处理的工作量和不必要的存储量。这需要在 DEM 数据采集之前,按照所需的精度要求确定合理的取样密度,或者在 DEM 数据采集过程中根据地形复杂程度动态调整采样点密度。

由于很多 DEM 数据来源于地形图,所以 DEM 的精度决不会高于原始的地形图。例如 U.S.G.S.用数字化的等高线图,通过线性插值生产的最精确的 DEM 的最大均方误差(RMSE)为等高线间距的一半,最大误差不大于两个等高线间距。通常用某种数学拟合曲面生产的 DEM,往往存在未知的精度问题,即使是正式出版的地形图同样存在某种误差,所以在生产和使用 DEM 时应该注意到它的误差类型。

对 DEM 内插精度的估算方法有多种,但结论是相同的,即 DEM 的内插精度主要受原始采样点的采样密度的影响,与不同的插值方法的关系不很大。但在 DEM 精度评定的标准方面、地貌逼真度方面、DEM 的粗差探测等方面仍没有得到圆满的解决。

第二节 DEM 的主要表示模型及其转换

1 主要表示模型

1.1 规则格网(Grid)模型

规则网格,通常是正方形,也可以是矩形、三角形、六边形等规则网格(如图 6.3 所示)。规则网格将区域空间切分为规则的格网单元,每个格网单元对应一个数值。数学上可以表示为一个矩阵：DEM = $\{H_{ij}\}$ ($i = 1,2,\cdots,m; j = 1,2,\cdots,n$)，在计算机实现中则是一个二维数组。每个格网单元或数组的一个元素，对应一个高程值。

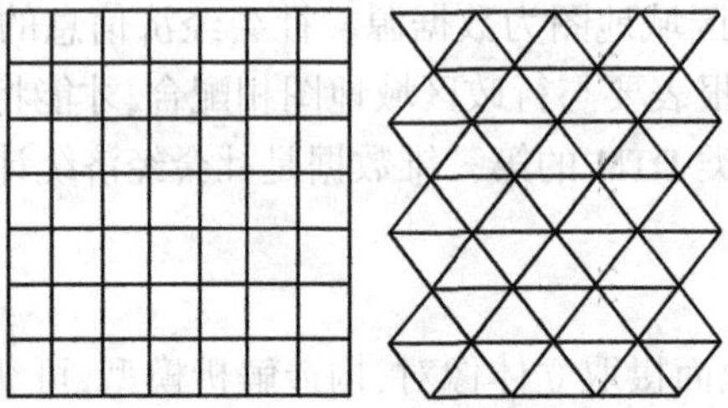

图 6.3　规则格网的 DEM

计算机对矩阵的处理比较方便，特别是以栅格为基础的 GIS 系统中高程矩阵已成为 DEM 最通用的形式。它还可以很容易地计算等高线、坡度坡向、山坡阴影和自动提取流域地形，使得它成为 DEM 最广泛使用的格式，目前许多国家的 DEM 数据都是以规则格网的数据矩阵形式提供的。但规则的格网系统也有下列缺点：

(1) 地形简单的地区存在大量冗余数据，通常要进行压缩存储；

(2) 如不改变格网大小，则无法适用于起伏程度不同的地区，但缩小格网又会造成数据量几何级数增加，给数据管理带来了不方便，通常要进行压缩存储；

(3) 对于某些特殊计算如视线计算时，格网的轴线方向被夸大；

(4) 不能精确表示地形的结构和细部，如山峰、洼坑、山脊、山谷等。

为避免这些问题，可采用附加地形特征数据，如地形特征点、山脊线、谷底线、断裂线，以描述地形结构。

DEM 数据的无损压缩可以采用普通的栅格数据压缩方式，如游程编码、块码等，但是由于 DEM 数据反映了地形的连续起伏变化，通常比较"破碎"，普通压缩方式难以达到很好的效果，因此对于网格 DEM 数据，可以采用哈夫曼编码进行无损压缩；有时，在牺牲细节信息的前提下，可以对网格 DEM 进行有损压缩。

1.2　等高线模型

等高线模型表示高程，高程值的集合是已知的，每一条等高线对应一个已知的高程值，这样一系列等高线集合和它们的高程值一起就构成了一种地面高程模型。等高线的特性主要有：

(1) 位于同一等高线上的地面点，海拔高度相同。

(2) 在同一幅图内，除了悬崖以外，不同高程的等高线不能相交。

(3) 在图廓内相邻等高线的高差一般是相同的，因此地面坡度与等高线之间的水平距离成反比，相邻等高线水平距离愈小，等高线排列越密，说明地面坡度愈大；相邻等高线之间的水平距离愈大，等高线排列越稀，则说明地面坡度愈小。因此等高线能反映地表起伏的势态和地表形态的特征。

等高线通常被存成一个有序的坐标点对序列，可以认为是一条带有高程值属性的简单多边形或多边形弧段。由于等高线模型只表达了区域的部分高程值，往往需要一种插值方法来计算落在等高线外的其它点的高程，又因为这些点是落在两条等高线包围的区域内，所以，通常只使用外包的两条等高线的高程进行插值。

等高线通常可以用二维的链表来存储。另外的一种方法是用图来表示等高线的拓扑关系，将等高线之间的区域表示成图的节点，用边表示等高线本身。此方法满足等高线闭合或与边界闭合、等高线互不相交两条拓扑约束。这类图可以改造成一种无圈的自由树。图6.4为一个等高线图和它相应的自由树，其他还有多种基于图论的表示方法。

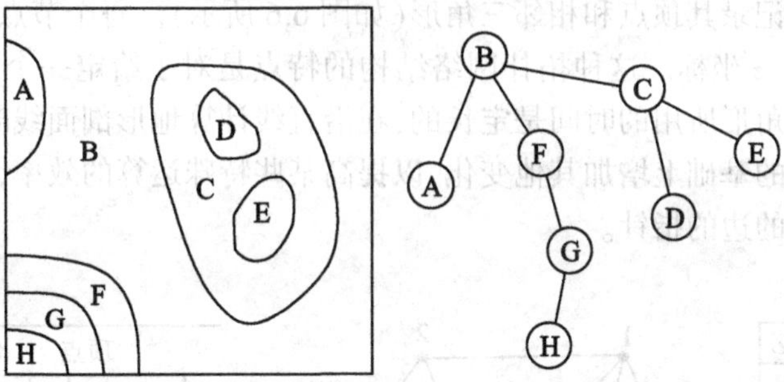

图 6.4　等高线和相应的自由树

1.3　不规则三角网(TIN)模型

不规则三角网(Triangulated Irregular Network，TIN)是专为产生 DTM 数据而设计的一种采样表示系统。TIN 表示法利用所有采样点取得的离散数据，按照优化组合的原则，把这些离散点(各三角形的顶点)连接成相互连续的三角面(在连接时，尽可能地确保每个三角形都是锐角三角形或是三边的长度近似相等)网络，三角面的形状和大小取决于不规则分布的测点，或节点的位置和密度。区域中任意点落在三角面的顶点、边上或三角形内。如果点不在顶点上，该点的高程值通常通过线性插值的方法得到(在边上用边的两个顶点的高程，在三角形内则用三个顶点的高程)。所以 TIN 是一个三维空间的分段线性模型，在整个区域内连续但不可微，如图 6.5 所示。

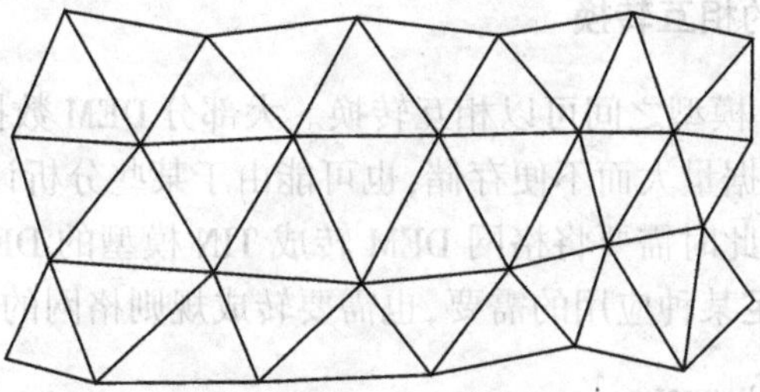

图 6.5　TIN

TIN 表示法克服了高程矩阵中冗余数据的问题，而且能更加有效地用于各类以 DTM 为基础的计算。因为 TIN 可根据地形的复杂程度来确定采样点的密度和位置，因而它能够避免地形平坦时的数据冗余，又能按地形特征点如山脊、山谷线、地形变化线等表示数字高程特征。TIN 把节点看做数据库中的基本实体。拓扑关系的描述，是在数据库中建立指针系统来表示每个节点到邻近节点的关系、节点和三角形的邻里关系，列表是从每个节点的北方向开始按顺时针方向分类排列的。TIN 模型区域之外的部分由拓扑反向的虚节点表示，虚节点说明该节点为 TIN 的边界节点，使边界节点的处理更为简单。

TIN 拓扑结构的存储方式有许多种表达，一个简单的记录方式是：对于每一个三角形、边和节点都对应一个记录，三角形的记录包括三个指向它三个边的记录的指针；边的记录有四个指针字段，包括两个指向相邻三角形记录的指针和它的两个顶点的记录的指针；也可以直接对每个三角形记录其顶点和相邻三角形(如图 6.6 所示)。每个节点包括三个坐标值的字段，分别存储 x、y、z 坐标。这种拓扑网络结构的特点是对于给定一个三角形查询其三个顶点高程和相邻三角形所用的时间是定长的，在沿直线计算地形剖面线时具有较高的效率。当然可以在此结构的基础上增加其他变化，以提高某些特殊运算的效率，例如在顶点的记录里增加指向其关联的边的指针。

1	X	Y	Z
2	X	Y	Z
3	X	Y	Z
4	X	Y	Z
5	X	Y	Z
6	X	Y	Z
7	X	Y	Z
8	X	Y	Z

点文件

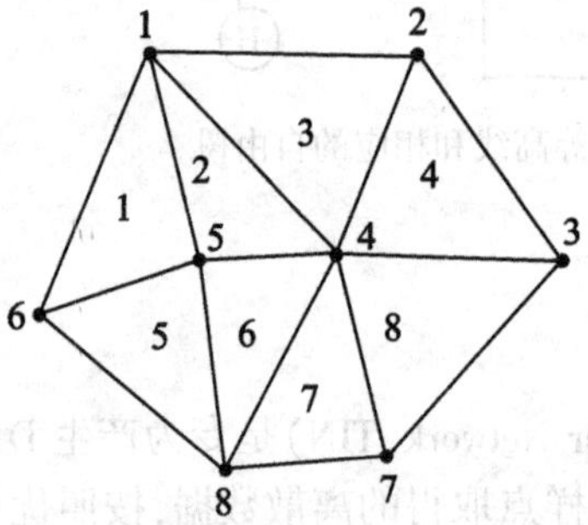

	顶点			邻接三角形		
1	1	5	6	2	5	X
2	1	4	5	1	3	6
3	1	2	4	X	4	2
4	2	3	4	3	X	8
5	5	6	8	1	X	6
6	4	5	8	2	5	7
7	4	7	8	6	8	X
8	3	4	7	4	7	X

三角形文件

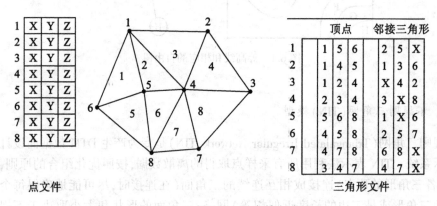

图 6.6 三角网的一种存储方式

TIN 的数据存储方式比格网 DEM 复杂，它不仅要存储每个点的高程，还要存储其平面坐标、节点连接的拓扑关系，三角形及邻接三角形等关系。TIN 模型在概念上类似于多边形网络的矢量拓扑结构，只是 TIN 模型不需要定义"岛"和"洞"的拓扑关系。

2 DEM 模型之间的相互转换

在实际应用中，DEM 模型之间可以相互转换。大部分 DEM 数据都是规则格网 DEM，但由于规则格网 DEM 的数据量大而不便存储，也可能由于某些分析计算需要使用 TIN 模型的 DEM，如进行通视分析。此时需要将格网 DEM 转成 TIN 模型的 DEM。反之，如果已有 TIN 模型的 DEM 数据，为满足某种应用的需要，也需要转成规则格网的 DEM。

2.1 不规则点集生成 TIN

对于不规则分布的高程点，可以形式化地描述为平面的一个无序的点集 P，点集中每个点 p 对应于它的高程值。将该点集转成 TIN，最常用的方法是 Delaunay 三角剖分方法。生成 TIN 的关键是 Delaunay 三角网的产生算法，下面先对 Delaunay 三角网和它的偶图 Voronoi 图作简要的描述。

Voronoi 图,又叫泰森多边形或 Dirichlet 图,它由一组连续多边形组成,多边形的边界是由连接两邻点线段的垂直平分线组成。N 个在平面上有区别的点,按照最近邻原则划分平面:每个点与它的最近邻区域相关联。Delaunay 三角形是由与相邻 Voronoi 多边形共享一条边的相关点连接而成的三角形。Delaunay 三角形的外接圆圆心是与三角形相关的 Voronoi 多边形的一个顶点。Delaunay 三角形是 Voronoi 图的偶图,如图 6.7 所示。

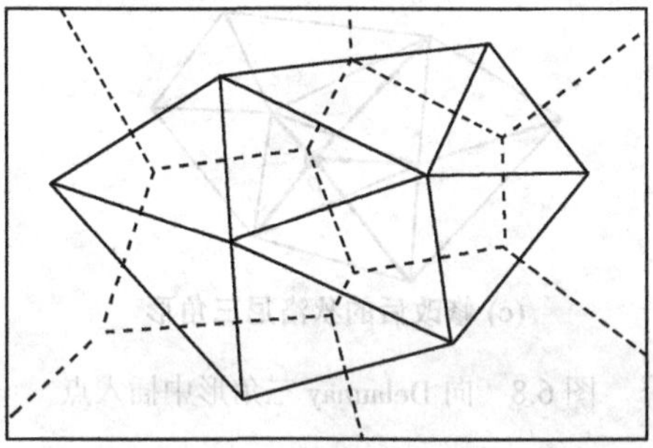

图 6.7　Delaunay 三角网与 Voronoi 图

对于给定的初始点集 P,有多种三角网剖分方式,而 Delaunay 三角网有以下特性:

(1)其 Delaunay 三角网是唯一的;

(2)三角网的外边界构成点集 P 的凸多边形"外壳";

(3)没有任何点在三角形的外接圆内部,反之,如果一个三角网满足此条件,那么它就是 Delaunay 三角网。

(4)如果将三角网中的每个三角形的最小角进行升序排列,则 Delaunay 三角网的排列得到的数值最大,从这个意义上讲,Delaunay 三角网是"最接近于规则化"的三角网。

(5)遵守平面图形的欧拉定理:(面+点)的个数减去边的个数等于 2。

(6)三角网最多有 $2n-6$ 条边和 $2n-5$ 个三角形。

下面简要介绍 Delaunay 三角形产生的基本准则。

Delaunay 三角形产生准则的最简明的形式是:任何一个 Delaunay 三角形的外接圆的内部不能包含其他任何点(Delaunay, 1934)。Lawson(1972)提出了最大化最小角原则:每两个相邻的三角形构成的凸四边形的对角线,在相互交换后,六个内角的最小角不再增大。Lawson(1977)又提出了一个局部优化过程 LOP(Local Optimization Procedure)方法,如图 6.8 所示。先求出包含新插入点 p 的外接圆的三角形,这种三角形称为影响三角形(Influence Triangulation)。删除影响三角形的公共边(见图 6.8(b)中粗线),将 p 与全部影响三角形的顶点连接,完成 p 点在原 Delaunay 三角形中的插入。

将该点集转成 TIN,最常用的方法是 Delaunay 三角剖分方法,生成过程分两步完成:

(1)利用 P 中点集的平面坐标产生 Delaunay 三角网;

(2)给 Delaunay 三角形中的节点赋予高程值。

2.2　格网 DEM 转成 TIN

格网 DEM 转成 TIN 可以看做是一种规则分布的采样点生成 TIN 的特例,其目的是尽量

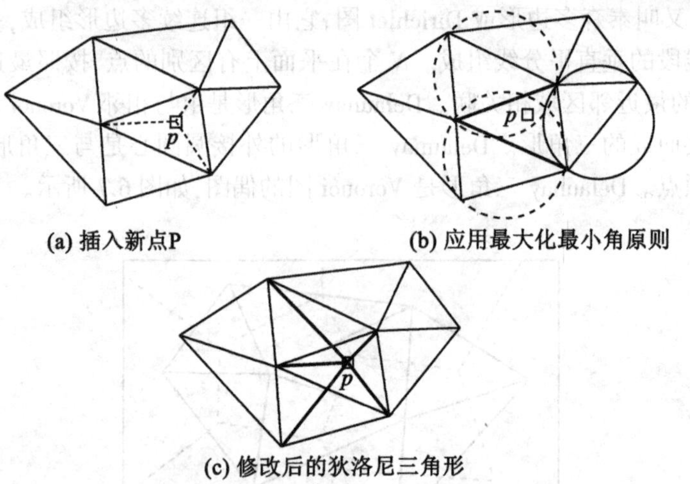

图 6.8　向 Delaunay 三角形中插入点

减少 TIN 的顶点数目，同时尽可能多地保留地形信息，如山峰、山脊、谷底和坡度突变处。规则格网 DEM 可以简单地生成一个精细的规则三角网，针对它有许多算法，绝大多数算法都有两个重要的特征：

(1)筛选要保留或丢弃的格网点；

(2)判断停止筛选的条件。

其中两个代表性的方法算法是保留重要点法和启发丢弃法。

2.2.1　保留重要点法

该方法是一种保留规则格网 DEM 中的重要点来构造 TIN 的方法［Chen, Gauvara (1987)］。它是通过比较计算格网点的重要性，保留重要的格网点。重要点（Very Important Point, VIP）是通过 3×3 的模板来确定的，根据八邻点的高程值决定模板中心是否为重要点。格网点的重要性是通过它的高程值与 8 邻点高程的内插值进行比较，当差分超过某个阈值的格网点保留下来。被保留的点作为三角网顶点生成 Delaunay 三角网。如图 6.9 所示，由 3×3 的模板得到中心点 P 和 8 邻点的高程值，计算中心点 P 到直线 AE, CG, BF, DH 的距离，图右图表示，再计算 4 个距离的平均值。如果平均值超过阈值，P 点为重要点，则保留，否则去除 P 点。

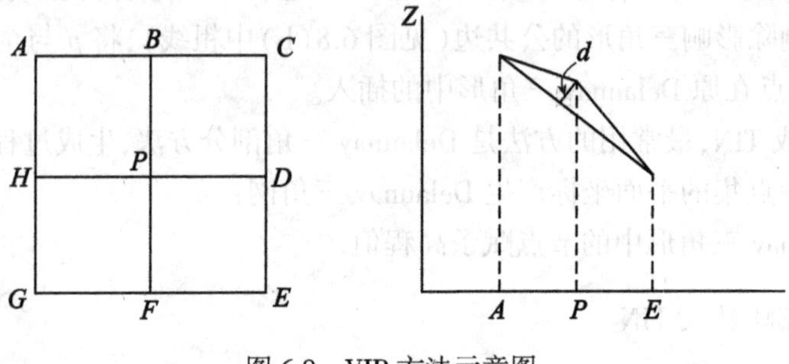

图 6.9　VIP 方法示意图

2.2.2 启发丢弃法

该方法将重要点的选择作为一个优化问题进行处理。算法是给定一个格网 DEM 和转换后 TIN 中节点的数量限制,寻求一个 TIN 与规则格网 DEM 的最佳拟合。首先输入整个格网 DEM,迭代进行计算,逐渐将那些不太重要的点删除,处理过程直到满足数量限制条件或满足一定精度为止。具体过程如下(如图 6.10 所示):

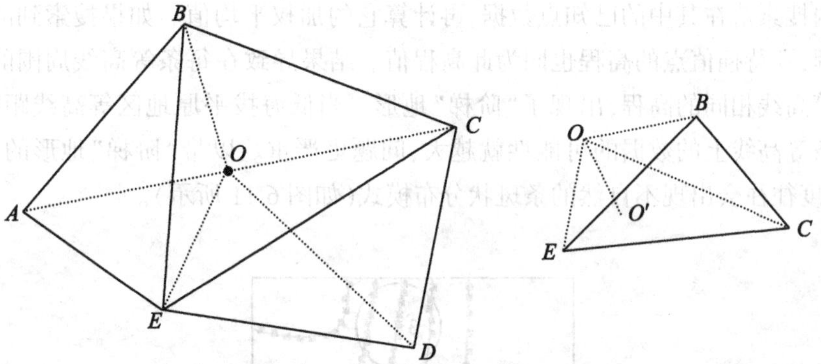

图 6.10 DH 方法转换格网 DEM 成 TIN

(左图虚线为以 O 为中心的 Delaunay 三角形,实线为新生成的 Delaunay 三角形;右图为高差的计算[注意:此图描述了三维空间])

(1)算法的输入是 TIN,每次去掉一个节点进行迭代,得到节点越来越少的 TIN。很显然,可以将格网 DEM 作为输入,此时所有格网点视为 TIN 的节点,其方法是将格网中 4 个节点的其中两个相对节点连接起来,这样将每个格网剖分成两个三角形。

(2)取 TIN 的一个节点 O 及与其相邻的其它节点,如图 6.10 所示,O 的邻点(称 Delaunay邻接点)为 A,B,C,D,使用 Delaunay 三角构造算法,将 O 的邻点进行 Delaunay 三角形重构,如图 6.10 中实线所示。

(3)判断该节点 O 位于哪个新生成的 Delaunay 三角形中,如图 6.10 为三角形 BCE。计算 O 点的高程和过 O 点与三角形 BCE 铅垂线交点 O' 的高程差 d。若高程差 d 大于阈值 d_e,则 O 点为重要点,保留,否则,可删除。d_e 为阈值。

(4)对 TIN 中所有的节点,重复进行上述判断过程。

(5)直到 TIN 中所有的节点满足条件 $d>d_e$,结束。

两种方法相比较[Lee,1991],VIP 方法在保留关键网格点方面(顶点、凹点)最好;DH 方法在每次丢弃数据点时确保信息丢失最少,但要求计算量大。各种方法各有利弊,实际应用中根据不同的需要,如检测极值点,高效存储,最小误差,可以选择使用不同的方法。

2.3 等高线转成格网 DEM

表示地形的最常见的线模式是一系列描述高程曲线的等高线。由于现有地图大多数都绘有等高线,这些地图便是数字高程模型的现成数据源,可以将纸面等高线图扫描后,自动获取 DEM 数据。由于数字化的等高线不适合于计算坡度或制作地貌渲染图等地形分析,因此,必须要把数字化等高线转为格网高程矩阵。

使用局部插值算法,如距离倒数加权平均或克里金插值算法①,可以将数字化等高线数据转为规则格网的 DEM 数据,但插值的结果往往会出现一些许多不令人满意的结果,而且数字化等高线时越小心,采样点越多,问题越严重。问题不在于计算插值权重系数的理论假设,也不在于平滑等高线是真实地形的反映的假设,而在于估计未知格网点的高程要在一个半径范围内搜索落在其中的已知点数据,再计算它的加权平均值。如果搜索到的点都具有相同的高程,那待插值点的高程也同为此高程值。结果导致在每条等高线周围的狭长区域内具有与等高线相同的高程,出现了"阶梯"地形。当低海拔平原地区等高线距离更远时,搜索到一条等高线上的数据的可能性就越大,问题更严重。以带"阶梯"地形的 DEM 为基础,计算坡度往往会出现不自然的条斑状分布模式(如图 6.11 所示)。

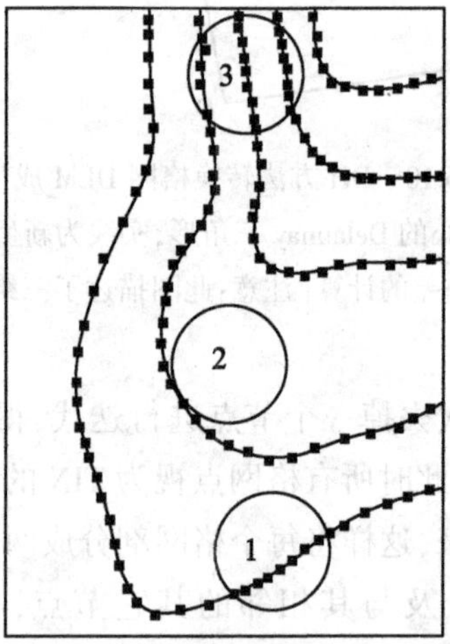

图 6.11　等值线插值造成"阶梯地形"

最好的解决方法是使用针对等高线插值的专用方法。如果没有合适的方法,最好把等高线数据点减少到最少,增加标识山峰、山脊、谷底和坡度突变的数据点,同时使用一个较大的搜索窗口。

2.4　利用格网 DEM 提取等高线

在利用格网 DEM 生成等高线时,需要将其中的每个点视为一个几何点,而不是一个矩形区域,这样可以根据格网 DEM 中相邻四个点组成四边形进行等高线跟踪。其方法类似于后面描述的利用 TIN 提取等高线。实际上,也可以将每个矩形分割成为两个三角形,并应用 TIN 提取等高线算法,但是由于矩形有两种划分三角形的方法,在某些情况下,会生成不同的等高线(如图 6.12 所示),这时需要根据周围的情况进行判断并决定取舍。

① 见本章第三节"空间数据的内插"节。

在格网 DEM 提取等高线中,除了划分为三角形之外,也可以直接使用四边形跟踪等高线。但是在图 6.12 所示的情形中,仍会出现等高线跟踪的二义性,即对于每个四边形,有两条等高线的离去边。进行取舍判断的方法一般是计算距离,距离近的连线方式优于距离远的连线方式。在图 6.12,就要采用(b)图所示的跟踪方式。

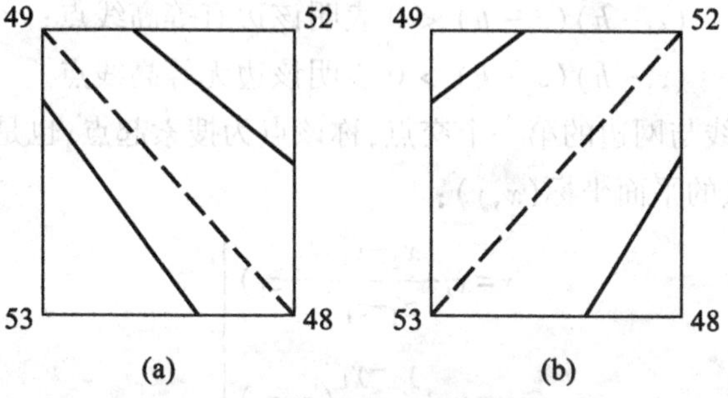

图 6.12　三角形划分不同造成生成等高线的不同

格网 DEM 提取等高线另一个值得注意的问题是,如果一些网格点的数值恰好等于要提取的等高线的数值,会使判断过程变得复杂,并且会生成不闭合的等高线,一般的解决办法是将这些网格点的数值增加一个小的偏移量(如 0.001m),既不影响原数据精度,又使问题变得简单多了。

2.5　TIN 转成格网 DEM

TIN 转成格网 DEM 可以看作普通的不规则点生成格网 DEM 的过程。方法是按要求的分辨率大小和方向生成规则格网,对每一个格网搜索最近的 TIN 数据点,按线性或非线性插值函数计算格网点高程①。

2.6　TIN 转成等高线

基于 TIN 绘制等高线则直接利用原始观测数据,避免了 DTM 内插的精度损失,因而等高线精度较高;对高程注记点附近的较短封闭等高线也能绘制;绘制的等高线分布在采样区域内而并不要求采样区域有规则四边形边界。而同一高程的等高线只穿过一个三角形最多一次,因而程序设计也较简单。但是,由于 TIN 的存储结构不同,等高线的具体跟踪算法也有所不同。

基于三角形搜索的等高线绘制算法如下:

对于记录了三角形表的 TIN,按记录的三角形顺序搜索。其基本过程如下:

(1)对给定的等高线高程 h,与所有网点高程 $z_i(i=1,2,\cdots,n)$,进行比较,若 $z_i=h$,则将 z_i加上(或减)一个微小正数 $\varepsilon>0$(如 $\varepsilon=10^{-4}$),以使程序设计简单而又不影响等高线的

① 具体的计算方法见第三节。

精度。

(2)设立三角形标志数组,其初始值为零,每一元素与一个三角形对应,凡处理过的三角形将标志置为1,以后不再处理,直至等高线高程改变。

(3)按顺序判断每一个三角形的三边中的两条边是否有等高线穿过。若三角形一边的两端点为 $P_1(x_1, y_1, z_1)$,$P_2(x_2, y_2, z_2)$则

$(z_1-h)(z_2-h)<0$ 表明该边有等高线点;

$(z_1-h)(z_2-h)>0$ 表明该边无等高线点。

直至搜索到等高线与网边的第一个交点,称该点为搜索起点,也是当前三角形的等高线进入边、线性内插该点的平面坐标(x,y):

$$\left.\begin{aligned} x &= x_1+\frac{x_2-x_1}{z_2-z_1}(z-z_1) \\ y &= y_1+\frac{y_2-y_1}{z_2-z_1}(z-z_1) \end{aligned}\right\}$$

(4)搜索该等高线在该三角形的离去边,也就是相邻三角形的进入边,并内插其平面坐标。搜索与内插方法与上面的搜索起点相同,不同的只是仅对该三角形的另两边作处理。

(5)进入相邻三角形,重复第(4)步,直至离去边没有相邻三角形(此时等高线为开曲线)或相邻三角形即搜索起点所在的三角形(此时等高线为闭曲线)时为止。

(6)对于开曲线,将已搜索到的等高线点顺序倒过来,并回到搜索起点向另一方向搜索,直至到达边界(即离去边没有相邻三角形)。

(7)当一条等高线全部跟踪完后,将其光滑输出,方法与前面所述矩形格网等高线的绘制相同。然后继续三角形的搜索,直至全部三角形处理完,再改变等高线高程,重复以上过程,直到完成全部等高线的绘制为止(如图6.13所示)。

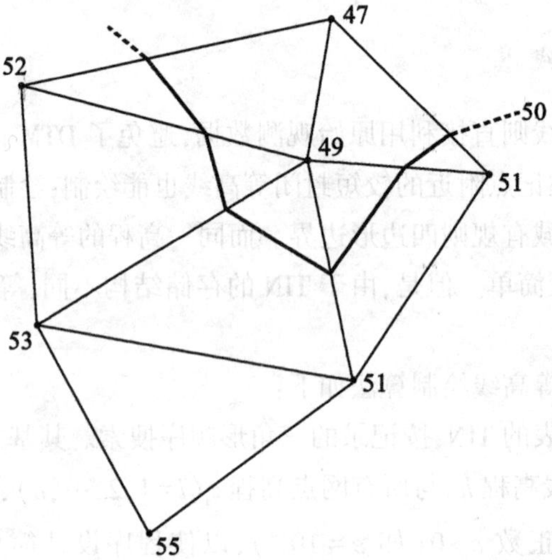

图6.13 利用TIN生成等高

第三节　空间数据的内插

内插是数字高程模型的核心问题，贯穿于DEM的生产、质量控制、精度评定和分析应用的各个环节。DEM空间内插的概念十分简单，即在一个由 x、y 坐标平面构成的二维空间中，由已知若干离散点 P_i 的高程，估算待内插点的高程值。由于DEM采样的数据点呈离散分布形式，或是数据点虽按格网排列，但格网的密度不能满足使用的要求，这就需要以数据点为基础进行插值运算。

DEM内插按插点分布范围，可分为整体内插、分块内插和逐点内插三类，见图6.14。

- DEM空间内插
  - 整体内插　高次多项式内插
  - 分块内插
    - 多项式内插
    - 多项式拟合内插
    - 双线性内插
    - 样条函数内插
    - 多层叠加插值面函数内插
    - 最小二乘配置法内插
  - 逐点内插
    - 移动拟合法
    - 加权平均法

图6.14　DEM内插方法分类

1　整体内插

某种地理属性在空间的连续变化，可以用一个平滑的数学平面加以描述。其数学模型多用二元高次多项式来拟合，有：$z = f(x,y) = \sum_{i=0}^{m}\sum_{j=o}^{m} C_{ij}x^i y^j$。如果在内插区域内，数据点个数 n 大于多项式的项数 k，这时可利用 n 个数据点的三维坐标$(x_k,, y_k,, z_k)$以及逼近面和实际地面在数据点处的高程较差 $V_K(k = 1,2,\cdots,n)$。列出 n 个误差方程，按最小二乘法解算出多项式的 N 个系数，即：

$$\underset{n\times1}{V} = \underset{n\times m^2}{A}\ \underset{m^2\times1}{C} - \underset{n\times1}{Z}$$

按$[VV]=\min$的最小二乘法原理，解得：

$$C = [A^{\mathrm{T}}]^{-1}[A^{\mathrm{T}}Z]$$

将所求参数代入二元高次多项式，可得二元高次多项式曲面拟合方程。若要求内插区任一点 P 的高程，只需把(x_p, y_p)代入该方程，就可求出 Z_p。

这种内插的特点是拟合曲面不通过所有数据点，而是取得最靠近数据点的光滑曲面，以保证邻块间的光滑连续拼接。这就是说在多重回归中的残差属正常分布的独立误差，而且趋势面拟合产生的偏差几乎都具有一定程度的空间非相关性。当然，趋势面的次数也并非越高越好，超过3次的复项多项式往往会导致解的奇异，因此，一般控制在二次变化曲面。

整体趋势面拟合除应用整体空间的独立点内插外，另一个最有成效的应用之一是揭示区域中不同于总趋势的最大偏离部分。因此，在利用某种局部内插方法以前，可以利用整体趋势面拟合技术从数据中去掉一些宏观特征(例如最小二乘配置法)。

2 分块内插

实际连续空间表面很难用一种数学多项式表达,因此,往往采用局部拟合即分块内插技术利用局部范围内的已知采样点拟合内插值。把需要建立DTM的地区,切割成一定大小的规则方块,它的尺寸应根据地形复杂程度和数据源的比例尺确定。在每一个分块上展铺一张数学面,一般要求相邻分块之间有适当宽度的重叠带,以使重叠带内全部数据点成为相邻块展铺数学面时的共用数据,保证一张数学面能够较平滑地与相邻分块的数学面拼接,这在表达地形变化特征的数字高程模型(DEM)内插中应用尤为广泛。

使用局部插值方法需要注意的几个方面是:所使用的插值函数;邻域的大小、形状和方向;数据点的个数;数据点的分布方式是规则的还是不规则的等。

2.1 线性内插

根据最近邻的三个已知数据点,确定一个平面,其内任一点的内插值即可确定。基于TIN的内插广泛采用这种简便的方法。其函数形式为:$Z=a_0+a_1x+a_2y$,参数 a_0、a_1、a_2 可以根据三个已知数据点如 $P_1(x_1,y_1,z_1)$、$P_2(x_2,y_2,z_2)$、$P_3(x_3,y_3,z_3)$ 采用下式计算求得:

$$\begin{bmatrix} a_0 \\ a_1 \\ a_2 \end{bmatrix} = \begin{bmatrix} 1 & x_1 & y_1 \\ 1 & x_2 & y_2 \\ 1 & x_3 & y_3 \end{bmatrix}^{-1} \begin{bmatrix} z_1 \\ z_2 \\ z_3 \end{bmatrix}$$

若这三个数据点构成的三角形为大钝角三角形,这种严密解算会出现不稳定的解,此时应采用双线性内插方法。如图6.15所示,其计算公式如下:

$$z_l=z_A+(z_B-z_A)\times(x_l-x_A)/(x_B-x_A)$$
$$z_r=z_A+(z_C-z_A)\times(x_r-x_A)/(x_C-x_A)$$
$$z_p=z_l+(z_r-z_l)\times(x_p-x_l)/(x_r-x_l)$$

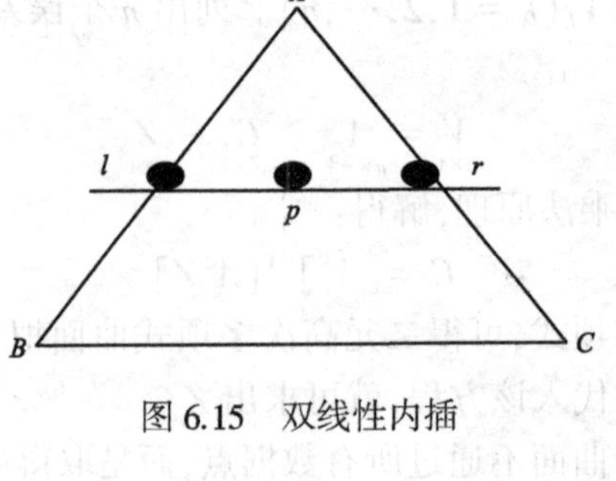

图6.15 双线性内插

其中 $y_l=y_p=y_r$,点 l、r 分别位于直线 AB 和 AC 上。这种方法可以保证解的稳定和可靠性。

2.2 双线性多项式内插

根据最近邻的四个数据点,确定一个曲面函数(双线性多项式),由此四个已知点构成

的四边形内任一点的内插值即可确定,其函数形式为:$Z=a_0+a_1x+a_2y+a_3xy$,或写作:

$$Z=(1\quad X)\begin{pmatrix}a_{00} & a_{01}\\ a_{10} & a_{11}\end{pmatrix}\begin{pmatrix}1\\ Y\end{pmatrix}$$

参数 a_0、a_1、a_2、a_3 可以根据四个已知数据点如 $P_1(x_1,y_1,z_1)$、$P_2(x_2,y_2,z_2)$、$P_3(x_3,y_3,z_3)$、$P_4(x_4,y_4,z_4)$采用下式计算求得:

$$\begin{bmatrix}a_0\\ a_1\\ a_2\\ a_3\end{bmatrix}=\begin{bmatrix}1 & x_1 & y_1 & x_1y_1\\ 1 & x_2 & y_2 & x_2y_2\\ 1 & x_3 & y_3 & x_3y_3\\ 1 & x_4 & y_4 & x_4y_4\end{bmatrix}^{-1}\begin{bmatrix}z_1\\ z_2\\ z_3\\ z_4\end{bmatrix}$$

式中,当四个数据为正方形排列时,设边长为1,内插点相对于A点的坐标为 X、Y,则有:

$$Z_P=\left(1-\frac{X}{L}\right)\left(1-\frac{Y}{L}\right)Z_A+\left(1-\frac{Y}{L}\right)\cdot\frac{X}{L}\cdot Z_B+\frac{X}{L}\cdot\frac{Y}{L}Z_C+\left(1-\frac{X}{L}\right)\cdot\frac{Y}{Z}Z_D$$

2.3　二元样条函数(分块多项式)内插

用多项式进行整体内插,阶次越高,出现震荡的可能性越大,因此人们将区域分块,对每块区域分别进行多项式内插,如采用二元样条函数内插。二元样条函数是在分块范围内,按一定规则,用相邻数据点连线将块分割成若干个多边形分片(当数据点组呈正方形格网节点分布时,各分片是大小相等的正方形),通过每一分片上的全部数据点,展铺一张光滑的数学曲面,并使相邻分片间保持连续光滑的拼接,这时的多项式称为样条函数。其数学模型为:

$$z=f(x,y)=\sum_{i=0}^{3}\sum_{j=0}^{3}a_{ij}x^iy^j \tag{6-3}$$

写成矩阵形式则为:

$$Z_P=(1\quad X\quad X^2\quad X^3)\begin{pmatrix}a_{00} & a_{01} & a_{02} & a_{03}\\ a_{10} & a_{11} & a_{12} & a_{13}\\ a_{20} & a_{21} & a_{22} & a_{23}\\ a_{30} & a_{31} & a_{32} & a_{33}\end{pmatrix}\begin{pmatrix}1\\ Y\\ Y^2\\ Y^3\end{pmatrix}$$

设分块范围内的数据点按单位边长正方形格网节点排列,一个单位边长的正方形为一个分片(如图6.16所示)。取分片的左下角点为该分片平面直角坐标系统的原点,分片内任一点 P 的平面直角坐标为 $0<=x_p<=1,0<=y_p<=1$ 为了保证展铺的曲面在相邻分片上连续且光滑,必须满足弹性材料的力学条件,即:

(1)相邻分片拼接处在 x 和 y 轴方向的斜率都应保持连续;

(2)相邻分片拼接处的扭矩连续。

拼接后整个分块的逼近面,就是二元三次样条函数曲面。

由于每个分片仅有4个格网节点信息(x,y,z),只能列出4个方程式,而函数的待定系数为16个,因此其余12个方程只能根据上述力学条件建立。据此建立的12个线性方程中,要用到沿 x 轴方向的斜率 R,沿 y 轴方向的斜率 S 以及扭矩 T,它们可由下式求得:

$$R=\frac{\partial z}{\partial x},S=\frac{\partial z}{\partial y},T=\frac{\partial^2 z}{\partial x\partial y}=\frac{\partial}{\partial x}\left(\frac{\partial z}{\partial y}\right)$$

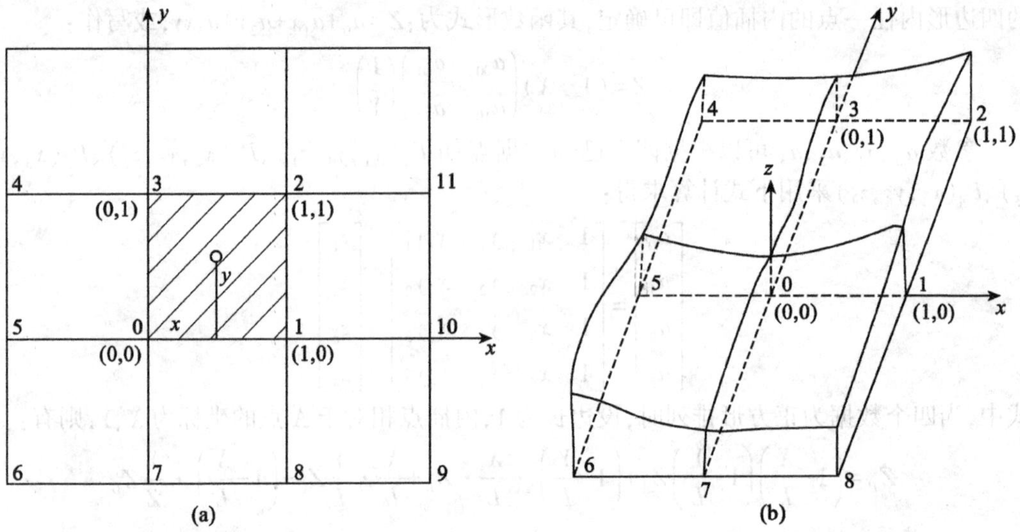

图 6.16　样条函数内插

对于图 6.16 中画有阴影线的分片，其 4 个数据点的三维坐标分别是：$0(0,0,z_0)$，$1(1,O,z_1)$，$2(1,1,z_2)$，$3(0,1,z_3)$。以 O 点为例，所建立的 4 个方程为：

$$Z_0=a_{00}、R_0=\frac{\partial z}{\partial x}\bigg|_0=\frac{z_1-z_5}{2}、S_0=\frac{\partial z}{\partial y}\bigg|_0=\frac{z_3-z_7}{2}、T_0=\frac{\partial}{\partial x}\left(\frac{\partial z}{\partial y}\right)=\frac{1}{2}\left(\frac{z_2-z_4}{2}-\frac{z_5-z_6}{2}\right)$$

按同样的方法可建立分别以 1、2、3 为顶点的共 12 个上述类型的方程。

用分片四个角点的高程，以及由各相关数据点高程计算得到的两个方向的斜率和扭矩数值组成一个 4 × 4 的常数矩阵：

$$\boldsymbol{A}=\begin{bmatrix} z_0 & S_0 & z_3 & S_3 \\ R_0 & T_0 & R & T_3 \\ z_1 & S_1 & z_2 & S_2 \\ R_1 & T_1 & R_2 & T_2 \end{bmatrix}$$

按照对斜率 R、S 和扭矩 T 的定义，以及二元三次样条函数定义，得：

$$R=\frac{\partial z}{\partial x}=(0\quad 1\quad 2x\quad 3x^2)\ a\ (1\quad y\quad y^2\quad y^3)^{\mathrm{T}}$$

$$S=\frac{\partial z}{\partial y}=(1\quad x\quad x^2\quad x^3)\ a\ (0\quad 1\quad 2y\quad 3y^2)^{\mathrm{T}}$$

$$T=\frac{\partial^2 z}{\partial x\partial y}=\frac{\partial}{\partial x}\left(\frac{\partial z}{\partial y}\right)=(0\quad 1\quad 2x\quad 3x^2)\ a\ (0\quad 1\quad 2y\quad 3y^2)^{\mathrm{T}}$$

把分片的 4 个角点的平面直角坐标代入该点，得：

$$\begin{bmatrix} z_0 & S_0 & z_3 & S_3 \\ R_0 & T_0 & R & T_3 \\ z_1 & S_1 & z_2 & S_2 \\ R_1 & T_1 & R_2 & T_2 \end{bmatrix}=\begin{bmatrix} 1 & 0 & 0 & 0 \\ 0 & 1 & 0 & 0 \\ 1 & 1 & 1 & 1 \\ 0 & 1 & 2 & 3 \end{bmatrix} a \begin{bmatrix} 1 & 0 & 0 & 0 \\ 0 & 1 & 0 & 0 \\ 1 & 1 & 1 & 1 \\ 0 & 1 & 2 & 3 \end{bmatrix}^{\mathrm{T}}$$

写成紧凑矩阵形式：$A = XaY^{T}$，解此方程，有：

$$C = X^{-1}A(Y^{-1})^{T}$$

把解得的系数阵代入式(6-3)，则建立了二元三次样条函数式。对于分片中任意点 P，把它的平面直角坐标(x_p, y_p)代入，就可求出其高程 Z_p。

样条函数是数学上与灵活曲线对等的一个数学等式，是一个分段函数，进行一次拟合只有与少数点拟合，同时保证曲线段连接处连续。这就意味着样条函数可以修改少数数据点配准而不必重新计算整条曲线，趋势面分析方法做不到这一点。如图 6.17(a)所示，当二次样条曲线的一个点位置变化时，只需要重新计算四段曲线；而一次样条曲线的一个点位置变化时，只需要重新计算两段曲线，如图 6.17(b)所示。

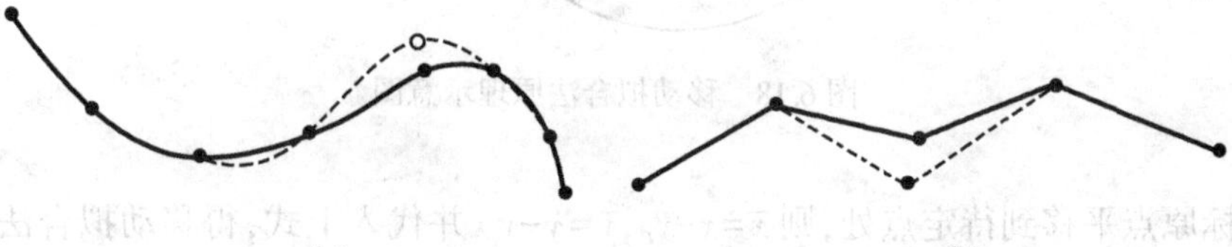

图 6.17 样条函数的局部特征

样条函数可用于精确的局部内插(即通过所有的已知采样点)。由于采用分块技术，每次只采用少量已知数据点，故内插运算速度很快。此外样条函数与趋势面分析和移动平均方法相比，它保留了局部的变化特征。线性和曲面样条函数都在视觉上得到了令人满意的结果。样条函数的一些缺点是：样条内插的误差不能直接估算，同时在实践中要解决的问题是样条块的定义以及如何在三维空间中将这些"块"拼成复杂曲面，又不引入原始曲面中所没有的异常现象等问题。

除上述介绍的两种主要局部内插法外，还有其他的一些内插方法，如多面叠加内插法、最小二乘配置法、有限元内插法等。但是这些方法一般用于数据表面复杂，待求点众多的地形表面，用于生成规则的格网数字地面模型(DTM)，有关这方面的介绍请查看相关文献。

3 逐点内插

逐点内插是以待插点为中心，以适当半径或边长的圆或正方形作为移动面去捕捉适当数目的数据点，并以此展铺一张数学面，内插该中心的高程。

3.1 移动拟合法

移动拟合法是典型的单点移面内插方法，这种方法以待定点为中心进行内插。其原理是：定义一个合适的局部函数去拟合周围的数据点，通过解求拟合函数，解求出待定点的内插值。这种方法一般采取多余观测，利用最小二乘原理求解。通常做法是取待定点作为平面坐标的原点，而采用的数据点应落在半径为 R 的圆内(如图 6.18 所示)。

局部函数可以为一次多项式(平面)，但通常考虑到数据表面的光滑性，可采用二次多项式(曲面)：

$$Z_P = Az2 + Bxy + Cy2 + Dx + Ey + F$$

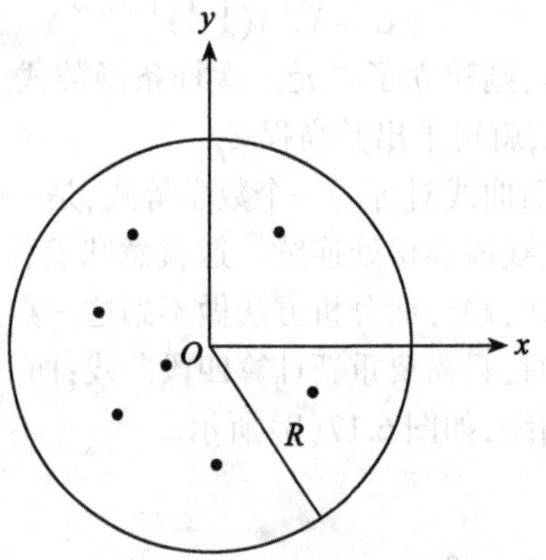

图 6.18　移动拟合法原理示意图

把坐标原点平移到待定点处，则 $\bar{x}=x-x_P$，$\bar{y}=y-y_P$ 并代入上式，得移动拟合法二次多项式公式为：

$$Z_P=a\,\bar{x}^2+b\,\bar{x}\bar{y}+c\,\bar{y}^2+d\,\bar{x}+e\,\bar{y}+f \tag{6-4}$$

为了求取式(6-4)中的待定系数，数据圆的大小应以保证落入圆内的已知数据点数目不少于 6 个为基本准则，同时还应考虑数据表面的连续变化特征，在出现跃变的数据范围，应另选局部函数。圆内的数据点均被采用，则可建立误差方程式：

$$V_i=a\,\bar{x}_i^{\ 2}+b\,\bar{x}_i\,\bar{y}_i+c\,\bar{y}i_i^{\ 2}+d\,\bar{x}_i+e\,\bar{y}_i+f-\bar{z}_i \quad (\ i=1,2,\cdots,n)$$

式中：$(\bar{x}_i,\bar{y}_i,\bar{z}_i)$为坐标原点平移至 P 点后，各数据点的三维坐标。

落入数据圆中的数据点，由于其对中心原点处的作用大小各不相同，因此在求解系数时，可根据数据点至待定点的距离不同给予适当的权。根据通常数据内插的原则，距内插点越近其值越相近，越远则相差越大，可以依据内插点与已知点之间的空间距离分配权的大小。具体地说，当内插点无限接近于某个数据点时，则该数据点的权应无限大。通常可采用的权的形式有：(1) $P_i=\dfrac{1}{d_i}$；(2) $P_i=\dfrac{1}{d_i^2}$；(3) $P_i=\dfrac{(R-d_i^2)^2}{d_i}$；(4) $P_i=e^{-d_i^2/R^2}$。

式中：$\sqrt{\bar{x}_i^{\ 2}+\bar{y}_i^{\ 2}}=d\leqslant R$。究竟采取何种加权方式，应视具体的情况而定。根据最小二乘法原理，按 $VPV^{\mathrm{T}}=\min$ 的方法，建立法方程式，求解各待定系数。把系数代入插值公式，就能求得待定点高程 z_p。

有时为了提高插值精度，避免数据点分布不均，还应考虑数据点的分布方向。这时把平面分为 n 个扇面，从每个扇面分别取点作加权平均(如图 6.19 所示)。这种方法克服了数据点的偏向的缺点，一般称这种方法为按方位取点法。

3.2　加权平均内插法

移动拟合法往往需要求解复杂的误差方程组，实际应用中更为常用的是加权平均法。加权平均法是最简单的单点移面内插方法，可以看作移动拟合法的特例。它是搜索区域内的高程数据点，并直接求得加权平均值作为待定点的高程值。

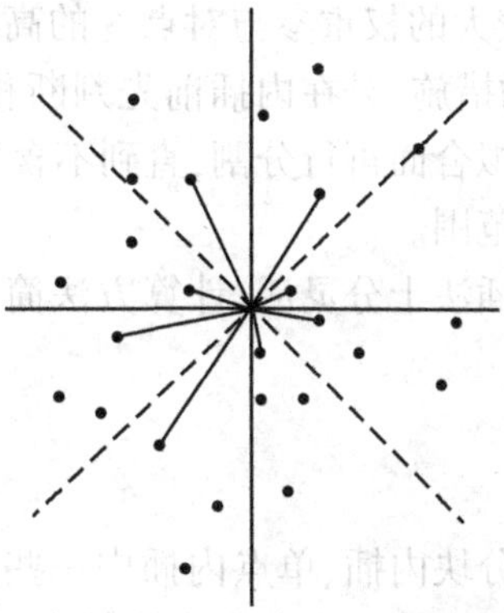

图 6.19　按方位取点加权平均内插

加权移动平均方法的计算公式如下：

$$Z_p = \sum_{i=1}^{n} Z_i \cdot P_i / \sum_{i=1}^{n} P_i$$

式中，Z_P 为待定点 P 的高程，Z_i 是第 i 个参考点的高程，P_i 是第 i 个参考点的权值，n 为参考点个数，权函数和参考点个数选取与移动拟合法一致。加权移动平均公式最简单的形式称为线性插值，公式如下：

$$Z_p = \frac{1}{n}\sum_{i=1}^{n} Z_i。$$

3.3　考虑地貌特征的逐点内插

不考虑地貌特征点的逐点内插，把拟合曲面看成是一小块连续光滑的曲面。但拟合面的划定是随机的，很可能把地性线包括在内。如图 6.20 所示，圆形曲面内有山谷线穿过，内插点落在山谷两侧的坡面上。此时，无论是一次平面，还是二次曲面都不能有效地逼近地表。如果采用加权平均内插，按照权函数的要求，参考点 T 比其他参考点距离内插点都近，

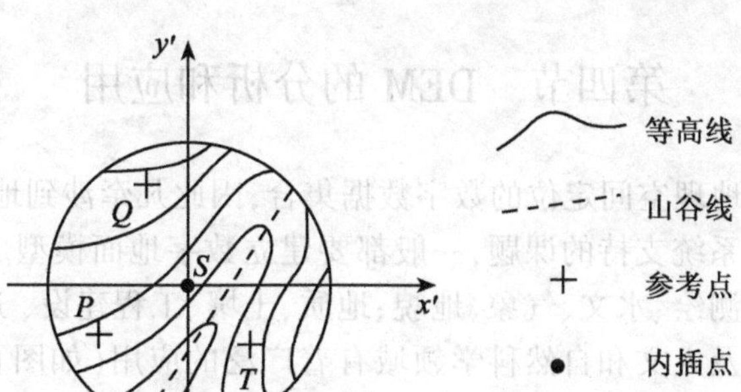

图 6.20　顾及地貌数据点的内插

应赋给点 T 较大的权。但实际上,点 T 落在山谷线东侧的坡面上,在点 T 与其他点之间,出现地貌突变现象。如果点 T 以较大的权重参与对点 S 的高程内插运算,必将有损于内插结果的精度。防止这种不利情况的措施,是在内插前先判断移面中是否有地性线穿过。对含地性线的拟合面,应按地性线将拟合面再行分割,直到不含地性线为止。分割后的曲面如果参考点个数不够,可扩展选点的范围。

与分块内插法相比,逐点内插法十分灵活,计算方法简单又不需很大的计算机内存,因而应用更为广泛。

4 内插技术比较分析

本节分别讨论了整体内插、分块内插、单点内插中一些具体的内插方法。一般说来,大范围内的地形很复杂,用整体内插法选取参考点个数较少时,不足以描述整个地形。而若选用较多的参考点则多项式易出现振荡现象,很难获得稳定解。因此在 DEM 内插中通常不采用整体内插法。

相对于整体内插,分块内插能够较好地保留地物细节,并通过块间重叠保持了内插面的连续性,是应用中较常选用的策略。其中双线性内插法由于简单直观,常常用于实际工程。分块内插方法的一个主要问题是分块大小的确定。就目前技术而言,还没有一种运用智能法或自适应法进行地貌形态识别后自动确定分块大小,进行高程内插的算法。

在所讨论的分块内插方法中,大部分都涉及解求复杂的方程组,应用起来较为不便,所以实际应用中人们常常通过建立剖分三角网直接进行内插,也就是用不规则三角网(TIN)完全覆盖平面。由于 TIN 可以适应各种数据分布,并能方便地处理断裂线等不连续的地表数据,所以 TIN 被认为是一种快速准确的随机栅格转换方式。

逐点内插应用简便,但计算量较大。其关键问题在于内插窗口域的确定。这不仅影响到内插的精度,还关系到内插速度,基于 Voronoi 图的点内插算法被认为是目前较好的一类逐点内插法。

各种内插方法在不同的地貌地区和不同采点方式下有不同的误差。本节讨论了每种方法的适用前提及优缺点,应用时要根据各方法的特点,结合应用的不同侧重,从内插精度、速度等方面选取合理的最优的方法。

第四节　DEM 的分析和应用

数字地面模型是地理空间定位的数字数据集合,因此凡牵涉到地理空间定位,在研究过程中又依靠计算机系统支持的课题,一般都要建立数字地面模型。数字地面模型的应用在地学相关领域如测绘、水文、气象、地貌、地质、土壤、工程建设、通信、气象、军事等国民经济和国防建设以及人文和自然科学领域有着广泛的应用(如图 6.21 所示)。这里仅以 DTM 在地学分析与地图制图中有典型意义的几个应用为例证说明其应用的基本思路和方法。

1 绘制等高线图

如图 6.22 所示,利用 DEM 绘制等高线图,是以格网点高程数据或者将离散的高程数据

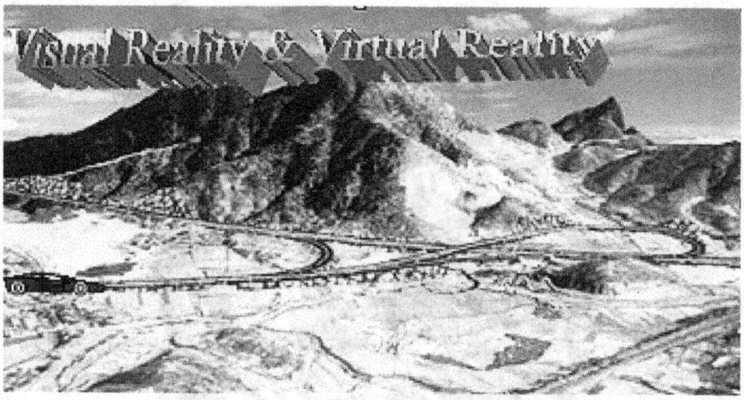

图 6.21　虚拟现实与真实现实结合进行道路三维可视化设计

由栅格追踪法原理转换为矢量等值线所产生的。该方法可以适用于所有的利用格网数据方法绘制等值线图。利用第二节 2.6 所述方法也可以由 TIN 绘制等高线。

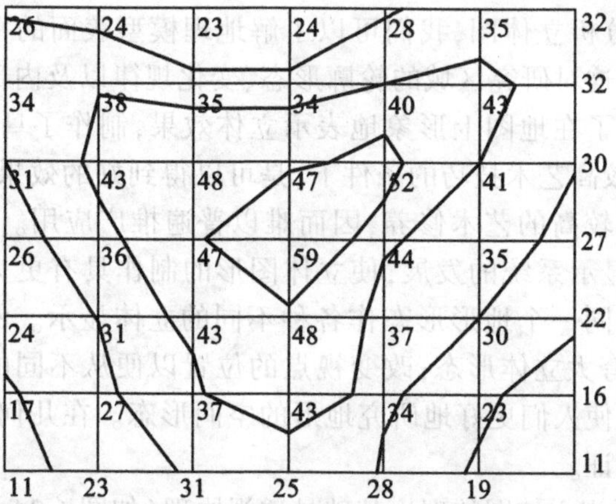

图 6.22　利用 DEM 绘制等高线

2　利用 DEM 绘制地面晕渲图

晕渲图是以通过模拟实际地面本影与落影的方法有效反映地形起伏的重要的地图制图学方法。在各种小比例尺地形图、地理图，以及各类有关专题地图上得到非常广泛的应用。但是，传统的人工描绘晕渲图的方法不但费工、费时，而且带有很大的主观因素。而利用 DEM 数据作为信息源，在地面光照通量数学函数为自变量，计算该栅格应选用输出的灰度值。由此产生的晕渲图具有相当逼真的立体效果（如图 6.23 所示）。

3　透视立体图的绘制

立体图是表现物体三维模型最直观形象的图形，从数字高程模型绘制透视立体图是

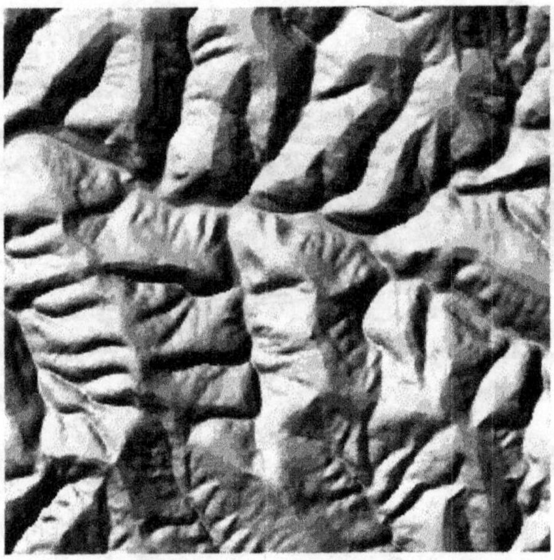

图 6.23　由 DEM 产生的地面晕渲图

DEM 的一个极其重要的应用。它可以生动逼真地描述制图对象在平面和空间上分布的形态特征和构造关系。与采用等高线表示地形形态相比有其自身独特的优点，更接近人们的直观视觉。通过分析立体图，我们可以了解地理模型表面的平缓起伏，而且可以看出其各个断面的状况，这对研究区域的轮廓形态、变化规律以及内部结构是非常有益的。然而长期以来，人们为了在地图上形象地表示立体效果，制作了鸟瞰图、透视剖面图、写景图等。这些图解在较高艺术技巧的条件下，是可以得到好的效果。但表现它们要花费许多时间和人力，要有较高的艺术修养，因而难以普遍推广应用。随着计算机图形处理工作的增强以及屏幕显示系统的发展，使立体图形的制作具有更大的灵活性，人们可以根据不同的需要，对于同一个地形形态作各种不同的立体显示。例如局部放大，改变高程值 Z 的放大倍率以夸大立体形态；改变视点的位置以便从不同的角度进行观察，甚至可以使立体图形转动，使人们更好地研究地形的空间形态。在几何精度和实际艺术效果上，都能得到较好的保证。

计算机自动绘制透视立体图的理论基础是透视原理（如图 6.24 所示），而 DEM 是其绘制的数据基础。从一个空间三维的立体的数字高程模型到一个平面的二维透视图，其本质就是一个透视变换。将“视点”看做“摄影中心”，可以直接应用共线方程从物点 (X,Y,Z) 计算“像点”坐标 (X, Y)。透视图中的另一个问题是“消隐”的问题，即处理前景挡后景的问题。调整视点、视角等各个参数值，就可从不同方位、不同距离绘制形态各不相同的透视图制作动画。计算机速度充分高时，就可实时地产生动画 DTM 透视图。

4　通视分析

通视分析有着广泛的应用背景。通视分析也称可视性分析，它实质属于对地形进行最优化处理的范畴，比如设置雷达站、电视台的发射站、道路选择、航海导航等，在军事上如布设阵地（如炮兵阵地、电子对抗阵地）、设置观察哨所、铺架通信线路等。典型的例子是观察哨所的设定，显然观察哨的位置应该设在能监视某一感兴趣的区域，视线不能被地形挡住。这就是通视分析中典型的点对区域的通视问题。与此类似的问题还有森林中火灾监测点的

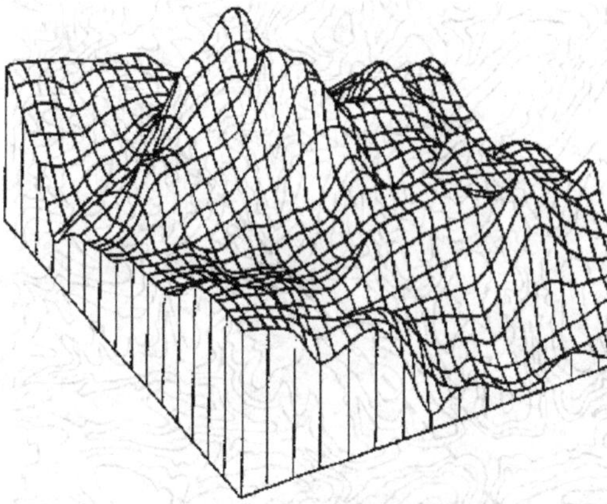

图 6.24　透视变换原理示意图

设定，无线发射塔的设定等。有时还可能对不可见区域进行分析，如低空侦察飞机在飞行时，要尽可能躲避敌方雷达的捕捉，飞行显然要选择雷达盲区飞行。

根据问题输出维数的不同，通视可分为点的通视，线的通视和面的通视。点的通视是指计算视点与待判定点之间的可见性问题；线的通视是指已知视点，计算视点的视野问题；区域的通视是指已知视点，计算视点能可视的地形表面区域集合的问题。

4.1　点对点通视

基于格网 DEM 的通视问题，为了简化问题，可以将格网点作为计算单位。这样点对点的通视问题简化为离散空间直线与某一地形剖面线的相交问题。

比较常见的一种算法基本思路如下：

(1) 确定过观察点和目标点所在的线段与 XY 平面垂直的平面 S；

(2) 求出地形模型中与 S 相交的所有边；

(3) 判断相交的边是否位于观察点和目标点所在的线段之上，如果有一条边在其上，则观察点和目标点不可视。

另一种算法是所谓的"射线追踪法"。这种算法的基本思想是对于给定的观察点 V 和某个观察方向，从观察点 V 开始沿着观察方向计算地形模型中与射线相交的第一个面元，如果这个面元存在，则不再计算。显然这种方法既可用于判断两点相互间是否可视，又可以用于限定区域的水平可视计算。

需要指出的是，以上两种算法对于基于规则格网地形模型和基于 TIN 模型的可视分析都适用。对于基于等高线的可视分析，适宜使用前一种方法（如图 6.25、图 6.26 所示）。

4.2　点对线通视

点对线的通视，实际上就是求点的视野。应该注意的是，对于视野线之外的任何一个地形表面上的点都是不可见的，但在视野线内的点有可能可见，也可能不可见。基于格网 DEM 点对线的通视算法如下：

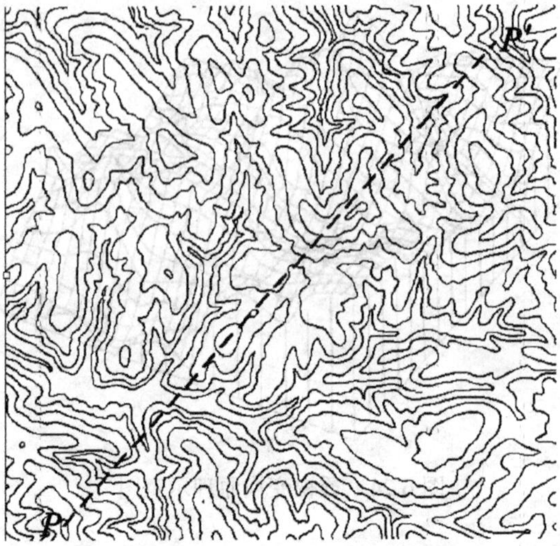

图 6.25　地形及 P、P' 两点位置

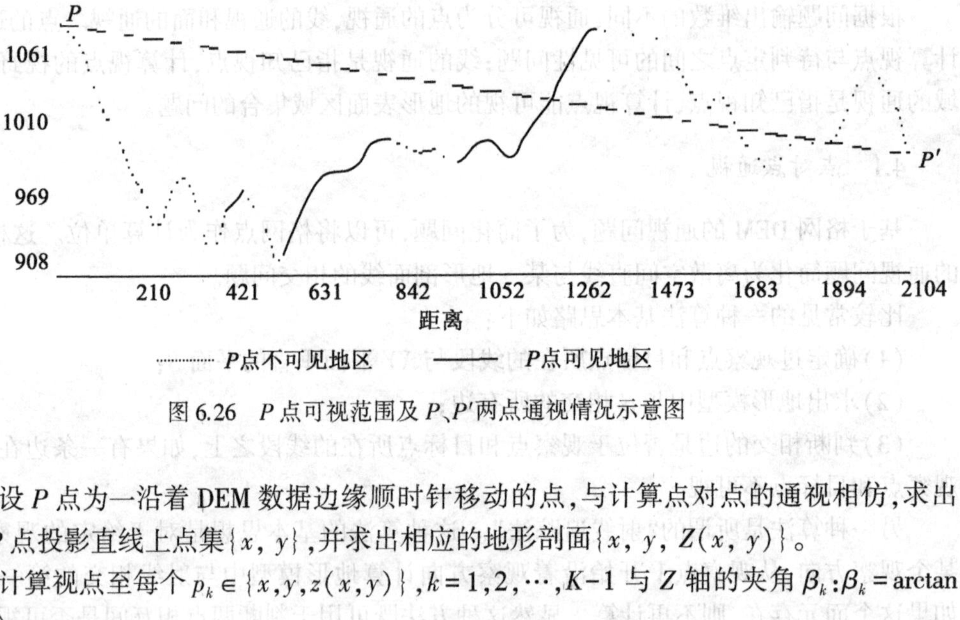

图 6.26　P 点可视范围及 P、P' 两点通视情况示意图

(1)设 P 点为一沿着 DEM 数据边缘顺时针移动的点,与计算点对点的通视相仿,求出视点到 P 点投影直线上点集$\{x, y\}$,并求出相应的地形剖面$\{x, y, Z(x, y)\}$。

(2)计算视点至每个 $p_k \in \{x,y,z(x,y)\}$,$k=1,2,\cdots,K-1$ 与 Z 轴的夹角 β_k:$\beta_k = \arctan\left(\dfrac{k}{Z_{pk}-Z_{vp}}\right)$。

(3)求得 $\alpha=\min\{\beta_k\}$。α 对应的点就为视点视野线的一个点。

(4)移动 P 点,重复以上过程,直至 P 点回到初始位置,算法结束。

4.3　点对区域通视

点对区域的通视算法是点对点算法的扩展(如图 6.27 所示)。与点到线通视问题相同,P 点沿数据边缘顺时针移动。逐点检查视点至 P 点的直线上的点是否通视。一个改进的算法思想是,视点到 P 点的视线遮挡点,最有可能是地形剖面线上高程最大的点。因此,可以将剖面线上的点按高程值进行排序,按降序依次检查排序后每个点是否通视,只要有一个点不满足通视条件,其余点不再检查。点对区域的通视实质仍是点对点的通视,只是增加了排序过程。

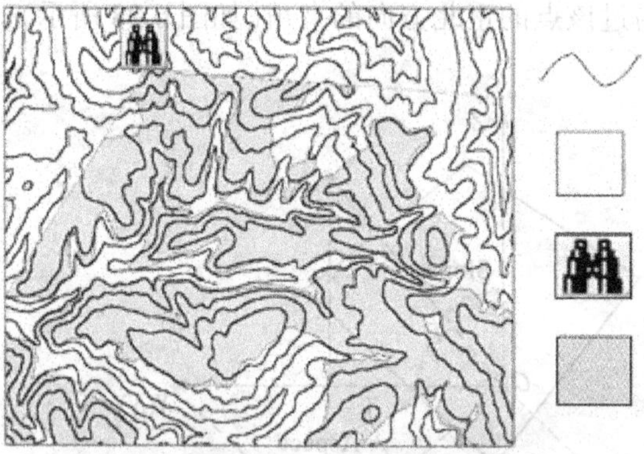

图 6.27　ARC/VIEW 可视域提取

计算可视域的算法对于规则格网 DEM 和基于 TIN 的地形模型则有所区别。基于规则格网 DEM 的可视域算法在 GIS 分析中应用较广。在规则格网 DEM 中,可视域经常是以离散的形式表示,即将每个格网点表示为可视或不可视,这就是所谓的"可视矩阵"。

计算基于规则格网 DEM 的可视域,一种简单的方法就是沿着视线的方向,从视点开始到目标格网点,计算与视线相交的格网单元(边或面),判断相交的格网单元是否可视,从而确定视点与目标视点之间是否可视。显然这种方法存在大量的冗余计算。Van 和 Kreveld 提出了一种基于"线扫描"的算法,对于 n 个视点,算法的时间复杂度为 $O(nlgn)$。总的来说,由于规则格网 DEM 的格网点一般都比较多,相应的时间消耗比较大。针对规则格网 DEM 的特点,比较好的处理方法是采用并行处理。

基于 TIN 地形模型的可视域计算一般通过计算地形中单个的三角形面元可视的部分来实现。Lee 讨论了离散的可视域的计算方法,实际上基于 TIN 地形模型的可视域计算与三维场景中的隐藏面消去问题相似,可以将隐藏面消去算法加以改进,用于基于 TIN 地形模型的可视域计算。这种方法在最复杂的情形下,时间复杂度为 $O(n^2)$。各种改进的算法基本都是围绕提高可视分析的速度展开的。

5　DEM 的基本地形因子计算

本质上讲,DEM 是地形的一个数学模型,可以看成是一个或多个函数的集合。实际上许多地形因子就是从这些函数进行一阶或二阶推导出来的,也有的通过某种组合或复合运算得到。基本地形因子包括斜坡因子(坡度、坡向、坡度变化率、坡向变化率等)、面积因子(表面积、投影面积、剖面积)、体积因子(山体体积、挖填体积)和面元因子(相对高差、粗糙度、凹凸系数、高程变异等)。

本节将阐述一些常用的基本地形因子,为了方便起见,并从实际应用角度考虑,这些地形因子的计算都是基于格网 DEM。

5.1 坡度和坡向分析

严格地讲,地表面任一点的坡度是指过该点的切平面与水平地面的夹角,在数值上等于过该点的地表微分单元的法线矢量 $\vec{n}$ 与 z 轴的夹角。坡向为地表面上一点的切平面的法线矢量 $\vec{n}$ 在水平面的投影 $\vec{n}_{xoy}$ 与过该点的正北方向的夹角(如图 6.28 所示)。

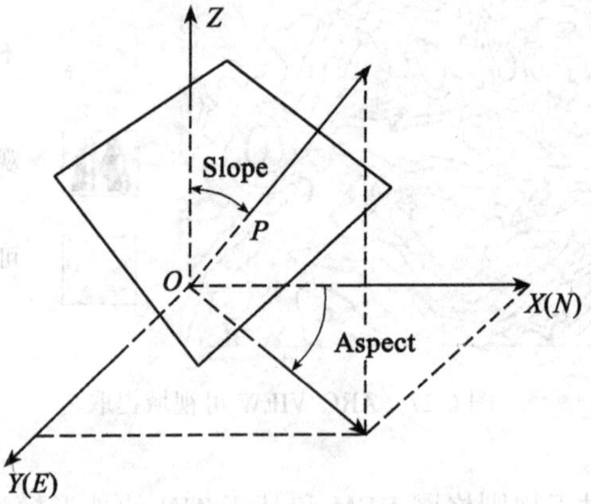

图 6.28 地表单元坡度、坡向示意图

5.1.1 切平面与法线

由高等数学可知,对曲面 $z=f(x,y)$,其给定地面点 (x_0,y_0,z_0) 的切平面方程为:

$$-f_{x_0}(x_0,y_0)(x-x_0)-f_{y_0}(x_0,y_0)(y-y_0)+(z-z_0)=0 \qquad (6\text{-}5)$$

该点的法线方程为:

$$(z-z_0)=-f_x^{-1}(x_0,y_0)(x-x_0)=-f_y^{-1}(x_0,y_0)(y-y_0) \qquad (6\text{-}6)$$

由式(6-6)知,地面点 (x_0,y_0,z_0) 切平面法方向的方向数为 $-f_x(x_0,y_0)$, $-f_y(x_0,y_0)$ 和 1,而垂直方向 z 的方向数为 0,0,1。

一般坡度、坡向的计算是基于格网 DEM。如果计算窗口为 3×3,如图 6.29 所示,"a"到"i"表示每个正方形栅格单元的高程值,e 为当前地面点所在栅格的高程值。

a	*b*	*c*
d	*e*	*f*
g	*h*	*i*

图 6.29 3×3 分析窗口的栅格高程值

设 k 为栅格单元宽度,即格网间距,常用的计算 f_x、f_y 的方法也用于 ArcGIS,其计算方法为:

$$f_y = -f_y(x_0, y_0) = -(y-y_0)/(z-z_0) = ((a+2d+g)-(c+2f+i))/(8\times k)$$

$$f_x = -f_x(x_0, y_0) = -(x-y_0)/(z-z_0) = ((g+2h+i)-(a+2b+c))/(8\times k)$$

5.1.2　坡度计算

坡度是地形描述中常用的参数,在各类工程中也有很多用途,如农业土地开发中,坡度大于 35 度的土地一般被认为不宜开发。

地面坡度实质是一个微分的概念,地面上每一点都有坡度,它是一个微分点上的概念,是地表曲面函数 $z=f(x,y)$ 在东西、南北方向上的高程变化率的函数。实际应用中,坡度有两种表示方式(如图 6.30 所示):

- 坡度(degree of slope):即水平面与地形面之间夹角。
- 坡度百分比(percent slope):即高程增量(rise)与水平增量(run)之比的百分数。

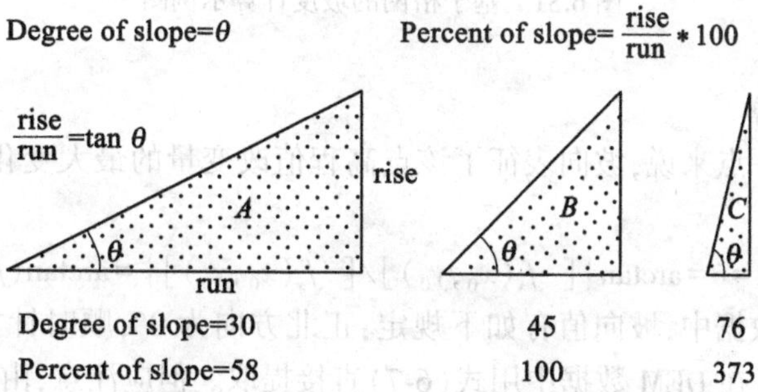

图 6.30　坡度的两种表示方法

由地面点 (x_0, y_0, z_0) 切平面法线的方向 $(-f_x(x_0, y_0),\ -f_y(x_0, y_0),\ 1)$ 和 z 轴的矢量方向 $(0,\ 0,\ 1)$,可得出过该点的地表微分单元的法矢量 $\vec{n}$ 与 z 轴的夹角 θ 的余弦值:

$$\cos\theta = \frac{1}{\sqrt{f_x^2(x_0, y_0) + f_y^2(x_0, y_0) + 1}}$$

即:

$$\theta = \arctan\left(f_x^2(x_0, y_0) + f_y^2(x_0, y_0)\right)^{1/2} \tag{6-7}$$

由坡度的概念可以知道坡度角的取值范围为[0,90],因此可以由公式(6-7)确定坡度值的大小。

拟合曲面法是解求坡度的最常用的方法。拟合曲面法,一般采用二次曲面,即在 3×3 的 DEM 栅格分析窗口(如图 6.29 所示)中进行,每个栅格中心为一个高程值,分析窗口在 DEM 数据矩阵中连续移动完成整个区域的计算工作。常用于计算坡度的公式如下:

$$\tan\theta = \sqrt{(f_x^2 + f_y^2)}$$

$$\text{degree\_slope} = \arctan\sqrt{(f_x^2 + f_y^2)} \times 57.29578$$

图 6.31 所示是 ArcGIS 计算坡度的一个实例。需要注意的是,在一个计算区域内(3×3),若中心格网值为 nodata 则坡度也是 nodata,其他为 nodata 的非中心格网值则取计算区域的中心格网值参与计算坡度。

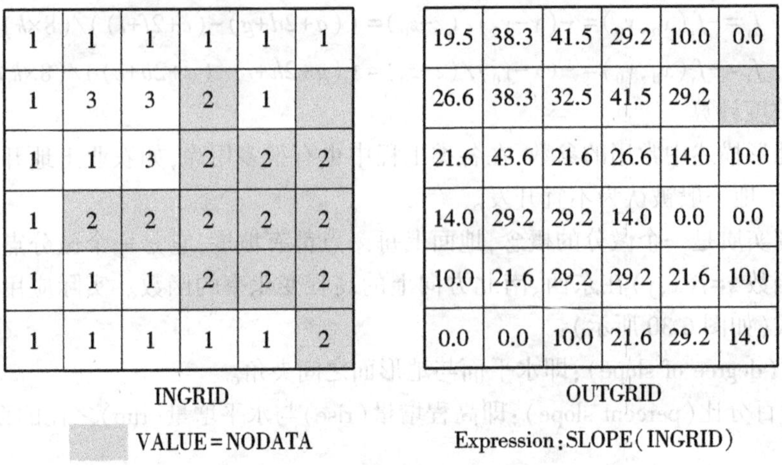

图 6.31　基于格网的坡度计算示例图

5.1.3　坡向计算

对于地面任何一点来说,坡向表征了该点高程值改变量的最大变化方向。其数学表达公式为:

$$\text{aspect}=\partial=\arctan\{[-f_y(x_0,y_0)]/[-f_x(x_0,y_0)]\}=\arctan(f_y/f_x) \tag{6-8}$$

在输出的坡向数据中,坡向值有如下规定:正北方向为 0°,顺时针方向计算,取值范围为 0°~360°。坡向可在 DEM 数据中用式(6-7)直接提取。但应注意,由于式(6-7)求出坡向有与 x 轴正向和 x 轴负向夹角之分,此时就要根据 f_x 和 f_y 的符号来进一步确定坡向值(如表 6.1 所示)。

表 6.1　　坡向值的判断

f_x	f_y	$\partial=\arctan(f_y/f_x)$	aspect	坡向示意
=0	>0	/	90	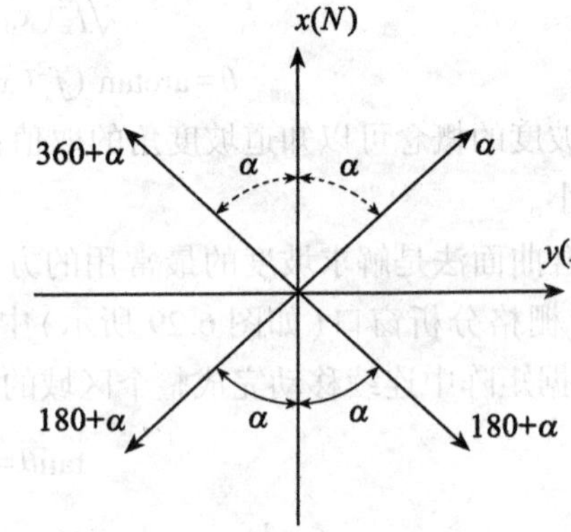
	=0	/	-1	
	<0	/	270	
>0	>0	0~90	α	
	=0	0	0	
	<0	-90~0	360+α	
<0	>0	-90~0	180+α	
	=0	0	180	
	<0	0~90	180+α	

注:上述情况假定所建立的 DEM 数据从南向北获取的,且 x 轴与正北方向重合,否则上述公式求得的坡向值,还应加上 x 轴偏离正北方向的夹角值。

图 6.32 所示是 ArcGIS 计算坡向的一个实例。注意在 3×3 分析窗口内,中心格网值为

nodata 则其坡向也是 nodata,其他为 nodata 的非中心格网值则取计算区域的中心格网值参与计算坡向。

1	1	1	1	1	1
1	3	3	2	1	
1	1	3	2	2	2
1	2	2	2	2	2
1	1	1	2	2	2
1	1	1	1	1	2

INGRID1

315.0	341.6	8.1	26.6	45.0	-1.0
270.07	288.4	11.3	45.0	26.6	
251.6	246.8	198.4	90.0	0.0	315.0
270.0	243.4	206.6	180.0	-1.0	-1.0
225.0	198.4	206.6	206.6	196.4	225.0
-1.0	-1.0	225.0	198.4	206.6	270.0

OUTGRID

VALUE=NODATA　　Expression: ASPECT(INGRID)

图 6.32　基于格网的坡向计算示例图

5.2　面积、体积计算

5.2.1　剖面积计算

根据工程设计的线路,可计算其与 DEM 各格网边交点 $P_i(X_i, Y_i, Z_i)$,则线路剖面积为:

$$S = \sum_{i=1}^{n-1} \frac{Z_i + Z_{i+1}}{2} \cdot D_{i,i+1}$$

其中 n 为交点数;$D_{i,i+1}$ 为 P_i 与 P_{i+1} 之距离。同理可计算任意横断面及其面积。

5.2.2　表面积计算

对于含有特征的格网,将其分解成三角形,对于无特征的格网,可由 4 个角点的高程取平均即中心点高程,然后将格网分成 4 个三角形。由每一个三角形的三个角点坐标(x_i, y_i, z_i)计算出通过该三个顶点的斜面内三角形的面积,最后累加就得到了实地的表面积。

5.2.3　体积计算

DEM 体积由四棱柱(无特征的格网)与三棱柱体积进行累加得到,四棱柱体上表面用抛物双曲面拟合,三棱柱体上表面用斜平面拟合,下表面均为水平面或参考平面,计算公式分别为:

$$\left.\begin{aligned} V_3 &= \frac{Z_1+Z_2+Z_3}{3} \cdot S_3 \\ V_4 &= \frac{Z_1+Z_2+Z_3+Z_4}{4} \cdot S_4 \end{aligned}\right\}$$

其中 S_3 与 S_4 分别是三棱柱与四棱柱的底面积。根据两个 DEM 可计算工程中的挖方、填方及土壤流失量。

5.3 宏观地形因子

地形起伏度、地形表面粗糙度与地表切割深度等地形因子是描述和反映地形表面较大区域内地形的宏观特征，在较小的区域内并不具备任何地理和应用意义。这些参数对于在宏观尺度上的水土保持、土壤侵蚀特征、地表发育、地貌分类等研究中具有重要的理论意义。基于栅格 DEM 计算宏观地形因子时，关键在于确定分析半径的大小。不同地貌类型、不同分辨率的数据，计算宏观地形因子所取的分析半径大小不一。因此，确定一个合适的分析窗口半径或分析区域，使得求取的宏观因子能够准确反映地面的起伏状况与水土流失特征，是提取算法的核心步骤和决定信息提取效果与有效性的关键。

5.3.1 地形起伏度

地形起伏度是指，在所指定的分析区域内所有栅格中最大高程与最小高程的差。可表示为如下公式：

$$RF_i = H_{\max} - H_{\min}$$

式中，RF_i 指分析区域内的地面起伏度，$H_{\max}$ 指分析窗口内的最大高程值，$H_{\min}$ 指分析窗口内的最小高程值。

地形的起伏是反映地形起伏的宏观地形因子，在区域性研究中，利用 DEM 数据提取地形起伏度能够直观地反映地形起伏特征。在水土流失研究中，地形起伏度指标能够反映水土流失类型区的土壤侵蚀特征，比较适合区域水土流失评价的地形指标。

5.3.2 地表粗糙度

地表粗糙度，反映地表的起伏变化和侵蚀程度的指标，一般定义为地表单元的曲面面积 $S_{曲面}$ 与其在水平面上的投影面积 $S_{水平}$ 之比。用数学公式表达为：

$$R = S_{曲面} / S_{水平}$$

地表粗糙度能够反映地形的起伏变化和侵蚀程度的宏观地形因子。在区域性研究中，地表粗糙度是衡量地表侵蚀程度的重要量化指标，在研究水土保持及环境监测时研究地表粗糙度也有很重要的意义。

实际应用中，以格网顶点空间对角线 L_1 和 L_2 的中点距离 D 来表示地表粗糙度（如图6.33所示），D 值愈大，说明 4 个顶点的起伏变化也愈大。其计算公式为：

$$R_{i,j} = D = \left| \frac{z_{(i+1),(j+1)} + z_{i,j}}{2} - \frac{z_{i,(j+1)} + z_{(i+1),j}}{2} \right| = \frac{1}{2} \left| z_{(i+1),(j+1)} + z_{i,j} - z_{i,(j+1)} - z_{(i+1),j} \right|$$

当分析窗口为 3×3 时，还可采用下面近似公式求解：

$$R = 1/\cos\theta \tag{6-9}$$

此时，基于 DEM 的地表粗糙度的提取主要分为两个步骤：首先根据 DEM 提取坡度因子 θ，然后再由公式（6-9）计算地表粗糙度。

5.3.3 地表切割深度

地表切割深度是指地面某点的邻域范围的平均高程与该邻域范围内的最小高程的差值。可用以下公式表示：

$$D_i = H_{\text{mean}} - H_{\min}$$

式中，D_i 指地面每一点的地表切割深度，H_{mean} 指一个固定分析窗口内的平均高程，$H_{\min}$ 指一个固定分析窗口内的最低高程。

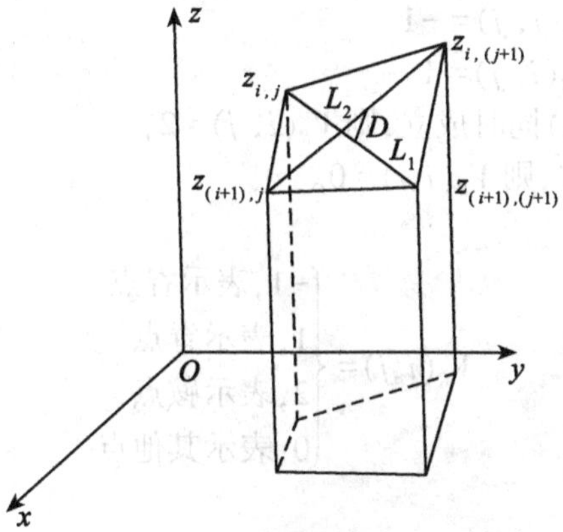

图 6.33　地表粗糙度计算

地表切割深度直观地反映了地表被侵蚀切割的情况,并对这一地学现象进行了量化,是研究水土流失及地表侵蚀发育状况时的重要参考指标。

5.4　地形特征分析

地形特征点主要包括山顶点(peak)、凹陷点(pit)、脊点(ridge)、谷点(channel)、鞍点(pass)、平地点(plane)等。利用 DEM 提取地形特征点,可通过一个 3×3 或更大的栅格窗口,通过中心格网点与 8 个邻域格网点的高程关系来进行判断会获取。

表 6.2 中关于地形特征点的判断是在局部区域内利用 x,y 方向的凹凸性判断的,该判断法十分适合利用在 DEM 上判断地形特征点。假设有一个如图 6.34 所示的 3×3 窗口。则:

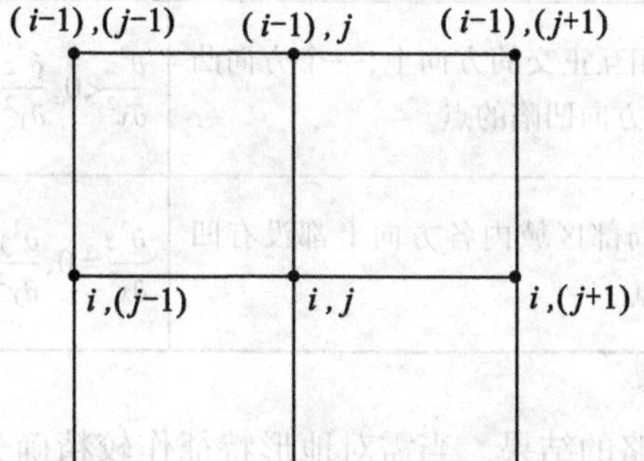

图 6.34　格网节点示意图

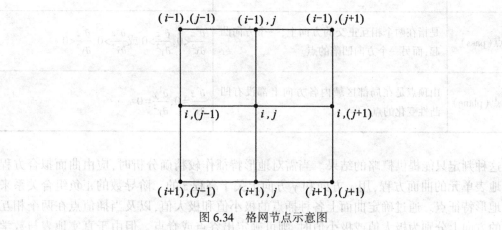

(1)当$(z_{i,(j-1)} - z_{i,j})(z_{i,(j+1)} - z_{i,j}) > 0$ 时

a) 若 $z_{i,(j+1)} > z_{i,j}$则 $V_R(i, j) = -1$

b) 若 $z_{i,(j+1)} < z_{i,j}$则 $V_R(i, j) = 1$

(2)当$(z_{(i-1),j}-z_{i,j})(z_{(i+1),j}-z_{i,j})>0$时

c) 若$z_{(i+1),j}>z_{i,j}$则$V_R(i,j)=-1$

d) 若$z_{i,(j+1)}<z_{i,j}$则$V_R(i,j)=1$

如果a)和d)或b)和c)同时成立,则$V_R(i,j)=2$;

如果以上条件都不成立,则$V_R(i,j)=0$。

其中,

$$V_R(i,j)=\begin{cases}-1,\text{表示谷点}\\1,\text{表示脊点}\\2,\text{表示鞍点}\\0,\text{表示其他点}\end{cases}$$

表6.2　　**地形特征点类型的判断表**

名　称	定　义	领域高程关系
山顶点(peak)	是指在局部区域内海拔高程的极大值点,表现为在各方向上都为凸起。	$\frac{\partial^2 z}{\partial x^2}<0,\frac{\partial^2 z}{\partial y^2}<0$
凹陷点(pit)	是指在局部区域内海拔高程的极小值点,表现为在各方向上都为凹陷。	$\frac{\partial^2 z}{\partial x^2}>0,\frac{\partial^2 z}{\partial y^2}>0$
脊点(ridge)	是指在两个相互正交的方向上,一个方向凸起,而另一个方向没有凹凸性变化的点。	$\frac{\partial^2 z}{\partial x^2}<0,\frac{\partial^2 z}{\partial y^2}=0$或$\frac{\partial^2 z}{\partial x^2}=0,\frac{\partial^2 z}{\partial y^2}<0$
谷点(channel)	是指在两个相互正交的方向上,一个方向凹陷,而另一个方向没有凹凸性变化的点。	$\frac{\partial^2 z}{\partial x^2}>0,\frac{\partial^2 z}{\partial y^2}=0$或$\frac{\partial^2 z}{\partial x^2}=0,\frac{\partial^2 z}{\partial y^2}>0$
鞍点(pass)	是指在两个相互正交的方向上,一个方向凸起,而另一个方向凹陷的点。	$\frac{\partial^2 z}{\partial x^2}<0,\frac{\partial^2 z}{\partial y^2}>0$或$\frac{\partial^2 z}{\partial x^2}>0,\frac{\partial^2 z}{\partial y^2}<0$
平地点(plane)	山顶点是在局部区域内各方向上都没有凹凸性变化的点。	$\frac{\partial^2 z}{\partial x^2}=0,\frac{\partial^2 y}{\partial y^2}=0$

这种判定只能提供概略的结果。当需对地形特征作较精确分析时,应由曲面拟合方程建立地表单元的曲面方程,用x方向和y方向上关于高程z的二阶导数的正负组合关系来判断地形特征点。通过确定曲面上各种插点的极小值和极大值,以及当插值点在两个相互垂直的方向上分别为极大值或极小值时,则可确定出谷点或脊点。但由于真实地表与数学表面的差别,利用该方法在DEM上提取特征点时,结果常产生伪特征点。

思　考　题

1. DEM与DTM的含义分别是什么?二者有何关系?

2. DTM 的数据源与采集方法主要有哪些？
3. DEM 的表示模型主要有哪些？各自有何特点？
4. 什么是数据内插？主要方法有哪些？
5. 生成 DEM 有哪些方法？
6. 举例说明 DEM 的应用。

第七章　GIS 产品输出

空间数据经地理信息系统分析处理后，所得结果必须以各种形式输出给用户，产品输出就是指将 GIS 分析或查询检索的结果表示为某种用户需要的可以理解的形式过程，输出方式则包括物理绘制，数字形式输出等。

第一节　GIS 产品类型

地理信息系统产品是指经由系统处理和分析，可以直接供专业规划人员或决策人员使用的各种地图、图表、图像、数据报表或文字说明、其他数字数据等。其中，地图图形输出是地理信息系统产品的主要表现形式。尤其是各种类型的专题图已成为地理信息系统的主要输出产品。地理信息系统产品是系统中数据的表现形式，反映了地理实体的空间特征和属性特征。

1　地图

地图是空间实体的符号化模型（如图 7.1 所示），根据地理实体的空间形态，常用的地图种类有点位符号图、线状符号图、面状符号图、等值线图、三维立体图、晕渲图等。点位符号图在点状实体或面状实体的中心以制图符号表示实体质量特征；线状符号图采用线状符号表示线状实体的特征；面状符号图在面状区域内用填充模式表示区域的类别及数量差异；等值线图将曲面上等值的点以线画连接起来表示曲面的形态；三维立体图采用透视变换产生透视投影，使读者对地物产生深度感并表示三维曲面的起伏（如图 7.2 所示）；晕渲图以地物对光线的反射产生的明暗使读者对二维表面产生起伏感，从而达到表示立体形态的目的（如图 7.3 所示）。

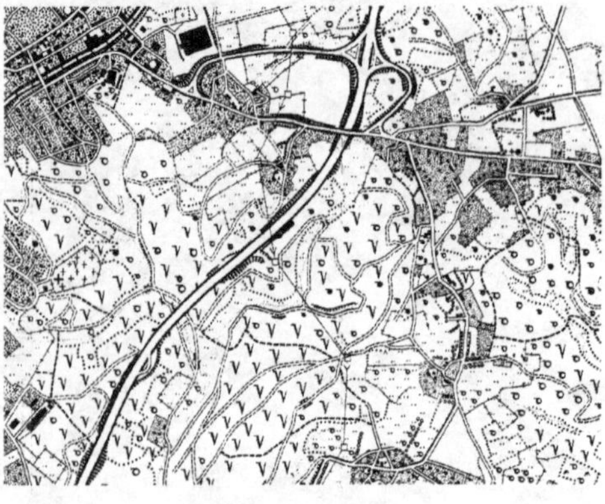

图 7.1　普通地图

图 7.2　三峡库区三维立体模拟地图

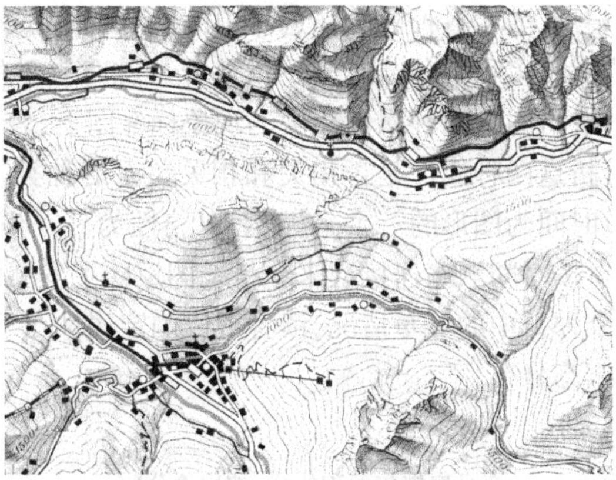

图 7.3　晕渲地形图

2　图像

图像也是空间实体的一种模型，它不采用符号化的方法，而是采用人的直观视觉变量（如灰度、颜色、模式）表示各空间位置实体的质量特征。它一般将空间范围划分为规则的单元（如正方形），然后再根据几何规则确定的图像平面的相应位置，用直观视觉变量表示该单元的特征，图 7.4、图 7.5 所示为由喷墨打印机输出的正射影像地图和三维模拟建筑图。

图 7.4　正射影像地图

图 7.5　三维模拟建筑图

3　统计图表

对于非空间数据，特别是属性数据，统计图表是主要表现形式。统计图将实体的特征和实体间与空间无关的相互关系采用图形表示，它将与空间无关的信息传递给使用者，使得使用者对这些信息有全面、直观的了解。统计图常用的形式有饼图（如图 7.6 所示）、扇形图、直方图、折线图、散点图和柱状图（如图 7.7 所示）等。柱状图采用水平或垂直长方形表示不同种类间某一属性的差异,每个长方形表示一个种类,其长度表示这个种类的属性数值。扇形图将圆划分为若干个扇形,表示各种成分在总体中的比重,各种成分的比重可以用扇形的面积或者弧长来表示,当有很多种成分或成分比重差异悬殊时表示的效果不好。散点图以两个属性作为坐标系的轴,将与这两种属性相关的现象标在图上,表示出两种属性间的相互关系,在此基础上可以分析这两种属性是否相关和相关关系的种类。折线图反映某一属性随时间变化的过程,它以时间为图形的一个坐标轴,以属性为另一坐标轴,将各个时间的属性值标到图上并将这些点按时间顺序连接起来。折线图反映了发展的动态过程和趋势。直方图表示单一属性在各个种类中的分布情况,读者可以确定属性在不同可能值间的分布,如某种现象的分布是否为正态分布。

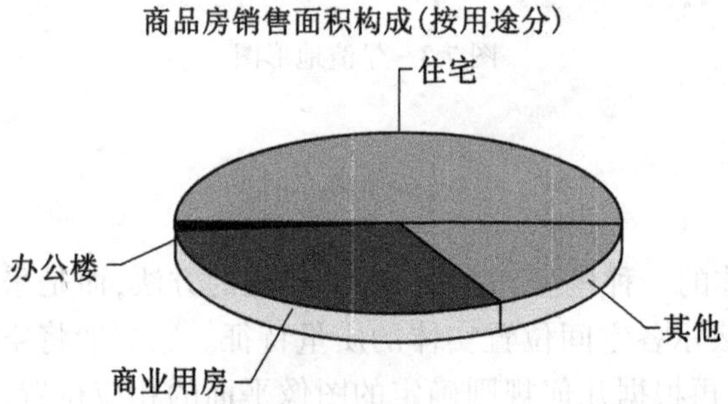

图 7.6　饼状统计图

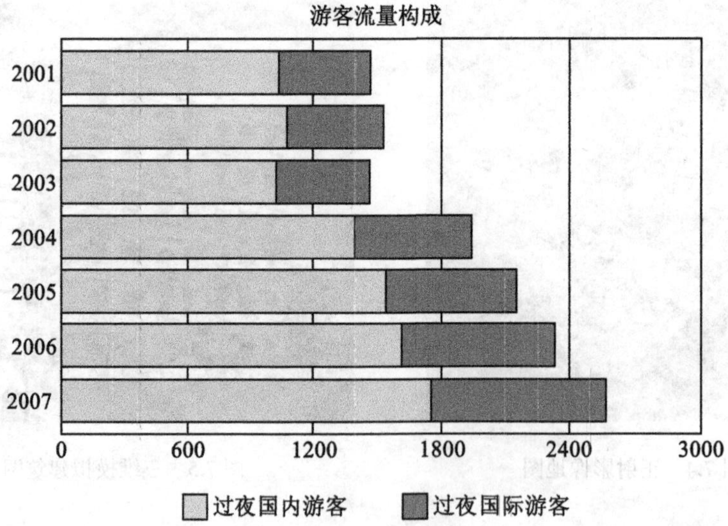

图 7.7　柱状统计图

利用这些统计图定位,形成定位统计图,可以表示现象的数量特征或在一定周期内数量上的变化。如用若干同类型的定位统计图,较均匀地分布在图上,可反映整个区域内现象的差异(如图 7.8 所示)。

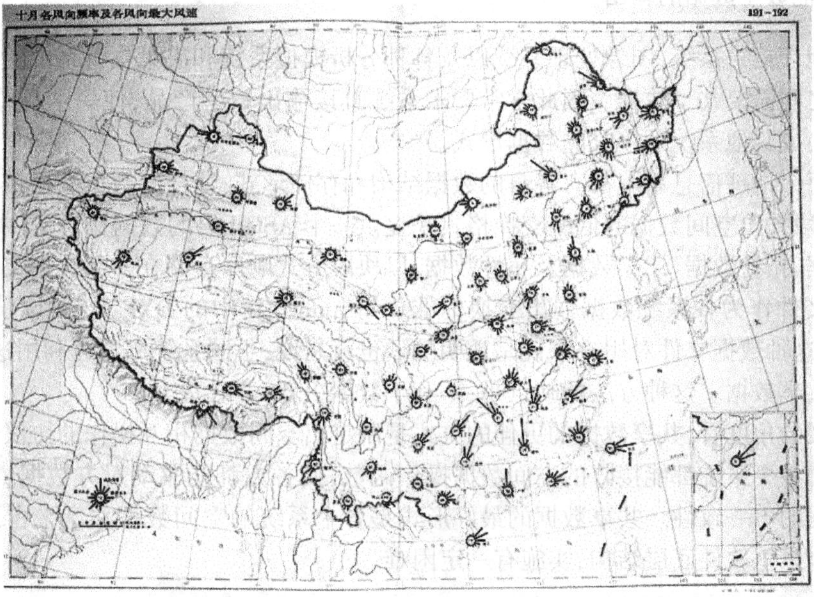

图 7.8　定位统计图表法表示的专题图

统计表格将数据直接表示在表格中柱状图(如图 7.9 所示),使读者可直接看到具体数据值。统计表的优点是可详细地表示非空间数据,便于对这些数据进行再处理,但不直观。统计表格分为表头和表体两部分,除直接数据外有时还有汇总、比重等派生项。

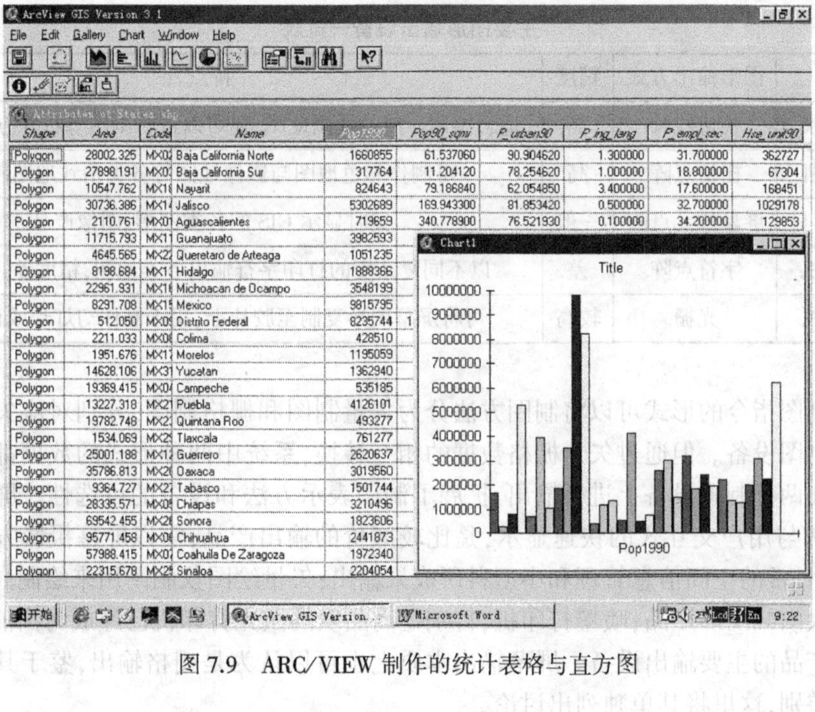

图 7.9　ARC/VIEW 制作的统计表格与直方图

4 其他数字数据的输出

随着地理信息系统,图像处理系统以及各种分析模拟系统和决策支持系统的广泛应用,不同系统之间需要共享数据。因此常常要求系统直接输出数字产品,使一个系统内的数据形式能转换成其他系统可接收的数据形式。

由于每个地理信息系统都有各自的数据结构和存储形式,这样给数据交换带来了困难。为此,现阶段提出空间数据的低级交换格式是提供一个 ASCII 码的数据交换文件,把系统中的几何数据、拓扑数据、注记数据及属性数据,以块段方式顺序存储在外部数据文件中,用该外部数据文件作为各系统数据输出交换标准。如 AutoCAD 中的 DXF 文件,属于这类输出数据文件,这种数据文件对用户来说是透明的。也就是说,不同系统用户可利用这种外部数据文件来共享数据。这种方法的缺点是,不利于数据更新,费时费力。

从发展的角度看,共享数据的更佳的方式是制定出空间数据相互操作的协议,其实质是制定出一套各个系统都能接收的空间数据操作函数,使各方都能驱动对方数据。其缺点是易出现数据的不一致性。共享数据的最好形式是各个系统的空间数据共享平台,但实际上因涉及各个系统软件底层结构,实施有一定困难。

第二节 GIS 产品输出设备

在地理信息系统中,为了输出各种图件,硬件上必须配备相应的输出装置,及在设备驱动软件支持下的制图输出模块。地理信息系统产品的输出设备有显示器、打印机(字符/图形)、绘图机、胶片记录仪等,表 7.1 列出了主要空间数据输出设备。

表 7.1 **主要图形输出设备一览表**

设备	图形输出方式	精度	特点
矢量绘图仪	矢量线画	高	适合绘制一般的线画地图,还可以进行刻图等特殊方式的绘图
喷墨打印机	栅格点阵	高	可制作彩色地图与影像地图等各类精致地图制品
高分辨率彩显	屏幕像元点阵	一般	实时显示 GIS 的各类图形、图像产品
行式打印机	字符点阵	差	以不同复杂度的打印字符输出各类地图,精度差,变形大
胶片拷贝机	光栅	较高	可将屏幕图形复制至胶片上,用于制作幻灯片或正胶片

根据制图指令的形式可以将制图方法分为矢量制图和栅格制图,分别对应矢量制图设备和栅格制图设备。但通过矢量栅格数据的相互转换,系统中两种形式的数据都能以两种制图方式在两种制图设备上进行输出,扩展了制图表示方法和设备的可选性。屏幕显示主要用于系统与用户交互式的快速显示,是比较廉价的输出产品,需以屏幕摄影方式做硬拷贝,可用于日常的空间信息管理和小型科研成果输出;矢量绘图仪制图用来绘制高精度的比较正规的大图幅图形产品;喷墨打印机,特别是高品质的激光打印机已经成为当前地理信息系统地图产品的主要输出设备。屏幕输出本质上也可以认为是栅格输出,鉴于其和一般栅格输出的差别,这里将其单独列出讨论。

1　屏幕输出

屏幕输出主要设备是计算机图形显示器，将屏幕上所显示的图形采用屏幕拷贝的方式记录下来，以在其他软件支持下直接使用。由光栅或液晶的屏幕显示图形、图像，常用来做人和机器交互的输出设备，其优点是代价低、速度快、色彩丰富，可以动态刷新，缺点是非永久性输出、幅面小、精度低、比例不准确，不宜作为正式输出设备。

由于屏幕同绘图机的彩色成图原理有着明显的区别，所以，屏幕所显示的图形如果直接用彩色打印机输出，两者的输出效果往往存在着一定的差异，这就为利用屏幕直接进行地图色彩配置的操作带来很大的障碍。解决的方法一般是根据经验制作色彩对比表，依此作为色彩转换的依据。近年来，部分地理信息系统与机助制图软件在屏幕与绘图机色彩输出一体化方面已经做了不少卓有成效的工作。图 7.10 所示为通过屏幕输出的地图。

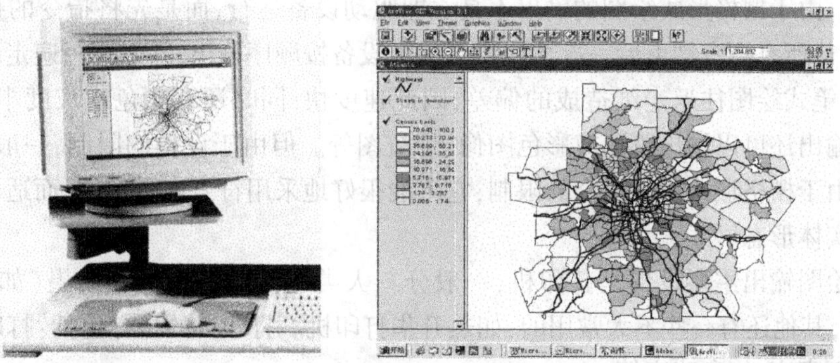

图 7.10　计算机屏幕显示地图

2　矢量绘图输出

矢量制图通常采用矢量数据方式输入，根据坐标数据和属性数据将其符号化，然后通过制图指令驱动绘图设备。矢量制图指令在矢量绘图设备上可以直接实现，其主要设备是矢量(笔式)绘图仪。绘图仪种类较多，按图幅分为 A_0、A_1、A_2和 A_4绘图仪；按绘图颜色分为黑白和彩色绘图仪，按性能指标分为低档、中档和高档绘图仪；按功能分为绘图用、刻膜用及感光用绘图仪等；按绘图方式分为笔式绘图仪和无笔式绘图仪；但通常是按走纸方式分为滚动式绘图仪和平板式绘图仪(如图 7.11 所示)。滚动式绘图仪通常有滚动传动部分、绘图笔传动部分、脉冲电机驱动部分及操作控制等部分组成。平板绘图仪用静电吸附或磁力压条等方法固定纸张，通常控制横架和笔架分别向 X 和 Y 方向移动来完成画图任务，这种绘图仪所用机械运动部件较前者少，因此，其绘图精度高于滚动式绘图仪。

矢量形式绘图表现方式灵活、精度高、图形质量好、幅面大、消耗品成本低，其缺点是速度较慢、价格较高、软件开发复杂，对面状区域填充均匀性差。

3　栅格绘图输出

栅格制图与栅格数据相匹配，以栅格单元的颜色或灰度值作为基本指令。制图精度取

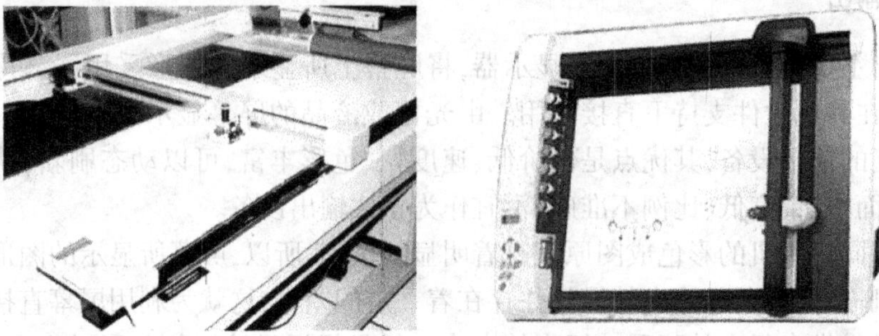

图 7.11　矢量绘图仪

决于栅格单元的大小,因为它是通过每个单元的点、线颜色和模式来表示图形的,软件开发相对容易。由于栅格形式绘图的输出不是立即驱动设备运行,而是先将指令的操作结果存入缓冲区,待所有指令结束后一次性地将结果由设备按顺序输出,并采用一遍走纸画图的方式,避免了笔式绘图往返走纸造成的偏差,因此速度快,同时还有颜色或灰度丰富的特点。栅格形式输出还可以输出单色或彩色图像、晕渲图等。但由于设备的限制,一般幅面小、精度较低。由于栅格形式输出指令的限制,它不能很好地采用符号表示实体,而适于表示呈连续变化的实体形态。

栅格绘图输出主要设备是打印机,一般分三大类别:针式、激光和喷墨(如图 7.12、图 7.13所示),其他还有一些不太常用的,如热升华打印机。打印机的指标包括:打印的分辨率和打印幅面宽度、打印速度等。

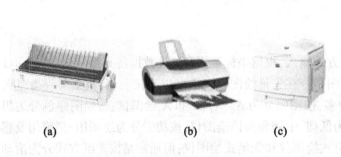

(a)　(b)　(c)

图 7.12　常见的三类打印机

图 7.13　喷墨绘图仪

点阵针式打印机是通过打印头中的电磁铁吸合或释放来驱动打印针向前击打色带,将墨点印在打印纸上实现对规定字符、汉字和图形的打印,设备便宜,成本低,速度与矢量绘图相近,但渲染图比矢量绘图均匀,便于小型地理信息系统采用,目前主要问题是打印质量较低、速度慢,且打印幅面有限,大的输出图需进行图幅拼接。喷墨打印机(亦称喷墨绘图仪),是高档的点阵输出设备,输出质量高、速度快,随着技术的不断完善与价格的降低,目前已经取代矢量绘图仪的地位,成为 GIS 产品主要的输出设备。激光打印机是一种既可用于打印又可用于绘图的设备,是利用碳粉附着在纸上而成像的一种打印机,由于打印机内部使用碳粉,属于固体,而激光光束又不受环境影响的特性,所以激光打印机可以长年保持印刷效果清晰细致,印在任何纸张上都可得到好的效果。激光打印绘制的图像品质高、绘制速度快,将是计算机图形输出未来的基本发展方向。

4 绘图仪输出融合方式

如前所述,空间图形符号化后的地图输出主要有屏幕显示输出和绘图仪绘图输出两种形式。目前计算机图形技术的发展,已把这两种方式融合在一起,变成一种适应众多图形输出设备的与设备无关的输出方式。而为解决绘图语句的设备无关性,采用了以下几种主要方式。

4.1 采用图形核心系统(GKS)绘图软件

GKS(Graphics Kernal System)是德国标准化协会所开发的图形系统,并被全美国家标准协会所采纳,同时也作为国际标准使用,它提供了一套二维图形基本单元子程序库(以后又发展到 GKS-3D 三维图形),可通过 FORTRAN 77 语言调用。

4.2 EPS 格式

EPS(Encapsulated PostScript)是经封装的 PostScript 的简称,它是一种电子排版、印刷中通用的图形矢量格式标准。它主要是采用 Bezier 曲线描述全部图形要素,非常适宜连续缩放、位移、修改等各种编辑操作,图形要素平滑、美观、规范,在此 EPS 基础上,现代印刷制版业对之采用硬件或软件快速栅格化 RAP(Raster Image Processing)技术把 EPS 格式数据规范地变成所需分辨率的栅格进行制版。现今通用的绘图制版软件,如 CORELDRAW、FREEHAND、PAGEMAKER 等均采用 EPS 格式,国内 MAPCAD、智绘等绘图系统以及图像编绘一体化软件也均全面支持 EPS 格式,建立了电子制版的通畅道路。采用 EPS 格式的绘图方式,不仅图形质量好,具有较好的设备无关性,可以不加修饰采用众多型号绘图仪、激光打印机、喷墨绘图仪设备,而且直通后续的出版印刷。

4.3 计算机图形接口(CGI)

CGI(Computer Graphics Interface)是国际标准协会 ISO TC97 组提出的图形设备接口标准,它的目的是提供控制图形硬件的一种与设备无关的方法。CGI 在用户程序和虚拟设备间,以独立于设备的方式提供图形信息的描述和通信。它所提供的功能集包括控制功能集,独立于设备的图形图像输出功能集,图段功能集,输入和答功能集以及修改、检索和显示以像素数据形式存储的光栅功能等。

4.4 计算机图形元文件(CGM)

CGM(Computer Graphic Metafile)也是国际标准化协会 1987 年的标准。它是一套与设备无关的语义语法定义的图形文件格式,它主要由两部分组成:第一部分是功能规格说明,以抽象的语法描述了相应的文件格式;第二部分则描述了文件词法的三种形式的编码。

4.5 程序员层次交互式图形系统(PHIGS)

PHIGS(Programmer's Hierarchical Interactive Graphics System)是国际标准化协会1986年公布的计算机图形系统标准。它包含了下述三个方面的内容:其一是向程序员提供的控制图形设备的图形系统接口;其二,它的图形数据按层次结构组织,使多层次的应用模型能方便地应用PHIGS进行描述;其三是提供了动态修改和绘制显示图形数据的手段。PHIGS是具有高度动态性、交互性的三维图形软件工具库,其最主要的特点是能够在系统中高效率地描述应用模型,迅速修改图形的模型数据并予以绘制;它在图形设备之间提供了一种功能接口;在图形数据组织上,它建立了独立于设备的中心结构存储区和图形档案管理文件;在图形操作上,它建立了适应网状的图形结构模式的各种操作;在图素设置上,它既考虑三维、三维的结合,又考虑了矢量和栅格图形的结合。

4.6 窗口系统

窗口系统是20世纪80年代以来,不管是大、中型计算机还是工作站、个人计算机都广泛配备了的图形化的用户接口环境,它是目前用户量最为广大,影响最为广泛图形用户接口环境,其中最具代表性的当数X-Window,以及MS-Windows系列,前者在工作站和大、中型计算机上Unix及网络环境下,后者是在个人计算机和网络环境下。它们均是事实上的工业标准,具有如下特点:定义简洁,界面清晰(窗口系统通常向用户提供应用界面、编程界面和窗口管理界面);目标明确(它实现了以下的主要目标,如窗口系统与显示设备的独立性;应用程序和程序员的独立性;系统的网络透明性;支持并发显示多个应用程序;支持实现不同风格的用户界面;支持多层可变大小的窗口;支持高性能和高质量的图形和正文,尤其是中文多字体的大字符集;系统的可扩充性。)、实现紧凑;功能齐全(由于它实际上已成为工业标准,众多设备厂商竞相为它开发自己设备的接口软件,因而它不仅成为控制光栅设备和输入设备的系统软件,而且成为绝大多数计算机外围设备标准使用的宽畅大道。)、使用方便(统一而一致的图形窗口界面;是与设备无关的图形接口)。上述特点使窗口系统成为一个主流图形环境,并具有持续发展的前景。

第三节 GIS地图制图输出

地理信息系统软件为了实现其产品输出的功能,一般都具有制图输出模块,包括符号设计、渲染、图面配置、地图整饰、图形(图像、图表)输出、数据格式转换输出等功能。

1 制图符号、注记与色彩

制图用的符号、注记和色彩是地理信息系统输出模块中不可缺少的部分,用来增加图件的可视性。一般的地理信息系统软件都自定义有符号库、汉字库和色彩库。

1.1 制图符号及符号库

通常,在输出图件上,各要素的位置、大小及数量和质量特征是通过不同颜色的点、线和面填充符号来表达,这些点、线、面符号总称为制图符号。制图符号用来表示地图上的地物特征，它同输出图的主题、内容、比例尺和用途等因素有关。

在地理信息系统中，通常根据需要将矢量和栅格符号分别组成矢量符号库及栅格符号库。符号库中储存的主要是地图符号的颜色码和图形信息，每个符号组成一个信息块。其构成方法有直接信息法和间接信息法两种。制图符号的设计应遵循图案化、精确性、逻辑性、对比性、统一性、色彩象征性、制图与印刷的可能性等原则。另外，符号库应具有可扩充性、可编辑性，应为用户提供自定义符号及编辑符号的功能，以满足用户的不同要求。

1.1.1 矢量符号

矢量符号创建有很多方法，如直接坐标点法、编码法及子图形法等。下面以点状符号来说明。

(1)直接坐标点法。在字符信息块组成的局部坐标系中顺序存储组成符号的特征点坐标及抬落笔码，如表 7.2 所示。

表 7.2 直接坐标点法对点状信息的描述

代码	颜色码	特征点数 n	抬落笔码 1	点 x_1、y_1	…	抬落笔码 i	…	点 x_n、y_n

这样，在绘制符号时，可不必考虑符号形状，只需用同一绘图程序调用输出，从而，便于符号的扩充。

(2)符号编码法。用一系列编码来描述组成符号的线段所用的数据。每个符号有一个标题行和若干描述行组成。下面是 AUTOCAD 中采用的编码格式：

标题行<编号>，<字节数>，<名称>

描述行<字节 1>，<字节 2>……0

描述行中每个字节的低 4 位表示矢量方向，其编码如图 7.14 所示，高 4 位表示矢量长度，字节前 0 表示为 16 进制。

图 7.14 中所示矢量具有“相同”的长度，实际上 45°方向的一个矢量单位，相当于水平方向的$\sqrt{2}$单位长。从而得到的编码为：

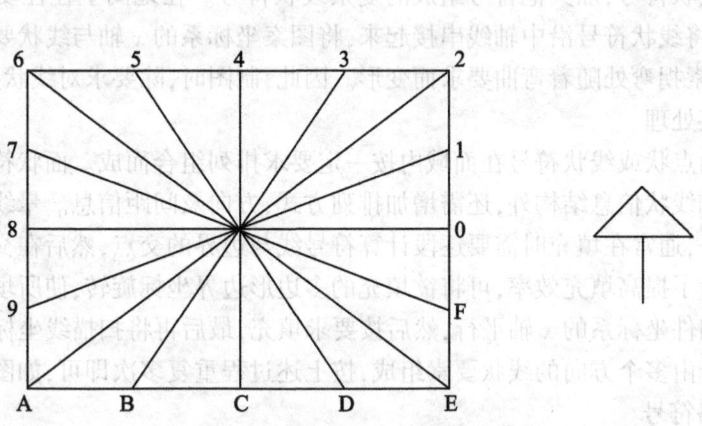

(a) 方向编码 (b) 符号示例

图 7.14 符号的编码法

标题行 * 代码, 7, TREE

描述行 024 028 020 020 026 04A 0

(3) 子图形法。将每个符号看成一个图,符号信息块中存入符号图形的几何参数,如图形长、宽、间隔、半径、夹角等,有些参数也可通过数学表达式计算出来。所绘制的每个符号都有相应子程序或函数来调用。这种方法所用存储空间小,但编制程序复杂,且不利于用户扩充符号。

在制图符号(如图 7.15 所示)中,点状符号以符号定位点为原点构成坐标系,信息块中记录了图形的特征点坐标、图形的颜色码及图形类型等信息。绘图时,读出信息块,再按符号创建方如子图形法绘出。

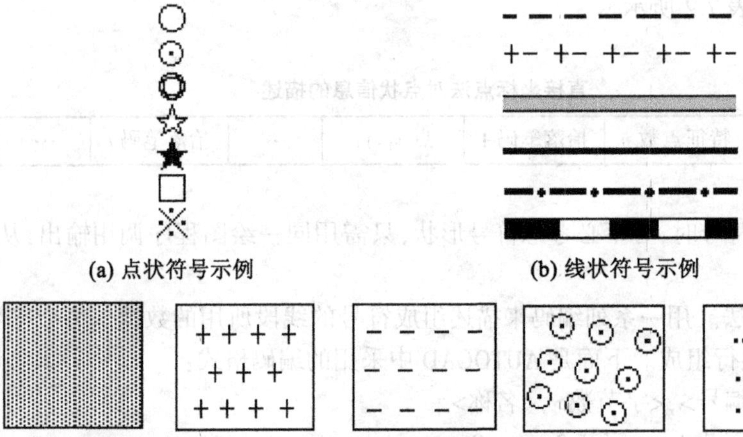

(a) 点状符号示例

(b) 线状符号示例

(c) 面状填充符号示例

图 7.15　制图符号

线状符号如公路、铁路、国界线等,其基本单元也可看做一个图案,包括简单线状符号,以及有简单的线状符号,加其他符号组成的复杂线状符号。在地图上往往要求线状符号具有延伸性,要求将线状符号沿中轴线串接起来,将图案坐标系的 x 轴与线状要素的中轴线重合,并在线状要素拐弯处随着弯曲要求而变形。因此,制图时,除要求对线状要素定位外,还应作弯曲和串接处理。

面状符号由点状或线状符号在面域内按一定要求排列组合而成。面状符号信息所记录的内容除了点和线状信息结构外,还需增加排列方式,方向及间距信息。晕线是面状填充符号常用形式之一,通常在填充时需要逐段计算符号线与边界的交点,然后在交点间配置相应的填充符号。为了提高填充效率,可将欲填充的多边形边界坐标旋转,使所填充的线状符号要素的走向同图件坐标系的 x 轴平行,然后按要求填充,最后再将扫描线坐标转回到原坐标系中。若该符号由多个方向的线状要素组成,按上述过程重复多次即可,如图 7.16 所示。

1.1.2　栅格符号

在栅格制图方式中,通常用点阵网格来生成栅格图形符号。

点状符号一般采用模板来表示,例如用 24×24 点阵可以形象地表示各种形状的点状符号。在调用时,只要根据定位位置做出相应替换。

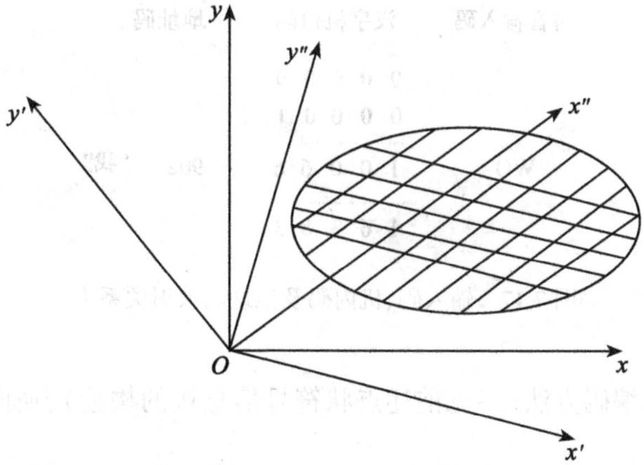

图 7.16　符号填充的旋转

线状符号亦以点阵方式，按规定的长度和宽度建立。但为了反映线的走向及变化特征，不能如点状符号那样作简单注记，而往往需要用图像处理方法进行计算。

面状符号是根据图斑大小，建立各种疏密的面状填充符。首先读取制图数据单元的数据值，然后将模板单元值拷贝到相应位置的图像缓冲区中形成面状符号。

1.2　汉字注记与汉字库

在空间信息的可视化过程中，除了用图形符号外，还需要各种包括汉字、外文字母、数字等信息的注记库，或简称汉字库，以说明各要素的名称、种类、性质和数量等，这些文字和数字总称为制图注记。从原理上讲，汉字库和上面所述的点状字符库无本质区别，也分为矢量库和栅格点阵库，即基于画笔的矢量汉字和基于点位图的点阵汉字，它们分别置于矢量汉字库和点阵汉字库中。此外，借助栅格向矢量数据转换方法，亦可以将栅格汉字矢量化。

在地理信息系统输出中注记汉字时常常使用矢量汉字，主要是因为矢量汉字具有无级缩放的优点。从而可满足各种比例尺要求，而点阵汉字放大时，其直线处常常出现锯齿形，严重影响美观。

1.2.1　矢量汉字库及栅格汉字库

通常矢量汉字库适合于矢量绘图仪输出，而栅格汉字库用于屏幕显示和打印机输出。从原理上看，汉字库与点状符号库没有本质差别。根据国家标准 GB2312—80《信息交换用汉字编码字符集》中对 7445 个汉字符规定了统一的机内码，其中一级汉字 3755 个，二级汉字 3008 个，特殊符号 682 个，每个字符都规定了统一的机内码，为汉字使用提供了方便。因此，尽管有多种不同的汉字系统，其输入码和汉字信息块的存储组织和地址码分配可能有多种方案，但每个字的机内码是统一的、规范的，为汉字的检索提供了统一标准，方便了使用。

汉字的检索方法　不管什么汉字系统，在建立字库时，都需要建立一个汉字机内码和地址码的映射表，也要建立一个输入码与内码的映射表，图 7.17 显示了拼音输入码、机内码及地址码之映射关系表。

信息的读取有了地址码后，就可读取该记录，取得所属的矢量信息块或栅格信息块，并

拼音输入码	汉字机内码	地址码
	0 0 0 0 0	
	0 0 0 0 1	
	……	
WO	1 0 0 6 6	902 “我”
	……	
	1 6 3 8 3	

图 7.17 输入码、机内码及地址码映射关系表

依照信息块形成时的编码方法(参见前述点状符号信息块的构造),逆向取得矢量信息和栅格信息。

一般来讲,矢量汉字一般都已商品化,可直接购买使用,栅格汉字库更为普遍,操作系统及其扩充均已包含。当然也可使用软件方法,把栅格点阵字进行矢量跟踪,形成矢量数据并形成矢量字库,以备使用。上述使用方式,字符分辨率不是很高,用于一般场合。

1.2.2 True Type 字库介绍

随着计算机的硬软件发展,尤其是 Windows 系列中文操作系统的推出与使用。除传统的矢量库和栅格库外,又推出了质量优越,使用方便,规模宏大的 True Type 字库。使字库技术达到一个新的水平。True Type 字库是 Windows 3.1 推出时提供的,但它当时只能使用于西字字体,随着 Windows 中文操作系统的发展,推动和促进了国内汉字系统,True Type 字库已包括中文。其字体种类也日趋完善,被称为 CTrue Type 字库。今天 Windows-Xp 已包含了各种所需字符/体、字数达 64000 多个汉字。

(1)True Type 字库的优点。True Type 解决了两个重要问题:与设备无关的无变形输出各种字体以及在所有设备上以所有尺寸提供高质量字体。具体而言:①所见即所得(WYSIWYG) 应用程序可将 True Type 字任意放大或旋转,都能得到高质量字体,并且屏幕上和打印机上一样;②打印机可移植性:它可在不同的打印机上工作。由于应用程序可得到字体的规格细节。因此应用程序能以设备无关的方式控制文字;③文件可移植性 应用程序可在文件中加入 True Type 字体,并可在不同平台上工作,应用程序可通过使用字体的量度细节以便在平台无关的方式下控制文件。④简单性。显然 True Type 是汉字可视化技术上一次大的进步,一个新的台阶。

(2)True Type 的使用。Windows 下所有图形、图像软件中凡能够人机交互处理图形或图像的,都可以以交互方式方便地使用 True Type 字体,进行汉字和各种字符的交互编辑。这种交互使用达到可视化中“所见即所得”的高境界。在应用程序中采用中文 WIN95 下的编程,也可以批处理方式和设定交互编辑环境使用 CTrue Type 字体和矢量、栅格字体。它一般可通过以下逻辑步骤:① 使用库存字体;② 列表可用字体;③ 列举设备能力;④ 创建逻辑字体,设定字体、字样、大小等;⑤ 检查并显示逻辑字体信息;⑥ 检取实际字体信息;⑦ 设置排列方式、使用颜色、旋转、一行中使用哪些字体、怎样使用,在指定位置绘制字体字符。此外,人们还可利用 CTrue Type 一些有用的附加功能,例如其极高精度的字体轮廓,创建自定义字体等。显然,True Type 字库最适合地图使用。

1.3 色彩库

色彩是表示和传递信息的有力工具,在地图制图中,尤其是面域色的设计与色彩版的制作中,为优化色彩的表现手段,实现地图编辑与制版一体化、自动化,必须把色彩进行数字表达并建立色彩数据库。它管理和记录两类数据:

(1)现有专题地图色谱中叠色系统和连续色表的色度数据;

(2)设计颜色的色度数据和处理数据记录。一般色彩库可采用多媒体数据库管理,直接在库中加入色样。并按各种数据域及组合进行索引,便于查阅、参考。

目前,很多颜色库使用红、绿、蓝(RGB)三原色来表示和分析颜色。而用于地图印刷的油墨颜色的分析方法则是采用青、洋红、黄、黑(CMYK)四色。在地图输出时,系统自动从颜色库中取出颜色的定义值,将其正确还原。此外,为了获取与地图相应的印刷油墨构成百分比,地理信息系统应具有自动设计颜色和屏幕色仿真的功能,以完成屏幕上的颜色设计。

2 图面配置

一个优良的地理信息系统,应具有很强的制图系统。良好的制图输出系统能为用户输出信息丰富、表达完整、视觉效果好的图件。为此,在输出功能中常提供人机交互方式的图面配置功能。每张输出图由数据(矢量或栅格数据),图名、图框、图例、比例尺等信息组成。图面的配置实际上给用户提供人机交互方式来处理上述信息,以得到高质量的输出图。

2.1 图面配置要求

图面配置是指对图面内容的安排。在一幅完整的地图上,图面内容包括图廓、图名、图例、比例尺、指北针、制图时间、坐标系统、主图、副图、符号、注记、颜色、背景等内容,内容丰富而繁杂,在有限的制图区域上如何合理地进行制图内容的安排,并不是一件轻松的事。一般情况下,图面配置应该主题突出、图面均衡、层次清晰、易于阅读,以求美观和逻辑的协调统一而又不失人性化。

(1)主题突出。制图的目的是通过可视化手段来向人们传递空间信息,因此在整个图面上应该突出所要传递的内容,即地图主体。制图主体的放置应遵循人们的心理感受和习惯,必须有清晰的焦点,为吸引读者的注意力,焦点要素应放置于地图光学中心的附近,即图面几何中心偏上一点,同时在线画、纹理、细节、颜色的对比上要与其他要素有所区别。

图面内容的转移和切换应比较流畅。例如图例和图名可能是随制图主体之后要看到的内容,因此应将其清楚地摆放在图面上,甚至可以将其用方框或加粗字体突出,以吸引读者注意力(如图 7.18 所示)。

(2)图面平衡。图面是以整体形式出现的,而图面内容又是由若干要素组成的。图面设计中的平衡,就是要按照一定的方法来确定各种要素的地位,使各个要素显示得更为合理。图面布置得平衡不意味着将各个制图要素机械性地分布在图面的每一个部分,尽管这样可以使各种地图要素的分布达到某种平衡,但这种平衡淡化了地图主体,并且使得各个要素无序。图面要素的平衡安排往往无一定之规,需要通过不断的反复试验和调整才能确定。一般不要出现过亮或过暗,偏大或偏小,太长或太短、与图廓太紧等现象(如图 7.19 所示)。

(3)图形-背景。图形在视觉上更重要一些,距读者更近一些,有形状、令人深刻的颜色

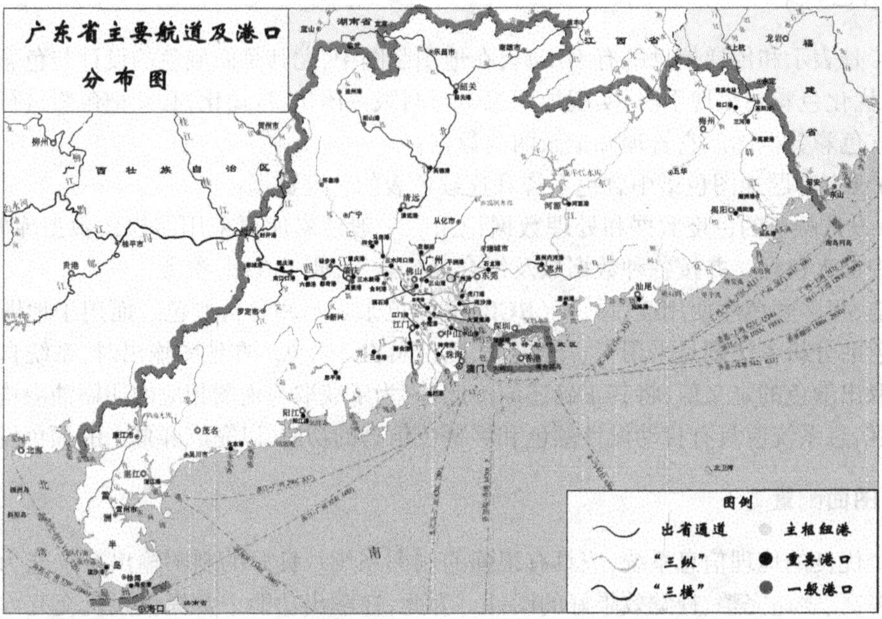

图 7.18　图名和图例布置示例

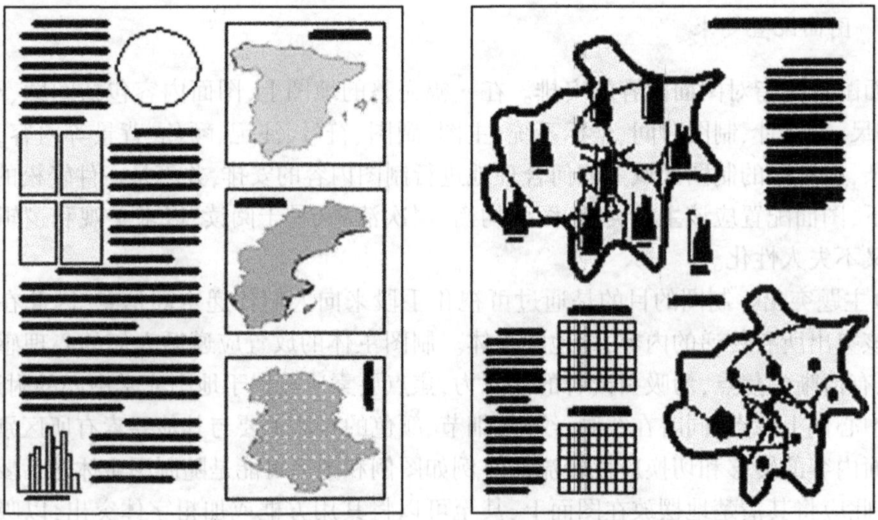

图 7.19　视觉的平衡

和具体的含义。背景是图形背景,以衬托和突出图形。合理的利用背景可以突出主体,增加视觉上的影响和对比度,但背景太多会减弱主体的重要性。图形-背景并不是简单地决定应该有多少对象和多少背景,而是要将读者的注意力集中在图面的主体上。例如,如果在图面的内部填充的是和背景一样的颜色,则读者就会分不清陆地和水体。

图形-背景可用它们之间的比值进行衡量,称之为图形-背景比率。提高图形-背景比率的方法是使用人们熟悉的图形,例如分析陕北黄土高原的地形特点时,可以将陕西省从整体中分离出来,可以使人们立即识别出陕西的形状,并将其注意力集中到焦点上。

(4)视觉层次。视觉层次是图形-背景关系的扩展。视觉层次是指将三维效果或深度引入制图的视觉设计与开发过程,它根据各个要素在制图中的作用和重要程度,将制图要素置于不同的视觉层次中。最重要的要素放在最顶层并且离读者最近,而次要的要素放在底层且距读者比较远,从而突出了制图的主体,增加了层次性、易读性和立体感,使图面更符合人们的视觉生理感受。视觉层次一般可通过插入、再分结构和对比等方式产生。

插入是用制图对象的不完整轮廓线使它看起来像位于另一对象之后。例如当经线和纬线相交于海岸时,大陆在地图上看起来显得更重要或者在整个视觉层次中占据更高的层次,图名、图例如果位于图廓线以内,无论是否带修饰,看起来都会更突出。但使用插入过多,将会导致图面的费解而破坏平衡性。

再分结构是根据视觉层次的原理,将制图符号分为初级和二级符号,每个初级符号赋予不同的颜色,而二级符号之间的区分则基于图案。例如在土壤类型利用图上,不同土壤类型用不同的颜色表达,而同一类型下的不同结构成分则可通过点或线对图案进行区分。再分结构在气候、地质、植被等制图中经常用到。

对比是制图的基本要求,对布局和视觉层都非常重要。尺寸宽度上的变化可以使高等级公路看起来比低等级公路、省界比县界、大城市比小城市等更重要,而色彩、纹理的对比则可以将图形从背景中分离出来,如图 7.20 所示。而过多地对比则会导致图面和谐性的破坏,如亮红色和亮绿色并排使用就会很刺眼。

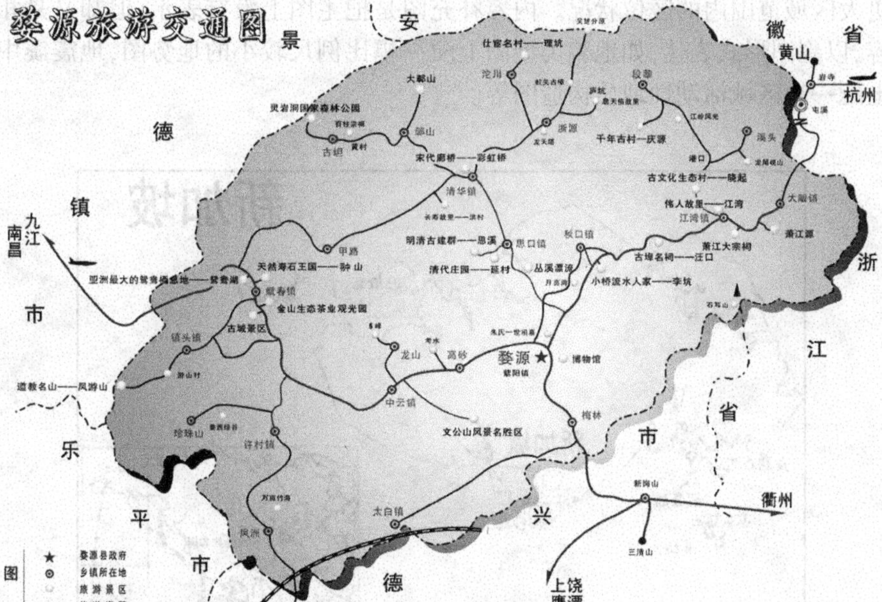

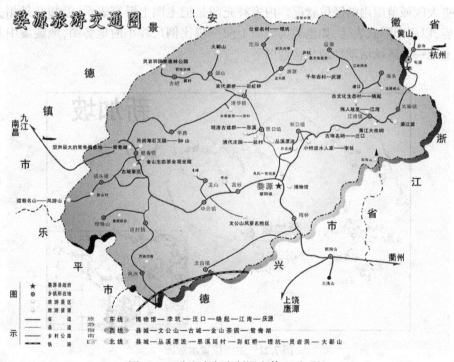

图 7.20　对比法突出制图主体和重要性

2.2 制图内容的一般安排

(1)主图。主图是地图图幅的主体,应占有突出位置及较大的图面空间。同时,在主图的图面配置中,还应注意以下的问题:

①在区域空间上,要突出主区与邻区是图形与背景的关系,增强主图区域的视觉对比度。

②主图的方向一般按惯例定为上北下南。如果没有经纬网格标示,左、右图廓线即指示南北方向。但在一些特殊情况下,如果区域的外形延伸过长,难以配置在正常的制图区域内,就可考虑与正常的南北方向作适当偏离,并配以明确的指向线。

③移图。制图区域的形状、地图比例尺与制图区域的大小难以协调时,可将主图的一部分移到图廓内较为适宜的区域,这就成为移图。移图也是主图的一部分。移图的比例尺可以与主图比例尺相同,但经常也会比主图的比例尺缩小。移图与主图区域关系的表示应当明白无误。假如比例尺及方向有所变化,均应在移图中注明。在一些表示我国完整疆域的地图中,经常在图的右下方放置比例尺小于大陆部分的南海诸岛,就是一种常见的移图形式。

④重要地区扩大图。对于主图中专题要素密度过高,难以正常显示专题信息的重要区域,可适当采取扩大图的形式处理。扩大图的表示方法应与主图一致,可根据实际情况适当增加图形数量。扩大图一般不必标注方向及比例尺。

(2)副图。副图是补充说明主图内容不足的地图,如主图位置示意图、内容补充图等(如图7.21所示)。一些区域范围较小的单幅地图,用图者难以明白该区域所处的地理位置,需要在主图的适当位置配上主图位置示意图,它所占幅面不大,但却能简明、突出地表现主图在更大区域范围内的区位状况。内容补充图是把主图上没有表示、但却又是相关或需要的内容,以副图形式表达,如地貌类型图上配一幅比例尺较小的地势图,地震震中及震级分布图上配一幅区域活动性地质构造图等。

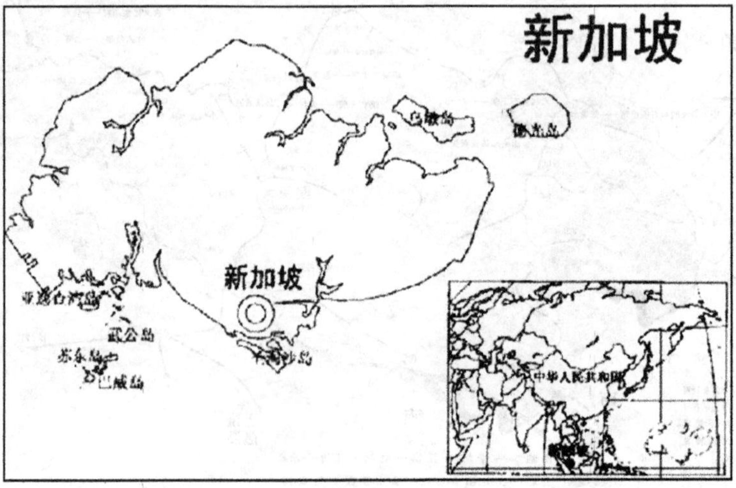

图7.21 主图位置示意图

(3)图名。图名的主要功能是为读图者提供地图的区域和主题的信息。表示统计内容的地图,还必须提供清晰的时间概念。图名要尽可能简练、确切。组成图名的三个要素(区域、主题、时间)如已经以其他形式作了明确表示,则可以酌情省略其中的某一部分。例如在区域性地图集中,具体图幅的区域名可以不用。图名是展示地图主题最直观的形式,应当突出、醒目。它作为图面整体设计的组成部分,还可看成是一种图形,可以帮助取得更好的整体平衡。一般可放在图廓外的北上方,或图廓内以横排或竖排的形式放在左上、右上的位置。图廓内的图名,可以是嵌入式的,也可以直接压盖在图面上,这时应处理好与下层注记或图形符号的关系(如图 7.22 所示)。

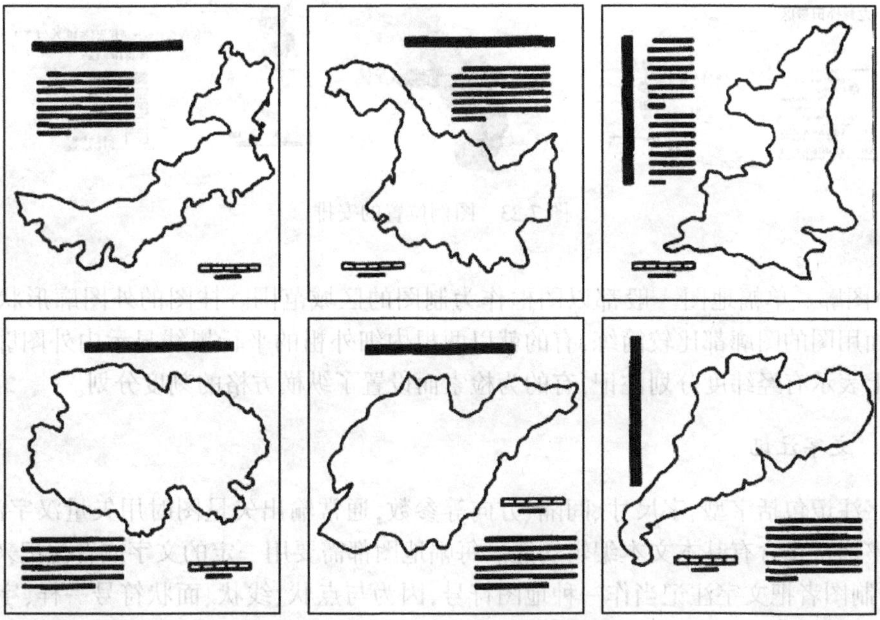

图 7.22　图名位置的安排

(4)图例。图例应尽可能集中在一起。虽然经常都被置于图面中不显著的某一角,但这并不降低图例的重要性。为避免图例内容与图面内容的混淆,被图例压盖的主图应当缕空。只有当图例符号的数量很大,集中安置会影响主图的表示及整体效果时,才可将图例分成几部分,并按读图习惯,从左到右有序排列。对图例的位置、大小、图例符号的排列方式、密度、注记字体等的调节,还会对图面配置的合理与平衡起重要作用(如图 7.23 所示)。

(5)比例尺。地图的比例尺一般被安置在图名或图例的下方。地图上的比例尺,以直线比例尺的形式最为有效、实用。但在一些区域范围大、实际的比例尺已经很小的情况下,如一些表示世界或全国的专题地图,甚至可以将比例尺省略。因为,这时地图所要表达的主要是专题要素的宏观分布规律,各地域的实际距离等已经没有多少价值,更不需要进行什么距离方面的量算。放置了比例尺,反而有可能会得出不切实际的结论。

(6)统计图表与文字说明。统计图表与文字说明是对主题的概括与补充比较有效的形式。由于其形式(包括外形、大小、色彩)多样,能充实地图主题、活跃版面,因此有利于增强视觉平衡效果。统计图表与文字说明在图面组成中只占次要地位,数量不可过多,所占幅面不宜太大。对单幅地图更应如此。

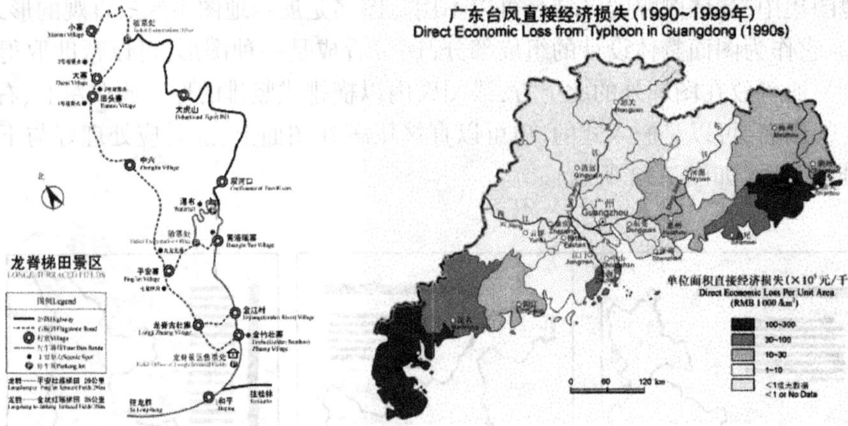

图 7.23　图例位置的安排

(7)图廓。单幅地图一般都以图框作为制图的区域范围。挂图的外图廓形状比较复杂。桌面用图的图廓都比较简练,有的就以两根内细外粗的平行黑线显示内外图廓。有的在图廓上表示有经纬度分划注记,有的为检索而设置了纵横方格的刻度分划。

2.3　文字注记

文字注记包括字型、字尺寸、间隔、方向等参数,通常输出矢量图时用矢量汉字注记,文字注记整饰常包含有基本文本编辑功能。每幅地图都需要用一定的文字或者注记来标记制图要素,制图者把文字注记当作一种地图符号,因为与点状、线状、面状符号一样,字体也有多种类型。字体在字样、字形、大小和颜色方面变化多样。字样指的是字体的设计特征,而字形指的是字母形状方面的不同。字形包括了在字体重量或笔画粗细(粗体、常规或细长体)、宽度(窄体或宽体)、直斜体(或者罗马字体与斜体)、大小写等方面的不同变化。

(1)字体变化:字体变化可以像视觉变量一样在地图符号中起作用。字样、字体颜色、罗马字体或斜体等方面的差异更适合于表现定性数据,而字体大小、字体粗细和大小写等方面的差异则更适合于表现定量数据。例如,在一幅显示城市不同规模的地图上,一般是用大号、粗体和大写字体表示最大的城市,而用小号、细体和小写字体表示最小的城市。

(2)字体类型:在选择字体类型的时候要考虑可读性、协调性和传统习惯性。注记的可读性必须与协调性相平衡。注记的功能就是传达地图内容。因此注记必须清晰可读但又不能吸引过多的注意力。通常可以通过在一幅图上只选用一两种字样,并选用另一些字体变化用于标注不同要素或符号来取得协调美观的效果。例如在制图对象的主体中较少采用修饰性字体,但在图名和图例等部分习惯用修饰性字体。已经形成的习惯有:水系要素用斜体,行政单元名称用粗体,并且名称按规模大小有字体大小的区分,太多的字体类型会使得图面显示不协调。

(3)注记摆放:地图上文字或标注的摆放与字体变化的选择同样重要。一般遵循以下规则:文字摆放的位置应能显示其所标识空间要素的位置和范围。点状要素的名称应放在其点状符号的右上方;线状要素的名称应以条块状与该要素走向平行;面状要素的名称应放在能指明其面积范围的地方。标注的基本要求是清晰性、可读性、协调性和习惯性，然而制图要素的重叠、位置上的冲突等都使得这些要求难以满足，一般需要进行多次、交互式的、基于思维的反复调整才能最终确定。

3 地图输出

将设计好的地图产品通过输出设备输出。良好的制图输出模块应有很好的用户界面，并具有以下功能：

(1)符合国际标准的多样式输出；

(2)支持各种型号的矢量输出设备和不同型号的打印机；

(3)光栅处理程序可将矢量数据处理成 CMYK 光栅数据输出到彩色喷墨绘图仪等设备上；

(4)印前出版处理可将矢量数据生成 POSTSCRIPT 或 EPS 输出文件；

(5)电子表格系统能提供一个强有力的多用途报表应用程序；

(6)输出接口能提供输出 ArcGIS、AutoCAD、MapInfo、DLG、CGM、ASCⅡ等通用格式文件能力；

(7)输出符合正式出版的高精度彩色图件。

4 电子地图系统简介

电子地图是以地图数据库为基础，以数字形式存储于计算机外存储器上，并能在电子屏幕上实时显示的可视地图，又称“屏幕地图”或“瞬时地图”。

电子地图的主要特点如下：

(1)电子地图数据库可包括图形、图像、文档、统计数据等多种形式，也可与视频、音频信号相连，数据类型与数据量的可扩展性比较强；

(2)电子地图的检索十分方便，多种数据类型、多个窗口可以在同一屏幕上分层、实时地进行动态显示，具有广泛的可操纵性，用户界面十分友好；

(3)信息的存储、更新以及通信方式较为简便，便于携带与交流；

(4)可以进行动态模拟，便于定性与定量分析，具有较强的灵活性，为地图及其相关信息深层次的应用打下了坚实的基础；

(5)可缩短大型系列地图集的生产周期和更新周期，降低生产成本；

(6)与输出硬设备相连，可将电子地图上的多种信息制成硬拷贝。

思考题

1. 地理信息系统主要产品类型有哪些？

2. 地理信息系统主要产品输出方式有哪些？各自有何优缺点？

3. 什么是地图符号库？什么是汉字库？它们分别有什么作用？举出一些常见地物、地貌地图符号。

4. 简述矢量符号创建的基本原理。

第八章　GIS 标准

第一节　GIS 标准概论

当前，GIS 组织在 GIS 标准的规则和内容方面有许多混乱，这主要是由于狭义的观点把 GIS 标准等同于数据交换格式。通常，数据交换格式是开始标准化过程的重要原因，但它不是 GIS 标准涉及的惟一问题。广义的观点是，当今的信息技术是基于标准的，没有标准，很难通信。在信息技术领域，标准和规范按照其使用状态可以分为两种，即实际使用的标准和法律意义上的标准。前者是在不断的实践过程中，有关机构、团体和组织自发达成的被广泛接受的标准，如 TCP/IP 协议、OpenGIS 规范；后者通常是为了政策或管理的目的，通过法律制定的标准，如 FGDC 制定的空间元数据内容标准。

标准化地理数据的早期想法曾长期受到很大阻力，主要有以下原因：

(1) 对空间数据模型没有一个一致的意见，不同的厂家对空间数据模型的定义有很大的区别，因此，空间数据结构的通用逻辑规范还没有出台；

(2) 没有一个现有的 GIS 能充分解决全部的应用软件问题，由于 GIS 应用软件间的显著不同，具有包括各种学科的属性，因此产生了不同的地理数据和 GIS 操作，很难建立一个能处理每一种地理数据的独立标准；

(3) 通常情况下，GIS 标准实际上就是应用软件领域的标准，如给一个地区建立通用 GIS 数据库的普遍问题是分类和定义。至于语言问题，在 GIS 标准化过程启动之前就是 GIS 标准的一个难题。为充分理解这一问题，很有必要进一步研究地理信息的本质。

1　GIS 标准的定义

标准在牛津英语字典中解释为"某种用来测量重量、长度、质量的尺度或某种事物的要求程度"。可以把 GIS 标准看做是用于地理数据（或空间数据）的标准。对地理数据一个简单并被广泛接受的定义是一种作为空间参照的数据。根据这个定义，地理数据实体必须由一个参考坐标系（如经度和纬度）确认在地球表面（或地球表面以下或大气层中）。

广义地说，任何能用地理描述定位的信息都可以认为属于地理信息，这种地理描述符是确定地图项绝对（或相对）位置的坐标系（Williams，1993）。地理信息包含四个相互关联的内容——地理位置、空间关系、属性和时间的表示法。地理位置由基于数学模块的坐标系（如经度和纬度）定义，这个坐标系必须能转化成其他坐标系；空间关系定义空间数据实体内容间的拓扑关系，如点、线和多边形间的关系；属性规定空间数据相关的描述信息和必须在属性与 GIS 数据库中相关空间对象间建立的连接；时间表示法定义空间数据实体的时间特征，包括观察时间、数据循环周期及其特征。

GIS 标准必须能充分处理地理数据以上四个方面的内容,以确保数据转换的稳定性和质量,并且要保证 GIS 间的互操作性。

2 GIS 标准化的作用

许多国家都认识到标准的重要性,一些国家和国际组织成立了 GIS 标准化组织,开发和研制有关的标准。随着 GIS 应用的扩大和数据的积累,GIS 标准化已是十分必要,建立统一的 GIS 标准体系日趋迫切。然而,过去对这一问题的认识并不一致,有人认为标准只不过是为了那些技术跟随者们所制定的,它限制了人们的思想,阻碍了研究与开发。甚至有人认为市场就是标准。这些观点与 GIS 是一门综合信息技术和决策支持系统的特点大相径庭。

标准化是 GIS 技术开发、系统建立与运行的一种重要机制。现在对这种机制的需要比以往任何时候都迫切。从技术的角度看,GIS 标准化建立在计算机和信息处理等多种技术的标准之上,离开了这些标准,就无法开发最基本的系统。从应用的角度来看,一个成功的 GIS 系统在很大程度上依赖于数据和各种模块的综合与集成。GIS 标准化是数据共享和系统集成的重要前提,是提高系统综合效益的必由之路。

数据采集和更新是建立 GIS 系统的一项最大的投资。在数据采集上,各国都花费大量的人力和物力,而在另一方面,大量的数据仍停留于满足某些单一的应用,没有被其他用户所共享,即现有的数据资源没有得到充分利用。当然,引起这一矛盾有多方面的原因,或由于技术或管理上的原因,或由于狭隘的地方主义所限制。然而,一个最为重要的原因是由于缺乏空间数据标准的一致性,缺少相互运行的机制。

标准化是 GIS 集成的前提。在内部,它可以增强 GIS 的内在综合能力,通过协调数据、软件和硬件之间的关系,使应用效率更高、更经济。在外部,可以通过数据管理、数据库管理、图形、硬件和软件的兼容性促进与其他 GIS 系统或信息系统的综合。所以,标准化可以增强 GIS 系统的功能、灵活性和效率。

采用 GIS 标准的好处是多方面的,一方面,有了标准,系统可以推广到多个部门和满足不同的用户,实现数据共享,从而减少数据采集费用。另一方面,可以使用户易于学习类似的系统,从而降低学习和培训费用;可以大大缩短系统的测试周期,从而缩短了系统开发的总周期;也可以使系统开发者及早发现系统设计中的错误和减少设计中的同类错误。

GIS 标准化的作用是多方面的,归结起来主要包括:

(1)可移植性(portability):为了获得在硬件、软件和系统上的综合投资效益,系统必须是可移植的,使所开发的应用模块和数据库能够在各种计算机平面上移植。

(2)互操作性(interoperability):一个大型的信息系统往往是一个由多种计算机平台组成的复杂网络系统,有了标准,可以促进用户从网络的不同节点上获取数据和实现各种应用。

(3)可伸缩性(scalability):为了适应不同的项目和应用阶段,有了标准,可以使软件以相同的用户界面在不同级别的计算机上运行。

(4)通用环境(common application environment):标准提供了一个通用的系统应用环境,如提供通用的用户界面和查询方法等。利用这个通用环境,用户可以减少在学习新系统上所花费的时间和提高生产效率。

另一方面,一个 GIS 标准的制定实际上是一项重大的技术进步。它为建立各种系统软件和硬件组成提供了标准界面，也为检测各部分功能的正确性提供了机会，所以标准被认为是系统开发和集成的一个最好的指南。

3 GIS 标准化的内容

GIS 标准化包括各种 GIS 标准（或标准体系）和标准的制定，它是一个综合而复杂的概念，内容广泛，涉及几乎所有与 GIS 相关的领域。狭义的标准化主要包括空间数据标准和信息技术标准两个方面，如数据、数据交换、数据库转换、图形、软件、硬件、通信等方面的标准。广义的标准化，除以上两个方面外，还包括地理、算法、解译和行业标准等方面的内容。

国际上对 GIS 标准化的研究日益重视，但是至今没有一个完整的体系。现将 GIS 标准体系分为四大类，并作进一步讨论。

3.1 应用标准

GIS 应用非常广泛，影响 GIS 标准的因素多种多样。在 GIS 的主要应用领域中，如土地管理、资源管理和城市规划等，均有各自的技术标准和规范，它们都是 GIS 标准化的基础。当然，对应用领域影响最广泛的是测绘部门，即与地图相关，如空间要素的表达、地图规范和算法要求等，这些是进行空间要素处理的基础，又可以说是一种基础性标准。

3.1.1 地理标准

包括地图和空间数据表达方面的标准，它们主要涉及地图要素的位置和位置精度等，如地图比例尺、投影和图示规范等均属此范畴。实际上，这类标准已有数百年的发展历史，十分完善，许多国家都建立了自己的标准。另一个重要方面是空间信息的分类编码，这一工作在近 20 年里得到迅速发展，如美国在 20 世纪 60 年代初就开始制定区位编码系统。我国也制定了多种用途的区位编码系统，如行政区划、邮政编码、公路、河流的国家标准编码均已制定或正在制定之中。这类标准可以根据具体需要直接应用于 GIS 的建立。但是，现在仍然存在许多问题，有待进一步发展和完善。例如，在各种专题地图要素的一致性问题上，仍没有完整的标准，每当建立一个系统，都需要对地图要素的符号、颜色等重新设计，以满足应用的要求。

3.1.2 算法标准

在进行空间分析和数据处理中，一个目标的实现往往有多种算法，如空间插值和视景分析就是如此。为了提高应用精度和进行数据交换，各种算法需要达到一定的基准，同时给用户提供指南。

在更深一个层次上，GIS 的处理结构也应标准化。如早期的数据库管理，各种产品联系很少，SQL 语言的出现极大地增加了系统的联系和提高了效率。所以有人提出制定一种“GIS 标准语言（GSL）”，用以促进应用模型的发展和模型的相互转换。

至今，在算法标准上还没有大突破，许多思想仍停留在概念上。但在学术界，通用的、综合的处理机制已引起越来越多人的兴趣。

3.1.3 解译标准

目前，解译标准仍很少引起人们的注意。对地理现象和实体的表达，地图是一种行之有效的方法。然而，地图表达地理空间现象通常是通过某种“模型”来实现的。至今，人们所强调的往往是地图的产品，而没有检验最终产品结果的标准，即缺少建立各种地理模型的标准。然而,要实现对空间要素的认识、解译和表达的标准化是非常困难的,即无法找到一种统一的模型。现在离解译标准相距遥远,但它将是 GIS 标准化的一个重要方向。

3.2 数据标准

因为数据是 GIS 的基础,所以关于数据方面的标准是非常重要的,也是目前 GIS 标准化工作的重点。数据标准主要包括数据交换、数据质量和数据说明文件等三方面的内容。

3.2.1 数据交换

数据交换是将一种数据格式转换成为另外某种数据格式的技术。简单地说,它是一种专门的中间媒介转换系统。这类标准往往涉及环境要素的描述、分类、编码等方面的内容,美国的空间数据转换规范(SDTS)和欧洲的地理数据文件(GDF)均属这类标准。但是在具体的应用和实施过程中,由于空间数据的格式、结构、应用和软硬件的复杂多样性,制定这类标准的难度非常大。在目前的实际应用中,仍是以采取系统两两相互转换的方法为多。这种方法的弊端在于容易丢失信息和损失数据精度,无法转换元数据文件。

3.2.2 数据精度

在应用过程中,用户都希望获得现时的、完整而准确的数据。每个部门对数据的精度、流通性、完整性以及其他方面的要求是不同的,即便在同一单位,不同的应用项目对数据的精度要求也不相同。所以很难以某种数据阈值来确定统一的精度标准,现在的做法是采用“数据质量报告”的概念来描述所了解的数据精度。如 SDTS 就采用数据质量报告对数字空间数据的一些要素进行描述,包括空间数据精度、属性数据精度、逻辑一致性、数据完整性层次关系等。具体包括下列内容:

(1)数据精度

- 数据的世袭性:数据来源、获取数据的方法、转换方法,控制点等;
- 数据位置精度;
- 属性精度;
- 数据的逻辑一致性;
- 数据的完备性;
- 数据的实效性。

(2)精度类型(包括空间精度和属性精度)

- 数据采集中的误差(总误差、任意误差、系统误差等);
- 数据采集后阶段出现的误差(绘图控制误差、编辑误差、编辑错误、地图生成错误、要素定义错误、数字化或扫描误差等)。

(3)精度标准

数据采集受精度制约,对于测量精度,各国均制定了自行的标准,如美国的国家测量精度标准(NM),我国也制定了多种测量精度标准。然而,要制定包括 GIS 各个方面的精度标准,如数字化、编辑、绘图、属性、数据转换等仍是一件非常艰巨的任务。

3.2.3 数据说明文件

数据说明文件通常称为元文件(metadata),它是关于数据的数据,用以描述数据集或数据库的内容、数据的组织形式、数据的存取方式等。元数据还包括数据质量和转换的相关信息。

元数据有三种用途：一是作为数据的目录，提供数据集内容的摘要，类似于图书馆中的图书卡；二是有助于数据共享，提供数据集或数据库转换和使用所需要的数据内容、形式、质量方面的信息；三是内部文件记录，用以记录数据集或数据库的内容、组织形式、维护和更新等情况。

目前已经有元数据的标准，在美国，不少数据提供部门都着手制定自己的元数据文件；联邦地理数据委员会（FGDC）和国家标准与技术研究所（NIST）正着手于元数据标准，以作为 SDTS 的补充；加拿大遥感中心（CCRS）也在着手这方面的工作。

3.3 信息技术标准

信息技术（IT）标准主要来自计算机界，计算机的硬件与软件生产者早已采用了多种标准，用于通信、用户界面、图形、操作系统、数据库查询等许多方面。这类标准具有比较广泛的适用性，据有关文献，与 GIS 相关的信息技术标准多达百余种。如我国的计算机汉字处理标准也属这一范畴。

3.4 行业标准

主要指从事这一技术的专业人员的标准与规范。随着技术的成熟和应用的推广，越来越多的人员从事 GIS 或相关业务，所以有必要制定统一的标准和规范，以确定 GIS 人员的资格，保证人员的技术水平。目前仍没有这类标准，参照其他学科的做法，如我国的软件水平升级考试等，可以制定某种规定或标准，通常可以基于专业学历和技术培训，发放技术水平确认和从业许可证等。当然，在实施过程中是非常复杂的，很难进行标准化和规范化。

美国一些部门正在讨论 GIS 人员证书的必要性，有的对 GIS 人员的技术和知识的要求等均作出一定的规定。虽然这离行业标准差距甚远，但至少可以为 GIS 培训和学校制定课程提供一个有益的参考。

目前在中国，GB 系列中与 GIS 有关的标准主要是一些地理编码标准，包括 GB2260—80《中华人民共和国行政区划代码》、GB/T13923—92《国土基础信息数据分类与代码》、GB14804—93《1：500、1：1 000、1：2 000 地形图要素分类与代码》、GB/T5660—1995《1：5 000、1：10 000、1：25 000、1：100 000 地形图要素分类与代码》等。

4 GIS 标准化的方法

GIS 标准化过程包括两个主要组成部分——数据交换标准化和互操作性。数据交换是进行标准化的原因和直接要求，互操作性是标准化过程的最终目的。

4.1 数据交换

在 GIS 环境中，数据交换也就是数据通信过程，多数情况下指的是数据的输入和输出。数据交换不完全是彼此相反的过程，用户输入的数据可能是他从数据提供者如政府机构或商业数据发行人处购买的，除了这些正式的数据交换，用户之间也发生着大量的非正式数据交换。从不同的来源获取数据、在不相似的 GIS 系统间交换数据给我们提出了挑战。从用户的观点来讲，挑战是不同种类数据环境的集成。影响输入、输出操作的不同机种环境的各个方面体现了数据交换或数据传输的意义和成功。

当前的 GIS 系统中,有三个在不相似系统间交换数据的通用方法:①专用的翻译器;②用行业实际标准进行数据交换;③用正式标准进行数据交换。

4.1.1 用专用翻译器

当前,GIS 最常用的数据交换方法是用翻译器在专用系统、专用数据格式间输入和输出数据,这种方法作为当前 GIS 数据交换的流行方法,它具有明显的优势。

(1)速度快、可用性、实用性。只要数据格式一出现,转换器就可以开发,不必等标准化的正式认可。有时会开发一个快捷程序来临时满足在两个数据格式间交换数据,不涉及它与其他系统间的数据交换;

(2) 受到商业驱使,翻译器的开发受市场要求的推动。为适应竞争,GIS 厂家都努力使自身与其他系统间的数据交换更容易;

(3) 要开发一个仅用于两个数据格式的转换器很容易,只与两个厂家相关的协作所用的逻辑规范和数据模型比更多厂家参与的情况更容易转换;

(4) 对用户来说,一步操作数据转换(即直接转换成目标格式)比两步操作数据转换(即要使用媒介格式)更容易。

这种方法也有它明显的缺点:

(1)为所有的相关系统开发专门的转换器很昂贵,这是因为为了节省费用,一些流行的数据格式被厂家有意忽略了;

(2)厂家必须跟踪其他每个数据格式的变化;

(3)有时,系统间的逻辑规范和数据模型不匹配,数据的翻译由于对其他数据模型的不适用会造成数据的丢失;

(4)对用户,特别是对数据提供者来说,要提供完全不同的专用格式很困难,且费用很高。

4.1.2 用行业实际标准交换数据

这种方法也很常用,在一个不太复杂的 GIS 环境中,经常把它作为一个数据标准化的实际或临时解决方法。通过这种方法,一个行业实际标准——大部分广泛使用的软件包应用的格式(如 AutoCAD 绘图交换格式(DXF)以及 ESRI 公司的 Arc/Info 的 GENERATE 和 E00 格式)被选为系统间通用的媒体格式,通过向媒体格式输入和输出数据来完成数据交换。

作为行业的实际标准,数据格式必须满足下列标准:

(1)必须有一个广泛的安装基础,并在一个时间段内主导市场,但它不一定是流行的主导软件。Dbase 的 DBF 格式是一个典型的例子,尽管 Dbase 已经不是当前市场上基于 PC 机的 DBMS 软件主要的竞争者,但 DBF 已经是应用最广泛的数据交换格式,Dbase 已经成为基于 PC 机的数据管理系统(DBMS)软件的实际标准;

(2)必须是开放的,即数据模型和格式规范必须公开使用,无需费用或只需很少的费用;

(3)必须简单,易于执行。因为实际标准不是正式标准,没有行业认可,所以它必须简单,费用少,易于执行;

(4)必须稳定。一个稳定的格式才有时间让行业和市场来采用它;另外,如果一个厂家不断变化它的数据格式,那么其他厂家很难用它作为通用交换机制。

使用实际标准的优点有以下几点:

(1) 可以马上使用,立即执行。

(2) 因为不必为所有其他系统开发专用翻译器,所以它的经济效率很高。实际上,每个系统都有了现成的翻译器,因此,采用实际标准一般不需要任何附加费用。

(3) 因为大部分流行软件包都有实际标准的备份,所以标准已经有了成熟的市场支持。

实际标准方法也有以下几个问题:

(1)因为标准是基于专用的软件包而不是行业认可,所以用户在采用时会有顾虑。

(2)实际标准并不完善,有时甚至不令人满意。受最初开发者的经验和最初应用软件要求的限制,实际标准往往不能包括当今系统和应用软件的所有方面。例如,作为一个实际标准,DXF 已经被广泛作为 GIS 间的数据交换格式,但是,DXF 不能很好地处理与空间对象相关的属性信息,在交换过程中会造成混乱或丢失数据。

(3)因为实际标准在逻辑规范和数据模型上没有获得广泛的行业认可,在执行上也没有认可,不同的用户采用的翻译器也不同,所以受不同的执行水平和不同的翻译器的限制,数据在交换过程中可能会部分丢失(Shi,1996)。

4.1.3 用正式标准进行数据交换

采用正式标准是数据交换的最理想方法,在 GIS 标准化过程中,由于 FIPS 173-SDTS 的出版,采用正式标准已经占有很大主动性。正式标准系统间的逻辑结构和数据流与实际方法相似,但与没有行业认可的实际标准不同,它是基于正式标准的,正式标准受法律约束,有行业认可的规范,由国家和国际权威机构控制。

虽然正式标准有很多优势,但由于以下几个原因,正式 GIS 标准的完全执行还有待时日:

(1)地理数据的正式标准化还没有完成,例如,正在形成的 ISO/TC 211 标准要 3 年时间才能出台;

(2)现有的国家标准(如 FIPS 173-SDTS)在国际上的执行受限制,几乎都要地方化;

(3)在国际水平上,GIS 标准化还没完成之前,现有 GIS 标准的未来还不确定,市场还没适用的正式标准。

4.1.4 元数据标准

元数据是关于数据的数据,它描述现有数据的位置、来源、内容、属性和状态。元数据库系统是特别为管理元数据设计的系统,即为输入、更新、查找和报告关于数据的数据提供工具。

通常情况下,元数据在两个层次上应用。第一个层次是描述具有某些共性的数据集,即一系列地形图或土地调查报告集,这个层次的应用规定数据集的最基本的存在方式和内容;第二个层次规定每个项目的细节信息。

现在,有三个国际和地区机构参与开发元数据库标准,它们分别是联合国环境规划组织(UNEP)、国际土地科学信息网协会(CIESIN)和欧洲环境委员会(EEA)。

很明显,几个当前使用的元数据格式正向着标准化的方向发展,但没有哪一个元数据标准是通用的。在元数据交换过程中,由 NA 数据中心为交换卫星成像元数据定义的直接互换格式(DIF)现在正作为实际标准使用。DIF 定义了正式的语法来确保元数据尽可能地完整明确,这个语法在各个层次的元数据交换过程中都可以使用。但它的失误是对元数据内容的定义,虽然主要的数据库开发者如 UNEP、CIESIN 和 EEA 使用了许多相似的概念和结构,但它们对内容、有效区域和编码模式的定义明显不同。人们发现,虽然元数据提供的信息对人们来说已经足够,但如果没有精确、稳定、明确的数据译码,数字化数据交换很难进行。

描述数据集的数据对定位和访问各种信息正变得日趋重要,地理信息元数据的标准化概念性模式会增强为一个应用软件建立的地理信息用于另一个应用软件的能力,地理信息用户可以用这个模式以固定的或可核实的形式给正在建立的数据添加数据,快速地评估和校正从其他数据源选取的数据。GIS 和软件开发者可以用这一模式来为应用软件提供处理元数据的固定方法。

在 ISO/TC 211 中,元数据一般是一个工作程序,元数据标准由 ISO/TC 211 工作组 3——地理空间数据局开发,工作程序的目的是产生地理信息元数据模式,包括当前值信息、精确度、数据的内容和属性、来源、价格、有效区域和对特殊应用的适宜性。

4.2 互操作性

标准化的根本目的是建立一个可以互操作的 GIS 环境,互操作性是互操作的软件包,用来克服冗长数据变换困难、输入/输出障碍和由不同执行环境和不同数据引起的分布式资源访问障碍。GIS 理想的数据共享环境是分布式的计算机平台(DCP),它使不同计算机上的应用软件可以交互式操作。DCP 用于网络发布、不同厂家的不同计算机系统间的通信、安全措施、分布式数据级和其他客户/服务器平台发布。这些发布一般是由其他技术如电信技术来解决,它们也超出了 GIS 标准化的范围。

由开放式 GIS 协会发起,开放式地理处理的概念已经形成。在 GIS 的发展过程中,技术障碍出现在地理处理协会内部和地理处理协会与其他信息技术行业之间,传统的地理处理系统(如 GIS、遥感图像处理和数字化绘图法)现在叫做"单片"、"大礼帽"或"关闭"系统。也就是说,由于它们出现在丰富的标准系统服务环境还没有发展起来,所以还没有开放的时期。早期的地理处理系统必须开发适当的操作模式如显示、用户界面、数据通信和数据储存,直到最近,这些自闭时期的遗留物、专用系统还支配着地理处理界面(图 2.7)。

使用传统地理处理应用软件和其他传统信息技术的组织一般有几个不同的单片应用软件,一般依赖于平台,共享计算机和数据源的能力有限,应用软件间有多余的功能和数据库。由于用户界面的转换,有过多的培训要求。要使用新方法和数据类型时,这些应用软件缺乏用于新方法和数据类型的工具。这些缺点大大限制了地理处理技术的潜力。

与传统的地理技术相比,开放式地理处理建立了一个通用的技术基础,在这一基础上,软件行业可以建立地理处理应用软件和软件组件,它们是:

- 能共同使用的:为地理数据和地理处理服务程序提供标准界面;
- 信息通信支援:在共享地理特性词典的用户、生产者协会内部和在地理特性词典不一致的用户和生产者间优化数据共享;
- 普遍存在:给所有应用软件提供一种应用地理数据和通过标准界面和协议进行地理处理的方法;
- 可靠:提供高水平的管理和综合性;
- 易于使用:用合理的、固定的规则和程序来使用地理数据和地理处理服务;
- 便携:指定独立于软件环境、硬件平台和网络的技术框架;

• 共用：支持共享计算机和共享资源，与其他信息技术密切结合；

• 可升级：由即插即用地理处理软件组件组成，这一组件是为任何地理处理应用软件或标准计算机环境配制的，不论数据库的大小；

• 可扩充：能适应新的地理处理软件和地理数据类型以及新的开放地理处理依赖的新技术；

• 兼容：提供了一种保存用户原有数据和软件的方法，这种方法可以把现有的地理处理软件和地理数据以及相关的信息技术无缝集成到开放式地理处理应用软件中去；

• 可执行：提供实际执行的方法。

为达到这些技术目的，下列技术目的必须在开放式地理处理中实现：

• 地理数据模型统一；

• 地理处理服务器统一；

• 共用数据和处理程序源共享；

• 开发一个统一的方法，把 GIS、遥感和其他地理处理规则结合到一个共享的全面地理处理框架中。

5 GIS 标准化工作

由于数字化空间数据的来源和量的增加，在无通信系统间传输这种数据变得更加重要，因此，标准化在 GIS 技术开发中是一个不可缺少的过程。

5.1 早期尝试

标准化地理数据的早期尝试重点是数据交换格式，主要是用某种通用格式输入/输出数据。例如，美国拓扑集成地理编码和参照格式统计局（TIGER）与美国地理测量局（USGS）的数字化视图模型格式（DEM）。还开发了所谓"中立化"数据交换格式来防止厂家的垄断，确定了一些与 GIS 厂家独立的数据格式（如 USGS 数字化线图格式）。

早期的尝试主要是进行数据共享和分类，但没有明确地定义地理数据的逻辑结构和数据模型，也没有关键性的结果，如绘图数据源标准化。因为大部分数据交换格式由数据提供者为发布它们的数据而制定，限于采用的数据模型，因此，它们的逻辑结构和数据模型有很大不同，其结果造成不同数据格式间的不兼容和不完善。

5.2 空间数据交换标准

美国空间数据交换标准或联邦信息处理标准（FIPS）出版物 173 提供了交换全程空间数据的方法。SDTS 是政府、行业和学术界 9 年来开发的顶点，如果从基础算起，时间还要推到 1992 年。1980 年，美国地理测量局与国家标准局（现在的国家技术和标准协会）签订了理解备忘录（MOU），这在开发、定义和支持联邦土地科学标准上起着主导作用。签订了 MOU，USGS 通过 FICCDC 的标准工作组（SWG）开始解决空间数据交换标准领域面临的几个首要问题。一个开始于 1982 年，当时一个由专门行业、政府和学术机构组成的美国国家委员会开始着手编制数字化绘图数据标准。国家委员会在美国测绘大会支持下建立，受到 USGS 的支持和承认。

1988 年，数字化绘图标准由数字化绘图数据标准工作组提议，象征着 FICCDC-SWG 和其他空间数据委员会代表的共同努力。提议的标准在1988年到1989年初由政府机构和私人企业测试,1989年和1990年期间,一个技术讨论会议召开,来自政府、学术界和私人企业的专家介绍了很多测试中的提高和修改。在这个发展过程中,标准的名称改为空间数据交换标准,以反映它重点是满足不相似数据系统,包括GIS间交换数据的需要。1991年初,SDTS为确认FIPS,向国家标准局提交申请,经过公开评价和论证阶段,SDTS经过小的改动于1992年7月29日被提交NIST,并被确认为FIPS出版物173(Fegeas, et al., 1992; Guptill, 1991)。

5.3 ISO/TC 211

ISO/TC 211地理信息是正在出台的国际数字化地理信息标准。ISO/TC 211程序的目的是建立一套关于直接或间接与地球相对位置相关的目标或现象的信息标准,这个程序由很多国家参与并与其他本领域的相关国际组织有联络,包括数字地理信息工作组(DGIWG)、欧洲石油勘探组织(EPSG)、国际测地学协会(IAG)、国际绘图协会(ICA)、国际检查员联盟(FIG)、国际水文局(IHB)、国际摄影测量和遥感协会(ISPRS)、开放GIS联盟和联合国欧洲经济共同体。ISO/TC 211程序下设五个工作组来完成标准化任务:①框架和参照模型;②地理空间模型和操作符;③地理空间数据管理;④地理空间服务程序;⑤外形和功能的标准。1996年和1997年,工作组开始进行20项确认工作。

5.4 开放式GIS协会

开放式GIS协会预想地理空间数据和地理处理源会完全集成到主流计算机,互操作性会广泛应用,商业地理处理软件会贯穿信息基础结构。OGC的任务是:

(1) 与地理信息资源的用户和开发者,包括厂家、综合者、学术机构、政府机构和标准组织,合作开发互操作地理处理技术规范,共同推动确认的互操作性产品的传播;

(2) 使地理处理技术与当前的或正出现的基于开放式系统、分布式处理和组件框架的信息技术标准同步;

(3) 提供一个行业论坛,推动合作开发主动与分布式地理处理结合(开放式GIS协会,1996a)。OGC是唯一的致力于地理处理的开放式系统的无偿成员组织,通过正式的通过程序,OGC正在建立开放式地理数据互操作性规范(OGIS)——一个计算框架和详细的软件规范,使实际的地理处理互操作成为可能。OGIS正成为一个正式的标准,OGIS的应用在1994年的国家地理数据基础结构计划(即NSDI)中被美国联邦地理数据协会(FGDC)引用,OGIS有潜力成为重要的NSDI启动技术,它与ISL/TC 211协会和ANSI X3L1协会保持着密切的关系。

由于OGIS的建立,OGC已经从50多个组织征召了正式代表,包括主要的GIS厂家、计算机厂商、数据库出售者、综合者、电信公司、政府机构和大学。

几个开放式GIS向导组件现在正在发行,并已经由因特网广泛应用(Open GIS Consortium, 1996b),开放式GIS向导组件是组成OGIS标准的关键文档。

5.5 标准化方法

1994年5月,在北京召开了第十三届亚太地区联合国绘图会议,成立了亚太地区GIS

基础结构委员会，由亚太地区的55个国家地区组成，它的目标是：

（1）合作开发地区地理信息基础结构；

（2）为全球地理基础结构作贡献；

（3）就共同感兴趣的问题交换经验、进行协商。

亚太地区GIS基础结构委员会的成立反映了这一地区长期以来在GIS标准化方面的努力。经济和社会发展最有活力的亚太地区在信息技术行业和基础结构上已经经历了飞跃的发展，在国家和地区水平上，空间信息标准化成为一个必然的过程。

这一地区国家水平GIS标准化一般采取三种方法：国外标准（如澳大利亚标准）、开发国家标准（如中国）、行业实际标准或数据交换通用格式（如伊朗）。

5.5.1 澳大利亚

1987年，澳大利亚标准委员会IT/4——地理信息系统协会负责开发土地和地理信息标准，包括数据交换标准。它的附属委员会IT/4/2——地理数据交换格式协会开发了澳大利亚标准——2482-1989、特征编码数字化地图交换。

标准化澳大利亚空间数据交换的方法是采用国外标准，因此，2482（或澳大利亚SDTS-DTS）是美国SDTS的复制品，有些方面澳大利亚化了（Willams，1993）。这些方面是：

（1）参考标准：有些现有的在SDTS中参考的标准在澳大利亚不适用或无效，所以把其他的方法合并到澳大利亚标准中来代替这些标准。如澳大利亚标准3654——信息处理标准的执行，它是ISO 8211的复制品；

（2）坐标系：澳大利亚标准必须采用澳大利亚坐标网络（AMG）和澳大利亚测量参照（AGD）坐标；

（3）实体和属性定义：美国对地形学和水文测量属性的定义不都适用于澳大利亚，澳大利亚对这些实体和其他地理属性的定义格式要符合SDTS结构要求。

2482规定，"无组织的"数字化点和矢量地理数据的格式和编码标准的目的是提供一个方法来数字化地图和图表数据，用不同组织中的不同方法和设备收集不同比例尺的数据，使组织内部或与其他相关机构间的交换更容易。该标准最先于1975年设计，缺少许多现代系统要求的功能，如标准不能用于区域镶嵌的数据表示地图（多边形数据）、栅格数据和拓扑结构的矢量数据。很明显，这个初步的标准需要更新。

5.5.2 中国

由于中国历史悠久，人口众多，文化多种多样，标准化复杂、困难，所以采用国外标准不实际。如把汉字一体化到数字制图和数据库中，就不能直接采用国外标准。中国的全面标准化过程已经开始，从19世纪80年代中期，标准化工作主要集中在以下几个方面（Jiang，1995）：

（1）统一国家GIS坐标系；

（2）统一数据的来源和环境信息的分类到国家水平上来；

（3）统一国家数据编码系统；

（4）统一数据交换格式。

从1991年开始，就已经出版了相关的GIS标准，包括国家土地信息的地理栅格、分类和编码、森林资源的分类和编码、中国河流名称编码系统、地形特征分类和编码、城市地理特征编码规则等。技术标准也由国家测绘局编写，如质量控制与评估、数字领域测量数据记录格式、数字化照相测量法和地籍簿、数据交换格式、数据更新规则、数字化绘图符号系统和测绘信息数据字典。采取这一开发方法，对数字来源和时间要求高，来源和时间在访问和共享数据时会明显地拖延时间。

5.5.3 伊朗

1993年，伊朗正式建立伊朗国家绘图中心来设计和执行国家GIS。其中一个重要的国家GIS先决条件是对新的数字化数据标准的需要，这个新的标准用于数字化绘图、GIS，并代替现有的传统标准。为制定这个新标准，数字化空间数据标准委员会于1994年成立，为开发一个国家地形图数据库和在1∶25 000比例尺下的基础绘图标准。这个委员会与GIS用户国家委员会保持密切的联络，以确保与其他政府机构的有效配合(Radjabifard,1995)。

国家绘图中心的数字化空间数据标准包括数据采集、坐标系和投影坐标系、概念化模型、数据结构、数据格式、数据交换格式、特征编码、绘图法表达、元数据、数据字典和储存媒体。为适应数据交换的即时需要，实际标准(如Intergraph公司的MicroStation数据格式(DGN)用于图形，Oracle用于属性表)已经投入使用。

在伊朗，空间数据的标准化还处在初级阶段，所用的方法很大程度上是标准化通用格式使用和数据内容的定义，而不是从头开发标准。另一方面，这个方法也不想采用现有的或正在出现的国外和国际标准，至少在早期不想采用。尽管构成标准的与GIS相关的大纲已经提交给GIS用户国家委员会，但标准细节的完成还需要一个很长的时间。

第二节 开放的地理数据互操作规范 OpenGIS

不同的GIS软件厂商在定义地理对象的基本几何特征时使用了各自的内部结构，同时，当用户在使用每一商业GIS时，又作了不同目的的二次开发，这一切使得信息共享困难重重。为了使地理数据和地理处理数据源能自由访问，完全与最新的分布式计算机技术集成，每个人都可以自由访问“可用的地理数据”。

OpenGIS(Open Geodata Interoperation Specification,OGIS——开放的地理数据互操作规范)由美国OGC(OpenGIS协会，OpenGIS联合体)提出。OGC是一个非赢利性组织，目的是促进采用新的技术和商业方式来提高地理信息处理的互操作性(Interoperablity)，它成立于1994年，当时已经广泛认识到了无交互性的问题以及它对行业、政府和学术界的许多负面影响。OGC会员主要包括与GIS相关的计算机硬件和软件制造商(包括ESRI、Intergraph、MapInfo等知名GIS软件开发商)、数据生产商以及一些高校、政府部门等，其技术委员会负责具体标准的制定工作。OGC的软件规范就是OpenGIS规范，它是一个通用的分布式访问地理数据和地理处理数据源的软件结构规范。OpenGIS规范为全世界的软件开发者提供了一个详细的通用的界面模板，这个模板可以与由其他软件开发者开发的开放式GIS软件进行交互操作。

1 OpenGIS的定义

OpenGIS对于不同的用户、不同的环境意味着不同的意义。OpenGIS可以表示为：

一个由开发小组开发的系统，且这个系统的设计是公开的，并经过所有人的一致通过。开放式的开发过程也意味着OpenGIS；

一个由公开的代码和公共资源实现的系统，开放源码也意味着 OpenGIS；

一个以公开的标准为基础的系统，支持公开标准的系统也意味着 OpenGIS；

一个运行在多个计算平台上，支持多种编程环境的系统。开放的系统也意味着 OpenGIS；

一个设计在多个硬件环境和软件环境（操作系统、数据库、应用程序服务器等）中运行的系统。开放的平台支持也意味着 OpenGIS。

一个存放和管理公开数据格式的系统。支持公开数据格式的系统意味着 OpenGIS。

一个具有定义良好的接口的系统。允许用户及另外的程序和这个系统进行交互。开放的接口和数据交换格式也意味着 OpenGIS。

这些标准和观点都可以用来定义 OpenGIS。每个标准和观点都有自身的优点。然而还有很多其他问题，开放式的系统可能导致很差的设计。现在有很多相关的标准，应该使用哪个标准？有些软件厂商的数据格式是否已经公开？

由于有多重的意义，Open 现在更多地是作为一个市场工具。系统的开放性不像一个系统的功能和性能那样容易定义，所以系统的开放性被一些厂商用来宣传，从而引起用户的注意，用户可能忽略了系统的其他功能——易使用性、易开放性和可扩展性等。

我们对"OpenGIS"并不单独地看待，它不单单是指一个组织，也不是指一个数据格式。我们把它看做是创建一个分布式的、异构的，由多个软件厂商支持的网络计算环境。这意味着要创建一个系统，这个系统支持开放的数据格式，并且可以和外部的数据和软件进行交互。Web 计算和 Web 服务概念的出现提供了一个很好的标准平台，我们将基于这个平台开发一个异构的 GIS 网络。在这里，一个 Open GIS 是一个定义了良好接口和数据交换格式的系统。因此，我们定义开放 GIS 就是网络环境中对不同种类的地理数据和地理处理方法的透明访问。

2 OpenGIS 的作用

我们即将面临一个分布式的网络计算时代。在这个时代，我们可以用一个统一的地理处理获取规范接口，即 OpenGIS 规范，使全球的地理信息连接在一起。通过把分布式计算、对象技术、中间件软件以及组件软件等引入地理处理世界，可以使任何计算环境或计算任务与空间数据联系在一起。同时，随着卫星传感器、GPS 技术的发展以及参与地理信息研究、生产、获取和使用的人员的增加，地理数据的增长速度在明显地加快。通过 OpenGIS 规范把商业部门、集成部门、用户、研究人员、数据提供商等连接到一起，通过必要的软件工具和通信技术，为各种用户提供对地理信息的共享和互操作。

OpenGIS 的目的就是提供一套具有开放界面规范的通用组件，开发者根据这些规范开发出交互式组件，这些组件可以实现不同种类地理数据和地理处理方法间的透明访问。

开发者用 OpenGIS 规范的界面建立系统的过程中，要开发一些过渡软件、组件软件和能处理所有类型地理数据和具有地理数据处理功能的应用软件。这些系统的用户可以共享一个巨型的网络数据空间，数据可以在不同的时间由无关的组织用不同的方法为不同的目的采集，也可以处于早期的控制系统之下。具有 OpenGIS 规范统一界面系统中的地理数据可以被其他所有具有 OpenGIS 规范统一界面的软件访问。这些界面要使标准桌面 PC 机或运行低档开放 GIS 绘图应用软件的手提电脑的用户能够通过制图软件中简单的图形选取功能在网上查询远程数据服务器，远程数据服务器储存一些商用的地理数据，这些数据存储在配置有开放 GIS 界面的通用关系数据库管理系统（RDBMS）中，一部分数据也许是几年前在 Genasys、Intergraph MGE 或 ESRI Arc/Info 系统中采集的，也可能是一套共用的关系型数据库记录集。用户利用绘图应用软件进行查询时，记录集的街道地局限在满足用户查询条件的区域。由于客户绘图软件存在着不足，信息在传送过程中可能会丢失一部分，但服务器和绘图应用程序可以把信息丢失的大概或详细情况通知给用户。用户还能从远程服务器请求获得地理数据处理服务，一些价格较低的绘图应用软件就可以下载 GIS 功能的工具条，这些工具条可以控制高级的、功能强大的远程 GIS 服务器。

3 OpenGIS 的内容

OpenGIS 的目标是制定一个规范，使得应用系统开发者可以在单一的环境和单一的工作流中，使用分布于网上的任何地理数据和地理处理。它致力于消除地理信息应用（如地理信息系统、遥感、土地信息系统、自动制图/设施管理（AM/FM）系统）之间以及地理应用与其他信息技术应用之间的藩篱，建立一个无“边界”的、分布的、基于构件的地理数据互操作环境。与传统的地理信息处理技术相比，基于该规范的 GIS 软件将具有很好的可扩展性、可升级性、可移植性、开放性、互操作性和易用性。

OpenGIS 规范主要定义了以下三个模型：

（1）开放的地理数据（Open Geodata）模型

开放的地理数据模型是用基于对象或常用编程方法来为应用于特殊领域的地理数据的一种基本的通用地理数据建模形式。每个地理处理系统都有一个地理数据模型作为数字化表达地球属性和现象的指导。开放的地理数据模型是“万能”地理数据模型，它定义了一个概括的、公用的基本地理信息类型集合，该集合可以被应用于特定领域的地理数据建模。OpenGIS 将现实世界抽象成为两类基本对象：要素（Feature）和覆盖（Coverage），前者描述现实世界中的实体对象，后者描述现实世界中的现象。对于要素，将与空间坐标相关的属性抽取出来，称为几何体（Geometry）。同时，OpenGIS 又定义了要素的时空参照系统、语义（Semantics）以及元数据来对要素进行描述，以便于共享和互操作。

（2）OpenGIS 服务

定义了一个服务的集合，该集合用于访问地理数据模型中定义的地理类型，提供了同一信息团体（Information Community）内不同用户之间或者不同信息团体之间的地理数据共享能力。

服务模型中的主要组成为：

• 要素实例（Feature Instance）的创建过程

该过程用到了两个概念，要素模式（Feature Schema）和要素注册（Feature Registry），前者定义了要素的属性集，包括几何体、描述数据等；要素注册存放要素模式，所有的要使用和共享的要素都要进行注册，要素注册起到了要素“工厂（Factory）”的作用，通过它可以创建要素实例。

这种面向对象的要素实例创建过程便于实现数据的共享，同时又保证信息的封装性。

• 获取地理数据的方法

在 OpenGIS 规范中，建立了一种树状的目录索引结构，其最小单元是要素，通过该目录，可以得到所需要的地理数据。数据的获取在平台间是透明的,即可以跨平台访问数据。

● 时空参照系统的获取和转换

在一个信息团体中,是通过时空参照系统来转换和解释几何体的,时空参照系统必须能够按照一种统一的标准来定义,并且通过某种机制能够使用这些定义。OpenGIS 描述了注册时空参照系统的机制以及在不同的时空参照系统之间进行地理要素转换的机制。

● 语义转换

不同信息团体之间通过一个语义转换注册器来实现要素语义的转换,注册器包括源要素和要素模式、目标要素和要素模式以及要素转换器等,可以根据不同的要素转换要求查找到匹配的转换器,以进行语义转换。

(3)信息团体模型

信息团体模型的目的是建立一种途径,使得信息团体或用户维护对数据进行分类和共享所遵循的定义;实现一种有效的、更为精确的方式,使不同信息团体之间可以共享数据。信息团体模型定义了一种转换模式,使得不同信息团体的"地理要素辞典"可以自动"翻译"。

OpenGIS 规范包括抽象(Abstract)规范、实现(Implementation)规范以及具体领域(Specific Domain)的互操作性问题,其中抽象规范是 OpenGIS 的基础,也是 OpenGIS 的主体;实现规范定义了抽象规范在不同分布计算平台上的实现,目前,OGC 已经定义了针对 CORBA、OLE/COM 和 SQL 的简单要素访问的实现规范;针对领域的互操作性研究通过提取领域的互操作性用例(Use case),检验抽象规范能否满足该领域的需求,它是抽象规范的扩展。

抽象规范建立了一个概念模型,并将其文档化,采用了在面向对象技术中通用的 UML 作为其形式化的建模语言。抽象规范通过对现实世界的描述,建立了系统实现与现实世界之间的概念化的联系,它是与具体的软件实现无关的,而只是定义了软件应该实现的内容。

目前,抽象规范共分为 17 个主题(截至 2000 年 1 月):

● 综述(Overview);
● 要素几何体(Feature Geometry);
● 空间参照系统(Spatial Reference Systems);
● 位置几何体结构(Locational Geometry Structures);
● 存储功能和插值(Stored Functions and Interpolation);
● 要素 (Features);
● 覆盖类型及其子类型(The Coverage Type and its Subtype);
● 地球影像(Earth Imagery Case);
● 要素之间的关系(Relations Between Features);
● 质量(Quality);
● 要素集合(Feature Collections);
● 元数据(Metadata);
● OpenGIS 服务体系结构(OpenGIS Service Architecture);
● 目录服务(Catalogues Service);
● 语义和信息团体(Semantics and Information Communities);

- 图像使用服务(Image Exploitation Service);
- 图像坐标转换服务(Image Coordinate Transformation Service)。

抽象规范的 17 个主题之间同样具有相互的依赖性,图 8.1 描述了这种依赖性。

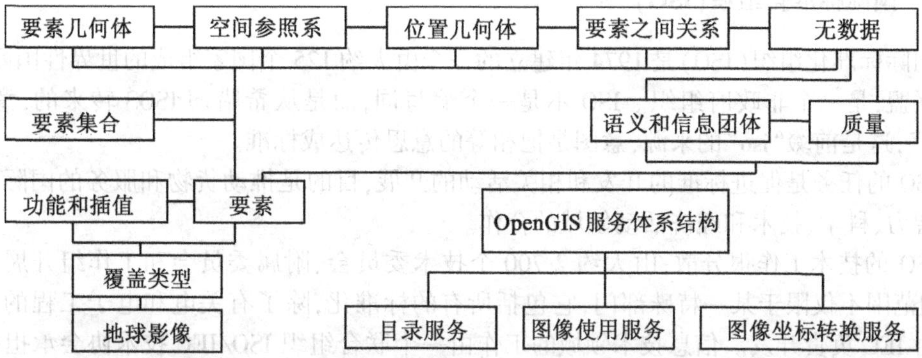

图 8.1 OpenGIS 抽象规范各个主题之间的依赖关系[OGC]

OpenGIS 的实现需要分布计算平台(DCP-Distributed Computing Platform)的支持,图8.2描述了遵循 OpenGIS 规范,地理信息处理在不同 DCP"场景"中的实现。但是抽象规范本身与 DCP 无关,它可以在任何 DCP 上实现。

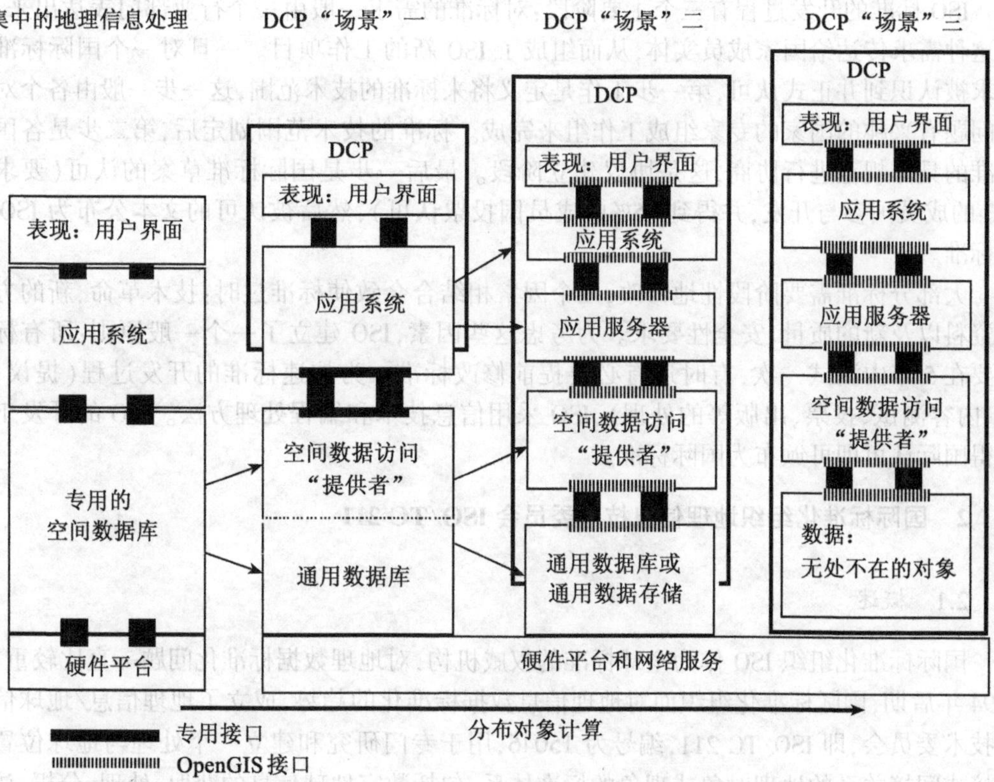

图 8.2 遵循 OpenGIS 规范,地理信息处理在不同分布计算"场景"上的实现[OGC]

第三节　ISO/TC 211 地理信息标准

1　国际标准化组织(ISO)

国际标准化组织(ISO)是1974年建立的一个由大约125个国家组成的世界性国际标准实体联盟,是一个非政府组织。ISO不是一个缩写词,而是从希腊词ISOS转来的,意思是“相等”,这是前缀“iso”的来源,意图是把相等的意思传达成标准。

ISO的任务是促进标准的开发和相关活动的开展,目的是推动货物和服务的国际交换,发展智力、科学、技术和经济活动领域的合作。

ISO的技术工作很分散,由大约2 700个技术委员会、附属委员会和工作组开展工作。ISO的范围不仅限于某一特殊部门,它包括所有的标准化,除了有关电和电子工程的标准,这些由IEC负责开发。信息技术领域的工作由一个联合组织ISO/IEC技术协会承担(ISO/IEC/JTC1,Information Technology)。

ISO标准根据以下原则开发:

(1) 一致性:所有的观点都要考虑生产商、厂家、用户、消费团体、测试研究室、政府、工程专家和研究组织;

(2) 行业广泛:世界范围内满足行业和用户的全球性解决方案;

(3) 自发性:国际标准化是受市场驱使的,是基于市场利益的自发行动。

ISO标准的开发过程有三个主要阶段:对标准的需求一般由一个行业部门表达出来,它把这种需求传达给国家成员实体,从而组成了ISO新的工作项目。一旦对一个国际标准的需求被认识到并正式认可,第一步工作是定义将来标准的技术范围,这一步一般由各个对这一问题有兴趣的国家的专家组成工作组来完成。标准的技术范围划定后,第二步是各国就标准的具体规范进行协商,这是协议建立阶段。最后一步是国际标准草案的认可(要求有2/3的成员国参与开发,并得到75%的成员国投票认可),然后被认可的文本公布为ISO国际标准。

大部分标准需要阶段性地修改,几个因素相结合会致使标准过时:技术革命、新的方法和资料以及新的质量、安全性要求。为考虑这些因素,ISO建立了一个一般原则:所有标准都要在5年内测试一次,有时还有必要提前修改标准。为加速标准的开发过程(提议、草案、内容测试、投票、出版等的处理),ISO采用信息技术和编程处理方法。ISO的开发工作获得国际认可即可颁布为国际标准。

2　国际标准化组织地理信息技术委员会ISO/TC 211

2.1　概述

国际标准化组织ISO作为全球标准的权威机构,对地理数据标准化问题一直比较重视。1994年后期,国际标准化组织面对地理信息数据标准化的趋势,成立了地理信息/地球信息业技术委员会,即ISO/TC 211,编号为15046,用于专门研究和建立一个处理与地球位置有直接或间接关系的地理对象或现象的标准体系,包括数字地球信息的获取、处理、分析、访问表示以及转换的方法、工具和服务体系等内容。

ISO/TC 211 的成果都收录在 ISO 标准 15046 的地理信息 1~20 部分里,每一部分是一个标准,而所有部分综合成了整个标准。每一部分在工作程序中都是一个新的工作项目,并通过运行草案(WD)、会议草案(CD)、国际标准草案、最终国际标准草案(FDIS)几个发展过程,最终成为国际标准。ISO/TC 211 的目的是开发所有 20 个标准,成为一套综合标准集。这保证了标准间的互操作性。符合这个标准集的系统都可以进行互操作,可以共享通用数据;符合这个标准集的数据可以跨越应用软件和应用范围使用。

ISO15046 中地理信息的各个部分可以用于不同级别的用户,包括以下各级:

- 专业或私人 GIS 产品开发者;
- GIS 应用系统(使用 GIS 产品)开发者,包括系统综合者与工程师、购买者、数据综合者和数据管理员;
- 地理数据生产者和供应者;
- 地理数据和 GIS 用户;
- 具体地理信息应用软件和信息技术(IT)标准开发者。

2.2 ISO/TC 211 标准技术委员会工作组

ISO/TC 211 由框架和参考模型(WG 1)、地理空间数据模型和算法(WG 2)、地理空间数据管理(WG 3)、地理空间服务(WG 4)以及专用标准(WG 5)五个工作组组成。每个工作组又由一定数量的工作小组组成,共有 20 个工作小组(另外,影像与格网数据、实用标准两个工作小组正在建立之中),标准的制定工作便由工作小组来完成(表 8.1)。

表 8.1　**ISO/TC 211 标准技术委员会工作组及工作小组**

框架和参考模型	地理空间数据模型和算法	地理空间数据管理	地理空间服务	专用标准
15046-1 参考模型 15046-2 综述 15046-3 概念模式语言 15046-4 术语 15046-5 一致性与测试 16569 影像与格网数据	15046-7 空间子模式 15046-8 时间子模式 15046-9 应用模式规则 15046-20 空间算法	15046-10 分类 15046-11 大地参照系 15046-12 间接参照系 15046-13 质量 15046-14 质量评价过程 15046-15 元数据	15046-16 定位服务 15046-17 描绘 15046-18 编码 15046-19 服务	15046-6 专用标准 15854 实用标准

3 ISO/TC 211 工作组

3.1 框架和参照模式

工作组 1 由 5 个 ISO15046 部分组成,这些标准为所有标准用户提供了一个介绍和参照。

3.1.1 15046-1 参考模型

这一部分定义了地理信息领域的标准化框架,并提出了标准化的基本原则。这个框架确定标准化活动和活动发生的环境,框架决定什么要标准化,并描述标准的相关内容。虽然信息技术和信息技术标准有固定结构,但参照模式与任何应用软件开发方法或技术执行方法无关。

参照模式描述了 ISO/TC 211 活动的范围以及 ISO15046 的不同部分怎样与地理信息领域相关。另外,参照模式还为地理信息标准化提供结构框架,这个信息为用户提供对工作范围、ISO15046 不同部分间的关系和地理信息处理领域的理解方法, ISO15046 完成后,参照模式用于理解怎样使用 ISO/TC 211 标准。

3.1.2 15046-2 综述

ISO/TC 211 将是一个完整全面的地理信息系统的标准族,该部分提供给潜在用户一个整体的标准系列和个别标准的综合介绍,包括标准的目的、标准以及标准之间的关系等,使用户可以快速查询到所需要的内容,提高标准的可理解性和可接收性。

3.1.3 15046-3 概念模式语言

这部分对用于模拟地理信息的概念模式语言(CLS)的需求情况进行了分析。本部分分成两个方面:(a)认可某种概念模式语言或综合语言,满足地理信息模拟要求;(b)解释这种语言怎样用于模拟地理信息。ISO15046 其他部分的开发者用 ISO15046 的这一部分为地理信息的某一方面开发概念模式,这部分还用于执行 ISO15046 的 GIS 应用软件的开发者。

3.1.4 15046-4 术语

这部分标准化 ISO/TC 211 标准使用的术语,产生用于描述地理信息和用于 GIS 信息技术的一套术语。这部分由 ISO15046 开发者用来确保术语与标准一致,这个标准是由 GIS 开发者用来执行 ISO15046,国际地理空间信息协会用来促进地理空间概念的理解。

3.1.5 15046-5 一致性与测试

本部分为 ISO15046 要执行的部分开发一致性测试的框架、概念和方法,还提出了 GIS 产品与 ISO15046 一致的标准。本部分用于对 ISO15046 的不同部分进行一致性测试套件的开发者、商业 GIS 产品开发者以及地理数据的生产/提供者,他们要确认与 ISO15046 一致。

3.2 地理空间数据模型和算法

第二工作组由 7、8、9 和 20 部分组成,这些标准描述空间/时间数据标准结构的开发,用空间/时间模式调整应用软件的规则和处理地理信息的空间操作符标准集。

3.2.1 15046-7 空间子模式

定义对象空间特征的概念模式,主要从几何体和拓扑关系的角度来制定概念模式。几何体和拓扑关系是地理信息的两个主要特征,它们的标准制定将为其他空间特征标准制定提供方便，同时可以帮助 GIS 开发者和使用者理解空间数据结构。

3.2.2　15046-8 时间子模式

定义用于描述某一应用软件模式下地理信息时间特性的元素。

3.2.3　15046-9 应用模式规则

定义地理信息应用的模式，包括地理对象的分类和它们与应用模式之间关系的原则。采用一致的形式定义应用模式，将增强应用之间数据的共享能力，并且允许应用之间实时地交互操作。

3.2.4　15046-20 空间算法

定义访问、查询、管理和处理地理信息的空间操作符。

3.3　地理空间数据管理

第三工作组包括第 10~15 部分。随着当前信息技术的发展，对地理信息的使用迅速增加，管理地理数据的专用标准对数据生产者和使用者都很必要。

属性分类对真实目标的分类或数据中代表属性的分类提出了要求，地理属性在真实世界中有它具体的位置，它们必须直接通过测地学参考系统或间接地使用某些文字数字编码来确定某一地址。空间参照通过测地学系统或说明系统来定义怎样描述这些参照系统。地理数据的合理使用基于数据集的质量和元数据信息，所以表达和度量质量的标准化规则和尺度是很有必要的。从本质上讲，元数据是数据标识、范围、质量、地理空间参照和地理空间数据分类的数据文件，要使元数据有意义，其他 15046 标准在这些方面必须支持元数据标准。

3.3.1　15046-10 分类

定义描述属性类型、组织规范、地理数据用户分类信息表达的方法。

3.3.2　15046-11 大地参照系

为描述测地学参照系统定义概念模式和准则，包括选择国际参照系统的参照。

3.3.3　15046-12 间接参照系

为基于说明标识符的空间参照定义概念模式和准则。

3.3.4　15046-13 质量

定义了应用于地理数据的质量模式。对地理信息的创建者和使用者而言，质量信息都是十分重要的。一致的质量标准模式便于一个应用中创建的数据在另一个应用中被适当地评估和使用。

3.3.5　15046-14 质量评价过程

给出了对数据质量进行评估和描述方法的指导。关于地理数据质量的评价信息不仅需要一致的标准，而且需要一个一致的、标准的评估和描述方法。一个标准的评估准则可以保证不同数据集合的质量具有可比性。

3.3.6　15046-15 元数据

定义地理信息和服务的描述性信息的标准。该标准制定的目的是为了产生一个地理元数据的内容及有关标准。这些内容包括地理数据的现势性、精度、数据内容、属性内容、来源、覆盖地区以及对各类应用的适应性如何等。对地理数据进行标准的描述可以使地理信息用户方便地得到适用的数据。

3.4 地理空间服务

第四工作组包括第16~19部分，地理空间服务程序识别和定义地理信息的服务界面。这些标准使具有不同层次功能的不同应用软件都能访问和使用地理信息。很重要的一点是，这一工作与正在开发的通用信息技术方法是一体化的。

3.4.1 15046-16 定位服务

定义了定位系统的标准接口协议。全球定位系统的发展使得一个地理对象在全球范围内的定位成为可能，定位信息标准接口的制定将促进这些定位信息在各类应用中更有效地使用。

3.4.2 15046-17 描绘

定义以人能理解的形式（包括描述符号和应用程序模式绘图）描述地理信息描绘模式。这部分提供定义描绘元素的机制，描绘不是符号学的标准化，但它为制定符号标准提供了机制。

3.4.3 15046-18 编码

选择与地理信息使用的概念模式相匹配的编码规则，并且定义了概念模式语言之间以及编码规则之间的映射方式。编码规则使得地理信息在以数字形式进行存储和传输时，按照一定的编码语言和系统进行编码。

3.4.4 15046-19 服务

标识和定义用于地理信息的服务界面，并定义它与开放系统环境模式的关系。这部分的目的是促进互操作性，系统和应用软件开发者可以用这部分描述的服务程序来把界面结合到他们应用领域中的应用程序中去。

3.5 专用标准

在ISO/TC 211标准中定义协议子集/产品规则的定义。

ISO/TC 211工作表程序显示：所有20个工作项都经过了几个不同的发展阶段：工作草案、委员会草案、国际标准草案和1999年的最终国际标准草案。

思 考 题

1. 试述GIS标准化的定义、意义。
2. 试述GIS标准化的内容。
3. 试述GIS标准化的方法。
4. 试述OpenGIS的定义、意义。
5. OpenGIS规范定义了哪些模型？
6. 试述ISO/TC 211的主要内容。

第九章　GIS 技术的发展

第一节　组件式 GIS 技术

1　组件式 GIS (ComGIS) 的概念

目前,在软件开发领域,一场新的革命正在悄悄兴起,这是由日趋成熟的组件技术引发的。几年以前,当微软公司首先使用 OLE (Object Linking & Embedding) 时,其初衷是为了增强软件的互操作性。然而在使用过程中,人们逐渐认识到这一技术背后的实质性内容和它在软件开发中所扮演的重要角色。组件技术将以前所未有的方式提高软件产业的生产效率,这一点已逐步成为软件开发人员的共识。传统的 Client/Server 结构、群件、中间件等大型软件系统的构成形式,都将在组件的基础上重新构造。

组件技术使近 20 年来兴起的面向对象技术进入到成熟的实用化阶段。在组件技术的概念模式下,软件系统可以被视为相互协同工作的对象集合,其中每个对象都会提供特定的服务,发出特定的消息,并且以标准形式公布出来,以便其他对象了解和调用。组件间的接口通过一种与平台无关的语言 IDL(Interface Define Language)来定义,而且是二进制兼容的,使用者可以直接调用执行模块来获得对象提供的服务。早期的类库提供的是源代码级的重用,只适用于比较小规模的开发形式;而组件则封装得更加彻底,更易于使用,并且不限于 C++之类的语言,可以在各种开发语言和开发环境中使用。

GIS 技术的发展,在软件模式上经历了功能模块、包式软件、核心式软件,从而发展到 ComGIS 和 WebGIS 的过程。传统 GIS 虽然在功能上已经比较成熟,但是由于这些系统多是基于十多年前的软件技术开发的,属于独立封闭的系统。同时,GIS 软件变得日益庞大,用户难以掌握,费用昂贵,阻碍了 GIS 的普及和应用。组件式软件是新一代 GIS 的重要基础,ComGIS 的出现为传统 GIS 面临的多种问题提供了全新的解决思路。

ComGIS 是面向对象技术和组件式软件在 GIS 软件开发中的应用。认识 ComGIS,首先需要了解所依赖的技术基础——组件式对象模型 COM 和 ActiveX 控件。

COM 是组件式对象模型(Component Object Model)的英文缩写,是 OLE 和 ActiveX 共同的基础。COM 不是一种面向对象的语言,而是一种二进制标准。COM 所建立的是一个软件模块与另一个软件模块之间的链接,当这种链接建立之后,模块之间就可以通过接口来进行通信。COM 标准增加了保障系统和组件完整的安全机制扩展到分布式环境。这种基于分布式环境下的 COM 被称做 DCOM (Distribute COM)。DCOM 实现了 COM 对象与远程计算机上的另一个对象之间直接进行交互。

ActiveX 是一套基于 COM 的可以使软件组件在网络环境中进行互操作而不管该组件是

用何种语言创建的技术。作为 ActiveX 技术的重要内容,ActiveX 控件是一种可编程、可重用的基于 COM 的对象。ActiveX 控件通过属性、事件、方法等接口与应用程序进行交互。

一些软件公司专门生产各种用途的 ActiveX 控件,如数据库访问、数据监视、数据显示、图形显示、图像处理甚至三维动画等。几个著名的 GIS 软件公司把 COM 技术应用于 GIS 开发,纷纷推出由一系列 ActiveX 控件组成的 ComGIS 软件,如 Intergraph 公司的 GeoMedia、ESRI 的 MapObjects、MapInfo 公司的 MapX 等。

ComGIS 的基本思想是把 GIS 的各大功能模块划分为几个控件,每个控件完成不同的功能。各个 GIS 控件之间以及 GIS 控件与其他非 GIS 控件之间,可以方便地通过可视化的软件开发工具集成起来,形成最终的 GIS 应用,它们分别实现不同的功能(包括 GIS 功能和非 GIS 功能),根据需要把实现各种功能的控件搭建起来,就构成应用系统。

许多 WebGIS 软件包均采用 HTML 标准,活动内容采用 Java applets(SUN 标准)或者 ActiveX(Microsoft 标准)进行传递。新型的分布式面向对象 WebGIS 可以采用 CORBA/Java 或者 DCOM/ActiveX 技术进行开发。ActiveX 控件不仅可以用于一般的 ActiveX 容器程序(如 Visual Basic、Delphi 等),而且能嵌入 Web 页面中。任何 ActiveX 控件都可以设计成 Internet控件,作为 Web 页面的一部分,Web 页面中的控件通过脚本(Script)互相通信。因此,ComGIS 是 WebGIS 的一种解决方案,而基于这一方案的 WebGIS 通常比基于 Java 的运行速度快。

2 ComGIS 的特点

ComGIS 的发展符合当今软件技术的发展潮流,同时也极大地方便了应用和系统集成。同传统的 GIS 比较,这一技术具有以下几个方面的特点。

2.1 高效无缝的系统集成

一个系统的建立往往需要对 GIS 数据、基本空间处理功能与各种应用模型进行集成。而系统集成方案在很大程度上决定了系统的适用性和效率,不同的应用领域、不同的应用开发者所采用的系统集成方案往往不同。归纳起来,基于传统的 GIS 基础软件的集成方案主要有四种模式(图 9.1)。

模式一:在 GIS 基础软件与应用分析模型之间,通过文件存取方式建立数据交换通道。在这种集成方式中,GIS 与应用分析模型通过中间文件格式交换数据(图 9.1(a)),不适合于大量而频繁地交换数据的情况,而且 GIS 基础软件与应用分析模型相互独立,系统整合性差。

模式二:直接使用 GIS 软件提供的二次开发语言编制应用分析模型(图 9.1(b))。解决了模式一的缺陷,但是 GIS 所提供的二次开发语言大多不能与 C、C++、FORTRAN 等专业程序设计语言相比,难以开发复杂的应用模型。

模式三:利用专业程序设计语言开发应用模型,并直接访问 GIS 软件的内部数据结构(图 9.1(c))。应用模型开发者可以根据自己的意愿选择使用何种高级语言开发复杂的应用模型,但是直接访问 GIS 软件数据结构增加了应用开发的难度。

模式四:通过动态数据交换(DDE)建立 GIS 与应用模型之间的快速通信(图 9.1(d))。这是在 DDE 技术发展起来以后对第一种集成方式的改进,可以避免频繁的文件数据交换所

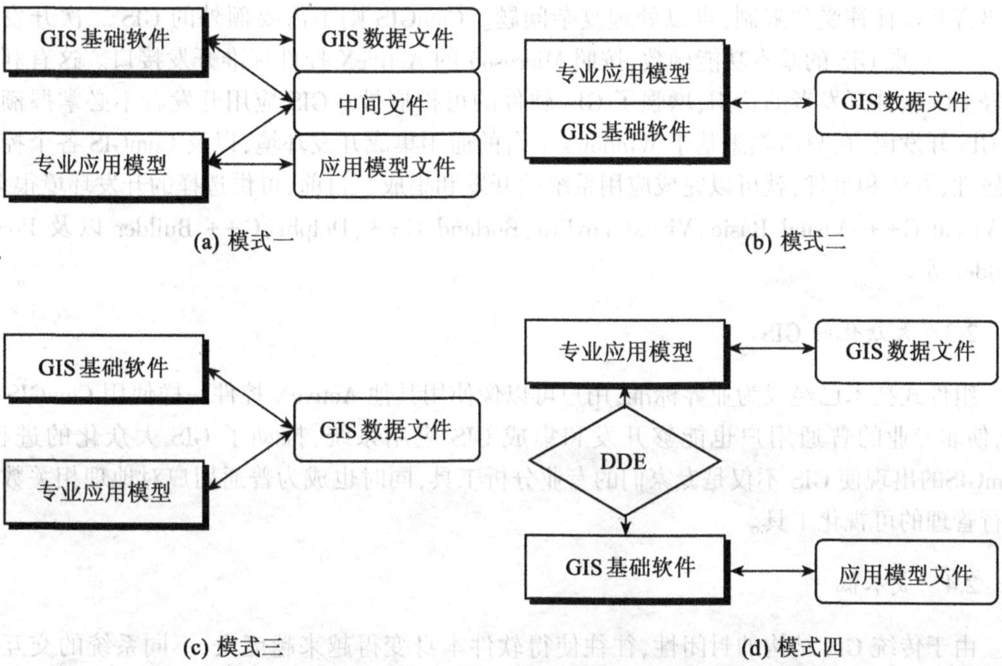

图 9.1 GIS 基础软件与专业应用模型之间的集成方案比较

带来的效率降低的毛病,也避免了从 GIS 外部直接访问 GIS 数据结构的代价。但是,GIS 与应用模型仍然是分离的,这种拼接是"有缝"的。

不论采用以上何种系统集成模式,传统的 GIS 软件在系统集成上都存在缺陷。ComGIS 提供了解决以上问题的理想方案。ComGIS 不依赖于某一种开发语言,可以嵌入通用的开发环境(如 Visual Basic 和 Delphi)中实现 GIS 功能,专业模型则可以使用这些通用开发环境来实现,也可以插入其他的专业性模型分析控件。因此,使用 ComGIS 可以实现高效、无缝的系统集成(图 9.2)。

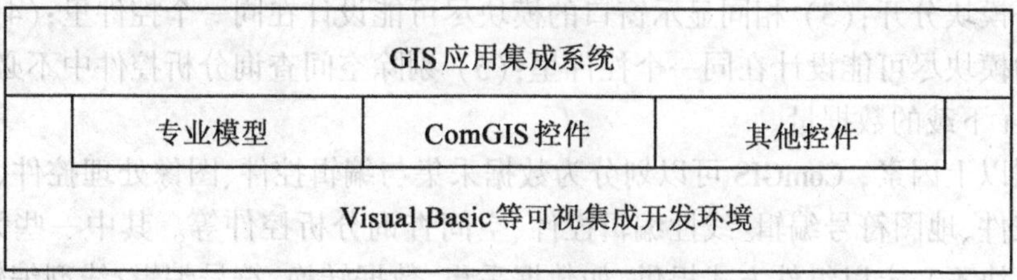

图 9.2 ComGIS 与应用程序之间的无缝集成(据宋关福等)

2.2 无需专门 GIS 开发语言

传统 GIS 往往具有独立的二次开发语言,如 Arc/Info 的 AML、MGE 的 MDL、MapInfo 的 MapBasic 等。对 GIS 基础软件开发者而言,设计一套二次开发语言是不小的困难,同时,二次开发语言对用户和应用开发者而言也存在学习上的困难,而且使用系统所提供的二次开发语言开发往往受到限制,难以处理复杂问题。ComGIS 则不需要额外的 GIS 二次开发语言,只需实现 GIS 的基本功能函数,按照 Microsoft 的 ActiveX 控件标准开发接口。这有利于减轻 GIS 软件开发者的负担,增强了 GIS 软件的可扩展性。GIS 应用开发者不必掌握额外的 GIS 开发语言,只需熟悉基于 Windows 平台的通用集成开发环境,以及 ComGIS 各个控件的属性、方法和事件,就可以完成应用系统的开发和集成。目前,可供选择的开发环境很多,如 Visual C++、Visual Basic、Visual FoxPro、Borland C++、Delphi、C++ Builder 以及 Power Builder 等。

2.3 大众化的 GIS

组件式技术已经成为业界标准,用户可以像使用其他 ActiveX 控件一样使用 ComGIS 控件,使非专业的普通用户也能够开发和集成 GIS 应用系统,推动了 GIS 大众化的进程。ComGIS的出现使 GIS 不仅是专家们的专业分析工具,同时也成为普通用户对地理相关数据进行管理的可视化工具。

2.4 成本低

由于传统 GIS 结构的封闭性,往往使得软件本身变得越来越庞大,不同系统的交互性差,系统的开发难度大。ComGIS 提供实现空间数据的采集、存储、管理、分析和模拟等功能,至于其他非 GIS 功能(如关系数据库管理、统计图表制作等),则可以使用专业厂商提供的专门组件,有利于降低 GIS 软件的开发成本。另一方面,ComGIS 本身又可以划分为多个控件,分别完成不同功能。用户可以根据实际需要选择所需控件,最大限度地降低了用户的经济负担。

3 ComGIS 的设计与开发

设计 ComGIS 需要根据功能划分为多个控件。划分控件需要根据不同的数据结构和系统模型进行具体分析,要考虑以下几个方面的问题:(1) 控件间差别最大、控件内差别最小;(2) 纯设计用模块与将随集成系统发布的模块分开,如地图符号编辑、线型编辑器应与空间查询分析等模块分开;(3) 相同显示窗口的模块尽可能设计在同一个控件里;(4) 处理相同数据文件的模块尽可能设计在同一个控件里;(5) 剔除空间查询分析控件中不必要的内容,减少 Internet 下载的数据量。

考虑到以上因素,ComGIS 可以划分为数据采集与编辑控件、图像处理控件、三维控件、数据转换控件、地图符号编辑/线性编辑控件、空间查询分析控件等。其中一些无需进行二次开发的模块不一定以组件方式提供,如数据采集、数据转换、符号编辑/线型编辑等模块可以用独立运行程序方式提供,数据转换模块还可以编译成动态连接库。

传统 GIS 软件与用户或者二次开发者之间的交互,一般通过菜单或工具条按钮、命令以及二次开发语言进行。ComGIS 与用户和客户程序之间则主要通过属性、方法和事件交互(如图 9.3)。

属性(Properties):指描述控件或对象性质(Attributes)的数据,如 BackColor(地图背景颜色)、GPSIcon(用于 GPS 动态目标跟踪显示的图标)等。可以通过重新指定这些属性的

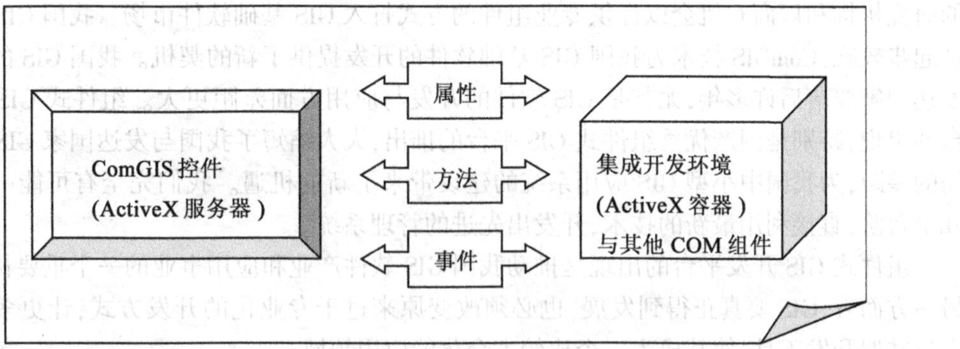

图 9.3 ComGIS 与集成环境及其他组件之间的关系(据宋关福等)

值来改变控件和对象性质。在控件内部,属性通常对应于变量(Variables)。

方法(Methods):指对象的动作(Actions),如 Show(显示)、AddLayer(增加图层)、Open(打开)、Close(关闭)等。通过调用这些方法,可以让控件执行诸如打开地图文件、显示地图之类的动作。在控件内部,方法通常对应于函数(Functions)。

事件(Events):指对象的响应(Responses)。当对象进行某些动作时(可以是执行动作之前,也可以是动作进行过程中或者动作完成后),可能会激发一个事件,以便客户程序介入并响应这个事件。如用鼠标在地图窗口内单击并选择了一个地图要素,控件产生选中事件(如 ItemPicked),通知客户程序有地图要素被选中,并传回描述选中对象的个数、所属图层等信息的参数。

属性、方法和事件是控件的通用标准接口,适用于任何可以作为 ActiveX 包容器的开发语言,具有很强的通用性。

支持 ActiveX 组件开发的程序设计语言都可以用来开发 ComGIS 软件,如目前比较流行的 Visual C++、Borland C++、Visual Basic、Delphi 等,其中前两种效率高、功能强,较为常用。ComGIS 开发要注意几个方面的问题:

(1)优化的代码和高效的算法 尽管 COM 技术的二进制通信具有很高的效率,与独立运行程序比较,OCX 控件在运行速度上仍有差距。大量实践证明,采用高效的算法并精心优化代码可以使软件整体效率有较大改善。经过对比测试,组件式 GIS 软件——ActiveMap 在图形显示上比目前 Windows 95/NT 平台上大多数商业化 GIS 软件快,其中甚至包括非组件式的 GIS 软件。

(2)紧凑、简练的数据结构在能够充分表达地理信息并能有效地进行各种处理、分析的前提下,软件数据结构要尽可能地紧凑。这不仅可以加快数据存取的速度,同时也为适应 Internet 传递的需要。

(3)流行 GIS 数据文件的数据引擎除了提供各种 GIS 数据文件格式的数据转换程序外,ComGIS 被设计为可以直接访问多种数据格式也是一大特色。Intergraph 的 GeoMedia 可以直接访问 MGE、Frame、ArcView、SDO 等著名软件的数据格式。ActiveMap 也可直接访问 MGE 等流行的数据格式,提高了数据共享方面的能力。

ComGIS 是一种全新的 GIS 概念,在同 MIS 耦合、Internet 应用、降低开发成本和使用复杂性等方面，具有明显的优势。同时也打破了以往 GIS 基础软件由少数厂商垄断的局面，小的研究机构和厂商有机会以提供专业组件的方式打入 GIS 基础软件市场。我国 GIS 基础软件起步较晚，ComGIS 技术为我国 GIS 基础软件的开发提供了新的契机。我国 GIS 的发展比发达国家要落后许多年，尤其是 GIS 软件的开发与应用方面差距更大。组件式 GIS 开发平台的出现，特别是国产优秀组件式 GIS 平台的推出，大大缩短了我国与发达国家 GIS 软件之间的差距，为我国中小型 GIS 应用系统的建设带来了新的机遇。我们完全有可能一步跨越几个台阶，直接利用最新的技术，开发出先进的管理系统。

组件式 GIS 开发平台的出现是推动我国 GIS 软件产业和应用事业的一个重要机遇。从另一方面看，GIS 要真正得到发展，也必须改变原来过于专业化的开发方式，让更多的开发人员掌握开发工具，使其成为一个比较大众化的应用领域。

第二节　嵌入式地理信息系统

1　嵌入式系统概述

1.1　嵌入式系统的定义

嵌入式系统是指用于执行独立功能的专用计算机系统。它由微处理器、定时器、微控制器、存储器、传感器等一系列微电子芯片与器件和嵌入在存储器中的微型操作系统、控制应用软件组成，共同实现诸如实时控制、监视、管理、移动计算、数据处理等各种自动化处理任务。嵌入式系统以应用为中心，以微电子技术、控制技术、计算机技术和通信技术为基础，强调硬件、软件的协同性与整合性，软件与硬件可剪裁，以满足系统对功能、成本、体积和功耗等要求。

最简单的嵌入式系统仅有执行单一功能的控制能力，在惟一的 ROM 中仅有实现单一功能的控制程序，无微型操作系统。复杂的嵌入式系统，如个人数字助理(PDA)、手提电脑(HPC)等，具有与 PC 几乎一样的功能。实质上，它与 PC 的区别仅仅是将微型操作系统与应用软件嵌入在 ROM、RAM 和/或 FLASH 存储器中，而不是存储于磁盘等载体中。很多复杂的嵌入式系统又是由若干个小型嵌入式系统组成的。

1.2　嵌入式系统的软硬件平台

1.2.1　硬件系统

通常，嵌入式 GIS 是以掌上电脑为硬件开发平台的。CPU 可以为 ARM、MIPS、SH3、SH4、x86 等；ROM 最好为 XIP，占资源少，运行时间短；RAM 采用对象存储器(object store)，程序内存可以调节。另外，最好备有 CF 卡（Compact Flash）、SD 卡、主电池、备用电池等硬件设备。

嵌入式系统的硬件必须根据具体的应用任务，以功耗、成本、体积、可靠性、处理能力等为指标来选择。

1.2.2　操作系统

目前流行的嵌入式操作系统可以分为两类：一类是从运行在个人电脑上的操作系统向

下移植到嵌入式系统中形成的嵌入式操作系统,如微软公司的 Windows CE 及其新版本。该系统是微软开发的一个简洁、高效、多任务、完全抢占式的32位嵌入式系统。一般支持常用的 Microsoft Win32 API,可用于开发应用程序,接口包括 MFC、ActiveX、COM、ATL 等。OEM 厂商定制自己的 Windows CE 操作系统。其他如 SUN 公司的 Java 操作系统、朗讯科技公司的 Inferno、嵌入式 Linux 等。这类系统经过个人电脑或高性能计算机等产品的长期运行考验,技术日趋成熟,其相关的标准和软件开发方式已被用户普遍接受,同时积累了丰富的开发工具和应用软件资源。

另一类是实时操作系统,如 WindRiver 公司的 VxWorks、ISI 的 pSOS、QNX 系统软件公司的 QNX、ATI 的 Nucleus、中国科学院凯思集团的 Hopen 嵌入式操作系统等,这类产品在操作系统的结构和实现上都针对所面向的应用领域,对实时性、高可靠性等进行了精巧的设计,而且提供了独立而完备的系统开发和测试工具,较多地应用在军用产品和工业控制等领域中。

Linux 是 20 世纪 90 年代以来逐渐成熟的一个开放源代码的操作系统。PC 机上的 Linux 版本在全球数以百万计爱好者的合力开发下,得到了非常迅速的发展。90 年代末,uClinux、RTLinux 等相继推出,在嵌入式领域得到了广泛的关注,它拥有大批的程序员和现成的应用程序,是我们研究开发工作的宝贵资源。

1.2.3 开发工具

常用的开发工具有 Microsoft Windows CE Platform Builder、Microsoft embedded Visual C++ 3.0 / 4.0、Microsoft Visual Studio. Net 等。

嵌入式系统的核心是系统软件和应用软件,由于存储空间有限,因而要求软件代码紧凑、可靠,大多对实时性有严格要求。

早期的嵌入式系统设计方法通常是采用“硬件优先”原则。即在只粗略估计软件任务需求的情况下,首先进行硬件设计与实现。然后在此硬件平台上再进行软件设计。因而很难达到充分利用硬软件资源取得最佳性能的效果。同时,一旦在测试时发现问题,需要对设计进行修改时,整个设计流程将重新进行,对成本和设计周期的影响很大。这种传统的设计方法只能改善硬件/软件各自的性能,在有限的设计空间不可能对系统做出较好的性能综合优化,在很大程度上依赖于设计者的经验和反复实验。

20 世纪 90 年代以来,随着电子系统功能的日益强大和微型化,系统设计所涉及的问题越来越多,难度也越来越大。同时,硬件和软件也不再是截然分开的两个概念,而是紧密结合、相互影响的,因而出现了软硬件协同(codesign)设计方法,即使用统一的方法和工具协同设计软硬件体系结构,以最大限度地挖掘系统的软硬件能力,避免由于独立设计软硬件体系结构而带来的种种弊病,得到高性能、低代价的优化设计方案。

2 嵌入式 GIS

2.1 嵌入式 GIS 定义

嵌入式 GIS(或称“移动 GIS”),是新一代地理信息系统发展的代表方向之一,它是运行在嵌入式计算机系统上高度浓缩、高度精简的 GIS 软件系统。嵌入式计算机系统是隐藏在各种装置、产品和系统(如掌上电脑、机顶盒、车载盒、手机等信息电器)之中的一种软硬件高度专业化的特定计算机系统，是计算机技术发展到后 PC 时代或信息电器时代的产物。

近年来，随着 GIS 的快速发展，人们对空间数据的需求也日益增大，把 GIS 与嵌入式技术融合在一起，形成一个嵌入式的地理空间集成平台，是当前 GIS 研究领域的一个重要趋势。与传统 GIS 技术相比较，嵌入式 GIS 具有跨平台、开发好、易集成、易渗透和融合好等特点，而且价格低，为地理信息技术融入其他信息技术提供了良好的技术基础。典型的嵌入式 GIS 应用由嵌入式硬件系统、嵌入式操作系统和嵌入式 GIS 软件组成。如超图公司的 eSuperMap 5就是专为移动终端设备开发的嵌入式 GIS 开发平台。

2.2 嵌入式 GIS 体系结构

嵌入式 GIS 应用软件的系统结构因具体应用的不同而有所增减。如图 9.4 所示为一般嵌入式 GIS 应用软件所应具备的几个基本功能模块。通常该类系统最底层应为嵌入式操作系统 Windows CE，然后上面依次应为空间数据管理层、数据分析层，最上面应为 GIS 用户操作界面。

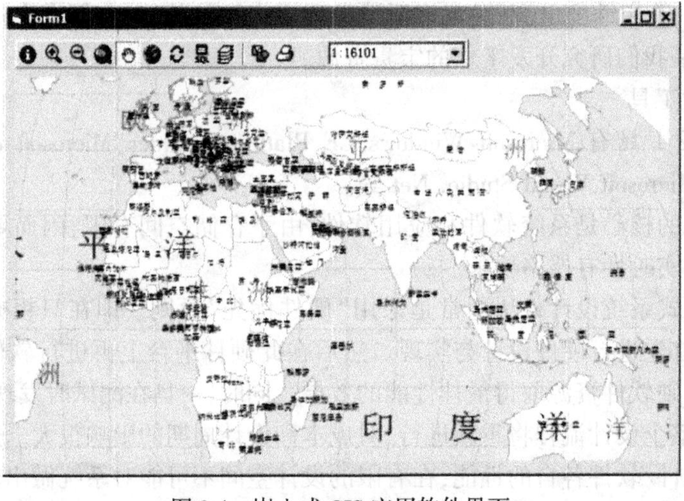

图 9.4 嵌入式 GIS 应用软件界面

2.3 嵌入式 GIS 设计原则

嵌入式 GIS 是运行在嵌入式设备（掌上电脑、PDA、智能手机）上的，它与台式 PC 机不同，嵌入式 GIS 基础内核要小，功能适用，文件存储量要小。而 GIS 空间数据包括图形数据、拓扑数据、参数数据以及属性数据等，其数据量非常大，所需的存储空间也应很大。所以，针对嵌入式设备的特点，并结合 GIS 应用程序的需求要重新设计 GIS 平台。

2.3.1 选择适当的嵌入式 GIS 数据库

基于嵌入式移动数据库的应用可划分为水平应用和垂直应用。所谓水平应用，是指应用方案能够用于多种不同行业，只需要极少的定制工作；而垂直应用则针对特定行业的应用，数据处理具有独特性。GIS 系统通过获取指定地点的地图信息来指导工作，该系统可以应用到自然资源和环境控制中，所以嵌入式数据库一般采用水平应用方式。

2.3.2　尽量减少存储量

传统的基于PC机的GIS软件系统对空间数据逻辑存储结构一般为顺序存储，基本全入内存，而嵌入式GIS则是依据所建索引随机存储，少部分入内存。具体来说，对于图形数据而言，尽量用整型坐标数据来代替双精度型或浮点型数据，以便节省存储单元，可采用滤点压缩的方法去掉那些不能对图形精度的提高有任何贡献的多余点。对于参数数据和属性数据而言，可以采用统计的方法，只存储不同的参数数据和属性数据，然后建立索引即可。

2.3.3　设计合理的空间数据管理方式

在设计GIS应用时，属性数据可以用数据库来管理。在嵌入式GIS中，可以采用面向对象的管理方式来管理空间数据。

2.3.4　按需分层调入GIS数据

通常，整幅图的GIS数据量是庞大的，在嵌入式GIS中，我们只考虑当前需要研究的地图数据及图层，其他不予考虑，这样就可以避免不必要的内存开销。

2.3.5　其他一些需要注意的问题

(1)选择合适的算法，尤其在选择空间分析算法时，尽量减少实体的内存分配空间。

(2)设计嵌入式GIS应用程序的用户界面，最好依据具体设备的形状而设计，可以为用户提供方便的操作界面。

(3)Windows CE是基于Unicode的操作系统，凡是涉及的文本、字符串、控件等均为Unicode字符串。

2.4　嵌入式GIS的功能设计

嵌入式GIS的主要功能包括以下几个部分。

2.4.1　基本地图操作功能

主要用于地图的显示、缩放、漫游、查询等。结合本文前述，该功能应尽量保证具有精简的内核和快速的浏览速度。

2.4.2　图层管理功能

根据用户需求可以打开/关闭、显示/隐藏图层，但要避免频繁调入图层数据，以便加快数据的显示速度。

2.4.3　查询、检索、分析、导航功能

主要用于目标的查询(包括分类查询、图文互查)、定位以及结合GPS定位数据的导航功能等。本功能与用户需求结合较多，系统设计主要体现用户的意愿。

2.5　嵌入式GIS应用

嵌入式GIS开发在测绘、智能交通(ITS)、海事、国防、公安等领域都有广阔的应用前景，可广泛应用于军事、野外测绘、医疗、汽车导航等领域；个人汽车导航和PDA(或手机)定位服务(LBS)的出现与发展，更是将嵌入式地理信息技术深入到每个人的日常生活。目前最主要的应用领域有：

(1)智能交通(交通信息管理系统、车辆导航系统等大量嵌入式GIS软件在交通部门的应用将大大提高交通系统的智能化程度)；

(2)野外数据采集和各种普查(公路普查、环保普查等)；

(3)军事国防领域(步兵装备、装甲、坦克、情报收集等);

(4)智能汽车(集通信、信息、导航、地图、娱乐和各类安全电子系统于一体的智能汽车将是未来汽车的发展方向);

(5)个人用户(结合手机和个人 PDA 的应用,将提供实时的地图信息和出行参考,大大提高人们的生活质量)。

2.6 嵌入式 GIS 发展前景

随着定位手段的多样性(美国 GPS 、俄罗斯的 GLONASS、欧盟的 Galileo、中国的“北斗”、基站)、通信网络的广泛性(GPRS、CDMA、CDPD 等无线公网)、用户终端的广泛性(手机、PDA)以及巨大市场潜力的无限性(以我国 2 亿手机用户一个月 5 元的地理信息服务,一年将是 120 亿的用户市场),我们可以看到嵌入式 GIS 的广阔前景。由于嵌入式 GIS 市场巨大,因此竞争非常激烈,国外的 GIS 巨头纷纷投入巨资开发自己的嵌入式 GIS 产品,国内也有近十家企业进行相关产品的开发工作。

3 嵌入式 GIS 开发平台 eSuperMap 介绍

eSuperMap 是 SuperMap GIS 系列软件中的嵌入式 GIS 开发平台,它提供以类库或控件的方式进行分发,可以满足不同层次的应用和开发需求。通过它可以高效率地开发各种嵌入式 GIS 应用系统,满足户外作业时对地图的浏览、查询、分析、编辑等需要。eSuperMap 支持符合工业标准的大多数嵌入式设备,如车载电脑、PDA、智能手机等。可广泛应用于车载导航/监控系统、野外军事作业如单兵定位系统、旅游导游系统、各类社会应急系统如卫生防疫指挥系统、意外事故搜救指挥调度系统等、户外数据采集如农业灾害数据采集、工业矿山污染点数据采集、城市各类设施维护数据采集等。图 9.5 所示为嵌入式 GIS 应用于汽车导航的实例。

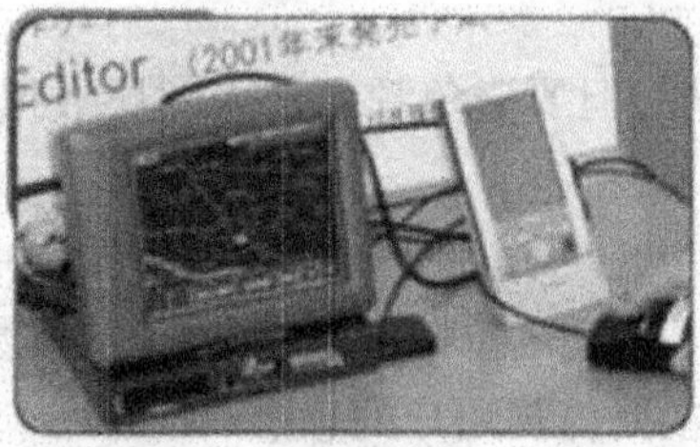

eSuperMap 可以在不同的硬件设备上运行

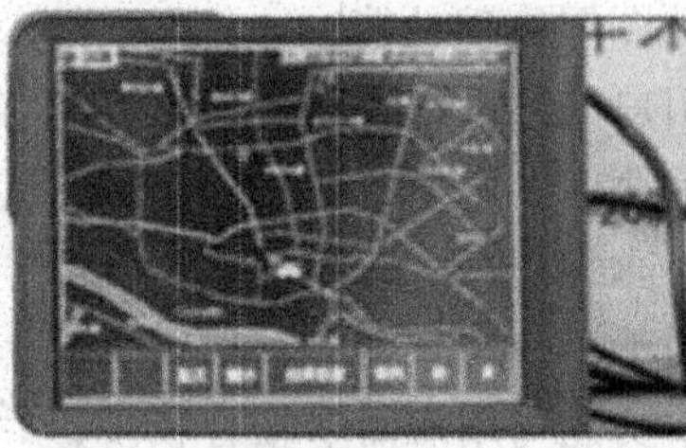

汽车导航界面

图 9.5 嵌入式 GIS 应用于汽车导航

第三节 网络地理信息系统技术

1 Web GIS 简介

传统的地理信息系统采用集中管理模式,不仅对主机硬件要求高,而且当数据分布在很大范围时就显得无能为力。随着计算机领域中网络技术的飞速发展,网络地理信息系统(Web GIS)应运而生。Web GIS 是 Internet 和 WWW 技术应用于 GIS 开发的产物,是实现 GIS 互操作的一条最佳解决途径。从 Intemet 的任意节点,用户都可以浏览 Web GIS 站点中的空间数据、制作专题图、进行各种空间信息检索和空间分析。因此,Web GIS 不但具有大部分乃至全部传统 GIS 软件具有的功能,而且还具有利用 Intenet 优势的特有功能,即用户不必在自己的本地计算机上安装 GIS 软件就可以在 Intenet 上访问远程的 GIS 数据和应用程序,进行 GIS 分析,在 Intenet 上提供交互的地图和数据。

Web GIS 可以简单定义为在 Web 上工作的 GIS。简单地说,由于当前 Internet/Intranet 的迅速发展,为充分利用和发挥互联网的优势,将 GIS 引入 Internet,形成了一个物理上分布的、逻辑上集中的大型空间数据库,实现空间数据的网上信息发布、数据共享,以满足不同用户对空间数据的查询和分析的需求。

Web GIS 的关键特征是面向对象、分布式和互操作。任何 G1S 数据和功能都是一个对象,这些对象部署在 Internet 的不同服务器上,当需要时进行装配和集成。Internet 上的任何其他系统都能和这些对象进行交换和交互操作。

Web GIS 是在 Internet 基础上提供地理信息服务的。由于地理信息的空间性,用户使用 Web GIS 的最基本方式应包括空间图形的放大、缩小、漫游等方式的浏览;空间信息到属性信息和属性信息到空间信息的对应查询;空间对象集合方式的查询,以及各种模式的分类和分级分析等。随着空间 SQL 的发展,很多的空间分析功能可作为空间信息的查询来处理。因此,从用户看来,Web GIS 的功能更多地表现在空间信息的浏览和查询方式上。

从 Web GIS 的运行看,在 Web GIS 的服务器端,服务器创建者首先申请一个互联网地址以构造 Web 服务器,组织放在网络上的数据和信息资源,并按内部的逻辑结构分成具有层次结构的若干部分,每部分形成一个独立的页面。各部分之间通过 URL 的相互引用形成超链连接,最高层的页面称为主页。客户在网络上访问时,首先键入 URL 地址,由网络浏览器建立与被访问服务器的连接。当网络接通时,被访问服务器的主页通过网络传到客户端,由网络浏览器对传送过来的内容进行翻译。在服务器传来的信息中还包括大量的控制信息,以实现浏览、打印、下载等一系列操作。客户通过超链接可以以非顺序的方式访问其他页面和其他 URL 资源。由于网络浏览器和网络服务器支持相同的 HTTP 和 HTML 规范,用户可获得服务端的数据和信息资源。

2 Web GIS 的工作模式

2.1 基于网关接口 CGI 的 Web GIS

CGI 是一个用于 Web 服务器和客户端浏览器之间的特定标准,它允许网页用户通过网页的命令来启动一个存在于网页服务器主机的程序(称为 CGI 程序),然后将服务器运行的结果经网络反馈给用户,从而操纵空间数据库生成结果图形和数据,完成 GIS 的主要功能。

CGI 构建这种 Web GIS 系统简便,是最早实现动态网页的技术。CGI 可以用任何一种能运行在服务器上的语言如 C、C++、VB 语言编写。现有的商品 GIS,如 Mapinfo 公司的 Mapinfo ProServer、ESRI 公司的 Internet MapServer 中均使用了这种技术。最近常采用 ASP (Active Server Pages)来替代 CGI,其原理有所不同,但作用相同。由于这时 GIS 功能主要由服务器完成的,每次服务器都要访问数据库执行操作,生成 GIF 或 JPEG 文件,再传给网络浏览器。因此,服务器和网络的负担过重,系统效率低,且用户得到的是服务器生成的图像数据,网络数据流量大,速度低。此外,当用户数量增多时,服务器端易出现瓶颈。

从理论上讲,任何一个 GIS 软件都可以通过 CGI 连接到 Web 上去,远程用户通过浏览器发出请求,服务器将请求传递给后端的 GIS 软件,GIS 软件按照要求产生一幅数字图像,传回远程用户。实际上,由于设计的原因,大多数 GIS 软件不能直接作为 CGI 程序连接到 Web 上,但是,有以下两种技术比较成功。

(1)用 CGI 启动后端的批处理制图软件,这种软件的特点是用户可以直接在计算机终端一行一行地输入指令来制图。其特点是用户的每一个要求都要启动相应的 GIS 软件,如果软件较大,启动时间就会很长。

(2)CGI 启动后端视窗(Windows) GIS 软件,CGI 和后端 GIS 软件的信息交换是通过"进程间通信协议(IPC-Inter Process Communication)"来完成,常用的 IPC 有 RPC (Remote Procedure Call)和 DDE (Dynamic Data Exchange)。其优点在于,由于 GIS 软件是消息驱动的,CGI 只要通过发送消息,驱动 GIS 软件执行特定操作即可,不需要每次重新启动。

2.2 基于 ActiveX 技术的 Web GIS

另一项可以实现 Web GIS 的技术是 ActiveX,它是在微软公司 OLE 技术基础上发展起来的因特网新技术,其基础是 DCOM(Distributed Component Object Model),它不是计算机语言,而是一个技术标准。基于这种标准开发出来的构件称为 ActiveX 控件,通过构件技术及对象链接嵌入 OLE 及空间数据引擎 SDE 实现 Web GIS 功能。利用 ActiveX 构造的 GIS 商品如 ESRI 公司的 MapObject 和 MapInfo 公司的 MapX。MapObject 包括一个 OLE 控制和一些可编程的对象,用户通过调用这些构件实现功能。MapX 是提供地图对象链接和嵌入的控件,在此基础上的 MapXtreme 软件包具有强大的地图化功能,用于 Interne/Intranet 上。

与 Java Applet 相比,其缺点是只能运行于 MS-Windows 平台上,并且由于可以进行磁盘操作,其安全性较差,但是优点是执行速度快。此外,由于 ActiveX 控件可以用多种语言实现,这样就可以复用原有 GIS 软件的源代码,提高了软件开发效率。

2.3 插件方法

基于 CGI 的系统仅提供给用户端有限的 GIS 功能,虽然增强了客户端的交互性,但传给用户的信息都是静态的,用户不能操作单个地理实体以及快速缩放地图。因为在客户端,整个地图是一个实体,任何 GIS 操作,如放大、缩小、漫游等操作都需要服务器完成并将结果返回。解决这个问题的方法是把一部分服务器上的功能移到用户端上,这样不仅加快了用户操作的反应速度,而且也减少了网上的流量。这种增加网络浏览器功能的方法叫插入法(Plug ins)。第三方软件开发商可以开发插件,以使浏览器支持其特定格式的数据文件,如美国 ARGUS 制图公司的地图显示软件 MapViewer(http://www.ar usmap.com)就属于这类插入软件。利用浏览器插件,可以将一部分服务器的功能转移到客户端。此外,对于 Web GIS 而言,插件处理和传输的是矢量格式的空间数据,其数据量较小,这样就加快了用户操作的反应速度,减少了网络流量和服务器负载。插件的不足之处在于,像传统应用软件一样,它需要先安装,然后才能使用,给使用者造成了不方便。

图 9.6 是利用 Web GIS 插件在因特网上显示空间数据的例子，利用插件能够方便地对地图进行漫游、缩放和查询操作。

图 9.6　基于 Web GIS 插件技术的车辆监控管理系统

2.4　基于 Java 技术的 Web GIS

Web GIS 插件可以和浏览器一起有效地处理空间数据，但是其明显的不足之处在于计算集中于客户端，称为“胖客户端”，而对于 CGI 方法以及 Server API 方法，数据处理在服务器端进行，形成“瘦客户端”，利用 Java 语言可以弥补许多传统方法的不足。

Java 语言是一种面向对象的语言，支持 Web 模式。它最大的优点就是 SUN 公司提出的一个口号：“写一次，任何地方都可以运行(Write once, run anywhere.)”，即指其跨平台特性。此外，Java 语言本身支持例外处理、网络、多线程等特性，其可靠性和安全性使其成为因特网上重要的编程语言。基于 Java 技术的 Web GIS，通常在 HTML 中插入 Java 应用小程序，当用户访问某一节点时，Web GIS 服务器不处理用户的一切请求，而是通过服务器向客户端发送一段运行在本地机上的客户程序，实现与用户的交互。其中客户程序处理用户的一些简单请求，如地图的开窗、放大等，服务器处理客户发出的复杂处理，从而减少了用户和服务器之间的数据流量，提高了整个网络的运行效率。但这时需要开发 Java 客户端程序，并修改原有的 GIS 服务器软件，软件上投入的工作量较大。ESRI 公司的 Internet Map Server 部分地使用 Java 开发客户端的功能。

上面描述了几种 Web GIS 的实现方案。在实际的系统建设中，可以根据待发布数据的数据量、数据类型、Web 服务器软件、客户端的要求等确定采用不同的方案，选择相应的软件。表 9.1 列出了国外几个重要的 Web GIS 技术特征。

表 9.1　　　　　　国外几个重要的 Web GIS 技术特征[据宋关福等]

	MapInfo ProServer	GeoMedia Web Map	Internet Map erver(IMS)	MapGuide	ModelServer/ Discovery
公司	MapInfo Corp.	Intergraph Corp.	ESRI Inc.	Autodesk Inc.	Bently
服务器操作系统	Windows NT/95	Windows NT	Windows NT	Windows NT	Windows NT
Web 服务器	支持 CGI 的 Web Server	Internet Information Server	Internet Information Server 或 Netscape Server	支持 CGI 的 Web Server	Netscape Server
其他服务器端软件	ODBC、MapInfo 4.x、MapBasic	ODBC	ArcView 或 MapObjects 应用、ODBC	ODBC	MicroStation GeoGraphics ODBC
客户端操作系统	Windows 系列、Macintosh、UNIX	Windows NT/95	Windows 系列、Macintosh、UNIX	Windows NT/95	Windows 系列、Macintosh、UNIX
客户端浏览器	支持 HTML 的任意浏览器	Internet Explorer, Netscape Navigator	支持 HTML 的任意浏览器	Internet Explorer, Netscape Navigator	Internet Explorer, Netscape Navigator
客户端是否需要插件	不需要	如果使用 Netscape Navigator 浏览器,需要安装 ActiveCGM 插件;如果使用 Internet Explorer 浏览器,会自动下载 ActiveCGM 控件	自动下载 Java Applet 或者 ActiveX 控件	需要安装 MapGuide 插件(1 兆左右)	需要安装 VRML、CGM、SVF 等插件
网络传递的图形格式	JPEG(栅格图)	ActiveCGM(栅格图和矢量图)	JPEG/GIF (栅格图)	MWF(矢量图)	JPEG,PNG, VRML, CGM,SVF(栅格图和矢量图)
地图预出版处理	动态生成地图	动态生成地图	动态生成地图	需地图预出版处理	动态生成地图
可发布的数据格式	MapInfo 地图文件	MGE 工程、Micro Station DGN 文件, FRAME 文件, MGEDM 文件, ArcView Shape 文件, Arc/Info Coverage, SDO 文件	ArcView Shape 文件, Arc/Info Coverage, SDE 地图文件, Autodesk DWG 文件	Autodesk DWG	GeoGraphics 工程文件, Micro Station 设计文件

目前,在 WWW 领域,可扩展标记语言(Extensible Markup Language, XML)得到了越来越多的重视,它可以成为一种“元语言”,用于定义特定领域的标记语言,同样在空间信息的 Internet 发布中,也可以采用 XML 来定义地理信息的特定语言标记,以方便而一致的方式格

式化和传送数据。

目前,几乎所有的大型 GIS 商业软件都在向 Web 靠拢,以提供地图发布、查询、缩放、漫游等。国际市场上已经有几十种基于 Internet 的网络地理信息系统产品,其中典型的网络地理信息系统产品有美国 Autodesk 公司的 MapGuide Server、MapInfo 公司的 ProServer、ESRI 公司的 Mapobject Internet Map Server 及 Intergraph 公司的 GeoMedia Web Map 等。

第四节　3S 集成技术

3S 系统是 GIS、RS、GPS 的简称,即地理信息系统,遥感(Remote Sensing)和全球定位系统(Global Positioning System)的总称。作为空间信息处理的这三个技术系统,3S 在空间信息管理中各具特色,均可独立完成自身的功能。同时,它们所能解决的问题之间又有很多关联性,在解决问题的功能上又各自存在着优点和不足。因此,三者的结合和集成已成为空间信息系统的发展方向,也是空间科学发展的必然趋势。

在 3S 系统中,简单地说,GIS 相当于中枢神经,RS 相当于传感器,GPS 相当于定位器,三者的共同作用将使地球能实时感受到自身的变化,使其在资源环境和区域管理等众多领域中发挥巨大作用。

在 3S 系统中,GIS 具有较强的空间查询、分析和综合处理能力,但获取数据困难;RS 能高效地获取大面积的区域信息,但受光谱波段的限制,且数据定位及分类精度差;GPS 能快速地给出目标的位置,对空间数据的确定具有特殊意义,但它本身通常无法给出目标点的地理属性。因此,只有三者结合起来形成一个有机系统,实现各种技术的综合,才能发挥更大的作用。

1　遥感概述

遥感是以航空摄影技术为基础,在 20 世纪 60 年代初发展起来的一门新兴技术。开始为航空遥感,自 1972 年美国发射了第一颗陆地卫星后,标志着航天遥感时代的开始。经过几十年的发展,目前,遥感技术已广泛应用于资源环境、水文、气象、地质地理等领域,成为一门实用的、先进的空间探测技术。

1.1　遥感的定义

遥感通常是指通过某种传感器装置,在不与研究对象直接接触的情况下,获得其特征信息,并对这些信息进行提取、加工、表达和应用的一门科学技术。

作为一个术语,遥感出现于 1962 年,而遥感技术在世界范围内迅速的发展和广泛的使用,是在 1972 年美国第一颗地球资源技术卫星(LANDSAT-1)成功发射并获取了大量的卫星图像之后。近年来,随着地理信息系统技术的发展,遥感技术与之紧密结合,发展更加迅猛。

遥感技术的基础是通过观测电磁波,从而判读和分析地表的目标以及现象,其中利用了地物的电磁波特性,即“一切物体,由于其种类及环境条件不同,因而具有反射或辐射不同波长电磁波的特性”(图 9.7),所以遥感也可以说是一种利用物体反射或辐射电磁波的固有特性,通过观测电磁波,识别物体以及物体存在环境条件的技术。

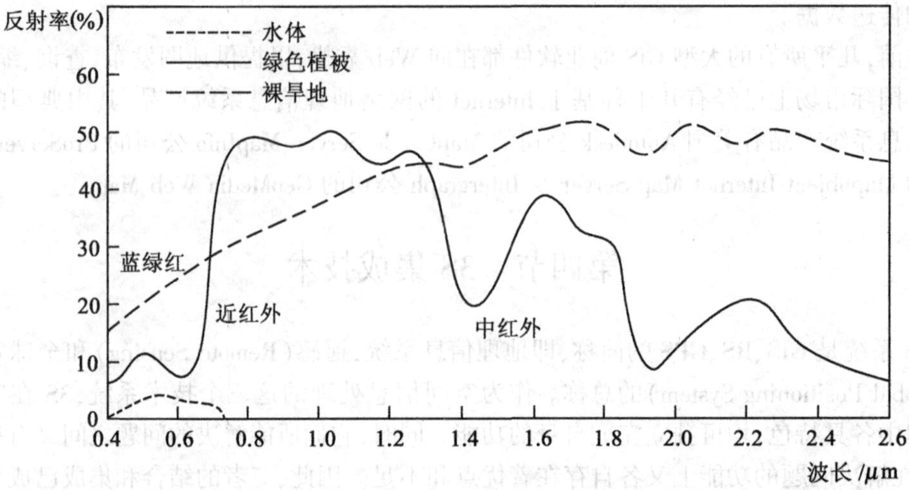

图 9.7　几种常见地物(水体、绿色植被、裸旱地)的电磁波反射曲线

在遥感技术中,接收从目标反射或辐射电磁波的装置叫做遥感器(Remote Sensor),而搭载这些遥感器的移动体叫做遥感平台(Platform),包括飞机、人造卫星等,甚至地面观测车也属于遥感平台。通常称用机载平台的为航空遥感(Aerial Remote Sensing),而用星载平台的称为航天遥感。

1.2　遥感原理

按照遥感器的工作原理,可将遥感分为被动式遥感(Passive Remote Sensing)和主动式遥感(Active Remote Sensing)两种,而每种方式又分为扫描方式和非扫描方式,其中陆地卫星使用的 MSS(Multispectral Scanner)和 TM(Thematic Mapper)属于被动式、扫描方式的遥感器,而合成孔径雷达(SAR-Synthetic Aperture Radar)属于主动式、扫描方式的遥感器。

从遥感的定义中可以看出,首先,遥感器不与研究对象直接接触,也就是说,这里的“遥”并非指“遥远”;其次,遥感的目的是为了得到研究对象的特征信息;最后,通过传感器装置得到的数据在被使用之前,还要经过一个处理过程。图 9.8 描述了从获取遥感数据到应用的过程。

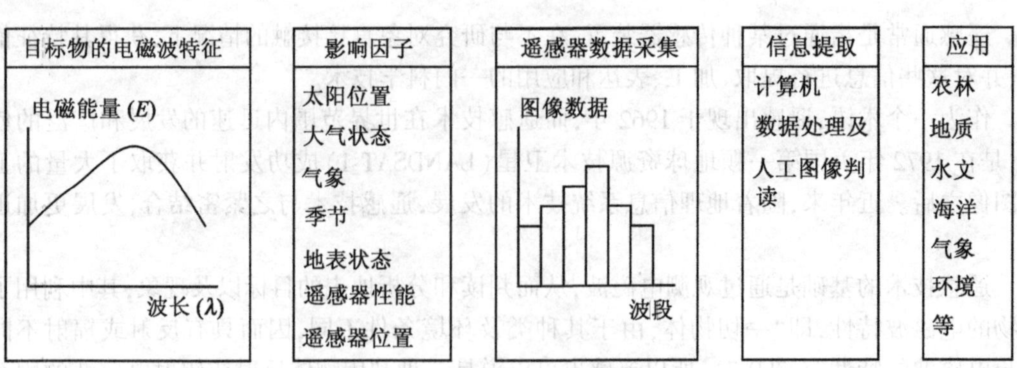

图 9.8　遥感数据过程

1.3 遥感技术主要特点

（1）可获取大范围数据资料。遥感用航摄飞机飞行高度为10km左右，陆地卫星的卫星轨道高度达910km左右，从而可及时获取大范围的信息。例如，一张陆地卫星图像，其覆盖面积可达3万多平方千米。这种展示宏观景象的图像，对地球资源和环境分析极为重要。

（2）获取信息的速度快、周期短。由于卫星围绕地球运转，从而能及时获取所经地区的各种自然现象的最新资料，以便更新原有资料，或根据新旧资料变化进行动态监测，这是人工实地测量和航空摄影测量无法比拟的。例如，陆地卫星4、5每16天可覆盖地球一遍，NOAA气象卫星每天能收到两次图像。Meteosat每30min获得同一地区的图像。

（3）获取信息受条件限制少。在地球上有很多地方的自然条件极为恶劣，人类难以到达，如沙漠、沼泽、高山峻岭等。采用不受地面条件限制的遥感技术，特别是航天遥感可方便及时地获取各种宝贵资料。

（4）获取信息的手段多，信息量大。根据不同的任务，遥感技术可选用不同波段和遥感仪器来获取信息。如可采用可见光探测物体，也可采用紫外线、红外线和微波探测物体。利用不同波段对物体不同的穿透性，还可获取地物内部信息。如地面深层、水的下层、冰层下的水体、沙漠下面的地物特性等，微波波段还可以全天候地工作。表9.2给出了几种常用的遥感卫星及其遥感器参数。

表9.2　**几种常用的遥感卫星及其遥感器参数**

卫星传感器	波段(μm)	空间分辨率	覆盖范围	周期	主要用途
Landsat TM	0.45~0.52	30m（1~5，7波段）	185km×185km	16天	水深、水色
	0.52~0.60				水色、植被
	0.63~0.69				叶绿素、居住区
	0.76~0.90				植物长势
	1.55~1.75				土壤和植物水分
	10.4~12.4				云及地表温度
	2.05~2.35				岩石类型
SPOT-HRV	0.50~0.59	20m	60km×60km	26天	水色、植物状况
	0.61~0.68	20m			叶绿素、居住区
	0.79~0.89	20m			植物长势
	0.51~0.73	10m			制图
NOAA-VHRR	0.58~0.68	1.1km	2 400km×2 400km	0.5天	植物、云、冰雪
	0.72~1.10				植物、水陆分界
	3.55~3.93				热点、夜间云
	10.3~11.3				云及地表温度
	11.5~12.5				大气及地表温度

续表

卫星传感器	波段(μm)	空间分辨率	覆盖范围	周期	主要用途
IKONOS	0.45~0.9	0.82m	11km×11km	14天	
	0.45~0.52	4m			
	0.52~0.60	4m			
	0.63~0.69	4m			
	0.76~0.90	4m			

1.4 遥感图像数据处理

遥感技术所获取的信息量极大,其处理手段是人力难以胜任的。如 Landsat 卫星的 TM 图像,一幅覆盖 185km×185km 的地面面积,像元的空间分辨率为 30m,像元的光谱分辨率为 28 位的图,其数据量约为 6 000×6 000=36Mb。若将 6 个波段全部送入计算机,其数据量为 36Mb×6=216Mb。为了提高对这样庞大数据的处理速度,遥感数字图像技术随之得以迅速发展。遥感数据的处理通常是图像形式的遥感数据的处理,主要包括纠正(包括辐射纠正和几何纠正)、增强、变换、滤波、分类等功能,其目的主要是为了提取各种专题信息,如土地建设情况、植被覆盖率、农作物产量和水深等(图 9.9)。遥感图像处理可以采取光学处理和数字处理两种方式,数字图像处理由于其可重复性好、便于与 GIS 结合等特点,目前被广泛采用。下面简单介绍数字图像处理的主要功能。

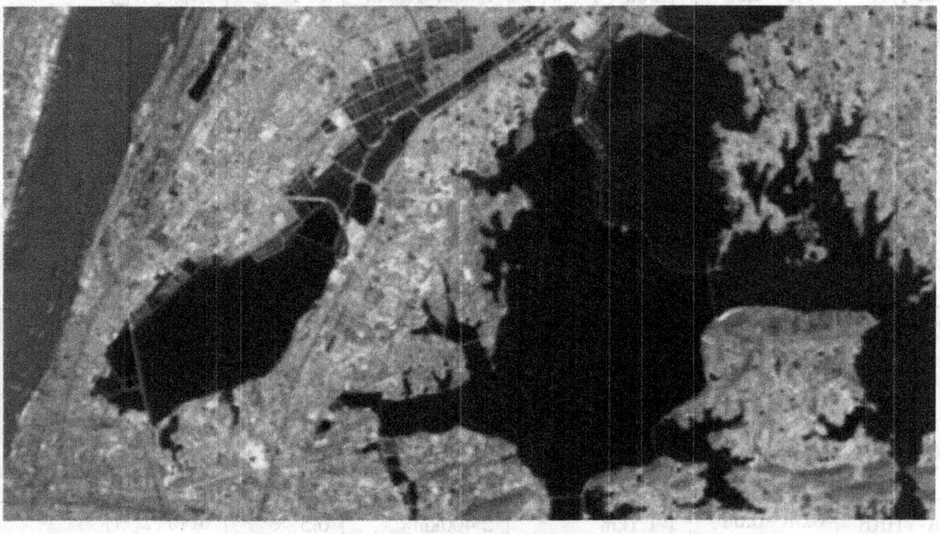

(合成方案:R=TM7,G=TM4,B=TM2,经增强处理)

图 9.9 武汉市东湖附近 TM 合成图像,长江上的轮船清晰可见

(1)图像纠正

图像纠正是消除图像畸变的过程,包括辐射纠正和几何纠正。辐射畸变通常由于太阳

位置、大气的吸收、散射引起；而几何畸变（图 9.10）的原因则包括遥感平台的速度、姿态变化、传感器、地形起伏等。几何纠正包括粗纠正和精纠正两种，前者根据有关参数进行纠正；而后者通过采集地面控制点（GCPs，Ground Control Points），建立纠正多项式进行纠正。

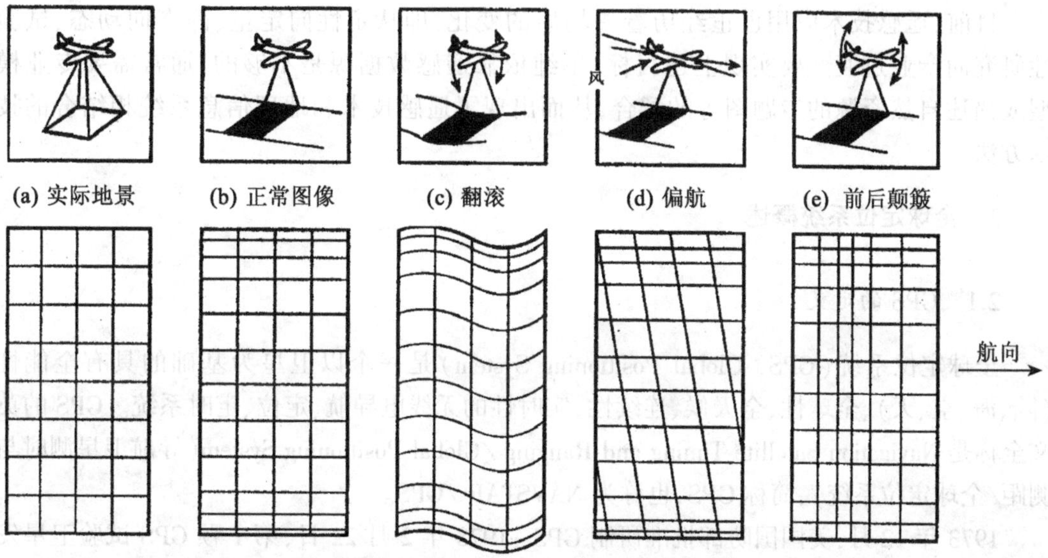

图 9.10　遥感图像几何畸变的各种情形［Lillesand and Kiefer］

（2）增强

图像的增强处理是把原始图像数据经过某些数学计算变成一幅新的图像，新图像和原有图像相比更为清晰或对某些特征更为突出。例如，通过边缘增强突出灰度变化，从而获取边界信息；通过对比度增强，使灰暗不清的图像变得黑白分明，以识别某些细节等。增强的目的是为了改善图像的视觉效果，并没有增加信息量，包括亮度、对比度变化以及直方图变换等。

（3）滤波

滤波分为低通滤波、高通滤波和带通滤波等，低通滤波可以去除图像中的噪声，而高通滤波则用于提取一些线性信息，如道路、区域边界等。滤波可以在空域上采用滤波模板操作，也可以在频域中进行直接运算。

（4）变换

包括主成分分析（Principal Component Analyst）、色度变换以及傅立叶变换等，还包括一些针对遥感图像的特定变换，如缨帽变换。

（5）分类

利用遥感图像的主要目的是为了提取各种信息，一些特定的变换可以用于提取信息，但最主要的手段则是通过遥感图像分类（Classification）。计算机分类的基本原理是计算图像上每个像元的灰度特征，根据不同的准则进行分类。遥感图像分类有两类方法，即监督分类（Supervised Classification）和非监督分类（Unsupervised Classification），前者需要事先确定各个类别及其训练区（Training Area），并计算训练区像元灰度的统计特征，然后将其他像元归并到不同类别;后者则直接根据像元灰度特征之间的相似和相异程度进行合并和区分,形成不同的类别。典型的监督分类算法有最小距离法、最大似然法、平行六面体法等,而K-均值聚类属于非监督分类。将人工神经网络(ANN, Artificial Neural Network)应用于遥感分类。在有些情况下,可以达到较好的分类效果。

目前,遥感技术应用也正经历着一场质的变化,即从定性向定量、静态向动态、试验性研究向产业过渡。要实现上述目标,单纯依靠遥感数据源是不够的,通常需要专业模型或描述自然资源的专题图等的配合,从而出现了遥感技术和地理信息系统相结合的技术方法。

2 全球定位系统概述

2.1 GPS的定义

全球定位系统(GPS, Global Positioning System)是一个以卫星为基础的具有全能性(陆、海、空、天)、全球性、全天候、连续性、实时性的无线电导航、定位、定时系统。GPS的英文全称是Navigation Satellite Timing and Ranging /Global Positioning System(导航卫星测时与测距/全球定位系统),简称GPS,也称为NAVSTAR /GPS。

1973年12月,美国国防部批准研制GPS ;1978年2月22日,第1颗GPS试验卫星发射成功;1989年2月14日,第1颗GPS工作卫星发射成功;1991年,在海湾战争中,GPS首次大规模用于实战;1995年7月17日,GPS达到FOC——完全运行能力(Full Operational Capability)。

其他的卫星定位导航系统有俄罗斯的GLONASS、欧洲空间局的NAVSAT、国际移动卫星组织的INMARSAT和我国的北斗系统(目前还只能算是区域性定位系统,规划为全球性定位系统)等。

2.2 GPS系统组成

GPS是建立在无线电定位系统、导航系统和定时系统基础上的空间导航系统。它以距离为基本观测量,通过同时对多颗卫星进行伪距离测量来计算接收机的位置。由于测距是在极短时间内完成的,故可实现动态测量。

GPS系统包括三大部分:空间部分——GPS卫星星座;地面控制部分——地面监控系统;用户设备部分——GPS信号接收机。

2.2.1 GPS卫星及其星座

GPS由21颗工作卫星和3颗备用卫星组成,它们均匀分布在6个相互夹角为60°的轨道平面内,即每个轨道上有4颗卫星(图9.11)。卫星高度离地面约20 000km,绕地球运行一周的时间是12恒星时,即一天绕地球两周。这样的空间配置可保证在地球上任何时间、任何地点至少可同时观测到4颗卫星,加上卫星信号的传播和接收不受天气的影响,因此,GPS是一种全球、全天候的连续实时导航定位系统。

GPS卫星用L波段两种频率的无线电波(1575.42MHz和1227.6MHz)向用户发射导航定位信号,同时接收地面发送的导航电文以及调度命令。

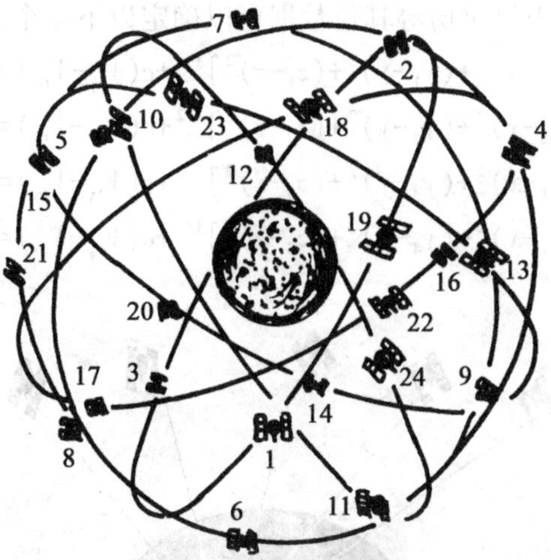

图 9.11 GPS 卫星及其星座

2.2.2 地面控制系统

对于导航定位而言,GPS 卫星是一动态已知点,而卫星的位置是依据卫星发射的星历描述卫星运动及其轨道的参数计算得到的。每颗 GPS 卫星播发的星历是由地面监控系统提供的,同时卫星设备的工作监测以及卫星轨道的控制都由地面控制系统完成。GPS 卫星的地面控制站系统包括位于美国科罗拉多的主控站以及分布全球的 3 个注入站和 5 个监测站组成,实现对 GPS 卫星运行的监控。

监控站是数据自动采集中心,它包括双频 GPS 接收机、高精度原子钟、传感器及计算设备,它主要为主控站提供各种观测数据。

主控站是系统管理和数据处理的中心,其主要任务是用监控站和本站提供的观测数据计算卫星的星历,卫星钟差和大气延迟修正参数,提供全球定位系统时间基准,并将这些数据传到注入站,调整卫星运行轨道,启动备用卫星等。

注入站将主控站推算出的卫星星历、钟差、导航电文等控制指令注入到相应卫星的存储系统,并监测注入信息的正确性。

2.2.3 用户设备系统

用户设备系统包括 GPS 接收机、天线、计算设备和相关软件。用户设备的核心是 GPS 接收机,作用是捕获 GPS 卫星发射的信号,并进行处理,得到位置、时间、运动方向、速度等信息。接收机按功能分为 GPS 导航接收机和 GPS 接收机两种。按接收信道方式分并行接收机和串行接收机。并行接收机具有多个信道,每个信道跟踪一颗卫星,并解调各信道信号,串行方式接收机只有一个信道,利用内部切换逐步处理各个卫星信号。

2.3 GPS 定位基本原理

GPS 定位基本原理是利用空间测距后方交会确定点位,即根据高速运动的卫星瞬间位置作为已知的起算数据,采用空间距离后方交会的方法确定待测点的位置。如图 9.12 所示,假设 t 时刻在地面待测点上安置 GPS 接收机,可以测定 GPS 信号到达接收机的时间 Δt,再加上接收机所接收到的卫星星历等其他数据可以确定以下 4 个方程式:

$$[(x_1-x)^2+(y_1-y)^2+(z_1-z)^2]^{1/2}+c(V_{t_1}-V_{t_0})=d_1$$
$$[(x_2-x)^2+(y_2-y)^2+(z_2-z)^2]^{1/2}+c(V_{t_2}-V_{t_0})=d_2$$
$$[(x_3-x)^2+(y_3-y)^2+(z_3-z)^2]^{1/2}+c(V_{t_3}-V_{t_0})=d_3$$
$$[(x_4-x)^2+(y_4-y)^2+(z_4-z)^2]^{1/2}+c(V_{t_4}-V_{t_0})=d_4$$

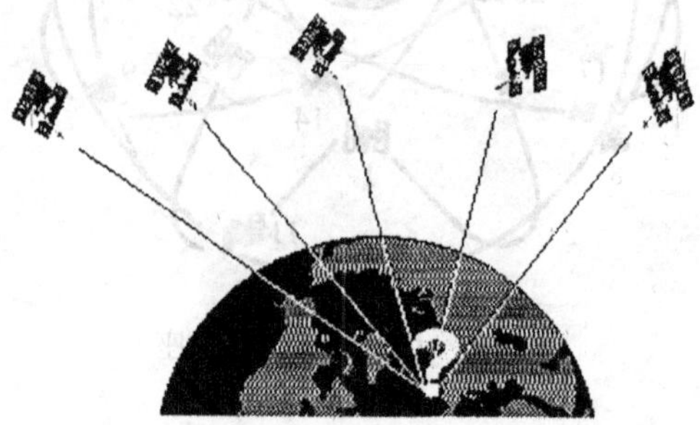

图 9.12　空间测距后方交会定位示意图

式中,x、y、z 为待测点坐标的空间直角坐标;V_{t_0} 为接收机的钟差;x_i、y_i、z_i($i=1,2,3,4$)分别为卫星 1、卫星 2、卫星 3、卫星 4 在 t 时刻的空间直角坐标,可由卫星导航电文求得;V_{t_i}($i=1,2,3,4$) 分别为卫星 1、卫星 2、卫星 3、卫星 4 的卫星钟的钟差,由卫星星历提供;d_i($i=1,2,3,4$)分别为卫星 1、卫星 2、卫星 3、卫星 4 到接收机之间的距离;Δt_i($i=1,2,3,4$)分别为卫星 1、卫星 2、卫星 3、卫星 4 的信号到达接收机所经历的时间;c 为 GPS 信号的传播速度(即光速)。

由以上 4 个方程即可解算出待测点的坐标 x、y、z 和接收机的钟差 V_{t_0}。需要指出的是,GPS 直接测的是 WGS-84 坐标系(World Geodetic System,1984)坐标,需要经过一定的坐标变换得到用户的坐标。

GPS 是从军事方面发展起来的,出于军事目的,它提供两种服务,即标准定位服务 SPS(Standard Positioning Service)和精确定位服务 PPS (Precise Positioning Service)。前者用于民用事业,后者为美国军方服务。美国政府为限制非军事用户和其他国家使用 GPS 的精度,分别在 1991 年和 1994 年实施了"SA(Selective Availability)"技术和"AS(Anti-spoofing)"技术,即"有选择可用性"技术和"反电子欺骗技术",使 SPS 服务水平定位精度降低到 100m,而在密码保护下的 PPS 服务精度提高到 1m。

针对美国实施的"SA"技术,各国纷纷采用技术对策,出现了差分 GPS,即 DGPS(Differential GPS)(图 9.13)。"差分"的概念在无线电导航领域早就被采用,差分 GPS 的提出使差分技术提高到过去从未有过的重要地位。采用差分 GPS 几乎可以完全消除"选择可用性"带来的误差。它利用某些地面发射站送出的已知精确位置的基准信号,将其与 GPS 的定位信号进行比较和修正。这样,通过建立基准通信链方式,使 GPS 数据实现精确校正。目前,利用差分技术可使定位精度超过单独使用 PPS 所得到的精度。因此,美国比其他许多国家更快地将 DGPS 投入到实际使用中，目前其精度可达 1cm，用它可监视地球和冰川的微小运动。

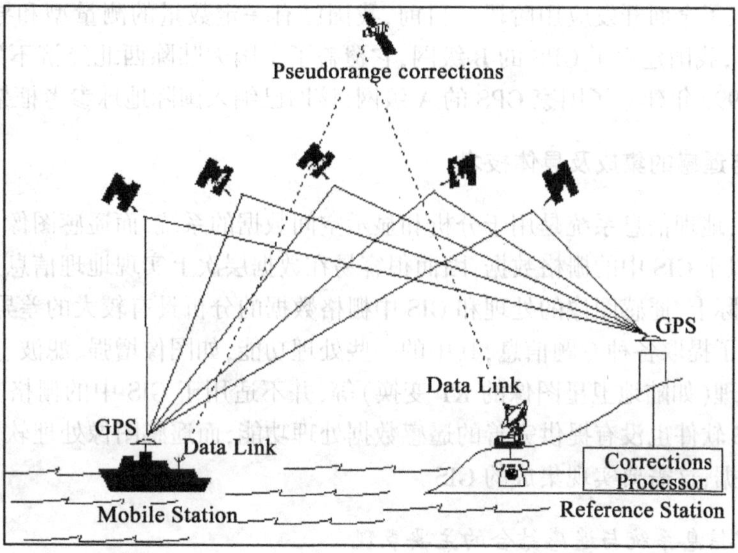

图 9.13　GPS 实时动态差分定位

2.4　GPS 的应用与发展

GPS 技术是近几年迅速发展起来的新技术。它起源于军事的需要，目前也广泛用于民用事业中，而且其应用领域还在不断扩大。

(1) GPS 在军事中的应用。很多尖端科学技术的发展都同军事需要密切相关。如果说无线电导航技术在第二次世界大战中获得了迅速发展，并对战争起了重要作用，那么，GPS 在海湾战争中更是充当了一个非常重要的角色。在海湾战争中，美军配备了大量 GPS 接收机，在难以用地貌、地形定位的沙漠中，实现了全天候、高精度的定位。同时利用 GPS 导航功能对轰炸机导航，使特种部队能正确空袭、空降和空运，对战争起了决定性作用。也正是通过海湾战争，人们对 GPS 有了认识，从而导致了这几年 GPS 的迅速发展。

(2) GPS 在测量领域中的应用也越来越广泛，并已形成了一门新的学科——GPS 全球大地测量学。它将进一步服务于地球物理学、地球动力学、天体力学等空间学科中。

(3) GPS 在工程建设中具有很大潜力，尤其在动态监测方面。如利用 GPS 监测捕获水库工作情况，甚至可捕获大型建筑物的变形信息，以便采取措施。

(4) 海陆空交通运输导航将是 GPS 的最大市场。目前，除大量船只依赖于 GPS 导航外，在航空业方面，美国民航业已全面接受利用 GPS 作为单一导航手段。在一些名牌汽车中，如德国“奔驰”、“保时捷”、法国“雷诺”、美国的“卡迪拉克”正在着手把 GPS 同蜂窝电话融合起来，用 GPS 导航通过数字地图选定最佳路线，使公路负担均匀，降低运输成本。

(5) GPS 在农林领域中用处很广。在森林资源调查中，利用 GPS 接收机可不迷失方向；在森林防火中，护林员装备 GPS 系统，可及时向指挥部报告和显示火灾的准确位置、高程及火情，以便迅速扑灭火灾。在施肥中，根据土壤采样数据，用施肥模型软件使施肥设备和拖拉机中的 GPS 同步工作,可实现定位施肥技术。

在我国,自 1988 年引进第一套 GPS 接收机以来,其应用已经历了实验阶段、生产应用阶段,现已进入了全面开发应用阶段。目前,我国已有一定数量的测量型和导航型 GPS 接收机。1990 年,我国建立了 GPS 的 B 级网,它覆盖了全国大陆除西北经济不发达地区以外的所有范围;1992 年建立了国家 GPS 的 A 级网,该网已纳入国际地球参考框架(ITRF-91)。

3 GIS 与遥感的集成及具体技术

简而言之,地理信息系统是用于分析和显示空间数据的系统,而遥感图像是空间数据的一种形式,类似于 GIS 中的栅格数据,因而很容易在数据层次上实现地理信息系统与遥感的集成。但是实际上,遥感图像的处理和 GIS 中栅格数据的分析具有较大的差异,遥感图像处理的目的是为了提取各种专题信息,其中的一些处理功能,如图像增强、滤波、分类以及一些特定的变换处理(如陆地卫星图像的 KT 变换)等,并不适用于 GIS 中的栅格空间分析。目前,大多数 GIS 软件也没有提供完善的遥感数据处理功能,而遥感图像处理软件又不能很好地处理 GIS 数据,这需要实现集成的 GIS。

3.1 地理信息系统与遥感结合的主要表现

3.1.1 遥感数据作为地理信息系统的信息源

遥感作为获取和更新空间数据的有力手段,能为地理信息系统提供及时、正确、综合和大范围的各种资源和环境数据,以增加地理信息系统的活力及应用面。此外,遥感所具有的动态特点对地理信息系统数据库多时相更新极为有利。尤其是在解决大范围的以统计为主的地理信息系统中,获取遥感信息显得尤为重要。

遥感为地理信息系统提供数据源的形式有从低级到高级两个阶段。

(1)利用航空航天图像,经过目视判读,编制出各种专题图。利用这些专题图,经过数字化仪把所需信息输入到地理信息系统中。这种方式一直是遥感和地理信息系统结合的主要形式。这种结合方式的实质是用遥感形成专题系列图提供给地理信息系统。这些专题系列图的各专题要素因来自同一信息源,保证了时相和图幅位置配准,因而很适合在地理信息系统中进行多重信息的综合分析,从而派生出综合性数据及图件。如在流域综合治理中,根据单要素的坡度图、土壤类型图、地貌类型图及植被类型图通过地理信息系统中模型派生出土地利用评价图及土地利用规划图。对于那些没有做过资源清查、缺乏数据源或数据需要更新的地方,遥感数据源十分重要。

但上面所述的结合方法尚存在着不合理的地方。首先,目视解释、人工转绘工作繁琐、费时;其次,这种结合方法从技术逻辑上讲也不够合理。也就是说,用人工判读和转绘取得的专题图作为遥感和地理信息系统结合的起点,这实际上降低了综合分析的精度及效用。随着各种图像分析处理系统的迅速发展,人们希望将遥感信息直接输入到地理信息系统。这实质上标志着遥感和地理信息系统结合进入更高的阶段。

(2)遥感数据经识别处理直接进入地理信息系统数据库。这是遥感为地理信息系统提供数据的最理想方式。当遥感数据进入计算机后,经自动识别分类,编辑处理成专题图,然后进入地理信息系统,实现高效快速获取数据的目的。整个过程在"全数字化"环境下进行。

3.1.2 地理信息系统为遥感提供空间数据管理和分析的技术手段

正如前面所述，遥感信息主要来源于地物对太阳辐射的反射作用。识别地物主要依靠它们对光谱特性的差异，可实际上，常会出现"同物异谱"和"异物同谱"问题。"同物异谱"是指将同一类地物误分成二类地物；而"异物同谱"是把实际上的二类地物误分成一类。对于前者，可通过进一步合并予以解决；后者较为麻烦，它会导致错误的分类结果。产生这种错误的原因是由地物光谱特性决定的，从遥感角度很难解决。这时，借助地理信息系统数据库中的空间数据，如 DTM 数据等可解决，从而提高对遥感数据的识别精度和效率。

总之，单一遥感手段获取的图像，在空间、光谱和时间分辨率上都存在着一定的局限性。如果加入其他空间信息经匹配处理，进行综合分析，将大大有利于专题信息的分类和评价，以表达研究空间信息要素之间复杂的空间关系和形成机理。例如，若用遥感数据对干旱区作分类时，单从光谱特性上看，干湖床和大沙丘出现"异物同谱"现象，从而无法分辨。实际上，从地形看，通过高程和坡度信息可知，干湖床比沙丘地形坡度平坦，高程低，从而帮助它们区别出来。

目前，在空间多元分析中，已广泛地把遥感图像和地图相结合，同 DTM 相结合，以及地物的物理化学特性相结合，以提供分析手段。

3.2 地理信息系统与遥感图像的结合方式

3.2.1 采用软件接口结合

这种方式是比较经济、现实的技术途径。由于遥感是以栅格数据结构方式收集地面数据的；栅格数据像元的位置关系常常隐含于行列值之中。地理信息系统的数据结构分矢量结构和栅格结构，且以矢量结构数据为多。因此，这种结合的实质是解决地理信息系统和遥感图像处理系统之间的数据转换、数据传送和数据的配准问题。所说的数据转换实质上是实现栅格数据到矢量数据的转换，或矢量数据向栅格数据的转换。数据的传送主要是指空间图形数据在系统之间的传送。数据的配准是指图像数据和地理信息系统的数字地图之间的几何配准问题。在配准时，首先要对图像数据进行校正，然后再同地理信息系统的公用底图匹配。

为了便于管理，在具体实施中已发展了一些结合的系统，其方法有两种：一种是将地理信息系统作为遥感技术系统中的一个子系统；另一种是在地理信息系统中扩充遥感图像处理功能。后者应用更多，这是因为在地理信息系统中增加栅格数据功能，比在遥感图像分析系统中增加矢量数据处理分析功能及数据库功能，逻辑上更为合理，技术难度也小一些。目前，一些大型商品化地理信息系统如 MGE、Arc/Info 中都加入了图像分析处理功能。

3.2.2 采用标准的空间数据交换

发展一种标准的空间数据交换格式，作为地理信息系统与遥感图像处理之间以及不同类型的地理信息系统之间相互转换的中间格式标准。

建立一个国际标准化的空间数据交换标准一直是大家公认的必须解决的问题。目前，世界各国都在研究该问题，美国联邦空间数据委员会在 1992 年颁布了美国空间数据交换标准 SDTS（Spatial Data Transfer Standard），经过长期实践，被认为是一种比较完善的空间数据交换标准。澳大利亚基于美国 SDTS 标准建立了空间数据标准 ASDTS。显然，确定建立一种国际上通用的标准的空间数据交换格式，将大大有利于空间数据的共享，也有利于不同空间信息系统的结合。

3.2.3 完全整合

地理信息系统和遥感图像处理系统相互结合形成一个完整系统。在这种系统中,两者已成为一个统一体,实现了真正的结合。这就要求设计出更有效的数据结构模型及空间数据的管理系统,即能对矢量数据和栅格数据进行协调管理,实现空间数据的综合查询及模型分析。国外已有这样的系统,如美国 NASA 国家空间实验室的地球资源实验室发展的 ELAS 系统,它可将数字化后的图形数据同卫星图像和其他数据置于统一的数据库中,并对其进行统一分析处理。

4 GIS 与 GPS 的集成

作为实时提供空间定位数据的技术,GPS 可以与地理信息系统进行集成,以实现不同的具体应用目标。

4.1 定位

主要在诸如旅游、探险等需要室外动态定位信息的活动中使用。如果不与 GIS 集成,利用 GPS 接收机和纸质地形图,也可以实现空间定位;但是通过将 GPS 接收机连接在安装 GIS 软件和该地区空间数据的便携式计算机上,可以方便地显示 GPS 接收机所在的位置,并实时显示其运动轨迹,进而可以利用 GIS 提供的空间检索功能得到定位点周围的信息,从而实现决策支持。

4.2 测量

GPS 可为 GIS 及时采集、更新或修正数据。如在外业调查中,通过 GPS 定位得到的数据输入给电子地图或数据库,可对原有数据进行修正、核实、赋予专题图属性,以生成专题图。该过程类似于利用数字化仪进行数据录入,需要跟踪多边形边界或路径,采集抽样后的顶点坐标,并将坐标数据通过 GIS 记录,然后计算相关的面积或长度数据。它主要应用于土地管理、城市规划等领域。

在进行 GPS 测量时,要注意以下一些问题。首先,要确定 GPS 的定位精度是否满足测量的精度要求,如对宅基地的测量,精度需要达到厘米级,而要在野外测量一个较大区域的面积,米级甚至几十米级的精度就可以满足要求;其次,对不规则区域或者路径的测量,需要确定采样原则,采样点选取的不同会影响到最后的测量结果。

4.3 监控导航

用于车辆、船只的动态监控,在接收到车辆、船只发回的位置数据后,监控中心可以确定车船的运行轨迹,进而利用 GIS 空间分析工具判断其运行是否正常,如是否偏离预定的路线、速度是否异常(静止)等。在出现异常时,监控中心可以提出相应的处理措施,其中包括向车船发布导航指令。因此可用于公安指挥、森林防火监视、森林及地矿资源的调查、海上航行报警、银行运钞车监视等许多场合。

为了实现与 GPS 的集成,GIS 系统必须能够接收 GPS 接收机发送的 GPS 数据(一般是通过串口通信),然后对数据进行处理,如通过投影变换将经纬度坐标转换为 GIS 数据所采用的参照系中的坐标，最后进行各种分析运算，其中坐标数据的动态显示以及数据存储是其基本功能。

5 RS与GPS的结合

从GIS的角度看，GPS和RS都可看做数据源获取系统。然而GPS和RS既具有独立的功能，又可以互相补充完善对方，这就是GPS和RS结合的基础。

首先，GPS的精确定位功能克服了RS定位困难的问题。在没有GPS以前，地面同步光谱测量、遥感的几何校正和定位等都是通过地面控制点进行大地测量才能确定的，这不但费时费力，而且当无地面控制点时更无法实现，从而严重影响数据实时地进入系统。而GPS的快速定位为RS数据实时、快速进入GIS系统提供了可能。也就是说，借助GPS可使RS迅速进入GIS分析系统，保证了RS数据及地面同步监测数据获取的动态配准、动态地进入GIS数据库。

其次，利用RS数据实现GPS定位遥感信息查询。

此外，利用GPS形成的新技术，如GPS气象遥感技术。GPS气象遥感技术是利用GPS卫星和接收机之间无线电信号在大气电离层和对流层中的延迟时间，了解电离层中电子浓度和对流层中温度、湿度获得大气参数及其变化情况。因而目前建立和正在建立的全球许多GPS观测网将是提供大气参数的一个重要新数据源，对天气预报尤其是短期天气预报发挥巨大作用。

6 3S集成综述

3S技术的结合是当前空间信息技术发展的重要方向。这主要是在空间数据处理中的GIS、RS、GPS既各具特色，又存在着千丝万缕的联系。在实际应用中，很多空间领域所要解决的问题，常常需要3个系统联合使用。如在森林资源管理中，对森林资源防火、动态监测等，需要从遥感技术中获取信息，由GPS进行定位、定向及导航，由地理信息系统进行分析处理，并提供各种图件，最终提出决策实施方案。

3S技术为科学研究、政府管理、社会生产提供了新一代的观测手段、描述语言和思维工具。3S的结合应用是一个自然的发展趋势，三者之间的相互作用形成了“一个大脑，两只眼睛”的框架，即RS和GPS向GIS提供或更新区域信息以及空间定位，GIS进行相应的空间分析(图9.14)。因此，研究3S集成系统，尤其是基于多媒体技术及网络技术的3S集成系统已是人们关心的问题。这里所说的集成系统是采用一定的结构形式，通过某种技术将多个系统，利用其内在联系有机地结合在一起。集成系统的整体功能不只是各系统功能的和，而应当通过各系统的渗透和融合使整体功能大于各系统功能。

GIS、RS和GPS三者集成利用，构成为整体的、实时的和动态的对地观测、分析和应用的运行系统，提高了GIS的应用效率。在实际的应用中，较为常见的是3S两两之间的集成，同时集成并使用3S技术的应用实例则较少。美国Ohio大学与公路管理部门合作研制的测绘车是一个典型的3S集成应用，它将GPS接收机结合一台立体视觉系统载于车上，在公路上行驶以取得公路以及两旁的环境数据，并立即自动整理存储于GIS数据库中。测绘车上安装的立体视觉系统包括两个CCD摄像机，在行进时，每秒曝光一次，获取并存储一对图像，并作实时自动处理。

RS、GIS、GPS集成的方式可以在不同的技术水平上实现。最简单的办法是三种系统分

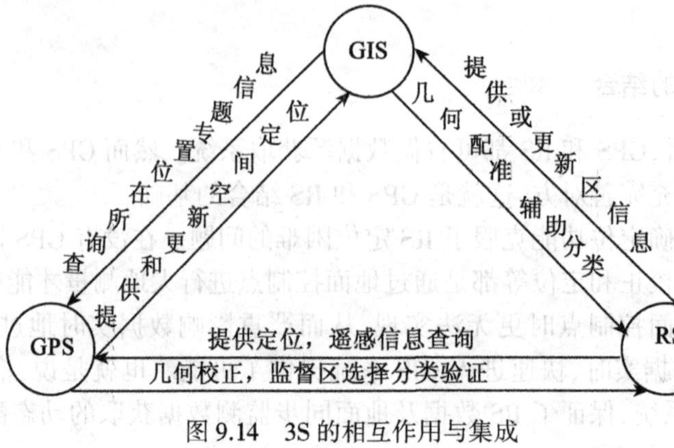

图 9.14　3S 的相互作用与集成

开,由用户综合使用,进一步是三者有共同的界面,做到表面上无缝的集成,数据传输则在内部通过特征码相结合,最好的办法是整体的集成,成为统一的系统。

单纯从软件实现的角度来看,开发 3S 集成的系统在技术上并没有多大的障碍。目前,一般工具软件的实现技术方案是:通过支持栅格数据类型及相关的处理分析操作以实现与遥感的集成,而通过增加一个动态矢量图层以与 GPS 集成。对于 3S 集成技术而言,最重要的是在应用中综合使用遥感以及全球定位系统,利用其实时、准确获取数据的能力,降低应用成本或者实现一些新的应用。

3S 集成技术的发展形成了综合的、完整的对地观测系统,提高了人类认识地球的能力;相应地,它拓展了传统测绘科学的研究领域。作为地理学的一个分支学科,Geomatics 产生并对包括遥感、全球定位系统在内的现代测绘技术的综合应用进行探讨和研究。同时,它也推动了其他一些相联系的学科的发展,如地球信息科学、地理信息科学等,它们成为“数字地球”这一概念提出的理论基础。

总之,3S 的集成将使测绘、遥感、制图、地理和管理决策科学相融合,成为快速实时空间信息分析和决策支持的强有力的技术工具。

思 考 题

1. 试述 ComGIS 的定义、特点。
2. 试述嵌入式地理信息系统的定义、特点、开发原则。
3. 试述 Web GIS 的定义、特点及工作模式。
4. 试述遥感的定义、基本原理。
5. 试述遥感数字图像处理的基本过程。
6. 试述 GIS 和遥感结合的主要表现,二者结合的方法主要有哪些?
7. 试述 GPS 的定义、GPS 定位的基本原理。
8. 结合实例谈谈 GPS 和 GIS 的结合。
9. 试述“3S”集成系统中,GIS、GPS、RS 的相互关系和作用。

第十章　GIS 工程概述

第一节　GIS 工程概述

1　软件工程

1.1　基本概念

软件工程(Software Engineering,简称 SE)是一门关于构建和维护有效、实用、高质量软件的学科。它应用计算机科学、数学及管理科学等原理,借鉴传统工程的原则、方法,创建软件以达到提高质量、降低成本的目的。其中,计算机科学、数学应用于构造模型与算法,工程科学用于制定规范、设计范型、评估成本及确定权衡,管理科学用于计划、资源、质量、成本等管理。从学科角度来看,软件工程是一门指导计算机软件开发和维护的工程学科。

软件工程的提出是为了解决 20 世纪 60 年代出现的软件危机,当时在大型软件开发中存在着价格高、开发不容易控制、软件开发工作量估计困难、软件质量低、项目失败率高等许多问题,给软件行业带来了巨大的冲击。软件工程的研究提出了一系列理论、原则、方法以及工具,试图解决软件危机。与其他工程一样,软件工程有其目标、活动和原则,其框架可以概括为如图 10.1 所示的内容。

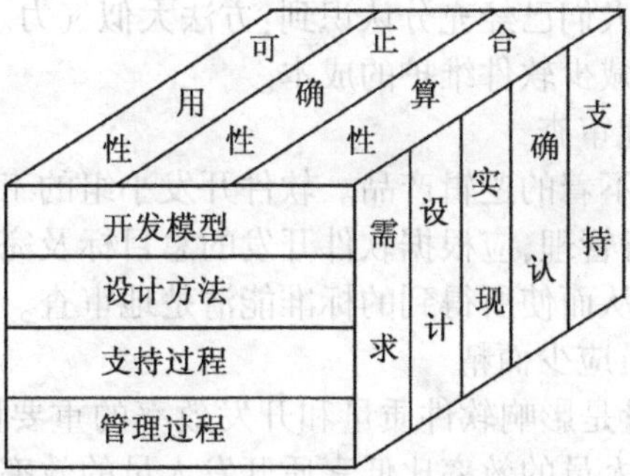

图 10.1　软件工程框架

软件工程的目标可以概括为“生产具有正确性、可用性以及开销合宜的产品”,其活动包括需求、设计、实现、确认以及支持等活动,围绕工程设计、支持以及管理,有以下的四条基本原则:

(1)选取适宜的开发模型可以认识需求易变性,并加以控制,以保证软件产品满足用户的需求;

(2)采用合适的设计方法,通常要考虑实现软件的模块化、抽象与信息隐蔽、局部化、一致性以及适应性等特征;

(3)提供高质量的工程支持,在软件工程中,软件工具与环境对软件过程的支持颇为重要;

(4)重视开发过程的管理,软件工程的管理直接影响可用资源的有效利用、生产满足目标的软件产品、提高软件组织的生产能力等问题。只有当软件过程予以有效管理时,才能实现有效的软件工程。

1.2 基本原理

1.2.1 用分阶段的生命周期计划严格管理

统计表明,50%以上的失败项目是由于计划不周而造成的。在软件开发与维护的漫长生命周期中,需要完成许多性质各异的工作。这条原理意味着应该把软件生命周期分成若干阶段,并相应制定出切实可行的计划,然后严格按照计划对软件的开发和维护进行管理。Boehm 认为,在整个软件生命周期中,应指定并严格执行 6 类计划:项目概要计划、里程碑计划、项目控制计划、产品控制计划、验证计划、运行维护计划。

1.2.2 坚持进行阶段评审

统计结果显示:大部分错误是在编码之前造成的,大约占 63%;错误发现得越晚,改正它要付出的代价就越大,要差 2~3 个数量级。因此,软件的质量保证工作不能等到编码结束之后再进行,应坚持进行严格的阶段评审,以便尽早发现错误。

1.2.3 实行严格的产品控制

开发人员最痛恨的事情之一就是改动需求。但是实践告诉我们,需求的改动往往是不可避免的。这就要求我们要采用科学的产品控制技术来顺应这种要求。也就是要采用变动控制,又叫基准配置管理。当需求变动时,其他各个阶段的文档或代码随之相应变动,以保证软件的一致性。

1.2.4 采纳现代程序设计技术

从 20 世纪 60~70 年代的结构化软件开发技术到最近的面向对象技术,从第一代语言、第二代语言到第四代语言,人们已经充分认识到:方法大似气力。采用先进的技术既可以提高软件开发的效率,又可以减少软件维护的成本。

1.2.5 结果应能清楚地审查

软件是一种看不见、摸不着的逻辑产品。软件开发小组的工作进展情况可见性差,难以评价和管理。为更好地进行管理,应根据软件开发的总目标及完成期限,尽量明确地规定开发小组的责任和产品标准,从而使所得到的标准能清楚地审查。

1.2.6 开发小组的人员应少而精

开发人员的素质和数量是影响软件质量和开发效率的重要因素,应该少而精。这一条基于两点原因:高素质开发人员的效率比低素质开发人员的效率要高几倍到几十倍,开发工作中犯的错误也要少得多;当开发小组为 N 人时,可能的通信信道为 $N(N-1)/2$,可见,随着人数 N 的增大,通信开销将急剧增大。

1.2.7 承认不断改进软件工程实践的必要性

遵从上述六条基本原理,就能够较好地实现软件的工程化生产。但是,它们只是对现有经验的总结和归纳,并不能保证赶上技术不断前进发展的步伐。因此,Boehm 提出应把承认不断改进软件工程实践的必要性作为软件工程的第七条原理。根据这条原理,不仅要积极采纳新的软件开发技术,还要注意不断总结经验、收集进度和消耗等数据,进行出错类型和问题报告统计。这些数据既可以用来评估新的软件技术的效果，也可以用来指明必须着重注意的问题和应该优先进行研究的工具和技术。

2 GIS 工程

2.1 基本概念

GIS 工程是应用系统原理和方法，针对特定的实际应用目的和要求，统筹设计、优化、建设、评价、维护实用 GIS 系统的全部过程和步骤的统称。

GIS 工程具有一定的广泛性。它是系统原理和方法在 GIS 工程建设领域内的具体应用。它的基本原理是系统工程，即从系统的观点出发，立足于整体，统筹全局，又将系统分析和系统综合有机地结合起来，采用定量的或定性与定量相结合的方法，提供 GIS 工程的建设模式。同时，GIS 工程在很大程度上是计算机软件系统，它在软件设计和实现上要遵循软件工程的原理，研究软件开发的方法和软件开发工具，争取以较少的代价获取用户满意的软件产品，支持 GIS 工程。

GIS 工程具有相对的针对性。GIS 工程总是面向具体的应用而存在，它伴随着用户的背景、要求、能力、用途等诸多因素而发生变化。这一方法说明 GIS 具有很强的功用性；另一方面，则要求从系统的高度抽象出符合一般 GIS 工程设计和建设的思路和模式，用以指导各种 GIS 工程建设。

GIS 工程涵盖范围很广，它贯穿工程设计、优化、建设、评价、维护更新等全过程，并综合考虑人的因素、物的因素，做到"物尽其用，人尽其能"，以最小的代价取得最佳的收益。

GIS 工程涉及因素众多，概括起来可以分为硬件、软件、数据及人。硬件是构成 GIS 系统的物理基础；软件形成 GIS 系统的驱动模型；数据是 GIS 系统的"血液"；人则是活跃在 GIS 工程中的另一个十分重要的因素，人既是系统的提出者，又是系统的设计者、建设者，同时还是系统的使用者、维护者。如果人的作用发挥得好，可以增强系统的功能，增加系统的效益，为系统增值；反之会削弱系统应有的潜能。如果说硬件、软件、数据表现出某种层次关系的话，即软件构筑于硬件之上，数据赖以软件而存在，那么，人的作用就是嵌入在整个 GIS 工程领域之中。

2.2 GIS 工程特点

与一般信息系统相比，GIS 是以管理具有定位特征的空间数据为其主要特征的计算机软硬件系统，其功能强大，种类繁多，数据种类多样，应用性强，结构复杂，主要表现为：

(1)横跨多学科的边缘体系。GIS 是由计算机科学、测绘学、地理学、人工智能、专家系统、信息学等组成的边缘学科。

(2)以空间数据为主，数据类型多样。从内涵上说，GIS 包含有图形数据、属性数据、拓扑数据；从形式上说，包含有文本数据、图形数据、统计数据、表格数据。所有数据皆以空间位置数据为主要核心，在图形数据库和属性数据库间相联系。

(3)数据结构复杂。

(4)以应用为主，类型多样。GIS 以应用为主要目标，针对不同领域，具有不同的 GIS，如土地信息系统、资源与环境信息系统、辅助规划系统、地籍信息系统。不同的 GIS 具有不同的复杂性、功能和要求。

(5)以空间分析为主。

上述情况决定了 GIS 工程是一项十分复杂的系统工程,投资大、周期长、风险大、涉及部分繁多。它既具有一般工程所具有的共性,同时又存在着自己的特殊性。在一个具体的 GIS 开发建设过程中,需要领导层、技术人员、数据拥有单位、各用户单位与开发单位的相互协同合作,涉及项目立项、系统调查、系统分析、系统设计、系统开发、系统运行和维护多阶段的逐步建设,需要进行资金调拨、人员配置、开发环境策划、开发进度控制等多方面的组织和管理。如何形成一套科学高效的方法,发展一套可行的开发工具,进行 GIS 的开发和建设,是获得理想 GIS 产品的关键和保证。

3 GIS 软件工程标准

GIS 工程的设计是一项复杂的工程,由于系统的复杂性,数据库建立和软件研制时间长、成本高、错误多,容易产生所谓"软件危机",如软件不能移植、难以修改升级等。软件工程即采用工程性规范管理方法来研制软件,进行 GIS 的设计开发,以保证系统的功能标准和质量指标。为实现与后继系统、其他系统的兼容与信息共享,GIS 的设计实施必须考虑工程技术标准,对规范化、标准化原则予以高度重视。

(1)数据规范化和标准化

数据信息的规范化和标准化是数据流调查分析的依据和建立地理信息系统逻辑模型的基础,根据系统的信息需求确定数据源,按照数据不同来源,研究其数量、质量、精度和时间特征以及与数据规范化和标准化基本要求相吻合的程度,确定数据处理的内容、范围和方法。数据规范化和标准化研究的内容包括空间定位框架、数据分类标准、数据编码系统、数据字典、文件命名规范、汉字符号标准、数据记录格式等。

(2)文档标准

文档标准包括可行性分析报告、总体设计方案、数据规范化、标准化技术方案、用户需求分析报告、系统详细设计说明、用户使用手册、数据库作业规程技术规定、验收标准、系统安装手册、程序开发日志等。

(3)软件标准

包括用户界面、数据结构、数据模型、数据库建立管理、数据显示和产品生成、系统接口设计、程序设计规范等内容。程序编制要做到标准化和通用化,对所编制的程序要按照统一的格式编写程序说明,其内容为:程序名称、程序功能、程序设计的算法、程序使用的方法、需要的存储空间、设备和操作系统、程序设计语言、程序使用的数据文件、源程序的语句数、程序设计人和单位、其他有关说明等。

(4)系统运行标准

包括系统效率、系统利用率、操作的方便性、灵活性、安全保密性、数据的准确性、可靠性,扩充性、可维护性。

4 GIS 工程设计与开发的步骤

尽管 GIS 的种类繁多、应用领域广泛、技术要求相差大、没有一成不变的模式可供使用,然而无论何种 GIS,其建立的过程基本上可划分为系统调查分析、系统设计、系统开发与实施、系统维护和评价、GIS 建设的组织管理等阶段。系统分析阶段的需求功能分析、数据结构分析和数据流分析是系统设计的依据。系统分析阶段的工作是要解决"做什么"的问题,它的核心是对 GIS 进行逻辑分析,解决需求功能的逻辑关系及数据支持系统的结构,以及数据与需求功能之间的关系;系统设计阶段的核心工作是要解决"怎么做"的问题,研究系统由逻辑设计向物理设计的过渡，为系统实施奠定基础。在每个阶段，按照相应的规范进行工作，并得到该阶段的成果，是保证整个开发活动成功的关键。

5　GIS 工程的关键影响因素

越来越多的机构都在开发 GIS，但是根据调查，有大量的 GIS 系统不能真正地完成并正常运行。对于地理信息系统的工程建设来说，下面的 6 个要素具有重要的影响意义。

(1)具有远见：对于地理信息系统的开发者，如果他没有关于地理信息系统工程开发的目标、目的和任务，而只是根据地理信息系统的名字去购买地理信息系统的硬件和软件来组织构造自己的地理信息系统，那么，地理信息系统在他的手里只是一种玩具。

(2)具有长期规划：地理信息系统是一种长期的工程项目，一般来说，地理信息系统的运行周期至少有 10 年的时间，因此，应当具有一个保证地理信息系统的数据更新、模型改进以及软件版本升级的长期预算。

(3)具有决策者的有效支持：应当避免对于地理信息系统开发工程负责人的随意任免，以保证地理信息系统工程开发的顺利进行。

(4)具有系统分析方法：运用系统分析方法，从地理信息系统的整体与全局观念出发，将系统分解和系统综合有机地结合起来，并利用定性与定量相结合的方法，为地理信息系统工程开发提供正确模式。

(5)具有专业知识：对于地理信息系统的硬件和软件的正确使用，应当具备有关地理信息系统的专业知识，因此，应当进行咨询，并邀请有关专家对地理信息系统的开发工程计划进行评估。

(6)广泛吸取用户的意见：用户对使用地理信息系统的建议和意见，对于地理信息系统的开发和建设具有重要意义。为争取更多的用户，应积极组织有关地理信息系统应用的培训工作，并提供良好的用户使用手册。图 10.2 表明了地理信息系统工程成功的关键要素。

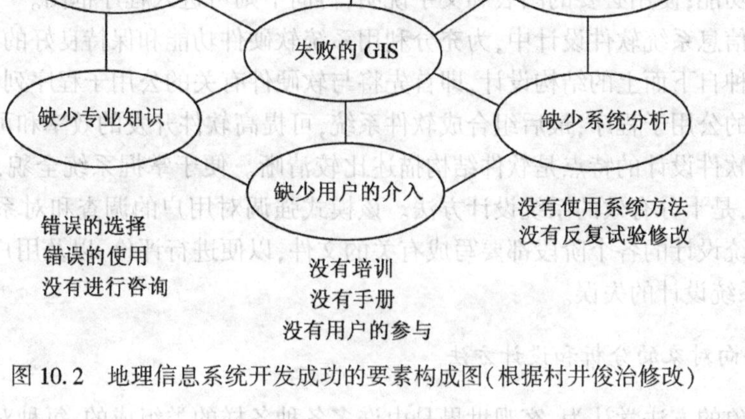

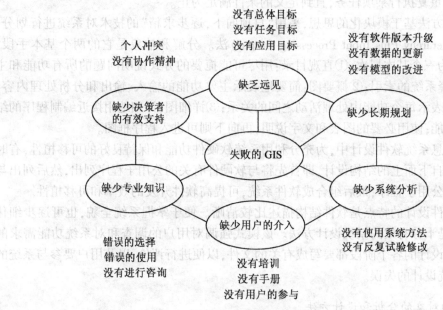

图 10.2　地理信息系统开发成功的要素构成图(根据村井俊治修改)

第二节 GIS 工程设计方法与过程模型

1 GIS 工程设计方法

GIS 作为一类规模庞大、复杂多样的系统,合理的分析方法对 GIS 建设是非常重要的。在进行 GIS 分析设计的过程中,也逐渐形成了一些系统化的方法,以便于更好地描述问题域及进行系统设计。目前,常采用的方法有结构化方法、面向对象的方法和原型化的方法等。

1.1 结构化方法

结构化方法即所谓的 SASD 方法, 也可称为面向功能的软件开发方法或面向数据流的软件开发方法。GIS 最早的设计模式是 Calkins 在 1972 年由国际地理学会地理数据收集和处理委员会主持召开的地理数据处理学术会议上提出来的,后来又经过了几次修改和补充。这个最早的设计模式称为结构化的系统设计模式,由四个组成部分构成:①通过访问用户,调查用户的需求和数据源,确定系统的目的、要求和规定;②描述和评价与系统设计过程有关的资源和限定因素,如现有的硬件、软件和有关的政治和法律因素等;③说明和评价所拟定的不同系统,这些系统能够满足所规定的要求;④对拟定的系统作最后的评价,从中选择一个运行的系统。

结构化的方法将系统描述分为若干层次,最高层次描述系统的总功能,其他层次则一层比一层更加精细、更加具体地描述系统的功能,直到分解为程序设计语言的语句。设计工作侧重于软件结构本身,力图通过以下三种准则清晰地描述软件系统,并用于程序编制,其过程形式是:①分清任务的执行顺序;②明确任务的执行条件和分支,即"如果……,则……,否则"结构;③重复执行某项任务,直到定义的条件满足为止。

结构化的方法基于模块化的思想,采用"自顶向下,逐步求精"的技术对系统进行划分,也称 HIPO(Hierarchy Plus Input Processing Output)法。分解和抽象是它的两个基本手段。HIPO 图可分为三个基本层次:①直观目录:用尽可能扼要的方式说明问题的所有功能和主要联系,是解释系统的索引;②概要图:简要地表示主要功能的输入、输出和分析处理内容,用符号和文字表示每个功能中处理活动之间的关系;③详细图:详细地用接近编制程序的结构描述每个功能;使用必要的图表和文字说明,再向下则可进入程序框图。

在地理信息系统软件设计中,为充分利用系统软硬件功能和保持良好的可移植性,有时也需采用一种自下而上的结构设计,即首先将与软硬件有关的公用子程序列出,然后列出与软硬件无关的公用子程序,最后组合成软件系统,可提高软件开发的效率和可移植性。

结构化软件设计的特点是软件结构描述比较清晰。便于掌握系统全貌,也可逐步细化为程序语句,是十分有效的系统设计方法。该模式强调对用户的调查和对系统功能需求的分析。在系统设计的各个阶段都要写成有关的文件,以便进行评价,以及用户要参与系统的设计,以免系统设计的失误。

1.2 面向对象的分析和设计方法

面向对象的方法学认为,客观世界是由许多各种各样的类组成的,每种对象都有各自的内部状态和运动规律,对象之间的作用和联系就构成了各种不同的系统。随着 OOP(面向对象编程)向 OOD(面向对象设计)和 OOA(面向对象分析)的发展,最终形成面向对象的软件开发方法 OMT (Object Modeling Technique)。这是一种自底向上和自顶向下相结合的方法,而且它以对象建模为基础,不仅考虑了输入、输出数据结构,实际上也包含了所有对象的数据结构,所以 OMT 彻底实现了 PAM 没有完全实现的目标。不仅如此,OO 技术在需求分析、可维护性和可靠性这三个软件开发的关键环节和质量指标上有了实质性的突破,基本解决了在这些方面存在的严重问题。

面向对象的设计方法的基本思想是将软件系统所面对的问题按其自然属性进行分割,按人们通常的思维方式进行描述,建立每个对象的模型和联系,设计尽可能直接、自然地表现问题求解的软件,整个软件系统只由对象组成,对象间联系通过消息进行。用类和继承描述对象,并建立求解模型,描述软件系统。对象是事物的抽象单位,具有内部状态、性质、知识和处理能力,通过消息传递与其他对象相联系,是构成系统的元素。

面向对象方法学所追求的是使解决问题的方法空间与客观世界的问题空间结构达成一致。由于面向对象的技术在理解问题空间、控制需求变化、消除从分析设计到编码的“鸿沟”、支持软件复用等各个方面优于其他方法,被称为目前软件开发的主流方法。

目前已经提出了多种不同的面向对象的分析、设计方法,如 Cord-Yourdon 方法、Booch 方法、OMT 方法、Jacobson 的 use case 驱动方法等,这些方法在侧重点、符号表示和实施策略上有所不同,但是其基本的概念是一致的,这些概念有对象、类、属性、服务、消息、继承、封装等。

面向对象的设计方法更接近于面向问题,而不是对程序的描述,软件设计带有智能化的性质,这种形式更便于程序设计人员与应用人员的交流,软件设计更具有普遍意义,尤其是在地理信息系统的智能化和专家系统技术不断提高的形势下,面向对象的程序设计是更有效的途径。

1.3 原型化的设计方法

原型化的设计方法是地学人员更愿意采用的一种软件设计方法,它的特点是不需要一开始即清晰地描述一切,而是在明确任务后,在软件的实现过程中逐步对系统进行定义和改造,直至系统完成。这种方法尽管带有一定的盲目性,但对于非专业人员和小规模系统设计来说更为实用,而且有些探索性的系统并不可能一开始就取得完整的认识,许多专门化的系统也不一定需要十分复杂的设计,而这种设计方法一开始就针对具体目标开始工作,一边工作一边完成系统的定义,并通过一定的总结和调整补偿系统设计的不足,是一种动态的设计技术。我国早期的许多系统都属于此种设计方法。这种设计方法的基本步骤是:①识别基本要求,作出基本设想;②开发原始模型,提出有一定深度的宏观控制模型;③程序编制和模型修正。通过软件编制,不断发现技术上的扩大点,并通过与用户的交流取得对系统要求和开发潜力的新的认识,调整系统方案;④修改原型。原型设计完成,根据一定标准判断用户需求是否已被体现,从而决定系统是继续改进还是终止。

1.4 可视化开发方法

其实,可视化开发并不能单独地作为一种开发方法,更加贴切地说,可以认为它是一种辅助工具,如 SYBASE 的 S-Design,用这个工具可以进行显示的图形化的数据库模式的建立,并可以导入到不同的数据库中去。

实际上,建立系统分析和系统设计的可视化工具是一个很好的卖点,国外有很多工具都致力于这方面产品的设计。如 Business Object 就是一个非常好的数据库可视化分析工具。

可视化开发使我们把注意力集中在业务逻辑和业务流程上,用户界面可以用可视化工具方便的构成。通过操作界面元素,如菜单、按钮、对话框、编辑框、单选框、复选框、列表框和滚动条等,由可视开发工具自动生成应用软件。

软件设计的方法很多,各有特点。在具体工作中,需灵活地选择或结合各种方法作出最有效、最佳方案的设计。

2 开发过程模型

软件开发模型是软件开发全部过程、活动和任务的结构框架。软件开发模型能够清晰、直观地表达软件开发过程,明确规定要完成的主要活动和任务,可以作为软件项目工作的基础。随着软件工程的实践,相继提出了一系列开发模型。

2.1 瀑布模型

在瀑布模型中,将各项活动规定为依照固定顺序连接的若干阶段工作,形如瀑布流水(图 10.3)。瀑布模型的特征是:每一阶段接受上一阶段的工作结果作为输入;其工作输出传入下一阶段;每一阶段工作都要进行评审,得到确认后,才能继续下阶段工作。瀑布模型较好地支持结构化软件开发,但是缺乏灵活性,无法通过软件开发活动澄清本来不够确切的需求。

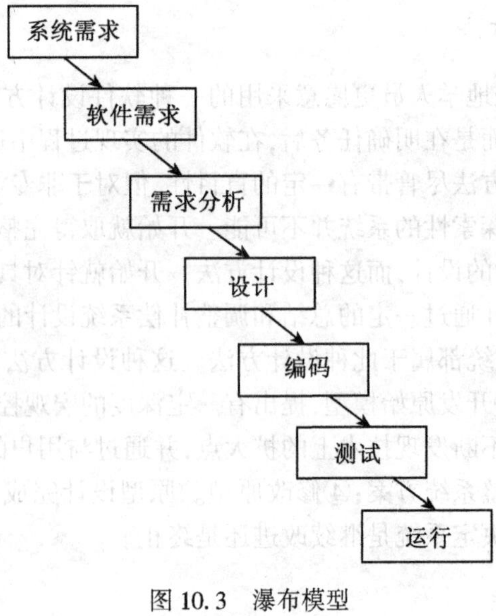

图 10.3　瀑布模型

2.2 演化模型

考虑到项目开发的初始阶段,人们对软件的需求认识常常不够清晰,因而使得开发项目难以一次成功,出现返工。演化模型主要针对事先不能完整定义需求的软件开发,用户可以先给出核心需求,先做试验开发,探索可行性,弄清软件需求;当开发人员将核心需求实现后,用户提出反馈意见,然后在此基础上获得较为满意的软件产品。通常把第一次得到的试验性产品称为"原型"。

2.3 螺旋模型

对于复杂的大型软件,开发一个原型往往达不到要求。螺旋模型将瀑布模型与演化模型结合起来,并且加入两种模型均忽略了的风险分析。螺旋模型沿着"戴明循环法"的循环螺线旋转,沿螺线自内向外每旋转一圈便开发出更为完善的一个新的软件版本。在螺旋模型每一次演化的过程中,都经历了以下四个方面的活动:

(1)制定计划——确定软件目标,选定实施方案,弄清项目开发的限制条件。

(2)风险分析——分析所选方案,考虑如何识别和消除风险。

(3)实施工程——实施软件开发。

(4)客户评估——评价开发工作,提出修正建议。每一次演化都开发出更为完善的一个新的软件版本,形成了螺旋模型的一圈。螺旋模型借助于原型,获取用户需求,进行软件开发的风险分析,对于大型软件的开发,是颇为实际的方法。

2.4 喷泉模型

喷泉模型体现了软件开发过程中所固有的迭代和无间隙的特征(图 10.4)。喷泉模型表明了软件活动需要多次重复。系统某个部分常常重复工作多次,如在编码之前,再次进行分析和设计,并添加有关功能,使系统得以演化。同时,该模型还表明活动之间没有明显的间隙,如在分析、设计和编码之间没有明确的界限。

在面向对象技术中,由于对象概念的引入,使分析、设计、实现之间的表达连贯而一致,所以,喷泉模型主要用于支持面向对象的开发过程。

2.5 智能模型

基于知识的软件开发模型综合了上述若干模型,并把专家系统结合在一起。该模型应用基于规则的系统,采用归纳和推理机制帮助软件人员完成开发工作,并使维护在系统规格说明一级进行。

目前,随着面向对象技术的发展和 UML 建模语言的成熟,统一软件开发过程(USDP, Unified Software Development Process)被提出以指导软件开发,它是一个用例(use case)驱动的、体系结构为中心的、增量迭代的开发过程模型,适用于利用面向对象技术进行软件开发。

目前比较流行的还有迭代循环模型(RUP)等。

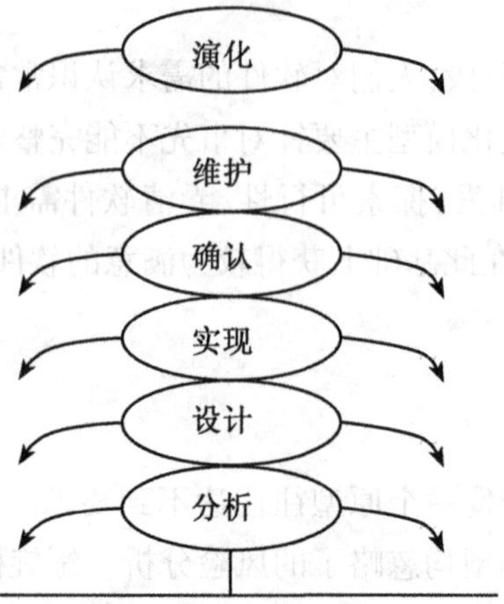

图 10.4　喷泉模型

第三节　GIS 工程的人员配置

人是 GIS 工程的关键因素。图 10.5 表示了开发地理信息系统的人员配置情况，其中人员及职责介绍如下。

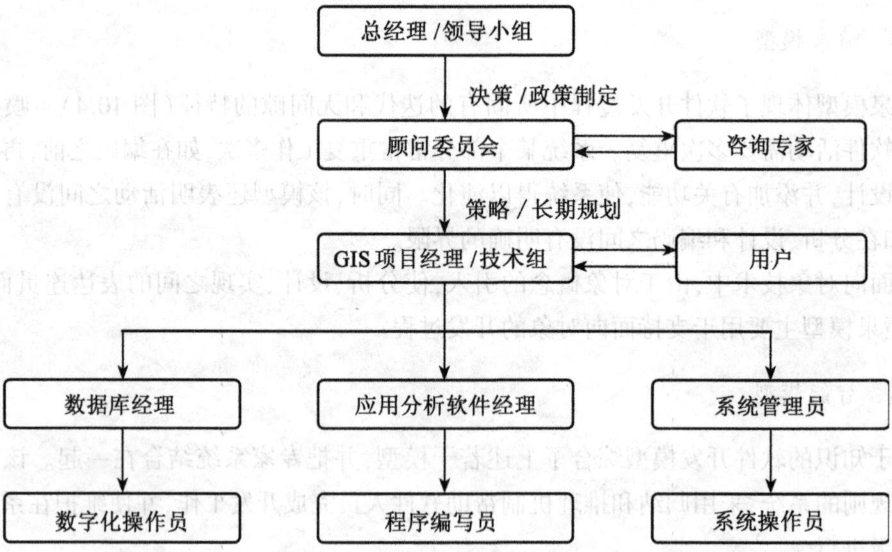

图 10.5　地理信息系统人员配置图(根据村井俊治修改)

地理信息系统项目经理/技术组：

- 地理信息系统应用实施规划
- 地理信息系统产品规划

- 软硬件选择
- 与用户讨论/协商
- 与用户通信/联系
- 资金预算与筹集
- 向顾问组和总经理汇报

数据库经理：
- 地理信息系统数据库设计
- 数据库维护和更新
- 数据产品和地图产品规划
- 地理信息系统数据库产品
- 空间数据质量控制
- 数据获取规划

数字化操作员：
- 现有源地图编译
- 地图数字化
- 属性数据输入
- 野外摄影测量与遥感数据获取
- 数字化地图设计
- 数字化地图产品

系统操作员：
- 硬件、软件和其他外设的运行
- 物资管理
- 程序和数据文件备份
- 对软件库的管理
- 支持用户请求
- 用户权限管理

应用分析软件经理：
- 系统功能分析
- 分析现有软件功能
- 需要开发的功能规划设计
- 用户平台设计
- 应用功能开发方案设计

程序编写员：
- 编写数据转换程序
- 应用分析软件编程
- 特定用户菜单开发
- 解决程序与数据文件之间的接口

GIS 工程建设耗时长，成本高，涉及部门多，尤应加强人员的组织管理工作。在整个系统的建设中，应成立专门的领导小组，由用户单位的最高层领导担任组长，进行 GIS 建设中的人员组织、任务分配、组织实施计划编制、检查工作的进度和质量、保证经费落实、人员到位、处理系统建设中出现的一切重大问题、协调各开发单位及部门的关系等工作。

GIS 的建设除了高层的领导小组外，还应按系统的规模设置技术小组，负责开发建设中的各种技术问题，设置各种开发工作组，承担 GIS 的具体开发建设工作。在整个组织机构中，最低层的各开发工作组人力最多，应涉及有关计算机软硬件人员、与工程有关的技术人员、用户单位业务人员、信息系统人员等各类专业人员，而且在各个开发阶段需要的人力并不相同，具有一定的流动性，应按具体 GIS 的建设状况作出合理的分配。一般地说，计划与分析阶段只需要很少的人员，总体设计参加的人员略多一些，详细设计的人员又多一些，到了开发和测试阶段，参加的人员达到最高峰。在运行初期，需要较多的人员参加维护，但很快又会减少下来。

思 考 题

1. 什么是软件工程？什么是 GIS 工程？和其他软件工程相比，GIS 工程有何特点？
2. GIS 工程设计的方法和过程有哪些？
3. 开发地理信息系统需要哪些人员？主要职责如何？

第十一章　GIS 系统分析

系统分析是采用系统工程的思想方法，对项目的实际情况进行分析综合，制定各种可行方案，为系统设计提供依据。其主要任务包括对用户进行需求调查，在明确系统目标的基础上，开展用户机构设置、业务关系、数据流程等方面的深入研究和分析，提出系统的结构方案和逻辑模型。系统分析的结果将产生用户需求分析报告，它通过一组图表和文字说明描述了目标系统的逻辑模型。逻辑模型包括数据流程图、数据字典、基本加工说明等。系统分析作为 GIS 开发者与用户沟通的主要桥梁和成果，是对将建成系统的概略性描述，是进行系统设计、开发、测试和评价的依据，也是使系统设计达到合理、优化的重要步骤，该阶段的工作是否深入，直接影响到将来新系统的设计质量和实用。

第一节　GIS 需求分析

需求分析是对用户要求和用户情况进行调查分析，确定系统的用户结构、工作流程、用户对应用界面和程序接口的要求，以及系统应具备的功能等，是系统开发的准备阶段。

需求分析是介于系统分析和软件设计阶段之间的桥梁。一方面，需求分析以系统规格说明和项目规划作为分析活动的基本出发点，并从软件角度对它们进行检查与调整；另一方面，需求规格说明又是软件设计、实现、测试直至维护的主要基础。良好的分析活动有助于避免或尽早剔除早期错误，从而提高软件生产率，降低开发成本，改进软件质量。

需求分析又是 GIS 软件工程中最复杂的过程之一，其复杂性来自于客观和主观两个方面。从客观意义上说，需求工程面对的问题几乎是没有范围的。由于应用领域的广泛性，它的实施无疑与各个应用行业的特征密切相关。其客观上的难度还体现在非功能性需求及其与功能性需求的错综复杂的联系上，当前对非功能性需求分析建模技术的缺乏大大增加了需求分析的复杂性。从主观意义上说，需求分析需要方方面面人员的参与（如领域专家、专业用户、系统投资人、系统分析员等），各方面人员有不同的着眼点和不同的知识背景，沟通上的困难给需求工程的实施增加了人为的难度。

需求获取是软件开发活动的第一步，获得正确的需求描述是成功软件的前提。

1　系统调查

系统调查是系统开发工作中最重要的一个环节之一。实事求是地全面调查是系统分析和设计的基础，其工作质量对整个系统的开发建设的成败具有决定性影响。

系统调查工作的工作量很大，所涉及的业务、人员、数据、信息都非常多。所以，首先需要保证如何科学地组织和展开这个工作。所谓用户需求，是指目标系统必须满足的所有性能和限制，通常包括功能要求、性能要求、可靠性要求、安全保密要求以及开发费用、开发周期、可使用的资源等方面的限制。用户需求调查是指调查本部门或其他有关部门对相应GIS系统的信息需求情况。从上至下调查本部门各级机构在目前和将来发展业务上需要些什么信息;从下至上调查他们完成本部门专业活动所需要的数据和所采用的处理手段,以及为改善本部门工作进行了哪些实践活动等。还要收集他们对本部门的业务活动实现现代化的设想与建议。

对现行系统调查是GIS工程开发和建设的第一步,由系统分析员承担完成。主要任务是通过用户调查发现系统存在的问题,完成可行性研究的前期工作。调查方法可采用访问、座谈、填表、抽样、查阅资料、深入现场、与用户一起工作等各种调查研究方法,获得现行状况的有用资料,解决以下几个问题。

1.1 用户类型及需求特点

GIS用户根据其特定的目的,对GIS有不同的功能要求,应用情况也各异。按用户的专业可作如下分类:

(1)具有明确而固定任务的用户。这类用户希望用GIS来实现现有工作业务的现代化,改善数据采集、分析、表示方法及过程,并用以对工作领域的前景进行评估,以及对现有技术方法更新改造等。这类用户如测量调查和制图部门,他们已投入大量资金来开发工作软件,一旦开始就不会改变。他们所要解决的问题确定无疑,而且可以解决。

(2)部分工作任务明确、固定,且有大量业务有待开拓与发展,因而需要建立GIS来开拓他们的工作。这类用户的信息需求和对GIS的要求只能是部分已知的。这类用户如行政或生产管理部门,也包括进行系列专题调查的单位,如全国性的土壤调查、森林调查、水资源调查等单位,以及进行特殊项目调查和研究工作的单位。他们很想把空间数据组织在一起,形成统一的系统供各职能机构使用。其中一些用户的基本要求是建立大型地理信息系统,该系统除供本部门使用外,还能供第一类用户使用。但数据标准问题、数据结构和精度等却很难解决,各部门的侧重点不同,数据形式不同,业务处理流程不同,对系统功能的要求也各异。

(3)工作任务完全不定。每项工作都可能不同,对信息的需求未知或可变。这类用户如大学中的研究室和研究所等,他们想用地理信息系统作为科学研究工具,或者开发新的地理信息系统技术。因此,他们所需的GIS差别很大,有的希望有功能全面的GIS来从事各种科研工作,有的则希望在功能一般的GIS基础上开发,发展成多功能的地理信息系统。

针对不同的用户类型,在做需求分析时,应充分注意用户对系统功能需求的不明确而可能给系统设计带来的困难。

同时,GIS用户根据其本身的技术水平、资金等因素,也可能采用不同的开发方法。不同的开发方法的技术要求、开发过程、经费、进度等都有不同的要求,可作如下分类:

(1)全部自行开发。根据系统需要的功能,编写所有的程序。用这种方式建立的系统外壳,其各组成部分之间的联系最为紧密,综合程度和操作效率最高。这是因为程序员可以对程序的各个方面进行总体控制。但由于地理信息系统的复杂性,工作量十分庞大,开发周期长,并且其稳定性和可靠性难以保证。地理信息系统发展初期一般采用这种方案,但目前地理信息系统的开发已很少采用这种方案。

(2)全部利用现有软件。目前,商业化的地理信息系统通用软件和 DBMS 已经很成熟,模型库管理系统还在发展中,但模型分析软件包很多。编写接口程序把购买的现有软件结合起来,建成系统外壳。用这种方式开发系统外壳的周期短、工作量小,系统的稳定性和可靠性高,用户可以把精力集中在特定的专业应用上。其缺点是结构松散,系统显得有些臃肿,操作效率和系统功能利用率较低。这种方案目前采用较多。

(3)自行开发部分软件来建设系统外壳。这种方案分为两种情况:其一,购买地理信息系统通用软件和 DBMS 软件,编写专业分析模型软件和接口软件,开发模型库管理信息系统;其二,利用软件商提供的地理信息系统开发工具,如 SDE(ESRI 提供)以及应用接口工具 API,结合其他开发工具进行开发。前者在目前的大型实用地理信息系统开发中采用较多。后者在目前可用来开发小型实用性地理信息系统。

1.2 技术力量的调查分析

GIS 是一个横跨多个学科组成的一个边缘学科,在 GIS 建设的各个阶段,需要各种层次、各种专业的技术人员参加,如系统分析人员、设计人员、程序员、操作员、软硬件维护人员、组织管理人员等。应对新建 GIS 的规模和应用领域,对从事这些工作的技术人员数量、结构和水平进行调查分析,如果不能投入足够数量的上述人员或者投入人员的技术水平不理想,则可以认为 GIS 建设在技术力量上是不可行的。

1.3 资金财力的调查分析

GIS 工程建设需要有足够的资金财力做保证。根据拟建 GIS 的规模,要对 GIS 开发和运行维护过程中所需要的各种费用进行预测估算,包括软硬件资源、技术开发、人员培训、数据收集和录入、系统维护、材料消耗等各项支出,衡量能否有足够的资金保证进行 GIS 的工程建设。

1.4 数据资料的调查分析

数据是信息的载体,是系统运行的"血液"。GIS 涉及的数据种类繁多,形式多样,结构复杂,往往同时包括图形数据、图像数据、表格数据、文字数据、统计数据等。要对有关部门所拥有和能够提供的数据在数据种类、完备性、准确性、精确性等方面进行深入的调查统计与分析,明确数据资料是否实用于 GIS 的有效管理,是否提供 GIS 的有效运行。尤其对于作为定位依据的地形图等基础数据,要给予认真的调查和统计。

对数据资料的调查还包括对相关技术规范的调查分析。应该说,这一步工作是十分重要的。

1.5 系统效益调查分析

一般说来,GIS 建设投资大,短期内效益不明显。要对 GIS 建成后带来直接或间接的经济效益和社会效益进行估计,并与 GIS 建设各阶段的投入相比较。可从投资回收期、效益/费用、节省人力、减轻劳动强度、改进薄弱环节、提高工作效率、提高数据处理的及时性和准确性、辅助决策和提供决策依据等各个方面进行分析预测。

1.6 运行可行性的调查分析

评价新建 GIS 运行的可行性及运行后引起的各方面的变化(如组织机构、管理方式、工作环境)对社会或人的因素产生的影响。主要包括 GIS 运行后对现有组织机构的影响,现有人员对系统的实用性,对现有人员培训的可行性,人员补充计划的可行性,对环境条件的影响等。

现行系统调查研究要求系统分析员与 GIS 用户、新涉及的各部门甚至领导之间进行充分的交流和沟通,正确分析 GIS 建设带来的利弊,最后由系统分析员提交可行性报告。

一般来说,系统目标不可能在调查研究阶段就提得十分具体和确切,随着后续分析和设计工作的逐层深入,新建 GIS 系统的目标也将逐步具体化和定量化。

2 数据分析

数据在一个 GIS 应用系统中占有举足轻重的位置。进行数据分析时,应对数据流程图中出现的所有空间数据、属性数据进行描述与定义,形成数据字典,列出有关数据流条目(如组成、流量、来源、去向等)、文件条目(如文件名、组成、存储方式、存取频率等)、数据项条目(如数据项名、类型、长度、取值范围)、加工条目的名称、组成、组织方式、取值范围、数据类型、存储形式、存储长度等。并顾及以下因素:

(1)数据的输出样式:包括屏幕显示、Web 发布、出版、工程图等;

(2)输出数据的内容和要求:输出数据要包括哪些内容、数据的精度、比例尺等;

(3)数据的分布性:数据是集中管理,还是分布管理;

(4)现有的纸质地图:现有的纸质地图的内容、其比例尺、时效性、是否涉及保密;

(5)现有的电子数据:数据形式(栅格/矢量/属性数据库)、数据格式、完整性、精度、投影方式、比例尺等因素。

(6)数据采集与建库:数据量大小、输入设备(包括数字化仪、扫描仪)、软件的支持程度、进行数据录入的人员数目、能否在预定时间内完成数据录入。

3 功能需求分析

一般用户要求 GIS 系统应具备如下功能:

(1)地图基本操作功能: 地图显示(放大、缩小、漫游、多种图层切换、要素闪烁等)、空间距离量算、专题图标与符号显示、图层控制等。

(2)数据采集:要求图形数据与属性数据严格一致, 图形与属性数据通过约定的记录字段保持着紧密的联系,系统内部自动维护。

(3)图形编辑:能编辑各种图元的几何信息,还要维护拓扑信息,通过编程自动调整。如当删除节点时,与该节点相连的管段同时被删除(拓扑关系的维护)等。

(4)属性编辑:对地理特征的各属性数据进行编辑,如节点编号、节点其他相关信息的变更输入等。

(5)检索查询:图形和数据之间的互相查询。

(6)专业空间分析功能:这是 GIS 系统的核心功能,和专业应用方向密切相关。如管网系统要求管网运行数据管理(如与水力模型、优化调度、SCADA 系统实现接口设计,对运行数据进行动态管理)、事故处理(自来水管网爆管抢修决策方案制定,内容包括应关闭的上下游阀门、影响的重要用户、停水范围等信息)等。再如电力 GIS 需要的电网操作、故障定位、负荷转移辅助决策、电源点追踪、供/停电范围分析、配网规划设计等功能。这部分功能不同,用户功能需求差别很大。

(7)输出管理:根据用户要求,计算机可以通过各种外部设备输出多种形式的数据、表格、图表或地图等。

(8)性能需求:安全性和稳定性原则。不同用户拥有不同的权限,保证系统的安全。

4　业务流程分析

将不同专业部门按照现行系统的职能划分和业务范围,概括抽象出现行系统的业务框图或业务流程图,通过各业务职能的相互关系和可实现程度,初步界定出 GIS 建设可实现的业务内容,这也是后续子系统或模块设计的重要依据。如某土地管理信息系统业务流程(如图 11.1 所示)。

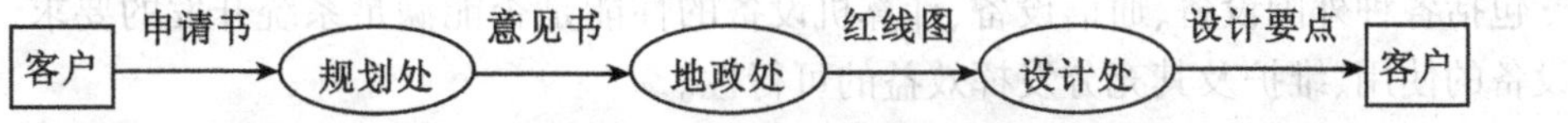

图 11.1　某土地信息管理系统的业务流程

5　其他需求分析

如物理设备的位置及其分布的集中程度;与其他软件系统的接口以及对数据格式的要求;系统用户培训;用户文档;数据格式、数据精度、数据量、接收和发送数据的频率;使用系统需要的设备,开发需要的人力资源、计算机资源、时间表;安全性,如对访问信息的控制程度、数据的备份等;对系统的可靠性要求,平均系统出错时间,可移植性,可维护性等。

需求分析最终对用户提出的要求应进行综合抽象和提炼,形成对待建 GIS 需求的文字描述,包括功能需求、性能需求、数据管理能力需求、可靠性需求、安全保密需求、用户接口需求、联网需求、软硬件需求、运行环境需求等的文字描述。

第二节　GIS 可行性分析

可行性分析是在需求分析的基础上,从技术、经济、社会等因素确定系统开发的可能性。可行性分析的内容主要包括技术水平、资金、进度和组织运作等方面。资金的分析应当考虑到整个 GIS 实施、运行和维护的全过程,通用的方法是成本效益分析。在技术可行性方面,要考虑 GIS 项目中所要求的技术能否满足,技术发展以及新技术出现对项目的影响,是否需要对人员进行技术培训。组织方面包括整个机构能否愿意承受引入 GIS 技术所带来的变化,以及能否在开发过程中相互协作完成开发任务。

在进行可行性分析时,不可忽视各个方面的变化所引发的风险,要对风险进行客观的评价,并作出相应的防范措施。

1 技术

技术方面的可行性包括如下几个方面：

(1)人员和技术力量的可行性

GIS是一个横跨多个学科组成的一个边缘学科，在GIS建设的各个阶段，需要各种层次、各种专业的技术人员参加，如系统分析人员、设计人员、程序员、操作员、软硬件维护人员、组织管理人员等。应对新建GIS的规模和应用领域，对从事这些工作的技术人员数量、结构和水平进行调查分析，如果不能投入足够数量的上述人员或者投入人员的技术水平不理想，则可以认为GIS建设在技术力量上是不可行的。

(2)基础管理的可行性

现有的管理基础、管理技术、统计手段等能否满足新系统开发的要求。

(3)组织系统开发方案的可行性

合理地组织人、财、物和技术力量，并进行实施的技术可行性。

(4)计算机硬件的可行性

包括各种外围设备、通信设备、计算机设备的性能是否能满足系统开发的要求，以及这些设备的使用、维护及其充分发挥效益的可行性。

(5)计算机软件的可行性

包括各种软件的功能能否满足系统开发的要求，软件系统是否安全可靠，本单位对使用、掌握这些软件技术的可行性。

(6)环境条件以及运行技术方面的可行性

2 经费

GIS工程建设需要有足够的资金财力做保证。根据拟建GIS的规模，要对GIS开发和运行维护过程中所需要的各种费用进行预测估算，包括软硬件资源、技术开发、人员培训、数据收集和录入、系统维护、材料消耗等各项支出，衡量能否有足够的资金保证进行GIS的工程建设。

在进行GIS项目经费预算时，要综合考虑各种费用，进行预算的方法主要有上溯法、下溯法、单价法和根据项目参加人员的费用做预算的方法。

3 进度

进度安排是管理者在进入设计和实施阶段之前必须完成的。在进行进度安排之前，首先必须估计每项活动从开始到完成所需要的时间，其次要考虑的因素包括活动之间的依赖关系（必须完成一项才能进行下一项）以及各个活动的最早开始-结束时间和最迟开始-结束时间（例如，整个项目工期为120天，某项活动需要30天，那么它的最迟开始时间是第90天）。计划要有灵活性，可以根据变化进行相应的调整。此外，要保证参与人员有足够的时间来完成各项任务，在任务之间安排一定的“机动时间”是一个较现实的办法。

表示项目进度的常用方法有里程碑表示法（Milestone Chart）、甘特图法（Gantt Chart）、关键路径法（CPM-Critical Path Method）和墙纸法（Wall Paper Method）等。

4 支持程度

部门管理者、工作人员对建立 GIS 的支持情况；人力状况包括有多少人力可用于 GIS 系统，其中有多少人员需要培训等；财力支持情况包括组织部门所能给予的当前的投资额及将来维护 GIS 的逐年投资额等。

应注意的是，具有长期应用目标的地理信息系统还会遇到硬件和软件更新的问题。硬件设备包括计算机本身从新型号推出算起，大约能维持 5 年的优势，更先进的硬件设备又将问世，原设备不仅在技术上显得落后，而且工作效率也开始降低，计算机软件的升级发展也很迅速。同时，很多统计数据表明，一个 GIS，如果硬件投资为 1，则软件开发为 2，而数据的采集、整理和加工为 10，并且数据必须持续地更新，因此，还必须有持续的投入。这一点得到主管部门的理解和支持非常重要。

5 制定设计实施的初步计划

根据上述结果最终确定 GIS 的可行性及 GIS 的结构形式和规模，估算建立 GIS 所需的投资和人员编制等。对工作任务进行分解，确定各子系统(或模块)开发的先后顺序，分配工作任务，落实到具体的组织和人；对 GIS 建设的时间进度进行安排；对 GIS 建设的费用进行评估。

系统分析的最后阶段由分析员提交用户需求分析报告，用户需求分析报告一般应经过用户主管部门的批准，在经过用户和开发者双方认可后，具有合同的作用，是 GIS 建设中进行开发设计和验收的依据。

思 考 题

1. GIS 需求分析包括哪些方面？
2. GIS 系统调查包括哪些方面？
3. GIS 可行性分析应考虑哪些因素？

第十二章　GIS 系统设计

第一节　概　　述

GIS 工程中的系统设计是新建 GIS 的物理设计过程，是地理信息系统整个研制工作的核心。一般来说，需求分析阶段的主要任务是确定系统“做什么”，而设计阶段则要解决“怎么做”的问题，也即按照对建设 GIS 的逻辑功能要求，考虑具体的应用领域和实际条件，进行各种具体设计，确定 GIS 建设的实施方案。按照 GIS 规模的大小，通常设计阶段又划分为总体设计和详细设计。

总体设计确定系统的总体结构框架，即 GIS 各子系统或各模块的划分以及各组成部分(子系统或模块)之间的相互关系；而详细设计在总体设计的基础上，要具体地描述如何具体地实现系统，给出各子系统或模块的足够详细的过程性描述，通常可以依据详细设计的结果进行编码。

1　系统设计基本原则

(1)简单、实用性原则

系统数据组织灵活，可以满足不同实际应用分析的需求。在达到预定的目标、具备所需要的功能前提下，系统应尽量简单，这样可减少处理费用，提高系统效益，便于实现和管理。

(2)界面美观、友好

界面的美观、友好可以展示信息化建设的新面貌，面向的是多种层次的用户。

(3)标准性和前瞻性原则

系统设计应符合 GIS 的基本要求和标准，系统数据类型、编码、图式图例等应符合国家和行业规范的要求。

信息技术发展非常快，硬件的更新换代也非常迅速，性能价格比不断跃升，软件版本升级也非常快，在 GIS 的设计中要有超前性，必须充分考虑技术的发展趋势。在系统设计中，充分考虑系统的发展和升级，使系统具有较强的扩展能力，不断地进行发展和更新。

(4)经济性原则

系统的建设应在实用的基础上做到最经济，以最小的投入获得最大的效益。经济性必须以实用性和发展性为原则。

(5)安全性和稳定性原则

系统应有用户分级、口令等安全防护措施，有一定的容错能力和良好的提示功能，不应因一些简单错误就导致系统崩溃。

(6)开放性和可扩展性原则

系统数据具有可交换性,应提供行业流行的数据传输、转换功能。系统应顾及 GIS 的发展,设计时宜采用模块化设计,各功能模块独立性强,某一模块的修改应不至于给整个系统造成太大影响。

(7)数据保密性原则

数据是一个系统的核心,数据保密是每一个系统建设必须考虑的问题,尤其是这种多媒体光盘,其使用对象数量众多。

2 总体设计

主要任务是根据系统研制的目标来规划系统的规模和确定系统的各个组成部分,并说明它们在整个系统中的作用与相互关系,以及确定系统的硬件配置,规定系统采用的合适技术规范,以保证系统总体目标的实现。因此,系统设计包括:数据库设计;硬件配置与选购;软件设计等。

2.1 系统的目的、目标及属性的确定

系统的目的是系统建成后应达到的水平标志,或称系统预期达到的水平。GIS 系统必须提出明确的系统目的,以指导工作的展开。系统目标是实现目的过程中的努力方向,GIS 工程中提出的系统目标因具体问题而变化,如投资规模(大、中、小)、建设周期(一年、二年等)、数据准备(半年、一年等)、数据采集(半年、一年等)、旧有设备的利用、效益预计、系统被接纳和使用度(或满意度)估计等。

系统属性是指对目标的量度。由于 GIS 工程建设的多样性及不易量测的特点,衡量 GIS 工程的属性通常采用诸如直接经济和社会效益、间接经济和社会效益、系统对原有工作模式改进程度、对使用者的满意度调查等来衡量。

在处理实际问题时,常常遇到系统目标不止一个,而是多个,它们共同构成目标集合。对目标集合的处理,往往把目标分解,按子集、分层次画成树状结构,称其为目标树,如图 12.1 所示。

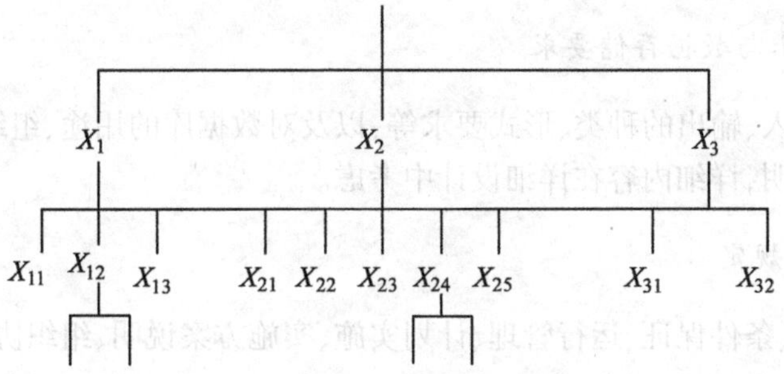

图 12.1 目标树示意图

构造目标树的原则是:

(1)目标子集按目标的性质进行分类,把同一类目标划分在一个目标子集内;

(2)目标分解,直至可量度为止。

把目标结构画成树状结构的优点是,目标集合的构成与分类比较清晰、直观;更为重要的是,按目标性质分为子集,便于进行目标间的价值权衡。也就是说,在确定目标的权重系数过程中,能够明确地表明应该和哪些层次、哪些部门的决策者对话。

2.2 进行各子系统或模块的划分与功能描述

按照 GIS 各功能的聚散程度和耦合程度、用户职能部门的划分、处理过程的相似性、数据资源的共享程度,将 GIS 划分为若干子系统或若干功能模块,构成系统总体结构图,并对各系统或模块的功能进行描述。

2.3 模块或子系统间的接口设计

各子系统或模块作为整个 GIS 的一部分,相互间在功能调用、信息共享、信息传递方面都存在着或多或少的联系,故应对其接口方式、权限设置进行设计。例如,一个城市规划与国土信息系统可划分为基础信息、规划信息、土地管理、市政管线、房地产管理、建筑设计管理等子系统。相互间都要共享有关基础数据、规划数据、市政管线数据、地籍数据,同时存在相互的调用,应对调用方式、数据共享权限等作出严格规定与设计。

2.4 软、硬件配置设计

硬件:包括计算机、存储设备、数字化仪、绘图仪、打印机、其他外部设备,说明其型号、数量、内存等性能指标,画出硬件设备配置图。

软件:说明与硬件设备协调的系统软件、开发平台软件等。

2.5 网络设计

包括对网络结构、功能两方面的设计。例如,在城市规划与国土信息系统中,基础信息、规划管理、土地管理、市政管线、房地产管理、建筑设计管理等子系统间存在着数据共享和功能调用关系。由于各自针对不同的部门使用,就要求设计相应的网络结构,实现相互间及其与总系统的联网,同时,城市规划与国土信息系统也可能与城市经济信息系统联网。

2.6 输入、输出与数据存储要求

对新建 GIS 输入、输出的种类、形式要求等,以及对数据库的用途、组织方式、数据共享、文件种类作一般说明,详细内容在详细设计中考虑。

2.7 开发策略规定

包括经费管理、条件保证、运行管理、计划实施、实施方案说明、组织协调等的规定。

2.8 成本与收益分析

成本是指开发和(或)运行 GIS 系统所支付的资金,而收益是指由于新系统的投入而增加的收入或减少的成本。开发系统是一种投资,这意味着当前需向某一项目支付资金,希望将来某个时候能够获得收益。在开发周期的每一个阶段都需要投资,而期望的收益来自降低成本或增加收入。如果期望的收入小于成本,那么这个系统可能不值得继续做下去。

3 详细设计

详细设计是在总体设计的基础上进一步深化，主要内容如下。

3.1 模块设计

详细设计是对总体设计中已划分的子系统或各大模块的进一步细化设计。按照内聚度和耦合度、功能完整性、可修改性进一步划分模块，形成进一步功能独立、规模适当的模块，要求各模块高内聚、低耦合(即块内紧，块间松)，对各模块进行设计，画出各模块的结构组成图，详细描述各模块的内容和功能。

3.2 代码设计

GIS 数据量大，数据类型多样。为减少数据冗余度，方便对数据进行分类、统计、检索和分析处理，提高处理速度，便于管理，节约存储，需要对有关数据元素或数据结构(如用地分类、公共建设设施性质、管道类型、管道名称等)进行代码设计、形成编码文件，必要时还应建设代码字典，记载代码与数据间的对应关系。GIS 中所设计的代码应具有惟一性、标准性和通用性、可扩充性和稳定性、易修改性、易识别和记忆等特点。

设计代码的基本原则是：

(1) 具备惟一确定性。每一个代码都仅代表惟一的实体或属性。

(2) 标准化与通用性。凡国家和主管部门对某些信息分类和代码有统一规定和要求的，则应采用标准形式的代码，以使其通用化。

(3) 可扩充且易修改。要考虑今后的发展，为增加新代码留有余地。当某个代码在条件或代表的实体改变时，容易进行变更。

(4) 短小精悍，即选择最小值代码。代码的长度会影响所占据的内存空间、处理速度以及输入时的出错概率，因此要尽量短小。

(5) 具有规律性，便于编码和识别。代码应具有逻辑性强、直观性好的特点，便于用户识别和记忆。

3.3 数据库设计

常用的关系数据库并不适合对 GIS 中大量的空间数据的有效管理。一般说来，GIS 的开发平台已经提供相应的数据库管理系统或从现有的系统中选购。数据库设计要完成数据库模型设计、数据结构的设计。

对于一个大型的 GIS，数据库的设计是一个十分复杂的过程，要求数据库设计者对数据库系统和 GIS 应用系统有相当深入的了解，空间数据库的设计要对数据分层、要素属性定义、空间索引或检索等作明确的设计。

3.4 数据获取方案设计

数字化作为 GIS 数据采集的重要方式，是 GIS 获取有关图形图件信息的重要手段。数字化方案设计的内容包括：内容选取与分层、数字化中要素关系的处理原则与策略、相应专题内容的数字化方案、数字化作业步骤、数字化质量保证等。

3.5 界面设计

GIS 作为一种可视产品,一个简单易学、灵活方便、友好的人机界面是 GIS 建设的重要内容。GIS 数据信息的提供显示更多地与图形符号化紧密相联,要多对图面布局形式、图面布局内容、色彩搭配、菜单形式、菜单布局、对话作业方式进行说明。

3.6 输入、输出设计

在总体设计的基础上,对输入、输出的内容、种类、格式、所用设备、介质、精度、承担者作出明确的规定。

3.7 程序模块设计

对模块设计中的各模块逐个进行模块的程序描述,主要包括算法和程序流程,输入、输出项,与外部的接口等。

3.8 安全性能设计

用来避免由于存在的各种危险而造成的事故,确保 GIS 系统使用安全、运行可靠。按照待建 GIS 的状况和用户对象,进行如下内容的设计:对用户分级,设置相应的操作权限;对数据分类,设置不同的访问权限;口令检查,建立运行日志文件,跟踪系统运行;数据加密;数据转储、备份与恢复;计算机病毒的防治。

3.9 实施方案设计

对工作任务分解,指明每项任务的要求和负责人,对各项工作给出进度要求,作出各项实施费用的估算及总预算。

系统设计的主要成果是系统设计说明书,包括总体设计说明书和详细设计说明书,它是 GIS 系统的物理模型,也是 GIS 实施的重要依据。

第二节 软、硬件配置设计

总体设计的主要内容之一是设计系统软、硬件配置方案,也称计算机物理系统配置,即按照新系统的目标及功能要求,综合考虑环境和资源等实际情况。在总体规划阶段进行的计算机系统软、硬件平台选型的基础上,从系统的目标出发,根据 GIS 要求的不同处理方式,是批处理、联机输入批处理及分布式处理或混合式的处理方式,进行具体的计算机软、硬件系统及其网络系统的选择和配置,并提交一份详细的软、硬件配置设计方案报告。

由于满足同一企业用户功能要求不同的系统软、硬件配置,其结构可能存在较大差异,而且系统软、硬件投资较大,因此,设计一个合适的计算机软、硬件配置方案是至关重要的。

1 系统配置方案设计原则

1.1 满足新系统的应用需求

在新系统的设计中,提出了新系统的目标、处理功能、存储容量、信息交互方式等,这就要求所选择的计算机系统能够满足它的需求，同时兼顾购置的设备能被充分地利用，并且留有扩充的余地。在进行计算机软、硬件系统配置时，要注意如下几点：

(1)以价格为依据，认为价格越高，性能越好；

(2)以计算机系统性能指标为依据，认为计算机系统性能指标越高越好；

(3)以计算机类型大小为依据，认为计算机类型越大越好，外设和系统软件越多越好等。

计算机软、硬件系统配置应该以应用的实际需求为依据，以新系统的处理功能为准则，从而减少不必要的投资。

1.2 实用性能强

所选择的计算机软、硬件系统的实用性可从以下方面体现：

(1)易于开发，方便使用。根据应用需求，要求计算机系统应用软件丰富，工具齐全，有利于用户的开发和使用，具有较强的汉字处理能力等。

(2)选择的机型具有较强的生命力。尽量优先考虑选用国内外的主流机型，以便于计算机系统的维护。另外，还应考虑所选择的计算机系统尽量与本行业或本系统的机型一致和兼容，这有利于本行业、本系统的信息交换及应用软件的交流和资源的共享。

(3)有较强的通信能力。为了达到系统的资源共享和信息交换的目的，所选择的计算机系统要充分考虑新系统内部的联网和通信的选用，还要考虑以系统为公用数据网的交互能力。

(4)性能价格比。选择计算机系统时，应提出几种选型方案，并进行认真分析比较，选取性能价格比较高的计算机系统。一般情况下，先进的新产品性能价格比较高。

1.3 可扩充性

通常新系统采用“统一规划，分布实施”的方案。开始建立的系统规模不可能很大，随着应用需求的扩大，需逐步增添设备，扩充功能，这就要求所选择的计算机系统具有灵活的扩充能力和升格能力，使得先期购置的设备和开发的应用软件不被浪费。

2 设计配置方案的方法

2.1 信息调查法

信息调查法又称类似系统法，它适合于较小型的信息系统。该方法要求开发人员从要解决的实际问题出发进行调查，找出成功地解决同样问题的用户，吸取别人的成功经验。它由要解决的问题作导向，先确定软件系统平台，进而确定硬件结构以及通信与网络系统结构，因而有时间短、见效快、花费少的特点。一般在购置微型计算机时采用此法。对于大、中型信息系统，可先按此方法进行调查，了解相同类型企业的计算机物理系统配置及其应用情况。

2.2 方案征集法

方案征集法又称建议书法。通常由用户向厂商提出要求，厂商根据要求提出计算机物理系统配置建议书,供用户评价和选择。

2.3 招标法

招标法类同于其他工程项目的招标形式。要求标书撰写严密、工作程序严格、组成专家组等。对大型管理信息系统常采用此法。

2.4 试用法

试用法要求参与竞争的厂商进行现场试验演示,使用户得到实际的、直观的感觉。通过商议的试用办法,用户在产品试用一段时间后选择最满意的计算机系统。

2.5 基准测试法

基准测试法是采用一定的算法或处理业务来考察计算机系统的处理能力。常用的方法有三种。

商用混合法:此法是通过算出加法、传送、比较、输入、输出等指令的执行时间,用以表示计算机的性能。这种方法可以评价计算机的事务处理能力。

吉布森混合法:此法主要用来评价计算机的科学计算能力。该方法把程序执行时常用的一些指令,如比较、计算、移位等分别加以执行,得出执行时间后,再分别乘以加权值,求出总和。

业务实测法:这种方法采用预先建立的有关业务的原型系统,规定处理业务的信息量,然后在不同的计算机上运行,从而比较处理时间的长短。这种方法可以考察计算机的数据处理能力。

3 配置方案的具体内容

3.1 系统配置概述

介绍软、硬件系统总体结构情况,以及选择系统的背景、要求、原则、制约因素等。

3.2 系统选择的依据

介绍选择软、硬件系统的依据。它包括功能要求、容量要求、性能要求、硬件设备配置要求、通信与网络要求、应用环境要求等。

3.3 系统配置内容

(1)介绍硬件结构情况以及硬件的组成及其连接方式,还要说明硬件所能达到的功能,并画出硬件结构配置图(见主机终端网结构与微机网的结构)。

(2)介绍硬件系统配置的选择情况,列出硬件设备清单,标明设备名称、型号、规格、性能指标、价格、数量、生产厂家等。

(3)介绍通信与网络系统配置的选择情况,列出通信与网络设备清单,标明设备名称、型号、规格、性能指标、价格、数量、生产厂家等。

(4)介绍软件系统配置的选择情况,列出所需的软件清单,标明软件名称、来源、特点、适用范围、技术指标和价格等。

3.4 费用情况

介绍计算机硬件、软件、机房和其他附属设施、人员培训及计算机维护等所需的费用,并给出预算结果。

3.5 具体配置方案的评价

从使用性能和价格等方面进行分析,提供多个物理系统配置方案。通过对各个配置方案进行评价,在结论中,提出设计者倾向性的选择方案。

4 系统设备配置与机器选型

4.1 选配依据

一般来说,设备选择与配置应根据实际情况来确定,即按系统分析各步骤调查研究的结果来考虑配置设备(包括软、硬件设备)。具体来说,有如下几方面。

(1)总体方案。根据分析的结果确定将要开发的系统是采用集中式的方案,还是分布式的方案,或者分布式和集中式的混合方案。

(2)容量。根据系统分析中所提供的数据存储容量总数,确定所要购置的机器需要配置多大的储存容量。

(3)外设、终端或网络的配置。它包括网络与终端的分配、根据业务需要配置终端、根据业务的内容确定终端的位置。

(4)速度。包括主机的速度、终端的速度和网络的通信速度。

(5)软件。根据系统分析的结果应该配置哪些软件,并指出这些软件可支持什么样的软、硬件工具等。

4.2 选择指标

在满足时间业务需要的前提下,只要资金许可,应尽量购置技术上成熟、性能价格比高的计算机系统。一般根据下列方面来评定:

(1)可靠性:技术上是否可靠。

(2)可维修性:维修是否方便。

(3)兼容性:纵向:新老系统能兼容;横向:本系统与外系统能够兼容。

(4)标准系列性:非标准的系列不宜选取。

(5)熟悉性:指用户对软件、硬件的熟悉程度。

(6)方便性:使用是否方便。

(7)可扩充性:今后扩展系统是否方便。

(8)对工作环境的要求。

(9)性能价格比。

4.3 硬件要考虑的指标

除上述设备选择所考虑的指标外,对计算机本身还要考虑以下指标:

(1)主机的结构,即是一般结构,还是优化自身处理命令的 RISC 体系结构。

(2)主机的处理 MIPS(百万条指令/秒)。

(3)相对机器性能价格指标 CW ,这是美国计算机世界杂志确定的一个衡量计算机性能价格的相对指标。它定义 IBM360 的 CW 指标为 45,其他机器都与它相比得出指标数。

(4)内存的大小。

(5)I/O(输入/输出)通道数。

(6)系统的读写/存储周期。

(7)外设的速度。

(8)高速缓存器的大小。

(9)向上升级是否方便。

(10)计算机设备及其对工作环境的要求。

4.4 软件考虑的指标

除上述设备选择所考虑的指标外, 软件的考虑必须与系统开发所采用的战略和方法结合起来。在信息系统开发过程中,开发方法以及相应软件工具的选择对系统开发是否顺利乃至能否成功,都是至关重要的。软件主要从如下几方面考虑:

(1)中文的使用。

(2)操作系统。

(3)数据库 DBS。

(4)常用程序设计语言。

(5)第 4 代程序生成语言 4GLs。

(6)工具,如测试工具、需求分析工具、调试工具等。

(7)应用系统开发环境,它代表了未来软件工程的发展方向。在这样一个环境和计算机自身的支持下,用户可以很方便地完成从需求分析、系统分析到系统设计、系统实现和运行管理的全过程。

(8)图形软件。

(9)各种应用软件包,如统计分析软件包、多元分析软件包、数学规划软件包等。

4.5 网络指标

网络指标除上述所考虑的指标外,还有如下指标:

(1)网络的结构;

(2)网络的拓扑结构;

(3)网络的传输媒介;

(4)各种接口;

(5)网络管理软件;

(6)网络与其他 OA 设备的连接等。

4.6 系统设备配置

考虑了上述种种因素后,常以表格的方式来描述系统设备的配置情况。表格中必须注明机器设备的型号、数量、距计算机中心的距离、系统的分布情况、环境条件等。

4.6.1　硬件配置设计

计算机各种类型的硬件是 GIS 硬件配置的基础，其主要包括：

- 计算机——工作站、微机、便携式计算机；
- 数据输入设备——数字化仪、扫描仪等；
- 数据输出设备——图形终端、绘图仪、打印机、硬拷贝设备等；
- 存储设备——磁带机、光盘机等；
- 网络设备——交换机、集线器等。

直到 20 世纪 70 年代末期，各种信息系统的计算机硬件配置系统还很简单，主要是基于集中式（Centralized scheme）的配置，其数据存储和处理功能都集中于主机（A host mainframe or mini-computer）上，其各种外围设备，如终端、图形工作站和绘图仪等也都连接在主机上，其所能实现的功能非常有限。

80 年代后期，计算机硬件和软件技术飞速发展，为计算机系统的配置提供了许多新的机会和选择，使一台计算机主机上的计算机处理功能与数据相分离的分布式系统（Distributed system）概念，已经对有关地理数据管理系统的设计和配置产生了重要影响。

这里，将从用户应用的角度给出地理信息系统硬件系统的配置。如图 12.2 所示，可以通过局域网将地理信息系统的输入设备、存储设备、输出设备、计算机以及服务器等连接起来。计算机通过局域网向服务器发出数据查询、数据分析以及控制输出设备的请求，服务器则响应请求，提供服务。

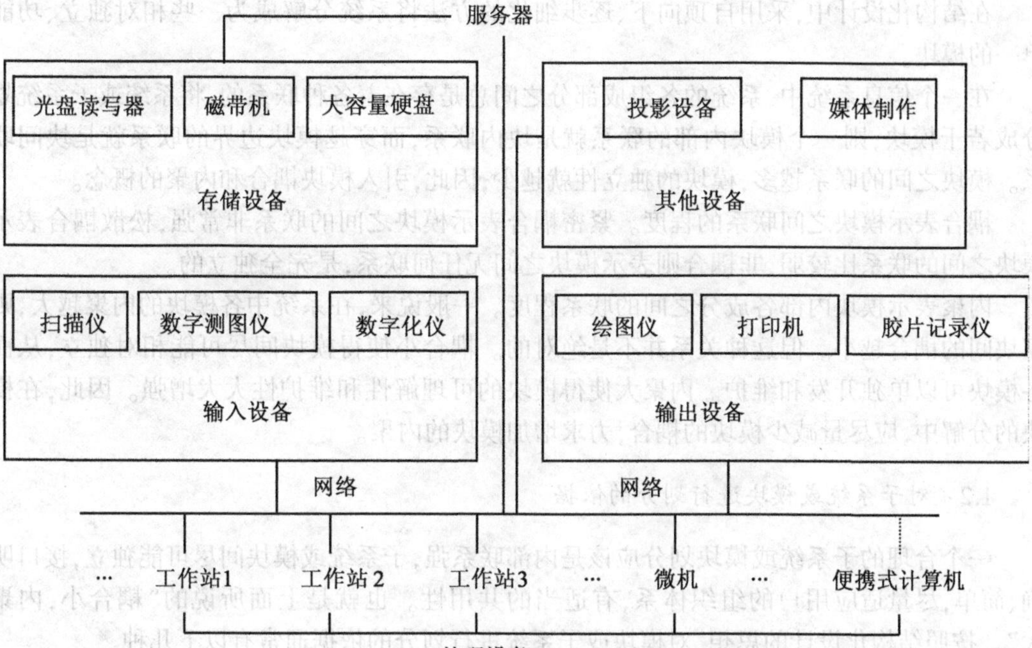

图 12.2　地理信息系统硬件系统的配置(据边馥苓)

4.6.2 软件配置设计

主要包括：系统软件，如 Windows、Unix 等；GIS 平台软件，如 ArcSDE8.1、ArcInfo8.1；数据库软件，如 Oracle（或 Informix/SQL Server/DB2）；开发工具，如 VB6.0、VC6.0；数据网络发布系统，如 GeoMedia WebMap 5.0。根据开发方式的不同，不同系统软件配置可能不完全一致。

第三节 系统模块结构设计

总体设计的另外一个主要内容是合理地进行系统模块结构的分析和定义，将一个复杂的系统设计转为若干个子系统和一系列基本模块的设计，并通过模块结构图把分解的子系统和一个个模块按层次结构联系起来。下面介绍如何进行模块的分解，如何从数据流图导出模块结构图以及模块结构图的改进。

1 模块分解的原则和依据

系统逻辑模型中数据流图中的模块是逻辑处理模块，模型中没有说明模块的物理构成和实现途径，同时也看不出模块的层次分解关系，为此，在系统结构设计中要将数据流图上的各个逻辑处理模块进一步分解，用模块结构图确定系统的层次结构关系，并将系统的逻辑模型转变为物理模型。

1.1 "耦合小，内聚大"的基本原则

在结构化设计中，采用自顶向下、逐步细化的方法将系统分解成为一些相对独立、功能单一的模块。

在一个信息系统中，系统的各组成部分之间总是存在着各种联系的，将系统或子系统划分成若干模块，则一个模块内部的联系就是块内联系，而穿越模块边界的联系就是块间联系。模块之间的联系越多，模块的独立性就越少，因此，引入模块耦合和内聚的概念。

耦合表示模块之间联系的程度。紧密耦合表示模块之间的联系非常强，松散耦合表示模块之间的联系比较弱，非耦合则表示模块之间无任何联系，是完全独立的。

内聚表示模块内部各成分之间的联系程度。一般说来，在系统中各模块的内聚越大，则模块间的耦合越小。但这种关系并不是绝对的。耦合小使得模块间尽可能相对独立，从而各模块可以单独开发和维护。内聚大使得模块的可理解性和维护性大大增强。因此，在模块的分解中，应尽量减少模块的耦合，力求增加模块的内聚。

1.2 对子系统或模块进行划分的依据

一个合理的子系统或模块划分应该是内部联系强，子系统或模块间尽可能独立，接口明确、简单，尽量适应用户的组织体系，有适当的共用性。也就是上面所说的"耦合小，内聚大"。按照结构化设计的思想，对模块或子系统进行划分的依据通常有以下几种。

(1)按逻辑划分，把相类似的处理逻辑功能放在一个子系统或模块里。例如，把"对所有业务输入数据进行编辑"的功能放在一个子系统或模块里，那么不管是库存，还是财务，只要有业务输入数据，都由这个子系统或模块来校错、编辑。

(2)按时间划分，把要在同一时间段执行的各种处理结合成一个子系统或模块。

(3)按过程划分，即按工作流程划分。从控制流程的角度看，同一子系统或模块的许多功能都应该是相关的。

(4)按通信划分，把相互需要较多通信的处理结合成一个子系统或模块，这样可减少子系统间或模块间的通信，使接口简单。

(5)按职能划分，即按管理的功能划分。例如，财务、物资、销售子系统或输入记账凭证、计算机优解子系统或模块等。

一般来说，按职能划分子系统，按逻辑划分模块的方式是比较合理和方便的。

2 模块结构的标准形式

一个系统的模块结构图有两种标准形式，即变换型模块结构和事务型模块结构。

2.1 变换型模块结构

变换型模块结构描述的是变换型系统，变换型系统由三部分组成：输入、数据加工（中心变换）和输出，它的功能是将输入的数据经过加工后输出，如图 12.3 所示。

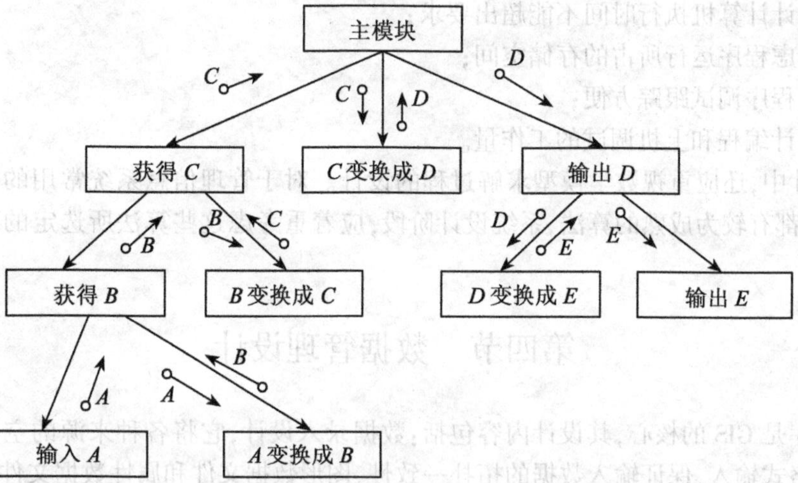

图 12.3 变换型模块结构

变换型系统工作时，首先主模块受到控制，然后控制沿着结构逐层达到底层的输入模块，当底层模块输入数据 A 后，A 由下至上逐层传送，逐步由“物理输入”变成“逻辑输入”C，接着在主控模块的控制下，C 经中心变换模块转换成逻辑输出 D，D 再由上至下逐层传送，逐步把“逻辑输出”变成“物理输出”E。这里的“逻辑输入”和“逻辑输出”分别为系统主处理的输入数据流和输出数据流，而“物理输入”和“物理输出”是指系统输入端和系统输出端的数据。

2.2 事务型模块结构

事务型系统由三层组成：事务层、操作层和细节层，它的功能是对接收的事务按其类型选择某一类事务处理。

事务型系统在工作时,主模块将按事务的类型选择调用某一事务处理模块,事务处理模块又调用若干个操作模块,而每个操作模块又调用若干个细节模块。在实际系统中,由于不同的事务可能有共同的操作,而不同操作又可能有共同的细节,因此,事务型系统的操作模块和细节模块可以达到一定程度的共享。

变换型和事务型模块结构都有较高的模块内聚和较低的块间耦合,因此便于修改和维护。在管理信息系统中,经常将这两种结构结合使用。

3 处理过程设计

在获得了一个合理的模块划分即模块结构图以后,就可以进一步设计各模块的处理过程了。这是为程序员编写程序做准备,它是编程的依据。

处理过程设计也称模块详细设计,通常是在 IPO 图上进行的。模块详细设计时,除了要满足某个具体模块的功能、输入和输出方面的基本要求以外,还应考虑以下几个方面。

(1)模块间的接口要符合通信的要求;

(2)考虑将来实现时所用计算机语言的特点;

(3)考虑数据处理的特点;

(4)估计计算机执行时间不能超出要求;

(5)考虑程序运行所占的存储空间;

(6)使程序调试跟踪方便;

(7)估计编程和上机调试的工作量。

在设计中,还应重视数学模型求解过程的设计。对于管理信息系统常用的数学模型和方法,通常都有较为成熟的算法,系统设计阶段,应着重考虑这些算法所选定的高级语言实现的问题。

第四节　数据管理设计

数据库是 GIS 的核心,其设计内容包括:数据录入设计,它将各种来源的空间属性数据以一定的格式输入,保证输入数据的拓扑一致性、图形数据文件和属性数据文件的建立以及错误冗余数据的消除等;数据存储设计,是指数据存储介质的选择、数据逻辑关系和数据存储结构的设计;数据检索设计,其目的是如何采用迅速高效的检索方案在数据库中查找所需要的数据。

数据管理部分设计的目的是确定在数据管理系统中存储和检索数据的基本结构,其原则是要隔离数据管理方案的影响,不管该方案是普通文件、关系数据库、面向对象数据库或者是其他方式。

目前,主要有三种数据管理方法,即文件、关系和面向对象。

(1)普通文件管理:普通文件管理提供基本的文件处理和分类能力。

(2)关系型数据库管理系统(RDBMS):关系型数据库管理系统建立在关系理论的基础上,采用多个表来管理数据,每个表的结构遵循一系列"范式"进行规范化,以减少数据冗余。

(3)面向对象的数据库管理系统:面向对象的数据库是一种正在成熟的技术,它通过增加抽象数据类型和继承特性以及一些用来创建和操作类及对象服务,实现对象的持续存储。

不论在分析阶段采用何种方法,都可以选择上述任意的一种方案实现数据的管理。

在 GIS 软件中,需要管理的数据主要包括:空间几何体数据、时间数据、结构化的非空间属性数据以及非结构化的描述数据。例如,对于地籍管理系统中的地块,有:

- 空间几何体数据:地块界点的坐标;
- 时间数据:地块存在的时段;
- 非空间属性数据:地块的权属、地价等;
- 非结构化的描述数据:描述地块所需要的图像、声音数据等。

为了实现对这些数据的管理,通常的方案包括如下几点。

1　文件管理

文件是按一定的组织方式存放在存储介质上的同类记录的集合。将所有的数据都存放于一个或者多个文件中,包括结构化的属性数据。

文件管理设计就是根据文件的使用要求、处理方式、存储的数据量、数据的活动性及所能提供的设备条件等,确定文件类别,选择文件媒体,决定文件组织方法,设计记录格式,并估算文件容量。具体内容如下:

(1) 对数据字典描述的数据存储情况进行分析,确定哪些是数据需要作为文件组织存储的,其中哪些是固定数据,哪些是流动数据,哪些是共享数据等,以便决定文件的类别。

(2)决定需要建立的文件及其用途和内容,并为每个文件选取文件名。

(3)根据文件的使用要求选择文件的存储介质和组织形式。如经常使用的文件应该采用磁盘介质随机方式(硬盘或软盘),不常用,但数据量大的文件可采用磁带方式和顺序存储组织方式。

(4)根据数据结构设计记录格式。记录格式设计内容包括:确定记录的长度;确定要设置的数据项数目以及每个数据项在记录中的排列顺序;确定每个数据项的结构;若需要时,确定记录中的关键字(数据项)。

文件中记录的长度取决于各个数据项的结构和数据项的数目。各数据项在记录中的排列顺序可根据实际需要和使用习惯决定。每个数据项的结构包括数据项名称、数据类型及数据长度。在设计时,不仅要考虑实际的需要,还要考虑计算机系统软件或语言所提供的条件和限制。例如,在 FOXPRO 数据库文件中,规定每个记录中的字段(数据项)个数不能超过 128 个。

(5)根据记录长度、记录个数和文件总数估算出整个系统的数据存储容量。

整个系统的存储容量等于各个存储容量之和。文件存储容量的计算与文件的组织方式、存储介质、操作系统和记录格式等有密切关系。详细计算文件存储容量的过程比较复杂,读者可参考有关资料。在微机管理信息系统中,一个估计文件存储容量的简单方法就是将记录长度乘以估计的记录个数,或者用实验方法先编写一个临时程序,按已确定的记录格式自动生成一个以空记录组成的文件,其记录个数与估计数目相同,这样,就可通过操作系统的有关命令,从屏幕上看出该文件的实际容量了。

采用文件管理数据的优点是灵活,即每个软件厂商可以任意定义自己的文件格式,管理各种数据,这一点在存储需要加密的数据以及非结构化的、不定长的几何体坐标记录时是有帮助的。文件管理的缺点也是显而易见的,就是需要由开发者实现属性数据的更新、查询、检索等操作,而这些都可以利用关系数据库完成。换言之,利用文件管理增加了属性数据管理的开发量,并且也不利于数据共享。目前,许多 GIS 软件采用文本格式文件进行数据存储,其目的是为了实现数据的转入和转出,与其他应用系统交换数据。

2 文件结合关系数据库管理

这是目前大多数 GIS 软件所采用的数据管理方案。考虑到空间数据是非结构化的、不定长的,而且施加于空间数据的操作需要 GIS 软件实现,这样就可以利用文件存储空间数据,而借助于已有的关系数据库管理系统(RDBMS)管理属性数据。采用这种管理方式的数据有:

(1)空间数据:通过文件进行管理;

(2)时间数据:是结构化的,可以利用数据库进行管理;

(3)非空间属性数据:利用数据库进行管理;

(4)非结构化的描述数据:由于描述数据不论是文本、图像,还是声音、录像,一般都对应于一个文件,这样可以简单地在关系数据库中记录其文件路径。其优点是关系数据库数据量小,缺点是文件路径常常会因为文件的删除、移动操作而变得不可靠。如果关系数据库支持二进制数据块字段,也可以利用它来管理文本、图像甚至声音、录像文件。

由于空间几何体坐标数据和属性数据是分开存储管理的,需要定义它们之间的对应关系。通常的解决方案是在文件中,每个地物都有一个惟一标识码(地物 ID),而在关系数据表结构中,也有一个标识码属性,这样,每条记录可以通过该标识码确定与对应地物的连接关系(见图 12.4)。

采用该管理方式的缺点在于经常进行根据地物 ID 的查找(既包括从给定的地物查找其对应的记录,又包括根据给定的记录检索相应的地物),使查询、模型运算等一些操作的速度变慢。

地物 ID	坐标
ID1	$X_1, Y_1, X_2, Y_2, \cdots$
ID2	$X_1, Y_1, X_2, Y_2, \cdots$
ID3	$X_1, Y_1, X_2, Y_2, \cdots$
…	…

(a)通过文件管理空间数据

↔

地物 ID	属性 1	属性 2	…
ID1	属性值	属性值	…
ID2	属性值	属性值	…
ID3	属性值	属性值	…
…	…	…	…

(b)通过关系数据库管理属性数据

图 12.4 同时使用文件和关系数据库管理 GIS 数据,其中利用地物 ID 建立记录之间的连接关系

3 全部采用关系数据库管理

在这种管理方式中,不定长的空间几何体坐标数据以二进制数据块的形式被关系数据库管理。换言之,坐标数据被集成到 RDBMS 中,形成空间数据库,其结构如图 12.5 所示。

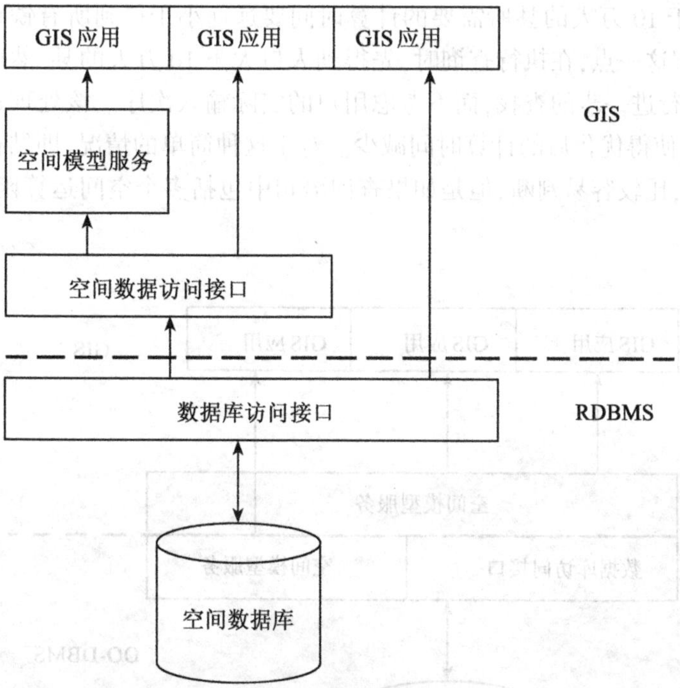

图 12.5　集成化的 GIS 数据管理

可以认为，一个地物对应于数据表中的一条记录，这样它带来的最直接的好处是避免了对“连接关系”的查找。目前，关系数据库不论是理论还是工具，都已经成熟，它们提供了一致的访问接口(SQL)以操作分布的海量数据，并且支持多用户并发访问、安全性控制和一致性检查。这些正是构造企业级的地理信息系统所需要的。此外，通用的访问接口也便于实现数据共享。

采用全关系 GIS 数据管理，由于几何体坐标数据不定长，会造成存储效率低下。此外，现有的 SQL 并不支持空间数据检索，需要软件厂商自行开发空间数据访问接口，如果要支持空间数据共享，则要对 SQL 进行扩展。

4　采用面向对象数据库(OO-DBMS)管理

如果应用对象数据库管理 GIS 数据，则可以扩充对象数据库中的数据类型以支持空间数据，包括点、线、多边形等几何体，并且允许定义对于这些几何体的基本操作，包括计算距离、检测空间关系，甚至稍微复杂的运算，如缓冲区计算、叠加复合模型等，也可以由对象数据库管理系统“无缝”地支持。

这样，通过对象数据库管理系统，提供了对于各种数据的一致的访问接口以及部分空间模型服务，不仅实现了数据共享，而且空间模型服务也可以共享，使 GIS 软件开发可以将重点放在数据表现以及复杂的专业模型上(见图 12.6)。

目前，对象数据库管理系统远未成熟，许多的技术问题仍需要进一步的研究。例如，由于支持用户自定义功能，可能会引发对系统的恶意入侵。查询优化也是对象数据库所面临的一个难题,假定要进行查询操作,得到所有有铁路通过并且人口大于10万人的县,很明显,得到人口大于10万人的县所需要的计算时间要远远小于得到所有铁路通过的县的时间,系统必须了解这一点,在执行查询时,先得到人口大于10万人的县,然后再在该集合中依据空间关系进行进一步的查找,而不考虑用户的实际输入次序。该处理过程称为查询优化(Optimize),它使得优化后的计算时间减少。对于这种简单的情况,即结构化查询和空间运算的消耗时间,比较容易判断,但是如果查询语句中包括多个空间运算函数,那么其优化将变得十分困难。

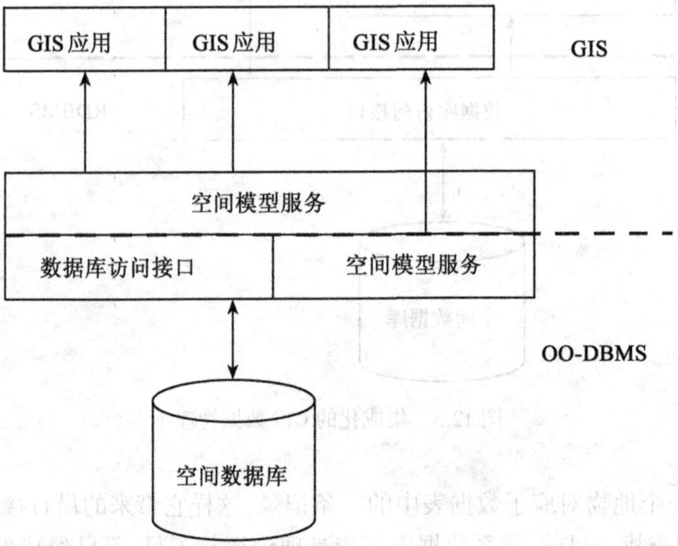

图12.6 采用OO-DBMS进行GIS数据管理

第五节 输入、输出设计

1 输出设计

系统的详细设计过程是根据管理和用户的需要先进行输出设计,然后反过来根据输出所要求获得的信息来进行输入设计。输出信息的使用者是用户,故输出的内容与格式等是用户最关心的问题之一。因此,在设计过程中,开发人员必须深入了解并与用户充分协商。

对输出信息的基本要求是准确、及时而且适用。输出设计主要考虑输出要求的确定、输出方式的选择和输出格式的设计。输出设备和介质的选择也要考虑在内。

1.1 输出要求的确定

在确定一个系统究竟应输出什么信息时,应按照下列步骤加以调查和分析。

(1) 详细分析现行系统的输出报表和内容。其中包括:哪些报表是真正需要的?哪些是重复的或可以合并的?各份报表的输出周期,等等。

(2) 参考与用户同类型企业或部门的情况,借鉴业务性质类似的其他管理信息系统的经验。

(3) 与用户单位的实际业务人员讨论。

1.2 输出方式的选择

GIS 系统主要使用的输出方式是屏幕显示和打印机打印。磁盘或磁带则往往作为一种备份(保存)数据的手段。

通常在功能选择、查询、检索信息时,采用屏幕输出方式。用屏幕输出方式的优点是实时性强,但输出的信息不能保存。

打印机一般用于输出图表等,这种方式输出的信息可以长期保存和传递。

1.3 输出格式的设计

对输出格式设计的基本要求是:

(1) 规格标准化、文字和术语统一;

(2) 使用方便,符合用户的习惯;

(3) 美观大方,界面漂亮;

(4) 便于计算机实现;

(5) 能适当考虑系统发展的需要。

设计屏幕输出格式时,除了合理安排数据项的显示位置,还应注意适当的色彩搭配。

设计纸质报表的格式时,要先了解打印机的特性,包括对各种制表符号、打印字体大小、换页走纸命令的熟悉,因为不少打印机往往其控制方式有独特之处。

为了便于编写输出程序,以免在调试程序时作反复修改,设计输出格式时,最好先在方格纸上拟出草图。

2 输入设计

输出设计完成以后,就可进行输入设计。要求输出高质量的信息,首先就要求输入高质量的信息。输入设计的目标是:在保证输入信息正确性和满足输出需要的前提下,应做到输入方法简便、迅速、经济。

2.1 输入设计的原则

输入设计应遵循以下基本原则:

(1) 输入量应保持在能满足处理要求的最低限度。输入的数据越多,则可能产生的错误也越多。

(2) 杜绝重复输入,特别是数据能共享的大系统、多子系统一定要避免重复输入。

(3) 输入数据的汇集和输入操作应尽可能简便易行,从而减少错误的发生。

(4) 输入数据应尽早地用其处理所需的形式进行记录,以便减少或避免数据由一种介质转换到另一种介质时可能产生的错误。

2.2 输入格式的设计

输入格式应该针对输入设备的特点进行设计。若选用键盘方式人机交互输入数据,则输入格式的编排应尽量做到计算机屏幕显示格式与单据格式一致。输入数据的形式一般可采用"填表式",由用户逐项输入数据,输入完毕后,系统应具有要求"确认"输入数据是否正确的功能。

2.3 输入数据的校验

由于管理信息系统中的数据输入量往往较大,为了保证其正确性,一般都设置输入数据校验功能,对已经输入的数据进行校验。校验的方法很多,常用的有以下两种。

(1)重复输入校验

由两个操作员分别输入同一批数据,或由一个操作员重复输入两次,然后由计算机校对两次输入的数据是否一致,若一致,则存入磁盘;否则显示出不一致部分,由操作员修正。

(2) 程序校验法

根据输入数据的特性,编写相应的校验程序对输入的数据进行检查,自动显示出错信息,并等待重新输入。例如,对于财务管理中的记账凭证输入,可设置科目代码字典,对输入凭证中的科目代码进行自动检查。

第六节 界面设计

用户界面设计是一项重要而繁琐的工作,用户界面的好坏既影响到系统的形象和直观水平,又决定了是否可被用户接受。

1 界面设计原则

在设计阶段,除了设计算法、数据结构等内容外,一个很重要的部分就是系统界面的设计。系统界面是人机交互的接口,包括人如何命令系统以及系统如何向用户提交信息。一个设计良好的用户界面使得用户更容易掌握系统,从而增加用户对系统的接受程度。此外,系统用户界面直接影响了用户在使用系统时的情绪。下面的一些情形无疑会使用户感到厌倦和茫然:

(1)过于花哨的界面,使用户难以理解其具体含义,不知从何入手;

(2)模棱两可的提示;

(3)长时间(超过10秒钟)的反应;

(4)额外的操作。

与之相反,一个成功的用户界面必然是以用户为中心的、集成的和互动的。

尽管目前图形用户界面(GUI,Graphical User Interface)已经被广泛地采用,并且有很多界面设计工具的支持,但由于上述原因,在系统开发过程中,应该将界面设计放在相当重要的位置上。

2 界面样式

在 GIS 软件界面设计中,有三种基本的用户界面样式,即基于命令的界面、菜单驱动的界面以及基于工作流的 GUI 界面。这三种界面对于实现和使用各有其长处和短处,在具体实现时,可以同时支持一种或几种样式。

2.1 菜单式

在 Windows 成为 PC 上的主流操作系统之后,菜单驱动的用户界面几乎在所有的应用软件中被采用(如图 12.7 所示)。菜单式界面将系统功能按层次全部列于屏幕上,由用户用数字、键盘箭头键、鼠标器、光笔等选择其中某项功能执行。每个菜单项目都有相应的帮助信息,便于用户随时查看。

菜单界面的优点是易于学习掌握,使用简单,层次清晰,不需大量的记忆,利于探索式学习使用,特别是对于汉字系统,可将菜单内容用汉字列出,通过菜单选择,不需再键入汉字执行,极为方便。其缺点是比较死板,只能层层深入,且无法作出批处理作业。尤其是对于高级用户而言,与命令行界面相比,它往往显得不够灵活,而且效率低下。在 GIS 中,往往需要连续地对批量数据进行处理,并且需要较长的计算时间,这种情况下采用菜单界面就变得不可忍受。

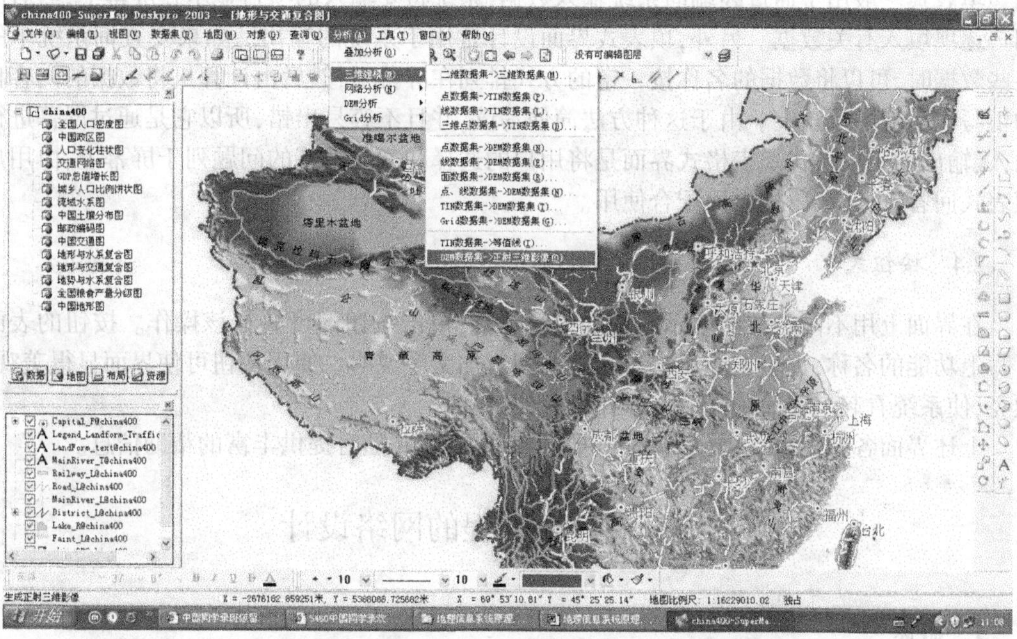

图 12.7 Windows 环境下菜单驱动的 GIS 界面

目前,系统设计中常用的菜单设计方法主要有:

(1)一般菜单。在屏幕上显示出各个选项,每个选项指定一个代号,根据操作者通过键盘输入的代号或单击鼠标左键,即可决定何种后续操作。

(2)下拉菜单。它是一种二级菜单,第一级是选择栏,第二级是选择项,各个选择栏横排在屏幕的第一行上,用户可以利用光标控制键选定当前选择栏,在当前选择栏下立即显示出该栏的各项功能,以供用户进行选择。

(3)快捷菜单。选中对象后,单击鼠标右键所出现的下拉菜单,将鼠标移到所需的功能项目上,然后单击左键即执行相应的操作。

2.2 命令式

命令行是最简单的界面样式,并且很早就已经在各种操作系统软件中被采用。其优点是灵活,功能模块之间关系较为简单,可直接调用任何功能模块,既便于开发实现,又可组成复杂的调用。更重要的是可以组织成批处理文件或者脚本文件进行批处理作业,不需用户在机前逐个调用系统功能。其缺点是它只使用文本语言,不提供任何提示信息和建议,这使用户要依赖于印刷文档来学习系统,不易记,且不易全面掌握,特别是命令难以用汉字构成。反之,全用英文又会给不熟悉英文的用户带来更大的困难。

对于 GIS 软件,因为包含大量的图形操作,所以采用命令行界面时,需要有一个图形窗口以显示操作结果,这样,命令行界面起到控制台的作用。由于支持批命令和脚本文件,因此可以使用命令行界面来实现批量的、流程化的、耗时的数据处理。

2.3 表格式

填表式一般用于通过终端向系统输入数据,系统将要输入的项目显示在屏幕上,然后由用户逐项填入有关数据。另外,填表式界面设计常用于系统的输出。如果要查询系统中的某些数据时,可以将数据的名称按一定的方式排列在屏幕上,然后由计算机将数据的内容自动填写在相应的位置上。由于这种方法简便易读,并且不容易出错,所以它是通过屏幕进行输入、输出的主要形式。表格式界面是将用户的选择和需要回答的问题列于屏幕上,由用户填表式回答,可与菜单式界面配合使用。

2.4 按钮式

在界面上用不同的按钮表示系统的执行功能,单击按钮即可执行该操作。按钮的表面可写上功能的名称,也可用能反映该功能的图形加文字说明。使用按钮可使界面显得美观、漂亮,使系统看起来更简单、好用,操作更方便、灵活。

上述界面各有优缺点,好的系统应提供各种界面,并随时提供丰富的帮助信息。

第七节 GIS 工程的网络设计

1 概述

进入 20 世纪 90 年代以来,随着支持多用户网络服务操作系统的发展,以局域网(Local Area-Network)、广域网(Wide Area Network)为主的计算机网络系统,以及星地一体化的通信网络系统已经形成人类社会信息共享的体制。基于客户/服务器体系结构,并在局域网、广域网或因特网支持下的分布式系统结构,已经成为 GIS 的硬件系统的发展趋势。

与集分析功能与数据管理于一体的集中式系统(Centralized System)相比,分布式系统将系统分析功能与数据管理分布在开放的网络计算机环境中，既减小了集中式集成对系统造成的压力，又为广大用户提供了数据信息和计算机软件共享的环境与机制。

进行网络 GIS 设计时，应当将计算机的集中式系统与分布式系统进行有机的结合，以选择合适的计算机连续方式与信息系统的组合方式。

对于网络设计，应考虑下列因素：

- 地址的物理分布；
- 现有的通信设备；
- 用户对系统功能的特殊要求；
- 数据库容量（Database content）；
- 不同地址使用数据和数据更新的频率及其量的大小；
- 安全性要求；
- 硬件和未来升级的需要；
- 数据拥有权和系统管理的组织因素；
- 其他。

2 计算机网络系统的连接方式

在计算机网络中，有关设备和计算机通信线路的设计和安排是网络拓扑的研究内容，网络拓扑定义了网络中设备的连接方式，并解释了数据流是如何在网络中流动的。从用户角度进行分析，网络设计应当满足如下要求：①足够的传输速度以支持设备及其应用；②易于将数据传送到网络的不同节点；③足够的稳定性和安全性以保证数据的传输质量。

在网络中，计算机的常见连接方式有三种。

2.1 星状

星状网络由一个中央节点和与其相连的许多分支节点组成，它使得分布在网络各个节点之上的用户所使用的数据以及他们在网络上所从事的各种应用具有一定程度的集中控制性。所有传统的基于集中式的计算机网络配置都使用了星状网络类型来支持各种外部设备。

星状网络的一个优点是网络中的每个计算机都以独立的网线通过中继器与其他计算机相连，如果某个计算机的网络段出现故障，不会影响整个网络的运行，并且故障也容易排除；缺点是网络的扩大受中继器的限制，而且中继器的故障会导致整个网络停止运行。

2.2 环状

环状网络是所有节点串行连接而形成一个封闭环路。其优点是接口功能简单，节点增减方便，信息单向传输，易实现信息的广播式发送，缺点是可靠性差。

2.3 总线

总线网络具有一条中央线，其上可以连接各种设备。在网络 GIS 设计中，总线网络是一种局域网中常见的网络。它具有费用低、易扩大的优点，其缺点是不易维护，网络中任何一段发生故障都会导致整个网络的运行终止，而且在联机较多的情况下，故障网段不易查找。

另外，网络类型中还有网格状（Marsh）结构和无线（Wireless）两种类型。网格状结构又称为全互联网结构,所有计算机都同时互相连接,以保证实时和可靠的通信,这种网络由于费用高昂、技术复杂,一般局限在个别专用网上。计算机无线通信是近年来发展很快的一种连接方式,网络中以专门的发射器和接收器与计算机网络连接,其优点是不受网络线路的限制,适合于没有线路的边远地区,或作为现有网络的补充。与有线通信相比,其缺点是费用高,安全性及可靠性差。

3 网络 GIS 的组合方式

GIS 中子系统之间的关系实质上是信息和系统功能的提供者和接收者之间的关系,这种关系体现在客户-服务器模式中:提供信息或系统服务的是服务器,获得信息或应用功能服务的是客户。在分布式信息系统中,客户和服务器分别由相应的硬件、软件和数据库组成,其组合方式可按数据和应用功能的分布形式分成五种。

3.1 全集中式

全集中式的 GIS 把 GIS 软件、DBMS、数据库全部集中在中央服务器(如图 12.8 所示)。客户系统只负责执行用户界面功能,即获得用户指令并传达给服务器,显示查询结果,提供系统辅助功能。常用的客户设置有三种:第一种是以 X-server 为代表的,是只负责表现逻辑(Presentation Logic)的客户系统,所有的数据处理和运算均在服务器上执行,客户端由专门的 X 终端或 X 模拟器通过 TCP/IP 的 X 协议实现用户与服务器之间的交流;第二种是以 ArcView 为代表的客户软件系统,这类系统除了提供一般的用户界面外,还具有相当强的分析和处理功能。目前,真正具有网络通信功能的 GIS 软件不多,ArcView 是较为常见的一种,它与 ESRI 的 Arc/Info、SDE 或 Arcstorm 作为服务器,通过网络软件系统 NFS 或网络 API 相连构成网络地理信息系统;第三种是近年来迅速发展起来的以万维网为基础的客户系统,这种系统一般由 GIS 软件和万维网系统软件在客户和服务器两端分别合成,网络通信由万维网的 HTTP 服务器和客户软件负责,在服务器端,HTTP 服务器和 GIS 服务器通过 Common Gateway Interface(CGI)连接;在客户端,一般的界面功能由万维网浏览器执行,GIS 功能通过浏览器客户端的 GIS 软件的合成实现。

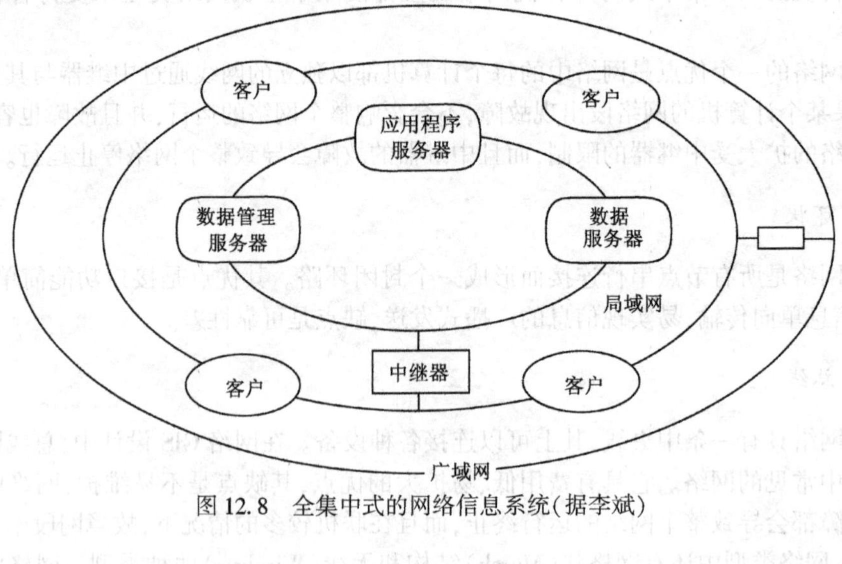

图 12.8 全集中式的网络信息系统(据李斌)

3.2 数据集中式

网络系统专设服务器集中提供数据存储和管理服务，网络中的其他部分成为数据客户，它们一般都带有一定功能的地理信息系统软件。简单的数据服务器可由网络软件系统（如NFS）提供，大型的管理系统则需要功能完备和高性能的数据服务器，如 Arcstorm 和 Oracle。

3.3 功能集中式

与数据集中式相反，功能集中式的网络信息系统把绝大部分的功能函数集中在一个或几个容量大、性能高的服务器上，由它们负责所有的分析和处理；数据则分散到客户端存储和管理（见图 12.9）。

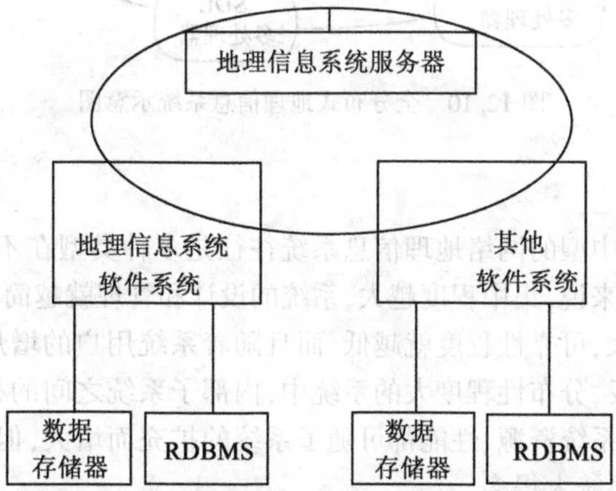

图 12.9 功能集中式地理信息系统（据李斌）

3.4 全分布式

全分布式是原有的非网络化的信息系统自然进化的结果。在全分布式系统中，各子系统具有完备的数据库及地理信息系统软件和其他应用软件，在网络中同时扮演客户和服务器的角色。各子系统的硬、软件环境和特性及拥有的数据都很可能不一样，但同时又有很密切的联系和互补性（见图 12.10）。系统的合成通过网络操作系统及各子系统所提供的 API 实现。

3.5 函数库服务器

传统的软件系统一般是静态的，系统启动后，绝大部分函数是固定的；而用户通常每次只用少数几个功能函数，这就造成了系统资源的浪费。而且对于集中式的系统而言，系统的不断扩大将加大中央服务器的负担，到一定程度会导致系统的性能锐降；全分布式系统合成则由于子系统的异构性使系统设计和实现复杂化。函数服务器把优化的功能函数存储在服务器上，通过网络按用户要求动态合成应用软件，并使其在客户机上运行，从而从根本上改变了传统的资源分配和软件运行及维护方式。但目前函数库服务器的理论和技术尚未

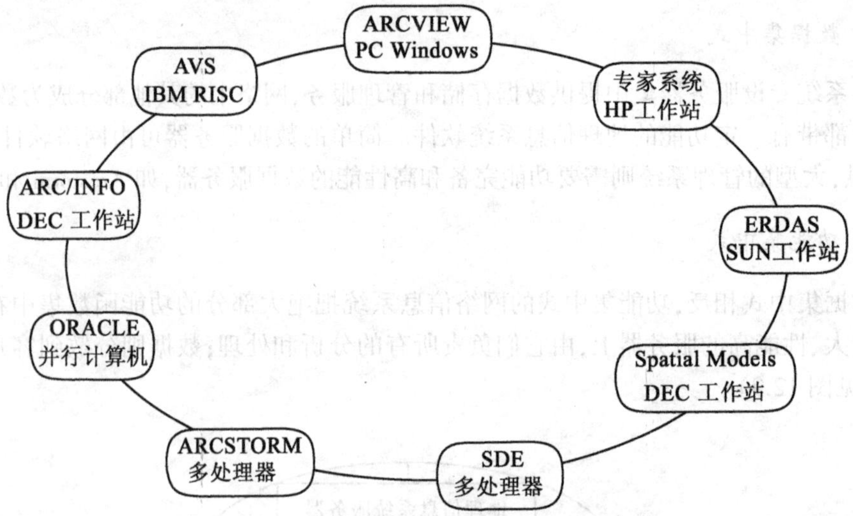

图 12.10　全分布式地理信息系统示意图

成熟。

在实际应用中,大中型的网络地理信息系统往往是多种类型在不同层次上的结合。在上述五种类型中,一般来说,集中程度越大,系统的设计和管理就越简单,但整个系统对中央服务器的依赖性就越大,可靠性程度就越低,而且随着系统用户的增加,服务器的性能会下降,维护费用上升;相反,分布性程度大的系统中,内部子系统之间的相互独立性强,对服务器的依赖性不大,而且系统资源、性能都可随子系统的扩充而增大,但在系统设计和管理上的难度要比集中式的系统大得多。

4　网络 GIS 的概念设计

逻辑上,大多数计算机网络软、硬件配置设计的第一步是基于用户功能需求,而不是硬件设备和软件全使用模式的概念设计。

概念设计应当基于如下要点:①对用户的应用意图有充分的了解;②掌握计算机硬件、软件和计算机通信的基本概念知识;③了解已经存在的并有可能影响设计的地址条件、现有系统和通信设施;④对于有可能影响系统设计的计算机技术及其发展的现有状况应有充分认识。

概念设计应当对在 GIS 网络配置中的硬件、软件的功能和作用给予说明,并对设备与应用之间的关系给予描述,它应当能够在所设计的网络系统之间真正实现,有利于系统功能重审及其修改,有利于系统价值的估算,并为更详细的特殊定义提供基础。同时,它还应当对系统能够在新的应用、新的用户和扩展数据库方面的发展给予描述。

进行网络 GIS 概念设计时,集中式、分布式和处理功能的不同水平必须与特定地址条件、用户的应用需求相适应。

图 12.11 所示的系统和组织类型适用于地方政府、工程单位的单个部门的少量用户,用于数据获取、地图生产。地址分布:单一地址;数据传输操作:与其他已有站点之间的数据传输没有特殊的要求,数据可通过磁带或直接进行批量传输;升级可能性:可升级为基于主机

的网络或者具有其他智能工作站的网络。

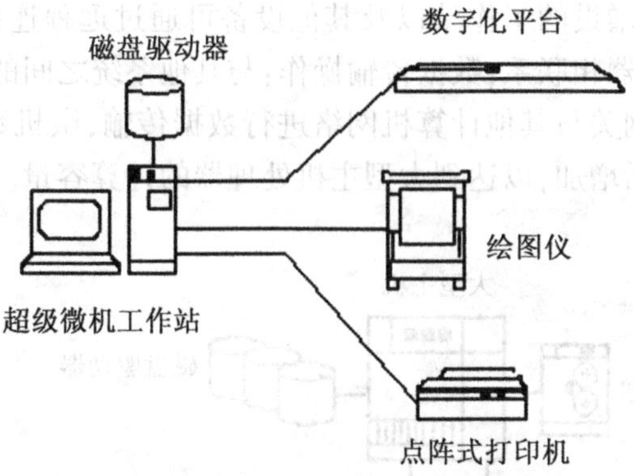

图 12.11 拥有外围设备的超微机工作站

图 12.12 所示的系统与组织类型作为小型多用户系统,用来支持数据获取、地图生产和数据库与图形查询应用,服务于政府机构或企事业单位的一个部门或几个相关部门。地址分布:拥有大量外围设备的中央处理单元被分配在一座建筑物的一层或相邻的几层,远程用户可通过拨号上网与系统连接;数据传输操作:其他来源的数据可通过磁带或直接的批量文件进行交换;升级可能性:一些附加设备可添加在异步端口上,可以升级为局域网以支持增加的用户。

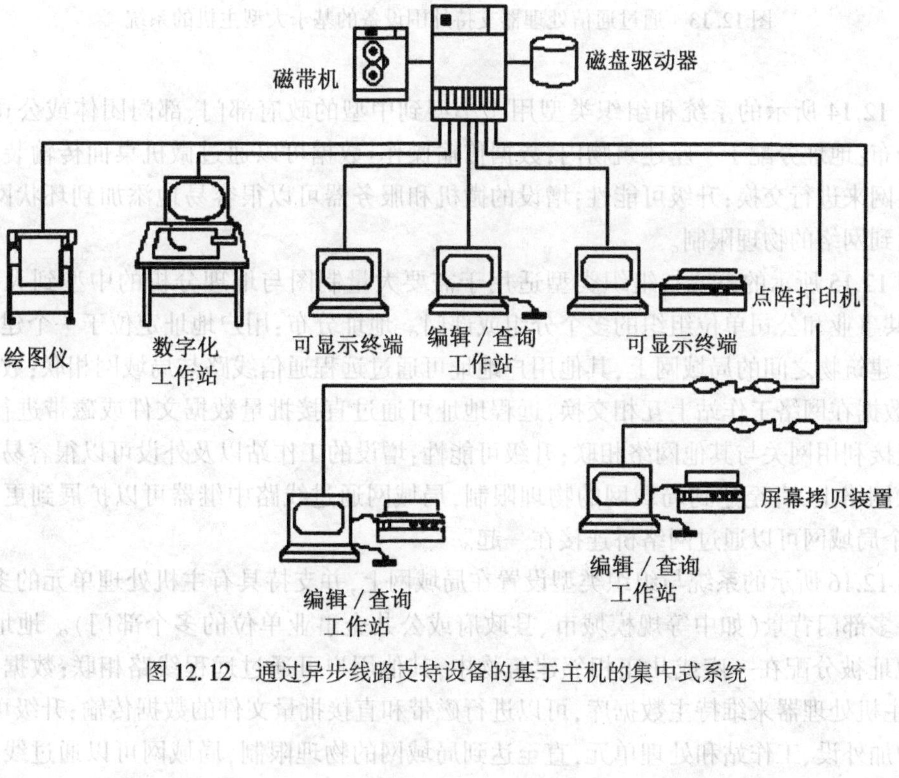

图 12.12 通过异步线路支持设备的基于主机的集中式系统

图 12.13 所示的系统与组织类型适用于中型到大型的政府或企事业单位的组织机构，用户通过进入大型主机数据库进行地理查询、空间分析和制图。地址分布：在一座建筑物内，多个地址直接相连；增设的工作站以及其他设备可通过远程连接（数字和模拟线路）与图形控制器或通信处理器相联系；数据传输操作：与其他系统之间的数据的周期交换可利用磁带进行，也可以通过网关与其他计算机网络进行数据传输，微机数据的传输则容易建立；升级可能性：设备可灵活增加，以达到大型主机处理器的计算容量。

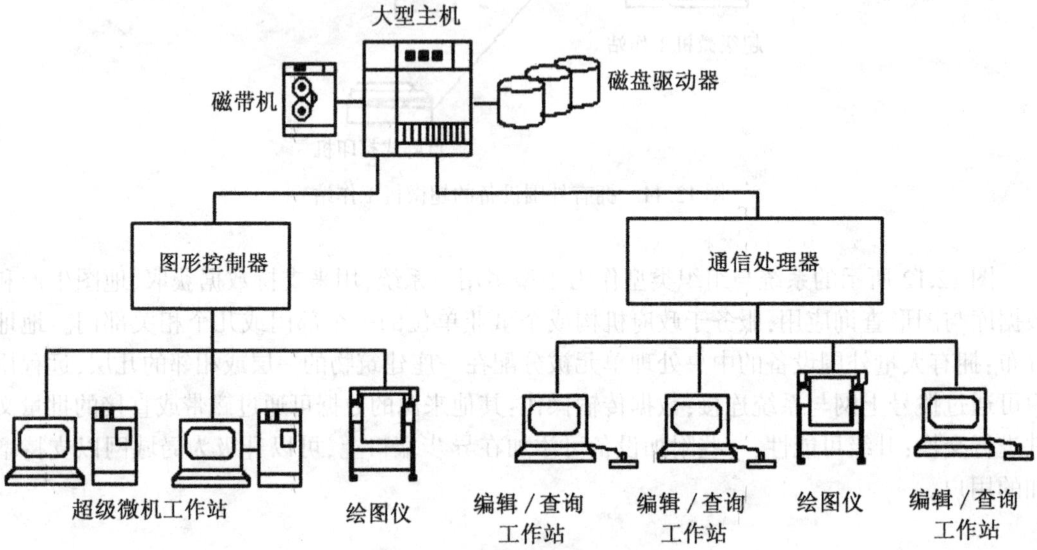

图 12.13　通过通信处理器支持外围设备的基于大型主机的系统

图 12.14 所示的系统和组织类型用于小型到中型的政府部门、部门团体或公司单位。地址分布：地址分配于一座建筑物内；数据传输操作：数据可以通过微机桌面传输装置或者拨号上网来进行交换；升级可能性：增设的微机和服务器可以很容易地添加到环状网络上，直至达到网络的物理限制。

图 12.15 所示的系统与组织类型适用于需要大量制图与地理分析的中型到大型的政府、公共事业和公司单位组织的多个分组或部门。地址分布：用户地址定位于一个建筑物内或邻近建筑物之间的局域网上，其他用户地址可通过远程通信线路与局域网相联；数据传输操作：数据在网络工作站上互相交换，远程地址可通过直接批量数据文件或磁带进行传输，可以直接利用网关与其他网络相联；升级可能性：增设的工作站以及外设可以很容易地添加到环状网络上，直至达到局域网的物理限制，局域网通过线路中继器可以扩展到更大的地区，多个局域网可以通过网络桥连接在一起。

图 12.16 所示的系统与组织类型设置在局域网上，并支持具有主机处理单元的多用户，适用于多部门背景（如中等规模城市、县政府或公共企事业单位的多个部门）。地址分布：用户地址被分配在一座或几座相邻建筑物中，其他用户可通过远程线路相联；数据传输操作：以主机处理器来维持主数据库，可以进行磁带和直接批量文件的数据传输；升级可能性：可以增加外设、工作站和处理单元，直至达到局域网的物理限制，局域网可以通过线路中继

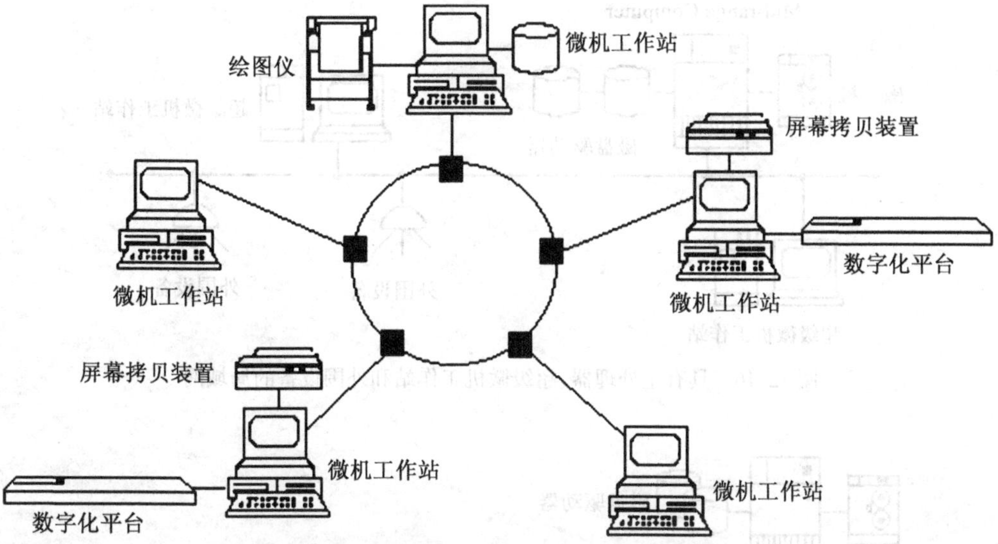

图 12.14　令牌环状网络微机系统

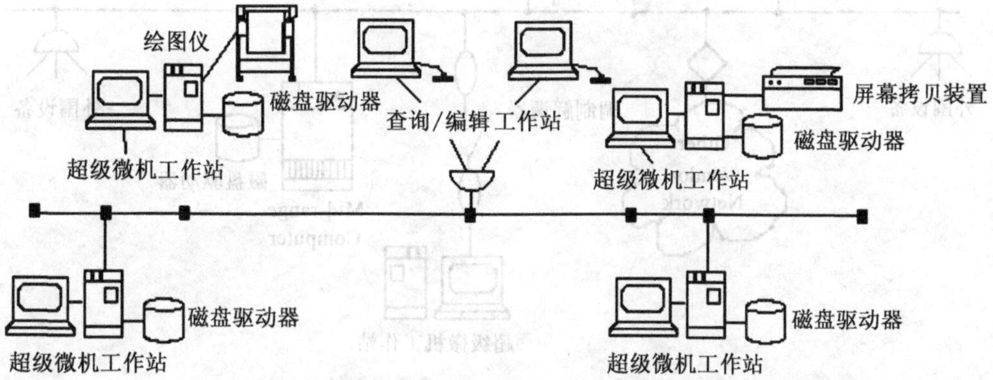

图 12.15　局域网上具有超级微机工作站的分布式处理和数据库系统

器扩展到其他建筑物中;局域网桥可用于连接多个局域网,并可增加网关以实现与其他类型的网络相联。

图 12.17 所示的系统和组织类型在局域网上配置多个处理单元和外设,以支持多个功能性的相关组织(如县政府机构中的公用供水部门)。地址分布:处理单元与大多数外设分布在城市的中心商业区的多个建筑物中,有些设备通过远程线路与局域网相联;数据传输操作:用户可以访问局域网上的分布式数据;可以通过网络网关进行对于其他网络的批量与实时数据访问;升级可能性:新增外设、工作站和处理器,可直接与网络相联,直至达到局域网的物理和逻辑限制;局域网的扩展或与其他局域网相联可通过局域网桥和线路中继器来实现。

图 12.18 所示的系统与组织类型适用于一个系统网络中的多用户之间的数据共享(如市政府、县政府和公共企事业的各部门),或者是需要较大数据处理能力的具有地理区域性分布职能的某个组织。地址分布:多个处理单元通过远程线路相联;数据传输操作:任何地

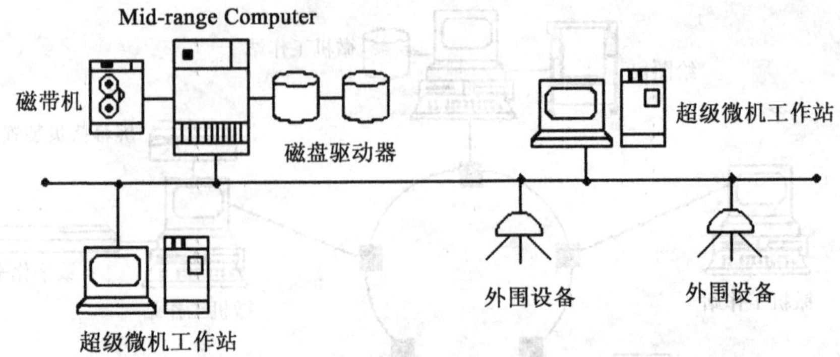

图 12.16　具有主处理器、超级微机工作站和外围设备的局域网

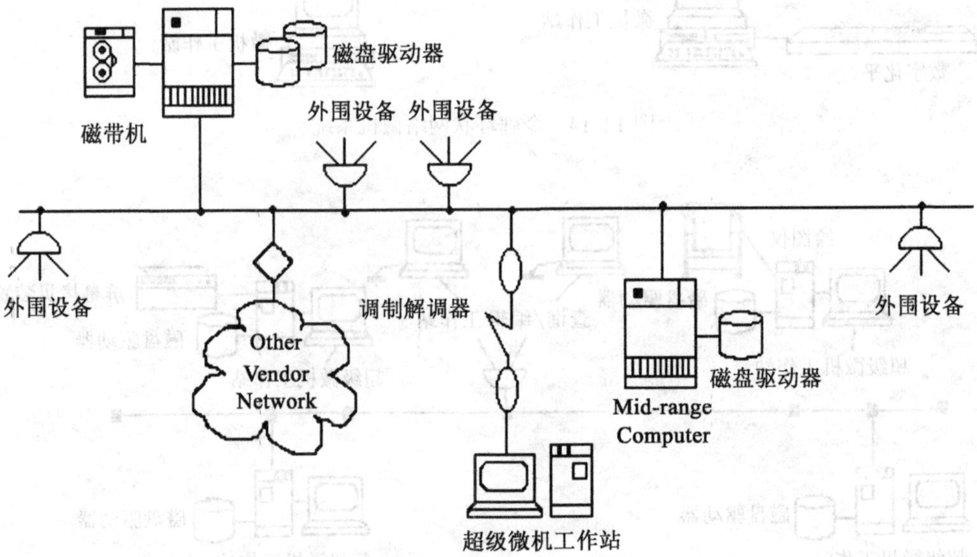

图 12.17　具有多处理单元和中央数据存储的局域网

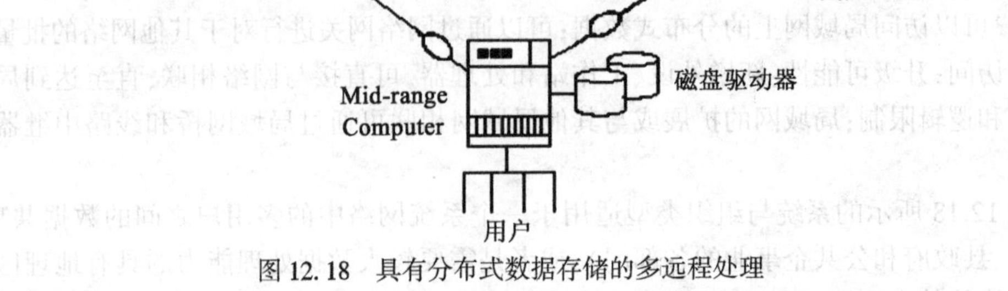

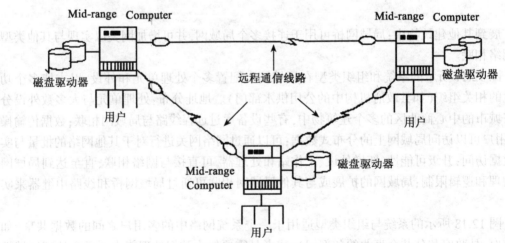

图 12.18　具有分布式数据存储的多远程处理

址的数据更新都是以批量文件形式进行传输的;实现多个地址之间的相互访问;可以增加与其他网络实施连接的网关;升级可能性:每个站点都可以扩展;增加的处理单元可以加入到远程网中。

第八节　GIS系统设计报告

系统设计阶段的成果是系统设计报告，其主要是各种设计方案和设计图表,它是下一步系统实现的基础。

1　系统设计的成果

系统设计阶段的成果归纳起来一般有:

(1)系统总体结构图:包括总体结构图、子系统结构图、计算机流程图等。

(2)系统设备配置图:包括系统设备配置图,主要是计算机系统图,设备在各生产岗位的分布图、主机、网络、终端联系图等。

(3)系统分布编码方案:包括分类方案、编码系统。

(4)数据库结构图:包括DB的结构(主要指表与表之间的结构)、表内部结构(字段、域、数据字典等)。

(5)HIPO图:包括层次化模块控制图、IPO图等。

(6)系统详细设计方案说明书。

2　系统设计说明书的组成

2.1　引言

(1) 摘要:系统的目标名称和功能等的说明。

(2) 背景:项目开发者、用户、本项目和其他系统或机构的关系和联系。

(3) 系统环境与限制:包括硬件、软件和运行环境方面的限制、保密和安全的限制、有关系统软件文本、有关网络协议标准文本。

(4) 参考资料和专门术语说明。

2.2　系统设计方案

(1) 模块设计

系统的模块结构图、各个模块的IPO图(包括各模块的名称、功能、调用关系、局部数据项和详细的算法说明等)。

(2) 代码设计

各类代码的类型、名称、功能、使用范围和使用要求等的设计说明书。

(3) 输入设计

输入项目、输入人员(指出所要求的输入操作人员的水平与技术专长,说明与输入数据有关的接口软件及其来源)、主要功能要求(从满足正确、迅速、简单、经济、方便使用者等方面达到要求的说明)、输入校验(关于各类输入数据的校验方法的说明)。

(4) 输出设计

输出项目、输出接收者、输出要求(所用设备介质、输出格式、数值范围和精度要求等)。

(5) 文件(数据库)设计说明

概述(目标、主要功能)、需求规定(精度、有效性、时间要求及其他专门要求)、运行环境要求(设备支撑软件、安全保密等要求)、逻辑结构设计(有关文件及其记录、数据项的标识、定义、长度和它们之间的关系)、物理结构设计(有关文件的存储要求、访问方法、存储单位、设计考虑和保密处理等)。

(6) 模型库和方法库设计

本系统所选用的数学模型和方法以及简要说明。

(7) 安全保密设计。

(8) 物理系统配置方案报告

硬件配置设计、通信与网络配置设计、软件配置设计、机房配置设计。

(9) 系统实施方案及说明

实施方案、实施计划(包括工作任务的分解、进度安排和经费预算)、实施方案的审批(说明经过审批的实施方案概况和审批人员的姓名)。

思 考 题

1. 试述 GIS 总体设计的基本原则。
2. 试述 GIS 总体设计的主要内容。
3. 试述 GIS 详细设计的主要内容。
4. 如何进行 GIS 软、硬件系统的配置?
5. 试述 GIS 输入设计的原则和主要内容。
6. 试述 GIS 输入数据的校验方法。
7. 试述 GIS 输出设计的基本要求和输出格式的设计。
8. 网络 GIS 的组合方式有哪些?
9. GIS 系统设计报告包括哪些内容?

第十三章　GIS 系统实施

系统实施是 GIS 建设付诸实现的实践阶段，实现系统设计阶段完成的 GIS 物理模型的建立，把系统设计方案加以具体实施。系统实施是一项复杂的工程，GIS 工程的规模越大，实施阶段的任务越复杂。一般来说，系统实施阶段主要包括物理系统的实施、程序设计、系统调试、人员培训、系统切换。

第一节　程序编制与调试

程序编制与调试的主要任务是将详细设计产生的每一模块用某种程序设计语言予以实现，并检验程序的正确性。为了保证程序编制与调试及后续工作的顺利进行，软、硬件人员首先应进行 GIS 系统设备的安装和调试工作。一般情况下，程序的编制与调试在 GIS 提供的环境下进行，根据具体的问题分析、编写详细的程序流程图，确定程序规范化措施，最后完成程序的编制、调试、测试。程序编制可以采用结构化程序设计方法，使每一程序都具有较强的可读性和可修改性。当然也可以采用面向对象的程序设计方法。每一个程序都应有详细的程序说明书，包括程序流程图、源程序、调试记录以及要求的数据输入格式和产生的输出形式。

软件设计完成后，进入程序编制阶段。这个阶段的主要任务是设计具体算法和编程，GIS 所采用的算法多来自计算机图形学、计算机图像处理、计算机辅助地图制图等，需经改造使之适合于 GIS 的数据结构。特别是必须具有属性和拓扑的意义，增加了算法的复杂性，因为不仅要求有图形意义上的运算，还要具有属性和图形要素之间的逻辑运算。另外，由于地学要素数量众多、极其复杂，地学任务要求较高，给算法构造带来一定的难度。特别是在微型计算机上研制的系统，其算法设计更为关键。微机系统向更大计算机系统上移植，效率不会受到影响。反之，如果直接把中小型机上的软件移植到微机上，则效率将大大降低，远远比不上专门开发的微机地理信息系统，有时甚至无法实施运行。

1　程序设计的任务与基本要求

程序设计的任务是为新系统编写程序，即把详细设计的结果转换成某种计算机编程语言写成的程序。该阶段相当于机械工程中图纸设计完成的“制造”阶段，程序设计的好坏直接关系到能否有效地利用电子计算机来圆满地达到预期目的。

高质量的程序必须符合以下基本要求：

(1)程序的功能必须按照规定的要求，正确地满足预期的需要；

(2)程序的内容清晰、明了，便于阅读和理解；

(3)程序的结构严谨、简捷，算法和语句选用合理，执行速度快，节省机时；

(4)程序和数据的存储、调用安排得当,节省存储空间;

(5)程序的适应性强。程序交付使用后,若应用问题或外界环境有了变化时,调整和修改程序比较简便易行。

以上各要求并不是绝对的,允许根据系统本身以及用户环境的不同情况而有所侧重。此外,程序设计结束后,还应写出操作说明书,说明执行该程序时的具体操作步骤。

一般说来,有了在详细设计阶段提供的详细设计方案和高级编程语言,程序设计工作已经较为简单,因此,本节不再讨论程序设计的具体细节。

2 程序设计方法

2.1 结构化程序设计方法

结构化程序设计(Structured Programing,SP)方法由 Dijkstra 等人于 1972 年提出,用于详细设计和程序设计阶段,指导人们用良好的思想方法开发出正确又易于理解的程序。

鲍赫门(Bohm)和加柯皮(Jacopini)在 1966 年就证明了结构定理:任何程序结构都可以用顺序、选择和循环这三种基本结构来表示。结构化程序设计就建立在上述结构定理上。同时,Dijkstra 主张取消 GOTO 语句,而仅仅用三种基本结构反复嵌套构造程序。

结构化程序设计至今还没有一个统一的定义,一般认为,结构化程序设计是一种设计程序的技术,它采用自顶向下逐步求精的设计方法和单入口、单出口的控制技术。

按照这个思想,对于一个执行过程模糊不清的模块,如图 13.1(a)所示,可以采用以下几种方式对该过程进行分解:

(1) 用顺序方式对过程作分解,确定模糊过程中各个部分的执行顺序,如图 13.1 (b)所示。

(2) 用选择方式对过程作分解,确定模糊过程中某个部分的条件,如图 13.1(c)所示。

(3) 用循环方式对过程作分解,确定模糊过程中主体部分进行重复的起始、终止条件,如图 13.1(d)所示。

对仍然模糊的部分可反复使用上述分解方法,最后即可使整个模块都清晰起来,从而把全部细节确定下来。

由此可见,用结构化方法设计的结构是清晰的,有利于编写出结构良好的程序。因此,开发人员必须用结构化程序设计的思想来指导程序设计的工作。

结构化程序设计的基本思想是按由顶向下逐步求精的方式,由三种标准控制结构反复嵌套来构造一个程序。按照这种思想,可以对一个执行过程模糊不清的模块以顺序、选择、循环的形式加以分解,最后使整个模块都清晰起来,从而确定全部细节。

用结构化程序设计方法逐层把系统划分为大小适当、功能明确、具有一定独立性并容易实现的模块,从而把一个复杂的系统设计转变为多个简单模块的设计。用结构化程序设计方法产生的程序也由许多模块组成,每个模块只有一个入口和一个出口。程序中一般没有 GOTO 语句,所以把这种程序称为结构化程序。结构化程序易于阅读,而且可提高系统的可修改性和可维护性。

由于大多数高级语言都支持结构化程序设计方法,其语法上都含有表示三种基本结构的语句,所以用结构化程序设计方法设计的模块结构到程序的实现是直接转换的,只需用相

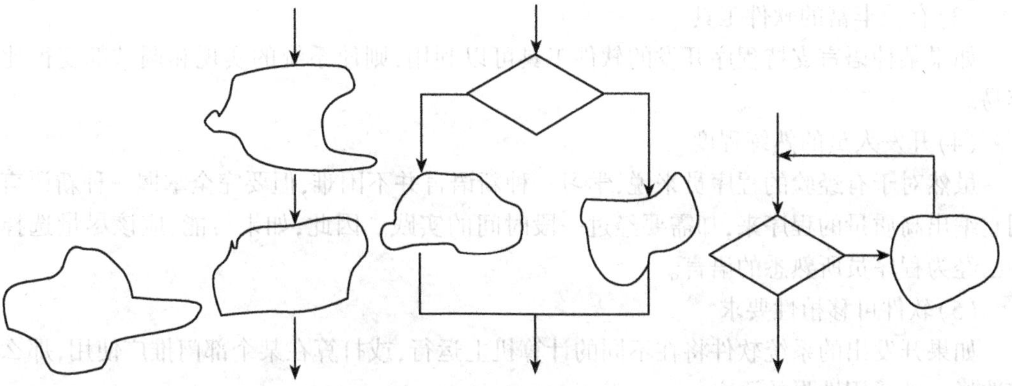

图 13.1　逐步求精的分解方法

应的语句结构代替标准的控制结构即可，因此减轻了程序设计的工作量。

2.2　速成原型式的程序开发方法

首先将 HIPO 图中类似带有普遍性的功能模块集中，如菜单模块、报表模块、查询模块、统计分析和图形模块等，寻找有无相应和可用的软件工具，若有，则使用这些工具生成这些程序模型原型，否则，可考虑开发一个能够适合各子系统情况的通用模块。

2.3　面向对象的程序设计方法

面向对象的程序设计方法一般应与 OOD 所设计的内容相对应。它实际上是一个简单、直接的映射过程，即将 OOD 中所定义的范式直接用面向对象的程序（OOP），如 C++、Smalltalk、Visual C 等来取代即可。

3　程序设计语言的选择

在程序设计之前，从系统开发的角度考虑选用哪种语言来编程是很重要的。一种合适的程序设计语言能使根据设计去完成编程时困难最少，可以减少所需要的程序调试量，并且可以得出更容易阅读和维护的程序。

汇编语言虽然占主存容量少，且运行速度快，但是程序设计既困难又容易出错。随着计算机应用深入的发展，系统程序规模日益增大，采用的程序设计语言也逐渐发生变化，一般不用汇编语言，而采用高级语言。选择适合于管理信息系统的程序设计语言应该从以下几个方面考虑。

（1）语言的结构化机制与数据管理能力

选用高级语言应该有理想的模块化机制、可读性好的控制结构和数据结构，同时具备较强的数据管理能力，如数据库语言。

（2）语言可提供的交互功能

选用的语言必须能够提供开发、美观的人机交互程序的功能，如色彩、音响、窗口等。这对用户来说是非常重要的。

(3)有较丰富的软件工具

如果某种语言支持程序开发的软件工具可以利用,则使系统的实现和调试都变得比较容易。

(4)开发人员的熟练程度

虽然对于有经验的程序员来说,学习一种新语言并不困难,但要完全掌握一种新语言并用它编出高质量的程序来,却需要经过一段时间的实践。因此,如果可能,应该尽量选择一种已经为程序员所熟悉的语言。

(5)软件可移植性要求

如果开发出的系统软件将在不同的计算机上运行,或打算在某个部门推广使用,那么应该选择一种通用性强的语言。

(6)系统用户的要求

如果所开发的系统由用户负责维护,用户通常要求用他们熟悉的语言书写程序。

4 程序设计的风格

程序的可读性对于软件,尤其是对软件的质量有重要影响,因此,在程序设计过程中应当充分重视。为了提高程序的可读性,在程序设计风格方面应注意以下几点。

(1)适当的程序注释

程序中适当地加上注释后,在读程序时就不必翻阅其他说明材料了。

注释原则上可以出现在程序中的任何位置,但是如果使注释和程序的结构配合起来,则效果更好。注释一般分为两类:序言性注释和描述性注释。

序言性注释出现在模块的首部,内容包括模块功能说明;界面描述(如调用语句格式、所有参数的解释和该模块需调用的模块名等);某些重要变量的使用、限制;开发信息,如作者、复查日期、修改日期等。

描述性注释嵌在程序之中,用来说明程序段的功能或数据的状态。

如果详细设计是用过程设计语言(PDL)描述的,则编程时可将PDL描述嵌在程序中。

书写注释时,注释应和程序一致,修改程序时,应同时修改注释,否则会起反作用;注释应提供一些程序本身难以表达的信息。为了方便用户今后维护,注释应尽量多用汉字。

(2)有规律的程序书写格式

恰当的书写格式将有助于阅读,在结构化程序设计中,一般采用所谓"缩排法"来写程序,即把同一层次的语句行左端对齐,而下一层的语句则向右边缩进若干格书写,它能体现程序逻辑结构的深度。此外,在程序段与段之间安排空白行,也有助于阅读。

(3)恰当选择变量名

理解程序中每个变量的含义是理解程序的关键,所以变量的名字应该适当选取,使其直观、易于理解和记忆。如采用有实际意义的变量名,不用过于相似的变量名,同一变量名不要具有多种意义。此外,在编程前,最好能对变量名的选取约定统一标准,以后阅读理解就会方便得多。

5 衡量编程工作指标

从目前的技术发展来看,衡量编程工作的指标大致可分为5个方面。

可靠性(Reliability):它可分解为两个方面的内容:一是程序或系统的安全可靠性,如数据存取的安全可靠性、通信的安全可靠性、操作权限的安全可靠性。另一个方面是程序运行的可靠性,这一点只能靠程序调试时严格把关来保证编程工作质量。

实用性(Suability):一般从用户的角度来审查,它是指系统各部分是否都非常方便实用。它是系统今后能否投入实际运行的重要保证。

规范性(Standardability):即系统的划分、书写格式、变量的命名等都是按统一规范进行的。这对于今后程序的阅读、修改和维护都是十分必要的。

可读性(Readability):即程序的清晰没有太多繁杂的技巧,能够使他人容易读懂。它对于大规模过程化的开发软件非常重要。

可维护性(maintainability):即程序各部分相互独立,没有调用子程序以外的其他数据关联。

一般一个规范性、可读性、结构划分都很好的程序模块,它的可维护性也比较好。

6 常用的编程工具

目前,市场上能够提供系统选用的编程工具十分丰富。它们不仅在数量和功能上突飞猛进,而且在内涵的拓展上也日新月异,为我们开发系统提供了越来越多、越来越方便的实用手段。

一般比较流行的软件工具分为6类:一般编程语言、数据库系统、程序生成工具、专用系统开发工具、客户/服务器(Client/Server, C/S)型工具以及面向对象的编程工具。

6.1 常用编程语言类

它是指由传统编程工具发展而来的一类程序设计语言。通常有C语言、C++语言、COBOL语言、PL/L语言、PROLOG语言、OPS语言等。这些语言一般不具有很强的针对性,它只是提供了一般程序设计命令的基本集合,因而适应范围很广,原则上,任何模块都可以用它们来编写。

其缺点是程序设计的工作量很大。

6.2 数据库类

它是信息系统中数据存放的中心和整个系统数据传递和交换的枢纽。目前市场上提供的数据库类主要有两类:xBASE系统(以微机关系数据库为基础)和大型数据库系统。

xBASE系统主要是指以微机为基础所形成的关系数据库及其程序开发语言。典型产品的代表有dBASE-Ⅱ、Ⅲ、Ⅳ、FoxBASE以及FoxPro等各种版本。

大型数据库系统是指规模较大、功能较齐全的大型数据库系统。目前较为典型的系统有ORACLE系统、SYBASE系统、INGRES系统、INFORMAX系统、DB2系统等。

这类系统的最大特点是功能齐全,容量巨大,适合于大型综合类数据库系统的开发。在使用时配有专门的接口语言,可以允许各类常用的程序语言(称之为主语言)任意地访问数据库内的数据。

6.3 程序生成工具类

它是指第四代程序(4GLs)生成语言,是一种常用数据处理功能和程序之间的对应关系的自动编程工具。

较为典型的产品有AB(Application Builder,应用系统建造工具)、屏幕生成工具、报表生成工具以及综合程序生成工具,即有FoxPro、Visual BASIC、Visual C++、CASE、Power Builder等。

目前,这类工具发展的趋势是功能大型综合化、生成程序模块语言专一化。

6.4 系统开发工具类

它是在程序生成工具的基础上进一步发展起来的,它不但具有4GLs的各种功能,而且更加综合化、图形化,使用起来更加方便。

目前主要有两类:专用开发工具类和综合开发工具类。专用开发工具类是指对某应用领域和待开发功能针对性都较强的一类系统开发工具。综合开发工具类是指一般应用系统和数据处理功能的一类系统开发工具。其特点是可以最大限度地适用于一般应用系统的开发和生成。如专门用于开发查询模块的SQL、专门用于开发数据处理模块的SDK(Structured Development Kits)、专门用于人工智能和符号处理的Prolog for Windows、专门用于开发产生式规则知识处理系统的OPS(Operation Process System)等。

在实际开发系统时,只要将特殊数据处理过程编制成程序模块,则可实现整个系统。常见的系统开发工具有FoxPro、dBASE-V、Visual BASIC、Visual C++、CASE、Team Enterprise Developer等。这种工具虽然不能帮用户生成一个完整的应用系统,但可帮助用户生成应用系统中大部分常用的处理功能。

6.5 客户/服务器(C/S)工具类

它是在原有开发工具的基础上,将原有工具改变为一个个既可被其他工具调用的,又可以调用其他工具的"公共模块"。

在整个系统结构方面,这类工具采用了传统分布式系统的思想,产生了前台和后台的作业方式,减轻了网络的压力,提高了系统运行的效率。

常用的C/S工具有FoxPro、Visual BASIC、Visual C++、Excel、Powerpoint、Word、Delphi C/S、Power Builder Enterprise、Team Enterprise Developer等。

这类工具的特点是它们之间相互调用的随意性。如在FoxPro中,通过DDE(Dynamic Data Exchange,动态数据交换)或OLE(Object Linking and Embedding,对象的链接和嵌入)或直接调用Excel,这时FoxPro应用程序模块是客户,Excel应用程序是服务器。

6.6 面向对象编程工具类

它主要是指与OO方法相对应的编程工具。目前常见的工具有C++(或VC++)、Smalltalk。这一类针对性较强,且很有潜力。其特点是必须与整个OO方法相结合。

7 程序调试

7.1 调试的意义和目的

在系统的开发过程中,面对着错综复杂的各种问题,人的主观认识不可能完全符合客观现实,开发人员之间的思想交流也不可能十分完善。所以,在系统开发周期的各个阶段,都不可避免地会出现差错。开发人员应力求在每个阶段结束之前进行认真、严格的技术审查,尽可能早地发现并纠正错误,否则,等到系统投入运行后再回头来改正错误,将在人力、物力上造成很大的浪费,有时甚至导致整个系统瘫痪。然而经验表明,单凭审查并不能发现全部差错,加之在程序设计阶段也不可避免地会产生新的错误,所以,对系统进行调试是不可缺少的,是保证系统质量的关键步骤。统计资料表明,对于一些较大规模的系统来说,系统调试的工作量往往占程序系统编制开发总工作量的40%以上。

调试的目的在于发现其中的错误并及时纠正,所以在调试时,应想方设法使程序的各个部分都投入运行,力图找出所有错误。错误多少与程序质量有关。即使这样,调试通过也不能证明系统绝对无误,只不过说明各模块、各子系统的功能和运行情况正常,相互之间连接无误,系统交付用户使用以后,在系统的维护阶段,仍有可能发现少量错误并进行纠正,这也是正常的。

7.2 调试的策略和基本原则

图 13.2 所示的是一个小程序的控制流程图,该程序由一个循环语句组成,循环次数可达 20 次,循环体中是一组嵌套的 IF 语句 ,其可能的路径有 5 条,所以从程序的入口 A 到出口 B 的路径数高达 $5^{20} \approx 10^{14}$。如果编写一个调试例子,并用它来调试这个程序的一条路径要花 1min,则调试每一条路径就需要 2 亿年。

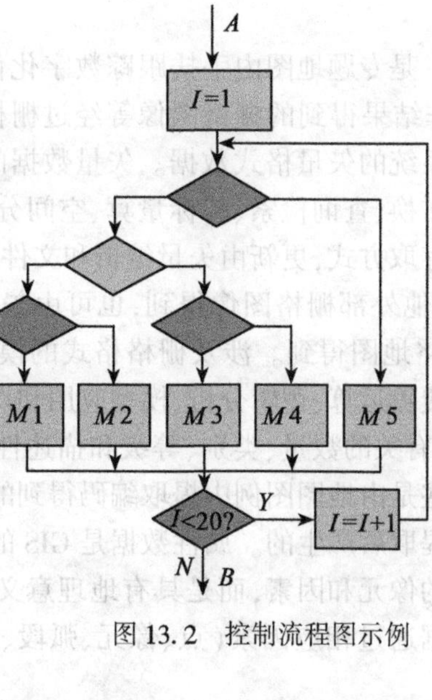

图 13.2 控制流程图示例

这个例子说明,要想通过"彻底"地调试找出系统的全部错误是不可能的。因此,调试阶段要考虑的基本问题就是"经济性"了。调试采取的策略是:在一定的开发时间和经费的限制下,通过进行有限步骤操作或执行调试用例,尽可能多地发现一些错误。

调试阶段还应注意以下一些基本原则。

(1)调试用例应该由"输入数据"和"预期的输出结果"组成。这就是说,在执行程序之前,应该对期望的输出有很明确的描述,调试后,可将程序的输出同它仔细对照检查。若不事先确定预期的输出,这可能把似乎是正确而实际是错误的结果当成是正确的结果。

(2)不仅要选用合理的输入数据进行调试,还应选用不合理的甚至错误的输入数据进行调试。许多人往往只注意前者,而忽略了后一种情况。为了提高程序的可靠性,应认真组织一些异常数据进行调试,并仔细观察和分析系统的反应。

(3)除了检查程序是否做了它应该做的工作外,还应检查程序是否做了它不该做的工作。

如除了检查工资管理程序是否为每个职工正确地产生了一份工资单以外,还应检查它是否还产生了多余的工资单。

(4)应该长期保留所有的调试用例,直至该系统被废弃为止。

在系统的调试中,设计调试用例是很费时的,如果将用过的例子丢弃了,以后一旦需要再调试有关的部分时(如技术鉴定、系统维护等场合),就需要再花很多工时。如果将所有调试用例作为系统的一部分保存下来,就可以避免这种情况的发生。

第二节　数据采集与数据库建立

GIS 过程中需要投入大量的人力进行数据的采集、整理和录入工作。GIS 规模大,数据类型复杂多样,数据的收集与准备是一项既繁琐,劳动量又巨大的任务,要求数据库模式确定后就应进行数据的输入。对数据的输入应按数字化作业方案的要求严格进行,输入人员应进行相应程度的培训工作。

矢量数据的来源有三个:其一是专题地图内手扶跟踪数字化仪得到的标准矢量格式数据;其二是将遥感影像、系统操作结果得到的栅格图像等经过栅格向矢量的转换得到的数据;其三是由外部系统通信进入系统的矢量格式数据。矢量数据的系统模块主要用于图形输入、图形编辑、拓扑生成、格式转换、查询检索、指标量算、空间分析、符号编辑和矢量绘图等,其存取方法采用二进制直接存取方式,更新由矢量编辑和文件覆盖实现。

栅格数据可由遥感影像或其他外部栅格图像得到,也可由矢量向栅格转换(包括离散点插值拟合)或直接从输入的栅格地图得到。涉及栅格格式的模块有格式投影转换、遥感影像处理、查询检索、数理统计、覆盖运算、逻辑分析、模型应用和点阵打印等。

属性数据主要是与专题地图有关的数量、类别、等级和描述性信息。除通过统计、观测等直接产生的属性数据外,还有些是由地图图例中提取编码得到的,或是通过信息系统模型操作得到的,或是遥感影像分类提取后产生的。属性数据是 GIS 的重要组成部分,在属性支持下,图形不再是仅有几何意义的像元和因素,而是具有地理意义的地理实体、逻辑运算和地理分析、地理统计等。属性数据通过相应因素(点、像元、弧段、多边形等)编号与图形建立联系。

基于属性的数据库结构将系统数据库中的数据文件按其在自然、社会和经济环境系统中的属性关系联系起来，支持一致性检索、多种查询检索和模型分析；其结构由用户在系统维护模块支持下定义。

在一个 GIS 应用项目中，通常需要输入和处理大量的数据，其中主要是空间数据。如果没有采取合适的数据管理，那么可能因为以下原因造成项目的混乱甚至失败。

(1)数据质量不能达到项目要求；

(2)数据没有完全输入或处理，造成项目延期；

(3)数据重复录入或处理，造成人员和时间的浪费；

(4)进行数据处理和模型运算时，没有及时采用最新的数据。

为了避免出现上述的问题，必须对数据的录入和处理过程和数据质量进行严格的控制。通常，GIS 应用项目的空间数据来源包括 GPS 数据、摄影测量数据、测量数据、卫星遥感数据和已有的非数字地图。不同的来源，其处理和质量控制原则也有所差别。对于 GPS 数据和测量数据，只需要进行简单的数据规范化(如格式转换、拓扑关系建立等)处理就可以在 GIS 中使用，其精度由 GPS 或测量设备决定，在数据处理过程中不会带来新的误差。摄影测量数据和卫星遥感数据通常需要进行一系列纠正操作，然后进行自动或半自动解译，以提取专题信息，最后转换为多边形数据，输出到 GIS 应用中。其误差来源包括纠正(包括辐射纠正和结合纠正)以及分类过程中的误分。纸质地图的录入可以采取手扶跟踪数字化和扫描矢量化两种方式，其误差来自于数字化过程，并且与进行数字化人员的工作态度有密切的关系。此外，数字化数据往往现势性较差。

数据输入和处理的进度控制可以采用普通的里程碑方法或甘特图法。

第三节　人员的技术培训

GIS 的建设需要很多人员参加工作，包括系统开发人员、用户和领导阶层。为了保证 GIS 的调试和用户能尽快掌握，应提前对有关开发人员、用户、操作人员进行培训，掌握 GIS 的概况和使用方法。

需要进行培训的人员主要有以下三类。

1　事务管理人员

新系统能否顺利运行并获得预期目标，在很大程度上与第一线的事务管理人员(或主管人员)有关系。因此，可以通过讲座、报告会的形式，向他们说明新系统的目标、功能，说明系统的结构及运行过程以及对企业组织机构、工作方式等产生的影响。对事务管理人员进行培训时，必须做到通俗、具体、尽量不采用与实际业务领域无关的计算机专业术语。例如，可以就他们最关心的以下问题展开对话：

(1)计算机管理信息系统能为我们干些什么？

(2)采用新系统后，职工必须学会什么新技术？

(3)采用新系统后，机构和人员将发生什么变动？

(4)今后如何衡量任务的完成情况？

大量事实说明，许多管理信息系统不能正常发挥预期作用，其原因之一就是没有注意对有关事务管理人员的培训,因而没有得到他们的理解和支持。所以,今后在新系统开发时,必须注意这一点。

2 系统操作员

系统操作员是管理信息系统的直接使用者,统计资料表明,管理信息系统在运行期间发生的故障,大多数是由于使用方法错误而造成的,所以,系统操作员的培训应该是人员培训工作的重点。

对系统操作员的培训应该提供比较充分的时间,除了学习必要的计算机硬、软件知识以及键盘指法、汉字输入等训练外,还必须向他们传授新系统的工作原理、使用方法、简单出错的处置等知识。一般来说,在系统开发阶段就可以让系统操作员一起参加。例如,录入程序和初始数据在调试时进行试操作等,这对他们熟悉新系统的使用无疑是有好处的。

3 系统维护人员

对于系统维护人员来说,要求具有一定的计算机硬、软件知识,并对新系统的原理和维护知识有较深刻的理解。在较大的企业和部门中,系统维护人员一般由计算机中心和计算机专业技术人员担任。有条件时,应该请系统维护人员和系统操作员或其他今后与新系统有直接接触的人员,参加一个或几个确定新系统开发方针的讨论会。参加这样的会议有助于他们了解整个系统的全貌,并为他们今后的工作打好基础。

对于一般的人员和领导,也应给予一定的宣传,使其对新建 GIS 系统有所了解,关心和支持 GIS 的实施工作。对于大、中型企业或部门用户,人员培训工作应列入该企业或部门的教育计划中,在系统开发单位配合下共同实施。

第四节 系 统 测 试

系统测试是指对新建 GIS 系统从上到下进行全面的测试和检验,看它是否符合系统需求分析所规定的功能要求,发现系统中的错误,保证 GIS 的可靠性。一般说来,应当由系统分析员提供测试标准,制定测试计划,确定测试方法,然后和用户、系统设计员、程序设计员共同对系统进行测试。测试的数据可以是模拟的,也可以是来自用户的实际业务,经过新建 GIS 的处理,检验输出的数据是否符合预期的结果,能否满足用户的实际需求,对不足之处加以改进,直到满足用户要求为止。

在谈到软件测试时,许多人都引用 Grenford J. Myers 在 The Art of Software Testing 一书中的观点:

①软件测试是为了发现错误而执行程序的过程;

②测试是为了证明程序有错,而不是证明程序无错;

③一个好的测试用例是在于它能发现至今未发现的错误;

④一个成功的测试是发现了至今未发现的错误的测试。

这种观点提醒人们测试要以查找错误为中心,而不是为了演示软件的正确功能。但是仅凭字面意思理解这一观点可能会产生误导,认为发现错误是软件测试的唯一目的,查找不出错误的测试就是没有价值的,事实并非如此。

首先,测试并不仅仅是为了要找出错误。通过分析错误产生的原因和错误的分布特征,可以帮助项目管理者发现当前所采用的软件过程的缺陷,以便改进。同时,这种分析也能帮助我们设计出有针对性的检测方法,改善测试的有效性。

其次,没有发现错误的测试也是有价值的,完整的测试是评定测试质量的一种方法。详细而严谨的可靠性增长模型可以证明这一点。如 Bev Littlewood 发现一个经过测试而正常运行了 n 小时的系统有继续正常运行 n 小时的概率。

1 系统测试原因

给系统带来问题的原因很多,具体地说,主要有如下几点。

(1)交流不够、交流上有误解或者根本不进行交流。在应用应该做什么或不应该做什么的细节(应用的需求)不清晰的情况下就进行开发。

(2)软件复杂性。图形用户界面(GUI)、客户/服务器结构、分布式应用、数据通信、超大型关系数据库以及庞大的系统规模,使得软件及系统的复杂性呈指数增长,没有现代软件开发经验的人很难理解它。

(3)程序设计错误。

(4)需求变化。需求变化的影响是多方面的,需求变化的后果可能是造成系统的重新设计、设计人员日程的重新安排、已经完成的工作可能要重做或者完全抛弃、对其他项目产生影响、硬件需求可能要因此改变等。如果有许多小的改变或者一次大的变化,项目各部分之间已知或未知的依赖性可能会相互影响而导致更多问题的出现,需求改变带来的复杂性可能导致错误,还可能影响工程参与者的积极性。

(5)时间压力。软件项目的日程表很难做到准确,很多时候需要预计和猜测。当最终期限迫近和关键时刻到来之际,错误也就跟着来了。

(6)代码文档贫乏。贫乏或者较差的文档使得代码维护和修改变得异常艰辛,其结果是带来许多错误。事实上,在许多机构并不鼓励其程序员为代码编写文档,也不鼓励程序员将代码写得清晰和容易理解,相反,他们认为少写文档可以更快地进行编码,无法理解的代码更易于工作的保密。

(7)软件开发工具。可视化工具、类库、编译器、脚本工具等,它们常常会将自身的错误带到应用软件中。没有良好的工程化作为基础,使用面向对象的技术只会使项目变得更复杂。

2 系统测试方法

对于软件测试技术,可以从不同的角度加以分类。从是否需要执行被测软件的角度,可分为静态测试和动态测试;从测试是否针对系统的内部结构和具体实现算法的角度,可分为白盒测试和黑盒测试。

2.1 黑盒测试

黑盒测试也称为功能测试或数据驱动测试,它是在已知产品所应具有的功能,通过测试来检测每个功能是否都能正常使用。在测试时,把程序看做一个不能打开的黑盒子,在完全不考虑程序内部结构和内部特性的情况下，测试者在程序接口进行测试，它只检查程序功能是否按照需求规格说明书的规定正常使用，程序是否能适当地接收输入数据而产生正确的输出信息，并且保持外部信息(如数据库或文件)的完整性。黑盒测试方法主要有等价类划分、边值分析、因果图、错误推测等，主要用于软件确认测试。"黑盒"法着眼于程序外部结构，不考虑内部逻辑结构，针对软件界面和软件功能进行测试。"黑盒"法是穷举输入测试，只有把所有可能的输入都作为测试情况使用，才能查出程序中所有的错误。实际上，测试情况有无穷多个，人们不仅要测试所有合法的输入，而且还要对那些不合法但是可能的输入进行测试。

2.2 白盒测试

白盒测试也称为结构测试或逻辑驱动测试，它是知道产品内部的工作过程，可通过测试来检测产品内部的动作是否按照规格说明书的规定正常进行，按照程序内部的结构测试程序，检测程序中的每条通路是否都有能按预定要求正确工作，而不顾它的功能。白盒测试的主要方法有逻辑驱动、基路测试等，主要用于软件验证。

"白盒"法全面了解程序内部的逻辑结构，对所有逻辑路径进行测试。"白盒"法是穷举路径测试。在使用这一方案时，测试者必须检查程序的内部结构，从检查程序的逻辑着手，得出测试数据。贯穿程序的独立路径数是天文数字，即使每条路径都测试过了，仍然可能有错误。第一，穷举路径测试不可能查出程序违反了设计规范，即程序本身是个错误的程序。第二，不可能查出程序中因遗漏路径而出错。第三，可能发现不了一些与数据相关的错误。

2.3 ALAC(act-like-a-customer)测试

ALAC 测试是一种基于客户使用产品的知识开发出来的测试方法。ALAC 测试是基于复杂的软件产品有许多错误的原则。最大的受益者是用户，缺陷查找和改正将针对那些客户最容易遇到的错误。

对于大型的 GIS 工程，往往在全面实施前结合用户要求完成的任务，选择小块实验区(或者用模拟数据)对系统的各个部分、各种功能进行全面试验，达到设计要求后再全面展开。实验阶段不仅进一步测试各部分的工作性能，同时还要测试各部分之间数据的传送性能、处理速度和精度，保证所建立的系统正常工作，且各部分运行状况良好。如果发现不正常状况，则应查清问题的原因，然后通知硬件或软件提供者进行适当处理。

在 GIS 建设的实施过程中，将会形成一系列的文档资料，包括可行性研究报告、用户需求分析、系统总体设计说明书、系统详细设计说明书、数字化方案设计、用户手册、操作手册、测试报告、系统评价说明书等，它们作为整个 GIS 的组成部分，是进行系统维护的重要依据，应制定相应的文档编制规范，确保文档资料的质量，并进行质量验收，对已经编制好的文档资料要妥善管理。

思 考 题

1. 程序设计的任务和基本要求有哪些？
2. 对比几种程序设计方法。

3. 试述程序调试的目的、意义、策略和基本原则。

4. 如何进行数据采集和数据库的建立？

5. 系统测试方法主要有哪些？

第十四章　GIS 系统的维护和评价

第一节　系统的维护

当软件开发完成并交付用户使用后，就进入运行/维护阶段。在这一阶段，系统工作人员要对投入运行后的 GIS 进行必要的调整和修改。系统维护是指在 GIS 的整个运行过程中，为适应环境和其他因素的各种变化，保证系统正常工作而采取的一切活动，包括系统功能的改进和解决在系统运行期间发生的一切问题和错误。新技术与新方法的引入、不断地进行教育与培训等是整个系统生命周期中必不可少的组成部分。

GIS 规模大，功能复杂，对 GIS 进行维护是 GIS 工程建设中一个非常重要的内容，也是一项耗时、成本高的工作，要在技术上、人力安排上和投资上给予足够的重视。不少人往往认为系统的维护要比系统开发容易得多，因此，维护工作不需要预先拟订方案或加以认真准备。实际情况并不是这样，在许多情况下，维护比开发更困难，需要更多的创造性工作。首先，维护人员必须用较多的时间理解别人编写的程序和文档，且对系统的修改不能影响该程序的正确性和完整性。其次，整个维护工作必须在所规定的很短时间内完成。

1　影响系统维护代价的主要因素

1.1　技术因素

(1)软件对运行环境的依赖性。由于硬件以及操作系统更新很快，使得对运行环境依赖性很强的应用软件也要不停地更新，维护代价就高。

(2)编程语言。虽然低级语言比高级语言具有更好的运行速度，但是低级语言比高级语言难以理解。用高级语言编写的程序比用低级语言编写的程序的维护代价要低得多(并且生产率高得多)。一般地，商业应用软件大多采用高级语言。如开发一套 Windows 环境下的信息管理系统，用户大多采用 Visual Basic、Delphi 或 Power Builder 来编程，用 Visual C++的就少些。

(3)编程风格。良好的编程风格意味着良好的可理解性，可以降低维护的代价。

(4)测试与改错工作。如果测试与改错工作做得好，后期的维护代价就能降低。反之，维护代价就升高。

(5)文档的质量。清晰、正确和完备的文档能降低维护的代价。低质量的文档将增加维护的代价。

1.2 非技术因素

(1)应用域的复杂性。如果应用域问题已被很好地理解,需求分析工作比较完善,那么维护代价就较低。反之,维护代价就较高。

(2)开发人员的稳定性。如果某些程序的开发者还在,让他们对自己的程序进行维护,那么代价就较低。如果原来的开发者已经不在,只好让新手来维护陌生的程序,那么代价就较高。

(3)软件的生命期。越是早期的程序就越难维护(设计思想与开发工具都落后)。一般地,软件的生命期越长,维护代价就越高;生命期越短,维护代价就越低。

(4)商业操作模式变化对软件的影响。如财务软件对财务制度的变化很敏感。财务制度一变动,财务软件就必须修改。一般地,商业操作模式变化越频繁,相应软件的维护代价就越高。

2 系统维护活动的内容

根据维护活动的目的不同,可把维护分成改正性维护、适应性维护、完善性维护和安全性维护四大类。另一方面,根据维护活动的具体内容不同,可将维护分成程序维护、数据维护、代码维护和设备维护四类。

(1)改正性维护。由于前期的测试不可能揭露软件系统中所有潜在的错误,用户在使用软件时仍将会遇到错误,诊断和改正这些错误的过程称为改正性维护。改正性维护在系统运行中发生异常或故障时进行。任何一个大型的地理信息系统在交付使用后,都可能发现潜藏的错误。

(2)适应性维护。随着计算机的发展,硬件产品的生命周期明显缩短,更新速度加快,必须在适当时候加以扩充、更新,以提高系统的运行性能。同时,软件(操作系统、应用程序)的升级换代日趋频繁,软件的外部环境或者数据环境发生变化,为了使之适应这种变化而对软件的修改称为适应性维护。

(3)完善性维护。在使用过程中,用户往往会对软件提出新的功能和性能需求,为了满足这些需求,需要修改或再开发软件,称为完善性维护。

(4)预防性和安全性维护。预防性维护的目的是为了提高软件的可维护性、可靠性等,为进一步的软件维护打下良好的基础。预防性维护一般由开发单位主动进行。系统要收集、保存、加工和利用全局的或局部的社会经济信息,涉及企业、地区、部门乃至全国的财政、金融、市场、生产、技术等方面的数据、图表和资料。随着病毒和计算机犯罪的出现,管理信息系统对安全性和保密性提出了更为严格和复杂的要求。除了建立严格的防病毒和保密制度外,用户往往会提出增加防病毒的功能和保密的新措施,而且随着更多病毒的出现,有必要定期进行防病毒功能的维护和保密措施的维护。

以下一些因素将导致维护工作变得困难:

(1)软件人员经常流动,当需要对某些程序进行维护时,可能已找不到原来的开发人员。

(2)人们一般难以读懂他人的程序,尤其是当没有文档或者文档很差时。

(3)如果软件发行了多个版本,要追踪软件的演化非常困难。

(4)很多程序在设计时没有考虑到将来的改动。即使有很好的文档,也不敢轻举妄动,否则有可能陷进错误堆里。

(5)维护将会产生不良的副作用,不论是修改代码、数据或文档,都有可能产生新的错误。

第二节　系统的评价

一个花费了大量资金、人力和物力建立起来的新系统,其性能和效益如何?是否达到了预期的目的?这是用户和开发人员都很关心的问题,需要进行全面的检验和分析,该过程称为系统评价。系统评价工作通常由开发人员和用户共同进行。系统评价的主要内容包括:检查系统的目标、功能及各项指标是否达到设计要求;检查系统的质量;检查系统的使用效果;根据评审和分析的结果,找出系统的薄弱环节,提出改进意见,最后应对评价结果形成系统评价报告。评价是指对 GIS 的性能进行估计、检查、测试、分析和评审。包括用实际指标与计划指标进行比较,以及评价系统目标实现的程度,在 GIS 运行一段时间后进行。系统评价的指标包括经济指标、性能指标、管理指标各个方面,基本做法是将运行着的系统与预期目标进行比较,考察是否达到了系统设计时所预定的效果,最后应对评价结果形成系统评价报告。

具体评价指标以及考虑因素如表 14.1 所示,在进行系统评价活动时,可制成相应的表格。

表 14.1　　**系统评价表**

评价项目	评价指标	考虑因素
性能评价	完整性	系统设计是否合理,具备的功能是否达到设计任务书的要求
	可维护性	可理解性,可测试性,可修改性,维护工具
	可靠性	平均无故障工作时间,后备体系
	适应性	运行环境变动时,系统的适应能力
	方便、灵活性	操作和维护方便、灵活
	安全、保密性	
	设备利用率	
	响应时间	从用户发出命令到系统作出响应的时间
	系统吞吐量	每秒所能完成的作业
经济效果评价	直接效果	一次性投资,运行费用,年生产费用节约额,机时成本
	间接效果	管理人员劳动条件的改善,管理效率的提高,管理水平的提高,加快资金流通情况
其他方面评价	文档	是否齐全,表达是否清晰合理
	程序规模	总语句行数,占用存储空间大小
	开发周期	从系统规划到新系统转换所花费的时间
	存在问题	

1 性能评价

系统的技术评价指标是客观评价系统的依据。系统技术评价指标一般分为性能指标和经济效益指标两大类。系统性能指标主要由如下方面组成：系统平均无故障时间；系统联机相应时间、处理速度和吞吐量；系统操作灵活性和方便性；系统利用率；系统的安全性和保密性；系统加工数据的准确性；系统的可扩充性；系统的可维护性等。

系统的可靠性是指系统在运行时的稳定性，要求一般很少发生事故，即使发生事故也能很快修复。可靠性还包括系统有关的数据文件和程序是否妥善保存，以及系统是否有后备体系等。

任何系统的开发都是从简单到复杂的不断求精和完善的过程，特别是 GIS 常常是从清查和汇集空间数据开始，然后逐步演化到从管理到决策的高级阶段。因此，一个系统建成后，要使在现行系统上不做大的改动或不影响整个系统结构，就可在现行系统上增加功能模块，这就必须在系统设计时留有接口，否则，当数据量增加或功能增加时，系统就要推倒重来。

可移植性也是评价 GIS 的一项重要指标。一个有价值的地理信息系统的软件和数据库，不仅在于它自身结构的合理，而且在于它对环境的适应能力，即它们不仅能在一台机器上使用，而且能在其他型号的设备上使用。要做到这一点，系统必须按国家规范标准设计，包括数据表示、专业分类、编码标准、记录格式等，都要按照统一的规定，以保证软件和数据的匹配、交换和共享。

2 经济效益评价

系统的效益包括经济效益和社会效益。GIS 应用的经济效益主要产生于促进生产力与产值的提高，减少盲目投资，降低工时耗费，减轻灾害损失等方面。使用新系统后，产生的经济效益是评价新系统的一个决定性因素。但是经济效益的评价是一个非常复杂的问题，因为要搜集各种定量的指标值需要较长的时间。同时，有的经济效益是不能单纯通过数字来反映的。目前是将系统经济效益分成直接经济效益和间接经济效益两种进行统计。

2.1 直接经济效益

系统的直接经济效益是指可以定量计算的效益，通常可通过以下指标来反映。

(1)一次性投资，包括系统硬件、软件和系统开发费用。其中硬件费用包括主机设备费用、终端设备、通信设备和机房建设(电源、空调和其他)费用。软件费用包括系统软件、应用软件、试验软件等费用。系统开发费用包括调查研究、系统规划、系统分析和设计、系统实施等阶段的全部费用。

(2)运行费用，包括计算机及其外部设备的运行费用(如磁盘、打印纸等)、人工费用(人员工资)、管理费和设备、备件的折旧费用。运行费用是使新系统得到正常运行的基本费用。

(3)年生产费用节约额，使用新系统以后，年生产费用的节约额可用下式求得：

$$u = \sum (C_i - C_a) + E\left[\sum (K_i - K_a)\right] + u_n$$

式中,C_i 表示应用计算机后节约的费用;C_a 表示应用计算机后增加的费用;E 表示投资效益系数;K_i 表示采用计算机后节约的投资;K_a 表示建立计算机管理信息系统所用的投资;u_n 表示本部门以外其他部门所获得的年度节约额。如运输部门使用计算机管理后节约了机动车辆,减少了在途货物,除可节约本部门投资外,还使相关部门节约了流动资金。年生产费用节约额是一个综合的货币指标。事实上,只有在能够节约年生产费用时,使用计算机管理信息系统才是合理的。否则,说明使用计算机的条件还未成熟。

需要指出的是,上述年生产费用节约额的计算公式只是一个理想化的公式,尤其是投资效益系数 E 的选取,目前还没有统一的看法,国外曾有人建议取 $E=0.25$。如何选择符合我国国情的效益系数,还有待于进一步的探索。

(4)机时成本。

计算机的机时成本可用下式计算:

$$C_P=(s+m+d+p)(1+h\%)/(t\cdot k)$$

式中,s 表示工作人员的工资;m 表示材料费;d 表示设备折旧费;p 表示电力费用;h 表示间接费率;t 表示机器正常工作时间;k 表示机器利用系数。

从上式可见,降低机时成本的一个重要途径就是设法降低各项费用和增大机器利用系数。

2.2 间接效益评价

间接效益主要表现在企业管理水平和管理效率的提高程度上。这是综合性的效益,可以通过许多方面体现出来,但很难用某一指标来反映间接效益,主要体现在以下几个方面。

(1)提高管理效率。用计算机代替人工处理信息,减轻管理人员的劳动强度,使他们有更多的时间从事调查研究和决策工作;由于各类数据集中处理,使综合平衡容易实现;由于采用计算机网络等手段,加强了各部门之间的联系,提高了管理效率。

(2)提高管理水平。由于信息处理的效率提高,从而使事后管理变为实时管理;使管理工作逐步走向定量化。

(3)提高企业对市场的适应能力。由于用计算机提供辅助决策方案,因此当市场情况变化时,企业可及时进行相应决策,以适应市场。

总之,GIS 的建立将对企业或部门的管理工作产生重大影响,对这些直接或间接的效益必须要充分认识,给予肯定。

3 综合评价

综合评价是对系统总体性能的评价,它包括:

(1)功能的完整性。功能是否齐全是指能否覆盖主要的业务管理范围。还有各部分接口尽可能完备,数据采集和存储格式统一,便于共享,各部分协调一致形成三个整体。

(2)商品化程度。首先要考虑性能价格比,其次是文档资料的完整性,是否有成套的用户手册、系统管理员手册及维护手册等;是否有后援,能不能为用户培训人才。

(3)程序规模。总语句行数、占用存储空间大小。

(4)开发周期。从系统总体规划到新系统转换所花费的时间。

(5)存在的问题。系统还存在哪些问题以及改进的建议。

4 系统评价报告

系统评价结束后，应形成正式书面文件，即系统评价报告。系统评价报告既是对新系统开发工作的评定和总结，也是今后进行系统维护工作的依据。因此，必须认真、客观地编写。

系统评价报告通常由以下主要内容组成。

4.1 引言

(1)摘要：系统名称、功能；

(2)背景：系统开发者、用户；

(3)参考资料：设计任务书、合同、文件资料等。

4.2 系统评价的内容

(1)性能指标评价：包括整体性评价（设计任务书的要求是否达到，功能设置是否合理）、可维护性评价、适应性评价、工作质量评价（操作的方便性、灵活性、系统的可靠性、设备利用率、响应时间、用户的满意程度）、安全及保密性评价。

(2)经济指标评价：包括系统开发与试运行的费用总和，将它与设计时的预计费用进行比较，若有不符，则找出原因；新系统带来的直接和间接效益；系统后备需求的规模与费用。

(3)综合性评价：包括文档的完整性和质量评价；开发周期和程序规模；各类指标的综合考虑与分析；系统的不足之处和改进建议。

社会效益包括信息共享的效果、数据采集和处理的自动化水平、地学综合分析能力、系统智能化技术的发展、系统决策的定量化和科学化、系统应用的模型化、系统解决新课题的能力以及劳动强度的减轻、工作时间的缩短、技术智能的提高等。

总的来看，GIS 的经济效益是长时间逐渐体现出来的，随着新课题的不断解决，经济效益也不断提高。但从根本上来说，只有当 GIS 的建设走以市场为导向的产业化发展道路，商品经济的发展导致信息活动的激增、信息广泛而及时的交流，形成信息市场，才能为 GIS 的发展提供契机，这时，GIS 的经济效益才能进一步体现，评价目标也就自然地转向经济效益方面。目前，一批以开发 GIS 为目标的经济实体正在筹备和组建，GIS 的经济、科学和技术三统一的发展趋势是肯定无疑的。

第三节 我国优秀 GIS 工程标准

GIS 工程技术包括 GIS 工程规划、设计、实施、评价与维护技术，还包括工程的需求控制、质量控制、进度控制、风险控制等管理技术。另外，GIS 数据生产的管理与质量控制体系也是 GIS 工程的重要组成部分。保证一个 GIS 工程的成功还涉及人员组织技术与成本控制技术，在一定的资金条件下最大限度地满足用户的需要，实现社会效益的同时，还能实现经济效益，也是 GIS 工程管理的重要任务。由此出发，目前我国的 GIS 优秀工程的评选标准重点涉及 4 个大项、13 个小项，见表 14.2。

表 14.2　　　　　　　　　　　　**GIS 优秀工程评选内容表**

实用性				效益性				规范性			先进性	
业务运行性	平台稳定性	可维护性	数据共享性	经济效益	社会效益	推广前景	产业规模	标准化程度	文档完整性	管理规范	设计方法	管理模式

通过对以上评奖内容的专家综合打分,截至2004年10月,我国评出了金奖GIS工程10项、银奖工程20项、铜奖工程16项。

第四节　提高我国 GIS 工程建设与管理技术水平的几点建议

从上面的分析可以看出,我国GIS工程技术水平十几年来已有明显的提高,取得了重大的成绩,但更应清醒地看到,我们统计的数据来源于目前我国实力较好的GIS工程建设企业,实际上还有大量的中小GIS企业尚不具备基本的GIS工程建设与管理经验。因此,要想大力提升我国GIS产业的总体规模,还必须加大GIS工程建设与管理技术的研究、宣传和推广工作。

1　积极建立符合我国国情的 GIS 工程建设规范

目前,我国还没有可以遵循的GIS工程建设规范。实际上,从项目的规划、招投标方案制定,到需求调查分析、系统总体设计、详细设计及实施方案的制定、计划的控制到工程的验收与维护,都需要制定具体的规范,用以指导系统建设。GIS规范一般包括GIS工程的设计规范、系统开发规范、系统维护规范、数据采集规范、文档管理规范、工程招投标规范、GIS工程监理管理规范等。

2　推动建立 GIS 工程咨询与监理体系

我国很大部分用户单位对GIS技术的了解程度都十分有限,用户在建立自己的应用系统时往往比较盲目,缺少对国内外新技术的了解,更缺少参考系统和系统建设经验。用户在立项时,往往只是直接与某个开发单位打交道,如何设计系统和制定系统的建设目标,主要由开发商提出意见。在这种情况下,业主的利益很难得到保障。因此,建立独立的GIS工程咨询与监理体系,使工程的设计单位与工程的实施单位分开,这样才能有效地保护用户的利益。当然,如何建立一个权威性、专业性、广泛性的监理体系,包括监理的资质认证等问题,目前基本上仍处于空白状态。

3　完善 GIS 工程教育与培训体系

回顾我国GIS的发展历史可以看出,GIS人才教育与培养起到了十分重要的作用。如今,我国的主要高校大多开设了GIS课程,国内对于GIS的教育问题也有了一些探索和研究,但涉及工程内容的并不多见。总的来说,目前GIS教育中存在的一个主要问题是重理论、轻工程。课程内容大多讲授GIS的空间数据结构、空间模型与算法,培养的学生虽然具有一定的GIS软件开发能力,但系统设计与管理能力普遍较弱。目前,GIS工程设计与管理人才的薪水要远高于开发人员的现实,也促使我们要尽快建立GIS工程技术的教学体系。

思 考 题

1. 影响 GIS 系统维护代价的主要因素有哪些？
2. GIS 系统维护活动的内容包括哪些？
3. GIS 系统评价包括哪些方面？
4. 我国优秀 GIS 工程的标准是什么？

第十五章　GIS 工程实例

——深圳市土地管理信息系统

深圳市规划国土局土地管理信息系统(SUPLIS)是该局城市规划国土信息系统的一个子系统(见图 15.1)。根据《深圳市城市规划国土信息系统总体方案》,土地管理子系统的直接用户是深圳市规划国土局地政处,系统所处理的主要事务是用地管理工作。该系统的目标主要是实现城市建设用地的计算机辅助管理,实现土地信息(用地信息和地籍信息)的自动记录和处理,为土地管理和决策提供准确、及时、全面的信息和决策依据,在局内有关处室实现土地信息的共享,提高规划国土局土地管理的工作效率,促进该局土地管理的规范化和科学化。

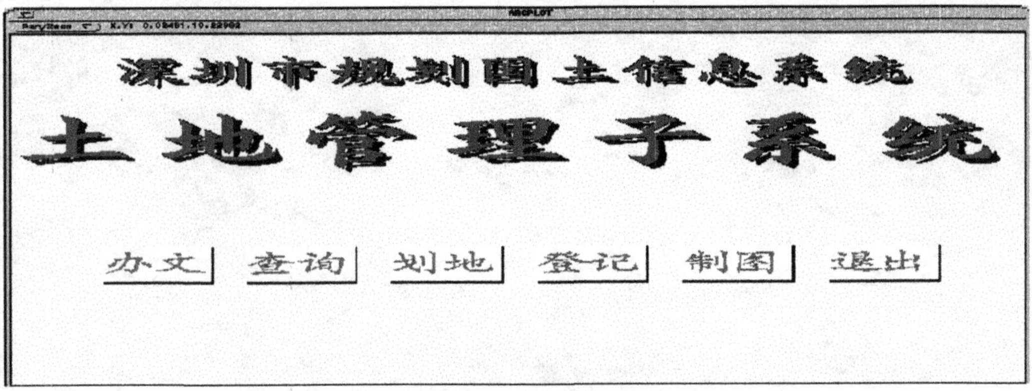

图 15.1　深圳市土地管理信息系统主界面

第一节　系统调查

为了充分地了解用户需求,设计组在用户调查和面向全局的用户需求分析报告以及样区实验的基础上,对规划国土局地政处、测绘处和产权处进行了针对规划国土局土地管理业务的更为详细的用户调查和更为深入的系统分析。主要包括对样区实验的工作进行总结,研究相关文档,收集整理国内外文献资料,进行短期的座谈式用户调查等。

设计组在进行系统分析阶段的总结工作后,将系统分析结果及时反馈给用户,根据用户意见调整和修改分析结果。随着工作的深入,从土地管理实际需要出发,对原有土地管理系统的功能和目标进行了扩充,增加了地籍管理中的部分内容(主要包括地籍数据库的管理和地籍制图)。

深圳市规划国土局的主要职能是根据国家和地方有关的法律、法规、政策及上级主管部门的要求,对城市的发展进行规划,并在各级城市规划方案的指导下,对城市土地开发和利用进行科学和有效的管理,以保障城市持久稳定而健康地发展。规划国土局由19个处室组成,按其职能可大致分为三类:事务处理部门,主要是处理内外事务,对各处的工作进行协调,保存有关的文件档案,包括办公室、人教处、档案室、综合计划处等;城市土地管理部门,主要从事用地管理,包括房地产产权登记处、地政监察大队等;城市规划和市政建设管理部门,主要从事城市规划和市政工程建设的管理,包括规划处、小区配套办公室、市政管线处、建筑设计管理处等,它们之间相互联系、相互协调,共同完成城市规划和城市土地管理的职能。规划国土局采用市局、区局和土地管理所三级管理体制,在市局成立规划国土信息中心统管全局的档案及各种信息,设立五个分局作为市局派出机构,将市局的大部分业务下放到区局,各区的城市规划和城市规划业务由各区分局具体负责。

土地管理是深圳市规划国土局的工作中心,主要包括用地管理、地籍管理、房地产产权产籍管理、土地征收和土地监察等方面的内容。这些工作分别由地政处、测绘地籍处、房地产产权登记处、征地拆迁办、地政监察大队承担。其中,地政处的用地管理是目前该局土地管理最主要的工作。

- 地政处:主要负责城市建设用地管理;
- 测绘地籍处:负责地籍测量、宗地图和地籍图的制作;
- 房地产产权登记处:负责房地产产权产籍的登记和发证工作;
- 地政监察大队:对城市土地利用情况进行监督,对违章用地进行处理。

地政处用地管理业务主要是根据国家地方的有关法律、法规、政策以及局领导的指示,接受用地申请,呈报用地方案,办理土地批租、土地征用和拆迁补偿等业务。其业务核心在于办理国有土地使用权的出让,土地使用权出让按出让时间长短可分为临时用地和非临时用地,非临时用地按出让方式可分为招标、拍卖和协议等。

地政处各种方式的国有土地使用权出让业务都涉及用地范围的确定,即划地问题。传统的划地方法是根据规划处的选址意见,在野外进行初步考察,然后根据有关的规划资料和路网资料,在1∶2 000的地形图上勾绘出用地范围,产生红线图,并求算各拐点的坐标,交测绘处放桩定界。由于原有的红线图以档案的形式存在,在划地时难以查阅与所划地块相邻的已有红线资料,难以确定这些红线的准确坐标位置,加上测绘处放桩定界时对界址点坐标的调整,往往无法及时反馈给地政处用地组,这样所划出的地块往往会与原有地块重叠,造成土地使用者之间的土地使用权纠纷。也可能在新划地块和原有地块之间形成无法利用的"飞地"或"缝隙",造成国有土地浪费。而且划地过程中难以得到最新的城市规划资料,特别是规划路网调整的资料,有可能把红线画到规划的道路上,或者在调整路网时,由于无法得到最新的红线资料,有可能将路网画到已出让的地块上,使得城市规划方案无法正常实施,影响到城市的建设。

地政处用地资料是房地产籍管理、土地监察等土地管理及城市规划的基础资料,现有的用地资料管理方式已无法满足地政处和其他处室对用地资料的要求,因此,建立一个基于计算机的用地数据库势在必行。地政处在进行用地管理时,除需要已有用地的资料外,还需要基础地形图、地籍资料、城市规划、市政管线资料。这些资料目前都是以人工的方式收集、传送和查阅的,难以实现部门之间的共享。SUPLIS 系统的建成将改善这一落后状态。图 15.2 为深圳市规划国土局工作流程图。

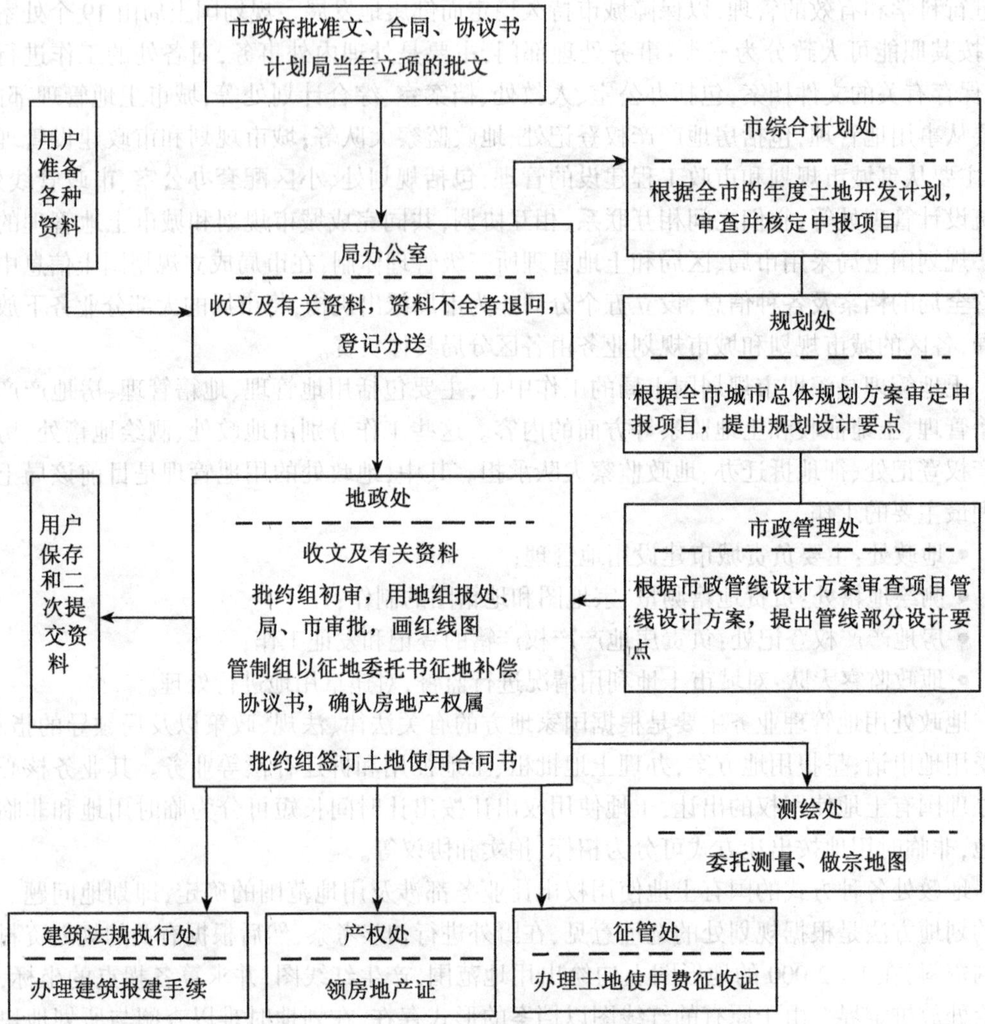

图 15.2 深圳市规划国土局工作流程图

第二节 系 统 分 析

1 功能要求

• 收文管理:利用计算机管理收文,根据收文时间、申请者进行查询,记录每一用地申请的处理情况,并能以表格的形式打印输出。

• 用地数据和地籍数据的输入、存储、处理和动态更新。

• 查询检索功能:根据宗地号、合同号和使用者查询宗地信息,包括宗地的界址点坐标及属性数据,并可以查询相关的城市地理信息。

• 统计功能:按时间(年月)、用地类型等生成统计报表。

• 划地功能:能在工作站屏幕上依据用地申请者的要求和上级领导的指示,根据现有宗地、城市规划及城市路网的情况,直接划出所需地块,最终实现地块形状和位置的优选。

• 制图功能:能制作出红线图、宗地图和地籍图。

• 分析功能:能够对土地利用现状进行评价,对土地进行分等定级和测算地价,并对将来的土地利用进行预测。

2 性能要求

• 系统运行速度应满足日常办公的需要:该系统将作为一个办公自动化系统提交给具体的用户(分局地政科),作为他们处理土地管理事务的工具。虽然对系统实时性要求不高,但系统应具有较快的响应速度,以减少用户等待时间。

• 系统操作必须简单实用:该系统用户为土地管理人员,他们对计算机和 GIS 了解不多,因此系统的操作应尽可能简单实用,以减少用户的培训时间。

• 系统的安全性:该系统所涉及的用地数据和地籍数据是土地使用者依据国家法律有权使用的土地大小、位置及地上附属物等有关属性的记录,是土地使用者所拥有的受法律保护的财产的反映,具有法律效力,因此,这些数据的准确性和正确性至关重要。系统除了应保证在数据处理过程中准确无误以外,还需要建立一些安全保护机制,以免数据被其他用户非法使用和遭受人为的破坏。对系统的不同用户设置不同的访问和处理权限,对重要数据应能自动备份。

第三节 系统设计与实施

1 总体设计与实施

系统设计阶段工作是系统分析工作完成以后,在明确用户对系统的需求和通过数据流图分析及数据词典确定了系统逻辑模型的基础上,根据系统的逻辑模型确定系统的物理实施方案,主要包括硬件和软件的选择、系统的模块设计、文件和数据库设计、接口设计和安全性设计及系统实现计划等方面的内容。

系统的用户主要是市局的地政处、测绘产权处的地政科、测绘科。由于主要的土地管理业务已基本下放到分局,分局土地管理工作的办公自动化问题是要解决的主要问题,同时,市局领导及地政处、测绘产权处为了掌握全市的土地利用情况及加强对分局土地管理工作的管理和监督,需要及时了解各分局的土地管理信息,同时,市局还要处理规模较大的用地申请,因此,该系统必须能在市局和分局之间运行。而分局分布于市内各区,离市局较远,因此,系统具有分布式的特点。系统运行过程中需要大量的图形数据,常用的 1 : 1 000 地形图数据,每幅平均数据量达 512KB,在系统运行过程中,常常需要在短时间内(小于 10s)调用多幅地形图,网络传输速度应大于 512KB/s,现有的公共信息网传送速度只有 8KB/s,无法满足交互式处理传递数据的要求,而光纤网成本较高,近期无法建造。而且各区局只需要本区所辖范围内的数据,而与其他分局交换的数据较少,只有市局需要全市范围内的数据,这些数据可以在需要时采用批处理的方式通过公用信息网或磁带传送。因此,该系统的总体结构采取在局信息中心建立主系统,管理全市土地信息,分局建立分系统,管理各区土地信息的分布模式。分局分系统与市局主系统的数据交换采用批处理的方式通过公用信息网或磁带传送(见图15.3)。

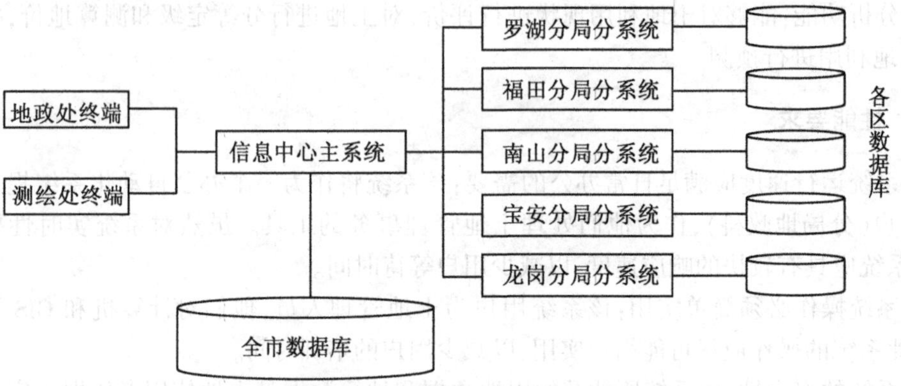

图 15.3　土地管理子系统总体结构图

2　软、硬件配置与实施

• 局信息中心服务器:SUN SERVER 1000 2 台; 工作站:SUN SPARC20 4 台,SGI INDIGO 24 台;微机:COMPARQ 5/133 10 台; CALCOMP 数字化仪(A0)2 台;HP DESIGHJET 650 彩色喷墨绘图仪 1 台;

• 局地政处、分局地政科工作站:SUN SPARC 20 1 台; 微机:COMPARQ 5/133 5 台; CALCOMP 数字化仪(A0)1 台;HP DESIGHJET 650 彩色喷墨绘图仪 1 台;

• 系统软件: Arc/Info; PC NFS;PC Arc/VIEW;PC Arc/CAD。

3　模块设计与实施

系统模块设计是一个基于信息系统的办公自动化系统,系统除了应具有一般信息系统的信息输入、存储、处理、输出功能外,更重要的是能够将其放在具体职能部门的办公桌上作为处理日常事务的工具,供有关工作人员使用,以提高其工作效率,减少工作失误,促进土地管理工作的科学化和规范化。由于不同职能部门的工作人员所承担的业务工作有所不同,甚至同一职能部门的工作人员在分管的业务上也有所分工,因此对系统的要求也有所不同,而且各工作人员所处理的业务具有相对的独立性,有一定的职权,一般不能逾越其职权范围以外的事务。而在计算机管理信息系统中,数据和功能模块是可以共用的,因此在进行系统模块设计时,除了要重点考虑系统功能的实现以外,还应考虑系统用户的职权范围,对具体用户所要求的功能和权限进行界定,根据系统的功能和用户的职权范围进行模块的设计和划分,并且明确不同用户可以使用的模块和数据,这是确保系统安全的措施之一。

根据系统分析结果,该系统所处理的事务是市局和分局土地管理业务,从业务上可分为城市建设用地管理、地籍管理和系统维护三部分(见图15.4)。

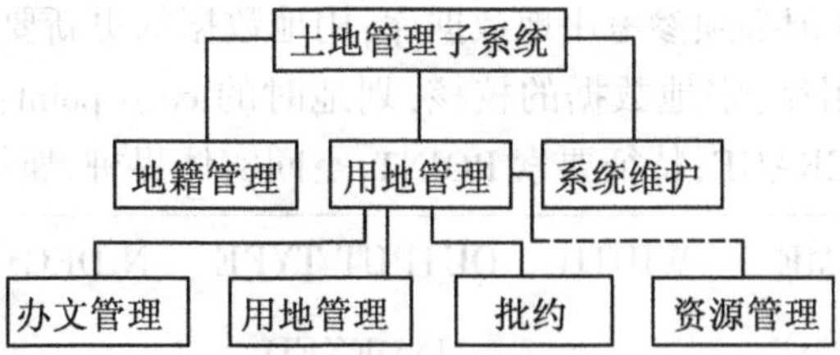

图 15.4　系统模块结构图

城市建设用地管理是该系统的最主要功能，在业务上归口地政处或分局地政科，其具体的业务可分为办文管理、划地、征地拆迁和批约，其中划地和批约由用地组和批约组承担，而办文管理则对地政处（科）领导负责。这些在业务上有一定的联系，但又相对独立。

办文管理：主要涉及有关的收发文的管理和用地申请的处理情况查询，并打印办文处理情况的报表，同时为处（科）领导提供各种统计报表。

划地：主要根据用地申请和上级领导批示，确定用地（临时用地和非临时用地）的位置和范围，确定用地红线、蓝线、绿线及界址点坐标制作红线图及宗地图（宗地图目前由测绘处制作）。

征地拆迁：主要是根据用地红线，具体处理有关的片地拆迁事务，系统主要应提供红线范围及相邻区域的用地情况、建筑物情况，以供有关人员参考。

批约：主要是根据用地红线、宗地图和规划、市政管线设计要点核算地价，编制土地使用合同，供有关人员与土地申请者签约。

地籍管理在业务上归口测绘产权处，主要是处理房地产产权登记（初始和变更登记）事务。由于历史原因，产权处的地籍数据和地政处的用地数据不完全一致，而产权处办理产权登记后的房地产证确定的宗地数据具有法律效力。因此，用地数据应根据产权登记宗地数据做调整，而产权登记时，首先要依据用地数据确定宗地坐标。用地数据和地籍数据有着密切的关系，为此，把地籍数据记录、存储和管理纳入土地管理子系统，以便使用地数据和地籍数据保持一致。基于上述情况，进行系统的模块设计。

4　数据库设计

土地管理子系统数据库可分为办文数据库、用地/地籍数据库和辅助数据库。

- 办文数据库设计

收文编号：	申请者：	申请项目：临时用地/协议用地/合作建房
收文日期：	收文文件目录：	处理阶段 1：
处理阶段 2：	处理阶段 3：	处理阶段 4：
最后结果：	用地合同号：	宗地号：
临时用地申请表：	协议用地申请表：	合作建房申请表：

- 用地/ 界桩点/地籍数据库设计（具体结构以界桩点数据库为例）

（1）用地数据库：主要存储城市建设用地数据，包括用地的图形数据和属性数据。

用地数据库与地籍数据库的相同点：空间实体都是宗地（具有一定范围、边界、界桩点)。用地数据库与地籍数据库的不同点:属性不一样,为不同部门使用。用地数据库与地籍数据库的联系:产权登记必须参考用地数据库;用地数据的更新要与地籍数据一致。

(2)界桩点数据库用途:宗地数据的校核,划地时的 cogo point;位用。数据库类型:空间;空间数据结构:COVERAGE;特征要素 POINT,空间实体界桩,属性表 PAT。

COLUMN	ITEM NAME	WIDTH	OUTPUT TYPE	N.DEC	ALTERNATE	NAME INDEXED
1	AREA	4	12 F	3		-
5	PERIMERTER	4	12 F	3		-
9	JZCOGO#	4	5 B	-		-
13	JZCOGO-ID	4	5 B	-		-
17	界柱编号	4	5 B	-		-
21	界柱类型	10	10 C	-		-
31	立桩时间	8	8 D			

界桩点属性表 PAT;

界桩编号=图内顺序号/图号(1:1 000),如 J14/374;

界桩类型(水泥/“十”字/涂漆…);立桩时间。

(3)地籍数据库:主要存储产权登记后的地籍的峅形数据和属性数据,而属性数据的录入采用原产权处设计的属性管理模块(软件环境为 FoxPro for Windows)。

(4)辅助数据库 1:1 000 地图接图表 1、1:2 000 地图接图表、1:5 000 地图接图表、区带片图。

5 数据字典

DATABASE	数据库字典
GEODATA SET	空间数据字典
FEATURE	特征要素字典
TABLE	属性表字典
FEAT TABLE XRF	特征要素与属性表索引字典
RELATION	关系字典
FIELD	字段字典
SYSTEM VARIABLE	系统变量字典
THEME SET	专题要素集字典
THEME SET XRF	专题要素与要素表索引表
THEME	专题要素字典
THEME FIELD	专题要素字段字典

数据字典的结构:

```
/*   database    ->    geodata_set    ->    feature    ->    themedef
/*      |                                                        |
/*      v                                                        v
/*     table     ->       field        ---------->       theme_field
/*      |                   |
/*      |                   v
/*      +    ---->       relation
```

数据库字典结构定义：

COLUMN	ITEM NAME	WIDTH	OUTPUT	TYPE	N.DEC	ALTERNATE NAME	INDEXED
1	DATABASE_ID	8	8	I	-		-
9	DATABASE	32	32	C	-		-
41	DATABASE_TYPE	20	20	C	-		-
61	LOCATION	128	128	C	-		-
189	DATABASE_DESC	40	40	C	-		-
229	DATABASE_NAR	128	128	C	-		-
9	REST	348	1	C	-		-
189	DESCRIPTION	40	40	C	-		-
229	NARRATIVE	128	128	C	-		-

6 接口设计

土地管理子系统是 SUPLIS 的一个系统，它与基础信息子系统、城市规划子系统、综合管线子系统、房地产籍子系统和计划系统子系统等 SUPLIS 的其他子系统有着密切的关系。它与这些子系统及其他子系统的关系主要是数据的相互调用。

基础信息子系统：地形图。

城市规划子系统：总体规划、分区规划、控制性详规、修建性详规。

综合管线子系统：现状与规划的路网和管线。

房地产籍子系统：地籍数据。

这些数据按 Arc/Info 的空间数据格式（COVERAGE 或 MAP LIBRARY 形式）进行存储管理。土地管理子系统以 Arc/Info 的空间数据格式（COVERAGE）向城市规划子系统、综合管线子系统、地籍管理子系统提供用地数据，以 INFO 或 DBASE 数据格式向计划统计子系统用地的属性数据供统计分析用。

系统编程规范包括系统目录结构、程序文件及全程变量命名、AML 程序说明等。

思　考　题

1. 简述深圳市规划国土局的工作流程。
2. 简述深圳市土地管理信息系统的功能、性能要求。
3. 试述深圳市土地管理信息系统的总体设计方案。
4. 试述深圳市土地管理信息系统的模块设计结构。
5. 试述深圳市土地管理信息系统的数据库设计的主要内容。

参考文献

1. 陈述彭,鲁学军,周成虎.地理信息系统导论.北京:科学出版社,1999
2. 李德仁等.地理信息系统导论.北京:测绘出版社,1993
3. 胡鹏等.地理信息系统教程. 武汉:武汉大学出版社, 2002
4. 邬伦,刘瑜,张晶等.地理信息系统原理、方法和应用. 北京:科学出版社, 2003
5. 黄杏元,马劲松,汤勤.地理信息系统概论(修订版).北京:高等教育出版社,2001
6. 吴信才等.地理信息系统原理与方法(第二版). 北京:电子工业出版社,2009
7. 吴信才等.地理信息系统设计与实现(第二版). 北京:电子工业出版社,2009
8. 周成虎.地理信息系统概要. 北京:中国科学技术出版社, 1993
9. 周成虎,裴韬等.地理信息系统空间分析原理. 北京:科学出版社,2011
10. 龚健雅,杜道生,高文秀等. 地理信息共享技术与标准. 北京:科学出版社,2009
11. 张超,陈丙咸,邬伦.地理信息系统.北京:高等教育出版社,1995
12. 郭达志等.地理信息系统基础与应用. 北京:煤炭工业出版社,1997
13. 邬仁忠. 空间分析(第二版). 北京:高等教育出版社,2001
14. 陆守一,唐小明,王国胜.地理信息系统实用教程.北京:中国林业出版社, 1998
15. 修文群等.城市地理信息系统.北京:北京希望电脑公司,1999
16. 汤国安,赵牡丹,杨昕等. 地理信息系统(第二版).北京:科学出版社,2010
17. 汤国安,李发源,刘学军. 数字高程模型教程. 北京:科学出版社,2010
18. 汤国安,杨昕. ArcGIS 地理信息系统空间分析实验教程(第二版). 北京:科学出版社,2012
19. 范文义,周洪泽.资源与环境地理信息系统. 北京:科学出版社,2003
20. 蓝运超等.城市信息系统.武汉:武汉测绘科技大学出版社,1999
21. 孙才新等.电力地理信息系统及其在配电网中的应用.北京:科学出版社,2003
22. 龚健雅.当代 GIS 的若干理论与技术. 武汉:武汉测绘科技大学出版社,1999
23. 李德仁,关泽群.空间信息系统的集成与实现. 武汉:武汉测绘科技大学出版社,2000
24. 中国 21 世纪议程管理中心.中国地理信息元数据标准研究.北京:科学出版社,1999
25. 李志林,朱庆.数字高程模型(第二版). 武汉:武汉大学出版社,2003
26. 刘友光,黄桂兰,黄全义等.工程中数字地面模型的建立与应用及大比例尺数字测图. 武汉:武汉测绘科技大学出版社,1997
27. 宁津生,陈俊勇,李德仁,等.测绘学概论. 武汉:武汉大学出版社, 2004
28. 孔祥元,梅是义.控制测量学(上、下册). 武汉:武汉测绘科技大学出版社,1996
29. 刘基余,李征航,王跃虎等.全球定位系统原理及其应用. 北京:测绘出版社,1993
30. 祝国瑞.地图学.武汉:武汉大学出版社,2004

31. 马耀峰等.地图学原理.北京:科学出版社,2004
32. 黄仁涛,庞小平,马晨燕.专题地图编制. 武汉:武汉大学出版社,2003
33. 樊红.Arc/Info 应用与开发技术. 武汉:武汉大学出版社,2002
34. 孙家抦,舒宁,关泽群.遥感原理、方法和应用. 北京:测绘出版社,1997
35. 梁启章.GIS 和计算机制图.北京:科学出版社,1995
36. 张海藩.软件工程导论.北京:清华大学出版社,1998
37. 张新长,曾广鸿,张青年 . 城市地理信息系统 . 北京:科学出版社,2003
38. 张新长,马林兵,张青年 . 地理信息系统数据库(第二版). 北京:科学出版社,2010
39. 袁博等 . 地理信息系统基础与实践 . 北京:国防工业出版社,2006
40. 闫浩文等 . 计算机地图制图原理与算法基础 . 北京:科学出版社,2007
41. http://202.119.109.14/dlxx/cecourse.htm 南京师范大学精品课程地理信息系统
42. http://jpkc.ecnu.edu.cn/dlxx/wlzy.htm 华东师范大学精品课程
43. http://www.mapgis.com.cn 武汉中地信息工程有限公司
44. http://www.gischina.com 地理信息论坛
45. http://www.supermap.com 北京超图软件股份有限公司
46. http://www.geosoft.com.cn 武汉 GeoStar 软件公司
47. http://www.supresoft.com.cn 武汉适普软件公司
48. http://www.lingtu.com.cn 北京灵图软件技术有限公司
49. http://www.mapengine.com 北京朝夕科技有限公司
50. http://www.ngcc.gov.cn 国家基础地理信息中心
51. http://www.lreis.ac.cn 中科院资源与环境信息系统国家重点实验室
52. http://www.apollotg.com 加拿大阿波罗科技集团
53. http://www.autodesk.com/mapguide AutoDesk 公司
54. http://www.bentley.com 奔特力公司
55. http://www.mapinfo.com 美国 Mapinfo 公司
56. http://www.szgeoinfo.com:8001/szOnlineAtlas/index.jsp 深圳在线动态地图集
57. http://www.ailvyou.net/map 中国地图-爱旅游网